国家一流专业建设规划教材
中国地质大学(武汉)教材建设基金资助

海洋矿产资源

Marine Mineral Resources

张成　姜涛　解习农　吕万军　编著

图书在版编目(CIP)数据

海洋矿产资源/张成,姜涛,解习农,吕万军编著.—武汉:中国地质大学出版社,2019.12

ISBN 978-7-5625-4728-0

Ⅰ.①海…
Ⅱ.①张… ②姜… ③解… ④吕…
Ⅲ.①海底矿产资源
Ⅳ.①P744

中国版本图书馆 CIP 数据核字(2019)第 284482 号

海洋矿产资源	张成 姜涛 解习农 吕万军 编著
责任编辑:王凤林 选题策划:张晓红 王凤林	责任校对:徐蕾蕾

出版发行:中国地质大学出版社(武汉市洪山区鲁磨路388号)	邮编:430074
电　　话:(027)67883511　　传　　真:(027)67883580	E-mail:cbb@cug.edu.cn
经　　销:全国新华书店	http://cugp.cug.edu.cn
开本:787 毫米×1092 毫米　1/16	字数:474 千字　印张:18.5
版次:2019 年 12 月第 1 版	印次:2019 年 12 月第 1 次印刷
印刷:湖北睿智印务有限公司	印数:1—1000 册
ISBN 978-7-5625-4728-0	定价:36.00 元

如有印装质量问题请与印刷厂联系调换

前 言

在漫长的地质历史中,地球岩石圈和大气圈、生物圈、水圈的相互作用,形成了种类繁多的矿产资源,为人类生存和发展提供了雄厚的物质基础。海洋占据整个地球面积的71%,它是生命的摇篮、交通的要道、气候的调节器、地球最大的资源宝库和近代地球科学的发祥地。辽阔浩瀚的海洋蕴藏着丰富的矿产资源,是人类未来的重要资源基地。在滨岸带,由陆源有用碎屑矿物富集形成的海底砂矿资源已被广泛利用;在近岸浅水区,砂和卵石作为建筑材料也已大量开发;在陆架和陆坡区,海底丰富的油气资源已进入大规模工业开发阶段,产量已超过全球油气总产量的1/3;海洋天然气水合物是一种极具资源潜力的新型能源储备物质,存在于大陆边缘水深超过300m的海底浅层沉积层中,其碳含量是目前全球已知石油和天然气中碳含量的2~3倍;海洋多金属结核富含锰、铁、铜、镍、锌、铅等多种有色金属元素,在各大洋中均有分布;还有多金属软泥和块状硫化物等都是人类所需要的重要矿产资源。随着陆地矿物资源储备的逐渐枯竭,以及科学技术的进步和海洋地质调查的深入,人类将发现更多的海洋矿产资源,并越来越依赖海洋。因此,海洋必将成为未来人类社会可持续发展的宝贵财富和最后空间。

人类研究和开发海洋的历史是一部人类不断求索的历史,是不断改变人类海洋观念的历史,其中不乏灿烂辉煌的篇章。如我国明代航海家郑和曾率领由200多艘船和2万多名船员组成的庞大船队,七下西洋,开展商品贸易和文化交流,绘制了详实的海图和航线,开辟了"海上丝绸之路",为人类认识和开发海洋续写了新的篇章。现代大规模系统的海洋科学考察始于1872—1876年,英国"挑战者号"海洋科学考察船通过航程11.265×10^4 km的环球巡航考察,发现和获取了包括海底磷块岩在内的多种海洋矿产样品,为人类深入研究和开发海洋资源奠定了资料基础。进入20世纪50年代,海洋与人类关系愈加密切,研究和开发海洋工作为各国政府所关注。1958年,联合国在瑞士日内瓦召开了国际海洋法会议,制定了《海洋公约》(签约国数量不到参会国总数的1/4),探索从立法角度规范、约束人类研究和开发海洋资源;1973年12月,在美国纽约联合国总部召开了第三次海洋法会议,并经过长达21年的磋商、谈判、修订,《联合国海洋公约》于1994年11月16日正式生效,成为国际法领域的第一部法典。随着科技的发展和研究的深入,人类与海洋的关系将越来越密切,海洋矿产资源必将成为人类社会发展进步的重要物质基础和资料源泉。

"海洋矿产资源"课程是中国地质大学（武汉）海洋科学本科专业的专业主干课程，具有理论性和实践性并重的特点，在整个海洋科学专业课程体系中发挥着承前启后的重要作用。该课程的基本目标是：①培养学生掌握几种重要类型的海洋矿产资源的地质特征、分布规律、形成机制、控制因素；②培养学生掌握与海洋矿产资源有关的矿床学基本概念、基础理论和成矿作用的基础知识；③培养学生了解海洋矿产资源的勘查技术方法；④培养学生的科学思维方法以及发现问题、分析问题和解决问题的能力。为了适应我校海洋科学专业建设和满足专业教学需要，编者曾在2009年编写了《海洋矿产资源》校内胶印教材，并应用于教学实践。经过近十年在教学过程中的试用以及不断地修改、补充和完善，该教材的结构体系与主要内容总体已趋于合理和完整。为了更好地服务于我校海洋科学专业教学，并向社会推广编者多年来对于海洋矿产资源专业知识的调研及梳理的成果和收获，编者于2019年正式委托中国地质大学出版社将其出版发行。

本教材共分九章，第一、二章为基础理论部分，详细介绍海洋矿产资源的概念与分类，海洋矿产资源描述的基本概念和术语、海洋矿产资源勘查的总体历程和基本现状，以及矿产资源形成的基础理论；第三至八章分别介绍海底砂矿资源、海底磷矿资源、海洋多金属结核结壳资源、海洋热液矿产资源、海洋油气资源以及海洋天然气水合物资源等矿产资源的地质地球化学特征、分布及形成机制；第九章为技术方法部分，主要介绍海洋矿产资源勘查、评价与开发的基本理论、阶段划分和技术方法等。此外，本教材在每章结尾都附有内容小结和思考题，以方便读者总体回顾和掌握每章涉及的重点内容与主要问题。

本教材由张成、姜涛、解习农和吕万军共同编写，具体分工如下：第一章由解习农编写；前言、第二章、第三章、第四章和第九章由张成编写；第五章、第六章和第七章由姜涛编写；第八章由吕万军编写；全书由张成统稿。

本教材的出版得到了中国地质大学（武汉）"十二五"规划教材基金，湖北省教学改革研究项目"海洋科学专业课程体系优化与专业核心课程建设"（2012141）的资助。中国地质大学（武汉）教务处、海洋学院和海洋科学系的各级领导在教材编写过程中给予了关心与支持，在此表示衷心的感谢！本教材编写过程中参考和引用了大量的文献资料，限于篇幅，所附参考文献难免挂一漏万，未能全部列出，在此谨向有关文献作者、单位和出版部门一并表示诚挚的谢意！

由于编者水平有限，书中存在一些错误和不足之处，敬请读者批评指正。

编 者

2019年10月

目 录

第一章 绪 论 ………………………………………………………………………… (1)
 第一节 海洋矿产资源概念与分类 ……………………………………………… (1)
 第二节 海洋矿产资源勘查开发历程及现状 …………………………………… (8)
 第三节 海洋矿产资源研究重要意义 …………………………………………… (16)

第二章 地球演化与矿产资源形成 ………………………………………………… (19)
 第一节 地球圈层构造及地质作用概述 ………………………………………… (19)
 第二节 成矿作用的本质与分类 ………………………………………………… (23)
 第三节 内生成矿作用及内生矿床 ……………………………………………… (31)
 第四节 外生成矿作用及外生矿床 ……………………………………………… (41)
 第五节 成矿控制因素与成矿规律 ……………………………………………… (47)

第三章 海底砂矿资源 ……………………………………………………………… (52)
 第一节 海底砂矿资源概述 ……………………………………………………… (52)
 第二节 海底砂矿资源分布及特征 ……………………………………………… (58)
 第三节 海底砂矿资源的成矿机制 ……………………………………………… (73)

第四章 海底磷矿资源 ……………………………………………………………… (84)
 第一节 海底磷矿资源概述 ……………………………………………………… (84)
 第二节 海底磷矿资源分布及特征 ……………………………………………… (86)
 第三节 海底磷矿资源的成矿机制 ……………………………………………… (99)

第五章 海洋多金属结核结壳资源 ………………………………………………… (106)
 第一节 海洋多金属结核结壳资源概述 ………………………………………… (106)
 第二节 海洋多金属结核资源分布及特征 ……………………………………… (129)
 第三节 海洋多金属结核资源的成矿机制 ……………………………………… (138)

第六章 海洋热液矿产资源 ………………………………………………………… (152)
 第一节 海洋热液矿产资源概述 ………………………………………………… (152)
 第二节 海洋热液矿产资源分布及特征 ………………………………………… (161)

第三节　海洋热液矿产资源的成矿机制 ··· (171)

第七章　海洋油气资源 ·· (186)
　　第一节　海洋油气资源概述 ·· (186)
　　第二节　海洋油气资源分布与特征 ·· (190)
　　第三节　海洋油气资源成藏机制 ·· (196)

第八章　海洋天然气水合物资源 ·· (235)
　　第一节　海洋天然气水合物概述 ·· (235)
　　第二节　海洋天然气水合物资源分布与特征 ··· (240)
　　第三节　海洋天然气水合物的形成机制 ·· (248)

第九章　海洋矿产资源勘查、评价与开发 ·· (264)
　　第一节　海洋矿产资源勘查与评价 ··· (264)
　　第二节　海洋矿产资源开发 ·· (273)

主要参考文献 ··· (282)

第一章 绪 论

海洋是地球生命系统的一个基本组成部分,是地球上最大的自然资源库,是地球环境的最大调节器。1992年,第二届世界环境与发展大会通过了《21世纪议程》等一系列纲领性文件,把海洋列为人类今后可持续发展的重要领域。1994年,第四十九届联合国大会决定把1998年作为"国际海洋年"。2008年,第六十三届联合国大会通过第111号决议,决定自2009年起,每年的6月8日为"世界海洋日"。浩瀚的海洋蕴藏着丰富的矿产资源,如大洋多金属结核、富钴结壳、热液多金属硫化物、天然气水合物、海底油气资源等,占地球总面积71%的海洋将成为人类社会未来发展生存空间和资源供给的宝库。随着陆地矿产资源储备逐渐枯竭,人类对矿产资源的需求日益扩大,海洋矿产资源在21世纪必将起到决定性的作用。

第一节 海洋矿产资源概念与分类

一、海洋矿产资源概念

资源是指一切可被人类开发和利用的物质、能源和信息的总称。自然资源是指人们在自然环境中能够得到的并能很好利用的物质,不仅包括生物、空气、水、矿物资源,还有海洋能源。它具有直接来自于自然界和能被人类所利用的两个基本特征。海洋资源按照其属性可划分为海底矿产资源、海水资源、海洋生物资源、海洋空间资源及海洋能资源(表1-1-1);按其能否再生分为海洋可再生资源和海洋不可再生资源。矿产资源是指地壳内部或表面天然形成的现在能够或潜在地可以成为有经济价值的开采对象的自然资源。它们是经过漫长的成岩、成矿作用而富集,现在或可以预见的将来,能被当时的科学技术所开发出来,并在经济上是合理的天然物质,如煤、石油、天然气、金、银、铜、铁、锰、钴、镍、硫化物等。

矿产资源具有不可再生性和分布的不均匀性等特性。矿产资源的形成需要漫长的地质年代,在人类历史的时间范围内不可能更新,除了少数放射性元素能蜕变成其他元素以外,其他元素的数量是恒定的,人们在开采、提炼、加工、使用以至废弃以后,其数量丝毫没有改变,改变的仅为存在形式。矿产资源是有用元素或矿物、矿物组合物的高度富集体,但在地壳中分布极不均衡。首先地壳中元素分布不均,如氧、硅、铝、铁、钙、钠、镁和钾8种元素质量占元素总质量的98.6%,其中氧和硅占绝对优势,共占74.3%;其他上百种元素只占1%,许多属于稀有元素和稀散元素。各种地质体中元素的富集程度差异也很大。其次是矿的分布极不均匀,如锰结核广泛地分布于世界海洋2000~6000m水深海底的表层,锰结核总储量估计在

$30\,000\times10^8$ t 以上。其中以北太平洋分布面积最广,储量占一半以上。至今太平洋底发现的锰结核中含锰 4000×10^8 t、镍 164×10^8 t、铜 88×10^8 t、钴 98×10^8 t,其金属资源相当于陆地上总储量的几百倍甚至上千倍。其他矿物资源也有类似情况。

表 1-1-1　海洋自然资源分类及其应用划分(据朱晓东等,2005)

分类			利用举例
海洋物质资源	海洋非生物资源	海水资源 — 海洋本身资源	冷却用水;盐土农业灌溉;海水养殖;海水淡化利用
		海水资源 — 海水中溶解物质资源	除传统的煮盐、晒盐外,现代技术在卤元素、金属元素(钾、镁等)和核燃料铀、锂等方面取得了很大的进步与发展
		海洋矿产资源 — 海底石油、天然气	当前海洋最重要的矿产资源,其产量已近世界油气总产量的 1/3,而储量则是陆地的 40%
		海洋矿产资源 — 滨海矿产	金属和非金属矿砂,用于冶金、建材、化工、工艺等
		海洋矿产资源 — 海底煤矿	弥补沿海陆地煤矿的日益不足
		海洋矿产资源 — 大洋多金属结核和海底热液矿床	可开发利用其中的锰、镍、铜、钴、镉、锌、钒、金等多种陆地稀缺的金属资源
	海洋生物资源	海洋植物资源	种类繁多,常见的有海带、紫菜、裙带菜、鹿角菜、红树林等。广泛用于食物、药物、化工原料、饲料、肥料、生态、服务功能等
		海洋无脊椎动物资源	种类繁多,包括贝类、甲壳类、头足类及海参、海蜇等,主要作为优质食物和饲料、饵料等
		海洋脊椎动物资源	种类繁多,主要是鱼类、海鸟和海兽等。鱼类是最主要的海洋食物,海鸟和海兽也有特殊的经济、科学、旅游和军事意义
海洋空间资源		海岸与海岛空间资源	包括港口、海滩、潮滩、湿地等,可用于运输、工农业、城镇、旅游、科教、海洋公园等许多方面
		海洋/海面空间资源	国际、国内海运通道;可建设海上人工岛、海上机场、工厂和城市;提供广阔的军事实验演习场所;海上旅游和体育运动等
		海洋水层空间资源	潜艇和其他民用水下交通工具运行空间;水层观光旅游和体育运动;人工渔场等
		海底空间资源	海底隧道、海地居住和观光;海底通信线缆;海底运输管道;海底倾废场所;海底列车;海底城市等
海洋能资源		海洋潮汐能	蕴藏在海水中的这些形式的能量均可通过技术手段转换为电能,为人类服务,理论估算世界海洋总的能量 4×10^{13} kW 以上,可开发利用的至少还有 4×10^{10} kW;海洋能量资源是不枯竭的无污染能源
		海洋波浪能	
		潮流/海流能	
		海水温差能	
		海水盐度能	

海洋矿产资源(Marine Mineral Resources)属于海洋不可再生资源，广义上讲，应包括海底矿产资源和海水中的矿产资源两大部分；但一般理解的海洋矿产资源仅指海底矿产资源，即指目前处于海洋环境下的除海水以外的矿物资源，包括现今海洋环境下形成和过去在陆地环境形成而现今处于海底的矿物资源两大部分。对于那些过去是在海洋环境下形成的而现今已是大陆组成部分的矿物资源，应归属于大陆矿产资源。

迄今为止，我国已开发的海洋矿产资源包括石油天然气和近海砂矿，2017年我国首次在南海神狐海域天然气水合物试开采成功，实现了我国天然气水合物开发的历史性突破。近20多年对大洋矿产资源(如大洋多金属结核、大洋多金属结壳、大洋热液硫化物等)也进行了调查和勘探，已取得了丰硕的成果。

二、海洋矿产资源分类

不同学者从不同角度对海洋矿产资源提出了多种分类方案(表1-1-2)。根据资源实用性划分为能源的、金属的、非金属的以及石材资源(Krajewski and Smulikowski，1964)。根据有用矿物的类型可划分为金属矿物矿床、非金属矿物矿床、可燃的矿物资源、水下资源(Smirnow，1986)。本书根据海洋环境与矿种划分为海底砂矿、海底磷矿、洋底锰结核和钴结壳、海底多金属软泥、海底硫化物矿、海底油气藏、天然气水合物等。

表1-1-2 海洋矿产资源的分类方案

作者	梅罗 (1963)	米契尔、加森 (1981)	克罗南 (1984)	周福根 (1982)	朱而勤 (1987)		本书 (2019)
分类原则	海洋分区	海洋构造环境	矿种	海洋分区	海洋地质环境		环境与矿种
矿产分类	海水矿产 海滩矿产 大陆矿产 洋底表层沉积矿产 海底硬岩矿产	被动大陆边缘矿床 大洋环境形成矿床 俯冲带有关矿床	海滩砂矿和集合粒 大洋环境形成矿床 磷块岩 锰结核和锰结壳 含金属软泥 海底次表生矿床	海滨砂矿 磷钙石 海绿石 海底石油 海底锰结核 重金属软泥	海水矿产	砂矿、自生沉积矿、复成因矿、远洋沉积矿	海底砂矿 海底磷矿 洋底锰结核和钴结壳 海底多金属软泥 海底硫化物矿 海底油气藏 天然气水合物
					海底矿产	表层矿产	
						底岩矿产	表下矿产、基岩矿产	

Kotlinski(1997)将海洋自然资源划分为不可再生的资源和可再生的资源。不可再生的资源既包括深水区矿物资源，也包括浅水区矿物资源。深水区矿物资源以多金属矿床(多金属结核、钴结壳、金属淤泥、多金属硫化物矿石)为主，但浅水区矿物资源分布在大陆架范围内，包括金属与非金属矿物资源，如大陆架与滨海沙矿床、磷矿石、重矿物与宝石和石材资源。

对于海底矿产资源，在叙述其形态、分布、矿物组成和化学成分的同时，应充分考虑其形成环境并探讨其形成机制。通常海底矿产资源分布具有明显的分带性(图1-1-1)。在滨海及浅水陆架区，强风化剥蚀的岩浆岩与变质岩随着河流搬运到海洋形成有用的矿物资源，如重矿物、金属、宝石或建材用的砾岩。接下来是形成石油与天然气资源，赋存于沉积盆地、大陆架与大陆坡上的厚层沉积物中。深水环境中聚集的多金属则是在深海缓慢沉积和水的氧化-水成成岩过程的影响下形成的(如大洋多金属结核)，或者是在海底受强烈的深成高温热液与火山作用下形成的(如多金属硫化物矿与含金属淤泥)。

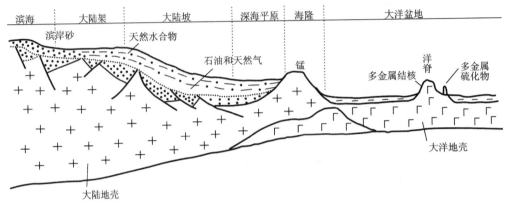

图1-1-1 海底各种地貌单元及其矿产分布

三、海洋矿产资源相关术语

海洋矿产资源按照产出状态可分为固体矿产和液体、气体矿产，后两者主要为油气资源。由于矿产性质的差异，一些术语在使用上也稍有差异。

1. 有关矿床的常用术语

矿床，即矿产资源在地壳中的集中产地。确切地说，它是指地壳中由地质作用形成的、其所含有用矿物资源的质和量在一定的经济技术和环境条件下能被开采利用的地质体。矿床的概念包含了地质、经济技术和生态环境三重含义。就地质意义而言，矿床是地质作用的产物，其形成应服从地质规律；就经济技术意义而言，矿床的质和量应符合一定的经济技术条件，能被开发利用；就生态环境意义而言，矿床开发应与环境保护协调发展，不能对生态环境产生明显的负面影响。矿床学就是以矿床为研究对象的地质科学，其基本任务是研究矿床的地质特征、形成条件、成因和分布规律，为矿产资源预测和找矿勘探提供理论基础。

矿床通常包括矿体和围岩两个部分。前者是开采和利用的对象，后者是指前者周围的岩石；两者的界限可能是截然的，也可能是渐变的。根据矿体与围岩的形成时间关系，矿床可划分为：矿体与围岩同时或近于同时形成的同生矿床；矿体的形成明显晚于围岩的后生矿床；在早期形成的矿床或矿体上，又受到后期成矿作用的叠加而形成的叠生矿床。在矿床形成过程中，提供主要成矿物质的岩石称为成矿母岩。在某些矿床中，矿体的围岩就是成矿母岩。

矿田，与煤田、油田等概念相对应，一般指金属或非金属矿床的聚集地段，包括在成矿地质背景、物质成分和成因上相近似的一系列矿床或矿点。成矿区(带)就是在地质构造、地质发展历史以及在成矿作用上具有共性的区域成矿单元，其范围常与一、二级构造单元或构造体系一致，如环太平洋成矿带、特提斯成矿带等。

2. 有关矿体的常用术语

矿体是构成矿床的基本单位,是矿石在三维空间的堆积体,它占据一定的空间,具有一定的形态、产状和规模。

矿体的形态是指矿体在空间的产出样式和形状。根据矿体在三维空间的延伸情况,可将其划分为:3个方向大致均衡发展的等轴状矿体、两个方向延伸较大但厚度较薄的板状矿体,以及仅在一个方向延伸较大另外两个方向延伸较小的柱状矿体3种主要的几何形态(图1-1-2)。实际上,有许多矿体的形态介于等轴状与板状之间,或介于板状与柱状之间;有些矿体的形态很不规则,如网状矿脉和梯状矿脉,还有其他复杂形态的矿体。

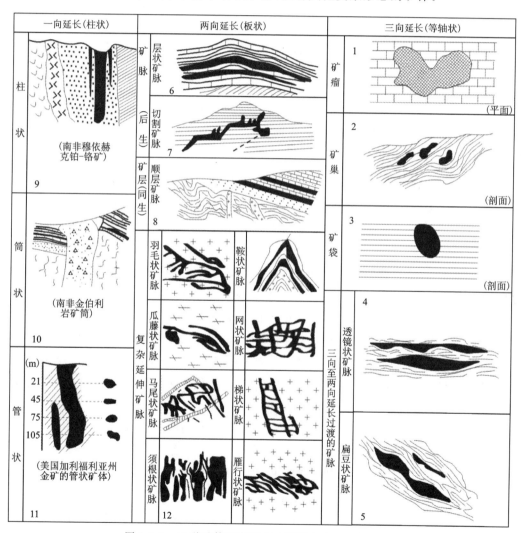

图1-1-2　12种矿体形态综合示意图(据袁见齐等,1985)

矿体的产状是指矿体产出的空间位置和地质环境,具体包括:①矿体的空间位置一般由矿体的走向、倾向和倾角来确定,对于柱状矿体,还要确定其倾伏角(∠dbc)和侧伏角

(∠abc),以便准确定位(图 1-1-3);②矿体的埋藏情况是指矿体出露地表还是隐伏于地下、埋藏深度如何等;③矿体与岩浆岩的空间关系是指矿体产于岩体内,还是产在接触带或位于侵入体的围岩中;④矿体与围岩层理、片理的关系是指矿体是沿层理、片理呈整合产出,还是穿切层理或片理;⑤矿体与地质构造的空间关系是指矿体产于构造中的部位,与褶皱和断裂在空间上的联系等。

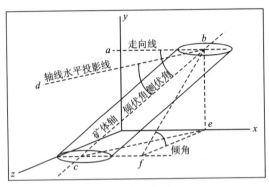

图 1-1-3 矿体产状要素示意图(据翟裕生等,2011)

3. 有关矿石的常用术语

矿石是从矿体中开采出来的、从中可提取有用组分(元素、化合物或矿物)的矿物集合体,一般由矿石矿物和脉石矿物两部分组成。矿石矿物是指可被利用的金属或非金属矿物,也称有用矿物;脉石矿物是指矿石中不能被利用或在当前技术经济条件下暂时不能利用的矿物,也称无用矿物。矿石矿物和脉石矿物的划分只有相对意义,并无绝对界限。脉石一般泛指矿体中的无用物质,包括围岩的碎块、夹石和脉石矿物,通常在开采和选矿过程中被废弃掉。夹石是指矿体内部不符合工业要求的岩石,它的厚度超过了允许的范围,就得从矿体中剔除。

矿石中除主要有用组分外,还可以有共生组分和伴生组分。共生组分是指矿石(或矿床)中与主要有用组分在成因上相关、空间上共存、品位上达标,并可供单独处理的组分。在一定的经济技术条件下,这些组分的工业意义小于主要有用组分。伴生组分是指矿石(或矿床)中虽与主要有用组分相伴,但不具有独立工业价值的元素、化合物或矿物,其存在与否和含量多寡常影响着矿石质量。根据伴生组分对矿石质量的影响,可将其分为有益组分和有害组分。伴生有益组分指矿石中除有用组分外,可以回收的或能改善产品性能的伴生组分。伴生有害组分则指矿石中对有用组分的选矿、冶炼、加工有危害的某些组分。

矿石结构是指矿石中矿物颗粒的特点,即矿物颗粒的形态、大小和相互关系。矿石构造是指矿石中矿物集合体的特点,即矿物集合体的形态、大小以及集合体之间的相互关系。矿石的结构和构造统称为矿石组构。矿石组构的研究对于认识矿床形成的物理化学环境、阐明矿床的形成作用、成矿过程以及矿床次生变化具有重要意义,还可为矿石的工业评价、技术加工方法和选矿流程的选择提供一定的基础资料。

品位是描述矿石中有用组分含量和衡量矿石质量好坏的重要术语,一般用质量分数表示。因矿种不同,矿石品位的表示方法也不同。大多数金属矿石的品位是以其中金属元素含量的质量百分比表示;有些金属矿石的品位是以其中氧化物的质量百分比表示;大多数非金属矿物原料的品位是以其中有用矿物或化合物的质量百分比表示;原生贵金属矿石的品位一般用 g/t(或×10^{-6})表示,而砂矿品位则以 g/m³ 或 kg/m³ 表示。在找矿勘探工作中,还常使用边界品位和工业品位两个概念:前者是指在当前经济技术条件下用来划分矿体与非矿体界限的最低品位,后者是指在当前能供开采和利用矿段或矿体的最低平均品位,只有矿段或矿体的平均品位达到工业品位时,才能计算工业储量。一般来说,工业品位主要取决于矿床规模、矿石综合利用的可能性以及矿石的工艺技术条件等。

4. 有关油气藏的常用术语

与固体矿产不同的是,石油与天然气形成之后,往往要经历一定的运移、聚集才能形成油气田。由于石油与天然气的可移动性,因此,石油与天然气富集需要有一个能聚集和保存油气的场所或容器,称之为圈闭。圈闭的构成要素包括储集层和封闭条件,储集层是具有连通孔隙、允许油气在其中储存和渗流的岩层,它为圈闭捕集油气提供了储集空间和渗滤条件;封闭条件则要求储集层周缘特别是上部和上倾方向具有良好的遮挡条件,如储集层上方的盖层和上倾方向的遮挡条件等。总之,圈闭概念可理解为储集层中能够聚集并保存油气的场所。聚集并保存了油气的圈闭称为油气藏,而没有聚集并保存了油气的圈闭称为空圈闭。

油气藏是指单一圈闭中的油气聚集(地壳中最基本的油气聚集单元),在一个油气藏中具有统一的压力系统和油(气)水界面(图 1-1-4)。显然,油气藏的构成要素包括圈闭和油气水流体。如果圈闭中只聚集了石油,则称为油藏;只聚集了天然气,则称为气藏;聚集了油和气,通常会形成游离气顶,则称为油气藏。

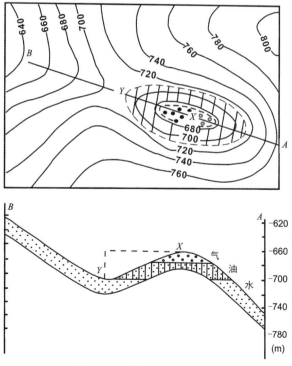

图 1-1-4 背斜圈闭中油气藏

油气田是指一定(连续)的产油气面积上油气藏的总和,该产油气面积可以是单一的构造或地层因素所控制的地质单元,也可以是受多种因素所控制的复合地质单元(何生等,2010)。所谓一定的产油气面积是指不同层位的产油气层叠合连片的产油气面积。在叠合连片范围内不同层位的产油气层,可以存在于同一构造或地层因素所控制的单一地质体中,也可以存在于受多种因素控制的复合地质体中。

第二节 海洋矿产资源勘查开发历程及现状

一、海洋矿产资源勘查开发历程

人类对海洋矿产资源的调查与开发利用已有数千年的历史,大致可划分为3个阶段:海洋资源原始调查阶段、海洋矿产资源勘查开发早期阶段、海洋矿产资源勘查开发快速发展阶段。

1. 海洋资源原始调查阶段

在远古时代,人类就开始利用海洋鱼类、贝类和海藻等海洋资源作为食物。直到15世纪以后,随着指南针的发明、罗盘仪的应用以及造船技术的提高,海洋资源调查活动逐渐频繁。早在1405年,郑和下西洋揭开了海洋航行的序幕,1492年意大利人哥伦布(Columbus)横渡大西洋发现美洲大陆,1498年葡萄牙人达伽玛(Vasco de Gama)首次到达印度;1519年葡萄牙人麦哲伦(Magellan)完成了人类第一次环球航行。英国航海家詹姆斯·库克(James Cook)3次探险航行而闻名于世(1768—1775年)。1831—1836年英国人达尔文随"贝格尔"号环球探险,开展地质和生物的考察,出版的《物种起源》引起了生物学界的一场巨大革命。1872—1876年英国皇家学会组织了"挑战者"号在大西洋、太平洋和印度洋历时3年5个月的环球海洋考察,"挑战者"号环球航行是第一次对海洋进行全面研究。

海洋资源原始调查阶段的基本特点:人类从向海洋索取鱼、盐等生活资料走向认识海洋和开发利用海洋的过渡,活动范围大多局限于近岸和浅水海域以及环球海洋考察。

2. 海洋矿产资源勘查开发早期阶段

20世纪中叶,海洋矿产资源研究进入大调查阶段。一方面,海洋油气勘探与开发增长迅速,早期海洋油气勘探与开发局限于近岸或浅水区域,随着油气开采技术的不断更新,海上油气开采平台从人工岛和固定式采油气平台向浮式平台更替,使得油气勘探逐渐从浅海迈向深海,到20世纪末深水油气勘探取得了一些重大突破;另一方面,国际海底区域矿产资源竞争的形势愈加紧迫,"蓝色圈地"运动愈演愈烈,20世纪末一些工业发达的国家特别感兴趣的目标是世界海洋深水带,包括所谓的"国际海底区域",在国际海底区域开展系统的多金属结核、含钴的锰结核和多金属硫化物矿石资源调查。

国际上多个与海洋资源相关的组织相继成立,如1957年成立海洋研究科学委员会(SCOR),1960年成立的"政府间海洋学委员会(IOC),1966年建立国际生物海洋学协会(IABO),1967年国际海洋物理科学协会(IAPSO),国际地质科学联合会(IUGS)下设海洋地质学委员会(CMG)等。同期,也逐渐形成国际化的海洋法规。早期普遍采用的海洋法规大多是沿用于沿海国家基于自身利益的法规,为了更合理地综合利用海洋资源,1947年提出了成立国际法委员会的倡议。该委员会的任务是提供必要的准备材料由联合国倡议制定海洋法法规。依此在联合国大会的范围内由国际社会尝试草拟了海洋法法规。1958—1982年间联合国召开过3次这样的会议。第一次联合国海洋法会议(1958年,日内瓦):确定了保护沿海国家利益法规原则与标准;第二次海洋法会议(1960年,日内瓦):建立了12海里(1海里=1.852km)为领海的水域宽度;第三次海洋法会议(1973—1982年):通过了《联合国海洋法公约》,形成了目前海洋法典的原则划分与资源利用的原则。根据《联合国海洋法公约》,将海域区分为领海、毗邻区、专属经济区以及国际海域——公海4部分区域(图1-2-1)。

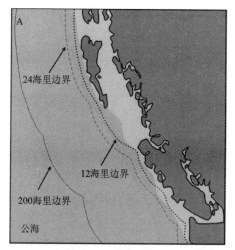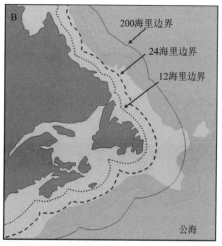

图1-2-1　领海、毗邻区、专属经济区以及公海的边界图(据联合国资料,1993)
A.加拿大靠太平洋边的边界;B.靠大西洋边的边界

领海是沿海国的陆地领土及其内水以外邻接的一带海域,在群岛国的情形下则指环群岛水域以外邻接的一带海域。它是处于沿海国主权之下的海域,沿海国有权根据本国利益和自然特点确定领海宽度,但限制在从领海基线起算的12海里之内。领海属于国家领土的组成部分,国家对其行使主权,对其内部的一切人和物享有专属管辖权。

毗邻区是在沿海国领海以外与其相连的海域,其宽度限制在从领海基线起算的24海里之内。毗邻区不是一国的领海,对于宣布了专属经济区的沿海国来讲,该区是专属经济区的一部分;未设专属经济区的国家,该区属公海部分。沿海国在该区不能行使完全的主权,而是为保护其特别利益行使某些管制权,主要是为防止和惩处在其领土、内水或领海内违反其海关、财政、移民或卫生的法律和规章的管制权。

专属经济区是介于领海和公海之间的一种海域,沿海国在领海以外与领海邻接处,设立从领海基线起算不超过200海里的专属经济区。建立专属经济区的沿海国,在该区享有以勘探和开发、养护和管理自然资源为目的的主权权利,以及对人工岛屿与设施和结构的建造及使用、海洋科学研究、海洋环境的保护和保安的管辖权;其他国家在此区享有航行、飞越、铺设海底电缆和管道的自由。

国际海域是指各国内水域领海或群岛水域或专属经济区以外不受任何国家主权管辖和支配的全部海域,也称为公海。按照《联合国海洋法公约》规定,公海对所有国家开放,不论其为沿海国还是内陆国。国际海底是指国家管辖范围以外的海底和洋底及其底土,一般是指

2000～6000m水深的海底。《联合国海洋法公约》规定,国际海底及其资源是人类共同的财产。国际海底及其资源的勘探、开发应受国际海底管理机构(国际海底管理局)和国际海底制度的管辖。国际海底管理局(International Seabed Authority,ISBA)是根据1982年《联合国海洋法公约》所设立的国际机构,是《联合国海洋法公约》缔约国组织和控制各国管辖范围以外的国际海底区域内活动,特别是管理"区域"内资源的组织。

依照《联合国海洋法公约》决议,具有所谓"先驱投资者"地位的国家与实体才有权从事划定国际海底区域内的勘探活动。先驱投资者的登记活动由国际海底管理局负责。一些国家已经开始在国际海底进行多金属结核的调查和勘探,并圈定了矿区(图1-2-2)。1990年,COMRA以中国国有企业的名义获得了"先驱投资者"的称号。

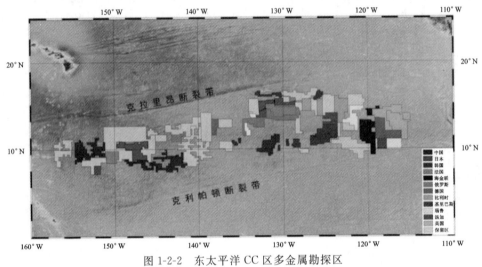

图1-2-2 东太平洋CC区多金属勘探区

海洋矿产资源勘查开发早期阶段的基本特点:①海洋油气资源勘探与开发逐渐从浅海走向深海,且深海油气开发产能逐年增大,并开展了新的替代能源——天然气水合物资源调查;②国际海底金属矿产资源调查已经展开,一些"先驱投资者"圈定了多金属结核和钴结壳矿区;③《联合国海洋法公约》实施为海洋矿产资源调查与开发提供了可遵循的基本法规。

3.海洋矿产资源勘查开发快速发展阶段

21世纪以来,随着海洋资源、环境和人类社会矛盾的日益激化,海洋资源可持续利用成为21世纪议题的核心,海洋资源研究进入了一个全新的快速发展时期。最为突出的特点是全球深水油气勘探进入快速发展时期,20世纪末和21世纪初(图1-2-3),全球深水油气勘探和开发的大部分活动主要集中在墨西哥湾北部、巴西和西非3个地区。至2000年,墨西哥湾盆地水深大于300m的油气探明储量首次超过浅水区,油气勘探深度超过了2500m(韩彧等,2015)。此外,近10年来,深水油气勘探在北海、里海以及我国南海陆续取得重大突破。另一特点是天然气水合物调查与开发也迈入了新的里程碑式时期。近20多年来,中国、美国、加拿大、日本、印度和韩国竞相投入巨资开展天然气水合物调查与试采活动。美国、加拿大在陆地进行过天然气水合物试采,但效果不理想。日本在2013年和2017年均进行了海上试采,但因出沙等技术原因结束实验。我国在2007年首次在神狐海域钻获天然气水合物,2017年中国地质调查局在我国南海神狐海域首次安全可控成功试采,标志着海洋天然气水合物调查与开发迈入一个新的历史阶段。

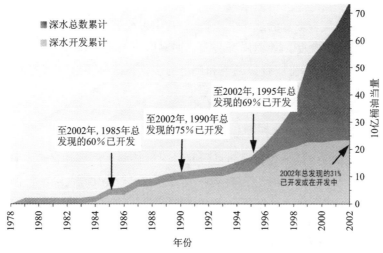

图 1-2-3 1978—2002 年发现的深水油气储量与投入开发储量分布图
(据 Weimer and Slatt,2007)

同样,海洋金属矿物和非金属矿物资源勘探也呈现快速发展趋势,世界大洋 2000~6000m 水深的海底发现多金属结核和软泥,如大洋锰结核、富钴结壳、含多金属软泥,洋中脊附近热液矿床。至今已发现海底蕴藏的多金属结核矿 3×10^{12} t,其中含锰 4000×10^8 t,镍 146×10^8 t,钴 58×10^8 t,铜 88×10^8 t(朱晓东等,2005)。与此同时,国际上通过的两项条例:《区域多金属结核勘探和开发条例》(2000 年)和《区域多金属硫化物勘探和开发条例》(2010 年),进一步明确了国际海底采矿规范。我国对国际海底矿产资源非常重视,专门成立了大洋矿产资源研究开发协会,负责协调、管理我国在国际海底的勘探开发活动。1991 年该协会被国际海底管理局登记为世界第五个先驱投资者,先后在国际海底区域获得了具有专属勘探权的 7.5×10^4 km^2 多金属结核矿区、0.3×10^4 km^2 的富钴结壳矿区和 1×10^4 km^2 的多金属硫化物矿区(刘永刚等,2018)。

海洋矿产资源勘查开发快速发展阶段的基本特点:①现代科学技术不断应用于海洋矿产资源调查,各种地球物理技术、海底岩芯取样器、载人深潜器等装备的广泛应用,极大地提高了人类调查和开发海洋矿产资源的能力;②海洋矿产资源调查与开发的规模和范围日益扩大,深水油气勘探和开发迅猛发展,天然气水合物调查与试采研发,大大促进了海洋矿产资源调查与开发迈入一个新的快速发展阶段,海洋矿产资源开发范围也从近海不断向深海远洋发展;③国际海洋立法越来越完善,相关海洋立法不仅涵盖国际海底矿产资源研究与开发,而且还涵盖全球海洋科学研究与海洋环境保护、极地考察与和平利用等。

二、海洋矿产资源勘查开发现状

从 20 世纪 50 年代开始至今,世界各国对海洋矿产资源开展了不同规模的勘查和研究。但与陆地矿产资源调查与开发相比,海洋矿产资源调查的广度和深度还远远不够,大部分海域调查尚属于空白或调查甚少,除海洋油气开发以外,其他海洋矿产资源开发更是大大滞后。

(一)海洋金属矿物资源勘查开发现状

国际海底区域蕴藏着丰富的战略矿产资源,其中多金属结核、富钴结壳、多金属硫化物和深海稀土等深海固体矿产受到人们广泛关注。许多国家为占有国际海底资源,发展国家后备战略矿产资源,加快了国际海底资源勘查和评价的步伐。国际海底区域资源竞争的形势愈加紧迫,"蓝色圈地"运动愈演愈烈。

1. 多金属结核勘查

多金属结核是大洋中最早被发现而且研究时间最长的深海固体矿产。研究结果表明,多金属结核分布于水深 4000~6000m 的洋盆中,产出在松软沉积物表层。它含有 70 多种元素,其中 Mn、Cu、Co、Ni 的平均含量分别为 25.00%、1.00%、0.22% 和 1.30%,其资源量高出陆地相应资源量的几十倍到几千倍。据估算,全球大洋底多金属结核资源总量为 3×10^{12} t,仅太平洋就约有 1.7×10^{12} t(Mero,1965),可能是海底分布最广、储量最大的金属资源(图 1-2-4a)。

从 20 世纪 60 年代起,美国、苏联、日本、法国等相继在中、东太平洋开展了大规模的多金属结核调查研究,获取了大量的海底矿产资源资料。从 1983 年开始,苏联、日本、法国、中国、韩国、德国先后向国际海底管理局申请成为先驱投资者,在 CC 区获得多金属结核开辟区,并与国际海底管理局签订了勘探合同。截至 2013 年底,多金属结核矿区承包者数量急剧增加至 12 个(图 1-2-2)。

我国从 20 世纪 80 年代开始,在国际海底区域开展系统的多金属结核资源调查,并于 1991 年成为继苏联、日本、法国、印度之后的第 5 个先驱投资者。2001 年 5 月,中国大洋协会与国际海底管理局签订了为期 15 年的《多金属结核勘探合同》,自此我国在东北太平洋 CC 区获得了拥有专属勘探权和优先开采权的 $7.5\times10^{4}km^{2}$ 的多金属结核矿区,拓展了我国的战略资源储备。

2. 富钴结壳勘查

富钴结壳分布的水深范围为 1000~3500m,产出于海山、海脊、台地和海丘的顶部及侧翼,或在岩石露头上形成厚结壳,或在碎石堆上形成结皮。富钴结壳富含 Co、Ni、Cu、Pb、Zn 等金属元素以及稀土元素(REE)和铂族元素(PGE),其中 Co 含量尤为显著,最高可达 2%,是陆地原生矿钴含量的 20 倍以上(栾锡武,2006),是多金属结核矿中钴含量的 2.5 倍以上。富钴结壳在太平洋、大西洋和印度洋的海底均有分布(图 1-2-4b),其中以太平洋居多,而在太平洋的广大海域中,西、中太平洋海山区是富钴结壳的主要产出区。

自 20 世纪 80 年代以来,继大洋多金属结核资源调查之后,德国、美国、日本、俄罗斯、法国等国家都投入了大量的人力、物力、财力,积极开展富钴结壳资源的调查研究,对富钴结壳的分布、类型、成矿特征、成矿环境和形成模式等问题进行了深入调查与研究。我国从 1997 年开始进行富钴结壳资源调查,截至 2013 年统计,已经在中、西太平洋海山区进行了 19 个航次(40 个航段)的调查工作,开展了拖网、抓斗、浅钻地质采样和海底照相、多波束测深、重力、磁力、浅地层剖面等海洋物探工作。2013 年 7 月,我国向国际海底管理局提交的富钴结壳矿

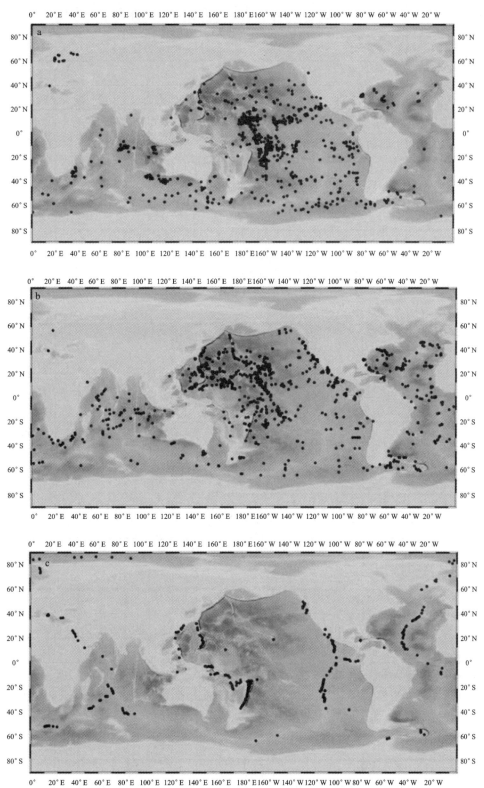

图 1-2-4 多金属结核(a)、富钴结壳(b)、多金属硫化物(c)矿点在国际海底的分布(据刘永刚等,2018)

区申请并获得核准通过,从而在国际海底区域获得了 3000km² 具有专属勘探权的富钴结壳矿区。

3. 多金属硫化物

多金属硫化物普遍发育在大洋中脊、板内火山和弧后盆地,赋存水深一般在数十米至 3700m,大量出现在 2500m 水深附近。多金属硫化物矿床主要分布于太平洋、大西洋和印度洋(图 1-2-4c)。多金属硫化物富含 Cu、Fe、Mn、Pb、Co、Mo 等金属和稀有金属,单个硫化物矿床矿体的资源量高达 1×10^8 t(邓希光,2007),资源潜力十分可观。

20 世纪 60 年代,红海发现高热海水和多金属软泥,标志着现代海底热液活动和多金属硫化物成矿研究的开始。继多金属结核和富钴结壳调查之后,美国、俄罗斯、法国、日本、中国等国家相继开展了大规模的多金属硫化物资源调查。2003 年以来,我国正式开展多金属硫化物调查研究,通过环球航次,先后在太平洋、大西洋和印度洋等热液活动区进行调查取样,2010 年向国际海底管理局提交了矿区申请并获得核准通过,从而在国际海底区域获得了 1×10^4 km² 具有专属勘探权的多金属硫化物矿区。

4. 深海稀土

稀土(REE)资源不仅存在于陆地上,也存在于深海中。研究表明,海盆内的多金属结核和海山上的富钴结壳都含有稀土元素。比如,太平洋多金属结核的 ΣREE 范围为 $(229.7 \sim 2076.7) \times 10^{-6}$,平均为 $1\,195.7 \times 10^{-6}$。太平洋麦哲伦海山区富钴结壳中的 ΣREE 范围 $(1\,093.0 \sim 3\,286.4) \times 10^{-6}$,平均为 $2\,087.2 \times 10^{-6}$。此外,稀土元素也赋存于深海沉积物中,如在太平洋、印度洋的深海沉积物中都含有稀土元素。日本科学家在对太平洋 78 个站位的沉积物样品分析发现,东南太平洋和中北太平洋深海黏土中含有高品位的富钇稀土(REY),其中东南太平洋深海黏土中 ΣREY 范围 $(880 \sim 1628) \times 10^{-6}$,平均 1054×10^{-6};中北太平洋深海黏土中 ΣREY 范围 $(451 \sim 1002) \times 10^{-6}$,平均 625×10^{-6} (Kato et al,2011)。深海黏土稀土资源的发现,有可能成为继多金属结核、富钴结壳、热液硫化物之后又一种极为重要的海洋战略矿产资源。

(二)海洋能源资源勘查开发现状

海洋油气勘探起步于 18 世纪末。1887 年在美国加利福尼亚的近海钻探了第一口海上钻井,水深仅有几米。20 世纪 60 年代以前在马拉开波湖、墨西哥湾、加利福尼亚沿海和里海等发现油气田;60~70 年代,在北海、波斯湾、墨西哥湾、非洲近海、阿拉斯加北坡、黑海、东南亚各国沿海开展了大规模勘探工作,发现了许多海底油田和气田。到 1989 年止,挪威、巴西东南海域的坎波斯盆地、澳大利亚西北部的戈根陆架区,均发现了大型海上油气田。在刚开始的 40~50 年间,海洋油气的勘探开发发展缓慢。到 20 世纪 40 年代,仍然只能在近岸的海边和内湖开发石油资源,作业水深低于 10m;至 60 年代末,作业水深已超过 200m;70~80 年代,作业水深超过 500m;1999 年作业水深已近 2000m;目前已经可以在水深超过 3000m 的海域进行钻井作业。

随着海上石油勘探开发向大陆架和深水区发展,海上油气生产不断扩大,产量不断增加。20世纪40年代末,海上石油产量仅 $4000\times10^4 t$,占世界石油总产量的7.6%;50年代末,海上石油产量突破亿吨,达 $1.1\times10^8 t$,占世界石油总产量的10%;60年代末达 $3.29\times10^8 t$,占世界总产量的14.6%。1980年达 $6.5\times10^8 t$,占总产量的21.8%,1990年达 $8.7\times10^8 t$,占总产量的26%。1995年海上石油产量 $10.5\times10^8 t$,2004年则增至 $13.4\times10^8 t$,约占世界石油产量的34%,年均增长2.7%,远高于全球石油产量年均1.5%的增长速率。近20年来,海洋油气勘探开发更是迅猛发展,并逐渐向深水区拓展。据统计,目前从事海洋石油天然气勘探和开发的国家超过100个,海上油气田超过2200个,全球海上油气田的产量和储量也不断增加。1995年世界海上剩余原油探明可采储量为 $389.45\times10^8 t$,天然气为 $39.26\times10^{12} m^3$,分别占世界原油和天然气总剩余探明可采储量的22%、29%。1999年,海上剩余石油和天然气储量分别占业界剩余油气储量的35%、40%,年均增长分别为2.6%和2.2%。1990—1999年,全球发现的巨型油田储量的36%分布于陆地,64%分布于海域,其中浅海区占44%、深水区占20%,而且深水原油储量占新增储量的35%(牛华伟等,2012)。

相比而言,海上天然气开采发展缓慢。20世纪80年代前,海上天然气开发利用主要集中在欧洲和墨西哥湾浅海区,主要是由于相邻陆上能源市场和基础设施建设较完善。近20年,海上天然气开采迅速发展。1985年,海上天然气产量 $3524\times10^8 m^3$,约占世界天然气产量的20%,2004年则增至 $7500\times10^8 m^3$,占世界总产量的28%,年均增长3.8%,超过同期世界天然气产量年均2.1%的增长速率。

20世纪90年代以来,由于勘探成功率高,发现油气田储量规模大,产量高,效益显著,深水油气勘探开发受到跨国石油公司青睐并迅速发展。滨大西洋深水盆地群、滨西太平洋深水盆地群、环北极深水盆地群和特提斯构造域深水盆地群成为世界深水油气勘探开发的热点区域(图1-2-5)。其中西非海域、墨西哥湾、巴西近海、澳大利亚西北陆架、挪威中部陆架、巴伦支海是目前海域油气勘探的热点。近几年,亚太地区孟加拉湾、缅甸湾、中国南海也逐渐成为深水油气勘探的热点地区之一。

我国石油部门的近海油气勘探始于20世纪60年代,1963年开始在莺歌海盆地和琼东南盆地进行地球物理勘探。1964年钻探了第一口井。1967年6月在渤海钻探的"海1"井喷出了油气流,是中国近海第一口工业性探井,揭开了中国海洋石油工业的序幕。进入20世纪70年代,根据中国石油工业发展的实际情况,我国政府提出加快海洋石油的勘探开发,为石油工业寻找接替基地作好准备的战略方针。1978年,中国近海油气勘探开始对外开放。1982年,国务院颁发了《中国海洋对外勘探合作条例》。通过对外合作和自营勘探,中国近海石油、天然气勘探工作获得重大进展,先后在渤海、黄海、东海和南海的珠江口、北部湾、琼东南等海区,发现了油气田和含油气构造,中国海域2010年油气产量首超 $5000\times10^4 t$ 油当量。近年来,我国相继在珠江口盆地LW3-1、琼东南盆地LS17-2、渤海湾盆地BZ19-6等含油气构造的天然气勘探中取得了重大突破,揭示了我国海域具有丰富的油气资源前景。

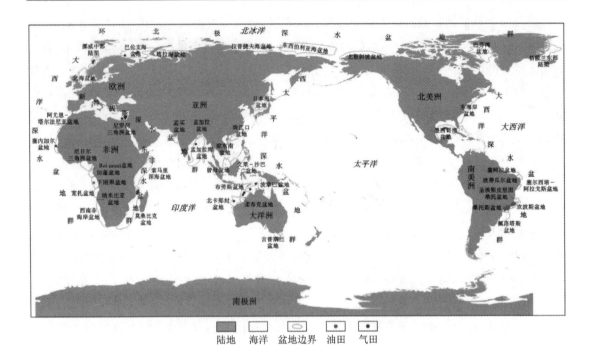

图 1-2-5　全球主要深水含油气盆地分布(据张功成等,2019)

第三节　海洋矿产资源研究重要意义

海洋矿产资源研究重要意义如下。

(1)开展海洋矿产资源研究有助于缓解人类社会对矿产资源需求的压力。

辽阔浩瀚的海洋,覆盖了地球表面积的71%,蕴藏着丰富的矿产资源。打开海底聚宝盆,它将为人类未来的生存与发展提供巨量的各种矿产资源。在沿岸基岩、砂质海岸带和浅水域分布着各类陆架砂矿资源。在近海大陆架底床的基岩中,赋存着各种由陆地延伸到海底的层状、脉状、浸染状的金属和非金属矿床。在大陆架和大陆坡海域中蕴藏着丰富的石油、天然气和天然气水合物等能源资源。在深海大洋中有多金属软泥,大洋中脊两侧分布有热泉喷溢的"烟囱"状热液硫化物矿床。在大洋水深4~5km的盆地表层,有像铺路卵石般密密麻麻分布的多金属结核;在一些海底山表面也分布有一层平均厚度3~5cm的富钴结壳,它们除含 Fe、Mn 之外,还含有大量的 Ni、Co、Cu、Pb、Zn 等金属元素。

20世纪是世界人口迅速膨胀的时代,为了满足急剧增长的人口需要,人类社会活动不断扩大,无节制地开采资源,造成了大量的资源浪费和严重的环境污染。陆地空间及其资源已经到了不堪重负的境地,严重制约着人类社会的生存和发展。海洋矿产资源如此巨量,随着社会的发展,尤其是陆地上的资源和能源因消耗剧增而日趋减少,人类的生存和发展必将越来越依赖海洋。国际上普遍认为,海洋是21世纪人类社会可持续发展的宝贵财富和最后空间。因此,开展海洋矿产资源研究有助于缓解人类社会对矿产资源需求的压力。

(2)开展海洋矿产资源研究有助于丰富和更新已有的知识储备,完善成矿理论体系。

自古以来，人类所需的矿产资源绝大多数来源于陆地，因而，有关矿产资源形成作用和成矿过程的研究与认识也仅仅局限于陆地资源，由于缺乏充分的现实证据，很多观点具有明显的推测性。近几个世纪以来，随着海洋科学技术的发展和海洋矿产资源研究的深入，人类不断丰富和更新已有的知识储备，提出了一系列新的认识和观点，进一步修正和完善了成矿理论体系。

以现代海底热液成矿作用为例，它是岩石圈与大洋（水圈）在洋脊扩张中心、岛弧、弧后扩张中心及板内活动中心发生热和化学交换作用的产物，这种交换过程不仅产生了具有重要经济意义的金属矿床，而且对水圈和生物圈产生重大影响，已成为当今地球科学重大前沿研究领域之一。热水成矿作用正在海底进行，对这一天然实验室的观察与研究，不仅为研究古代矿床注入了新的活力，而且对我们现有的成矿理论提出严重挑战，并已成为发展和开创成矿新理论的摇篮。海底考察和研究表明，现代海底热水成矿作用具有两套成矿系统，即喷口以下的热水补给系统和喷口以上的喷溢沉积系统。补给系统在海底以下的通道中形成网脉状矿化和强烈蚀变，属后生成矿作用；喷溢沉积系统则在海底以上形成层状、似层状或透镜状矿体，属于典型的同生成矿作用。总之，现代海底热水喷溢系统的发现及热水喷溢沉积成矿理论的提出，给矿床学研究带来了重要的进展。

(3) 开展海洋矿产资源研究，开发海洋资源，是我国实现海洋强国战略的重要途径。

中国是一个陆海兼具的国家，大陆海岸线总长度超过 1.8×10^4 km，管辖海域近 300×10^4 km²，海洋油气资源、固体矿产资源丰富。开展海洋矿产资源研究，加强海洋矿产资源的勘查与开发，实现其可持续利用，已经成为我国实现海洋强国战略的必然选择。

我国陆架区海域辽阔，共有16个新生代沉积盆地，总面积近 90×10^4 km²，海洋石油资源量为 246×10^8 t，占全国石油资源总量的22.9%，海洋天然气资源量为 15.79×10^{12} m³，占全国天然气资源总量的29.0%，海洋油气正日益成为我国油气增量的主要来源。我国的陆架砂矿资源，矿种丰富、分布集中，全国已探明的滨海砂矿储量为 164 137.3$\times10^4$ t，2004年，滨海砂矿业实现产值达5.14亿元，占我国海洋经济总产值的0.04%。我国滨海煤田和油页岩资源也有一定潜力。山东龙口煤田是我国发现的第一个滨海煤田，探明储量为 11.8×10^8 t。另外，在黄河口济阳坳陷东部也发现远景储量达 85×10^8 t 的煤和油页岩矿区。1991年3月，我国成为世界第五个国际海底多金属结核资源勘探开发先驱投资者，拥有太平洋 7.5×10^4 km² 多金属结核专属勘探区，随后在国际海底区域获得了具有专属勘探权的 0.3×10^4 km² 的富钴结壳矿区和 1×10^4 km² 的多金属硫化物矿区（刘永刚等，2018）。

尽管我国所辖海域海洋矿产资源丰富，但我国海洋基础地质勘探落后，造成海洋矿产开发后劲不足。截至目前，我国对专属经济区和大陆架的勘测范围还不到一半，大多数海域尚未进行多波束的全面覆盖，小比例尺海洋区域地质实测制图尚未开展。海洋矿产资源被周边国家大肆掠夺的状况也不能忽视。因此，我国应加强海洋矿产资源研究，增强海洋地质矿产勘探水平和力度，摸清我国海域矿产资源家底，积极参与国际海底矿产资源调查，努力增加领土之外的领地。

本章小结

海洋矿产资源属于海洋不可再生资源,广义上包括海底矿产资源和海水中的矿产资源两大部分,但一般仅指海底矿产资源,即指目前处于海洋环境下的除海水以外的矿产资源,包括现今海洋环境下形成和过去在陆地环境形成而现今处于海底的矿产资源两大部分。不同学者从不同角度对海洋矿产资源提出了多种分类方案。本书根据海洋环境与矿种划分为海底砂矿、海底磷矿、洋底锰结核和钴结壳、海底多金属软泥、海底硫化物矿、海底油气藏、天然气水合物等。海洋矿产资源因其产出状态的差异,其描述的常用术语也不同。固体海洋矿产资源常使用矿床、矿体和矿石等相关术语,流体海洋矿产资源主要是海洋油气资源,一般使用油气田、油气藏和圈闭等相关术语。

人类对海洋矿产资源的调查与开发已有数千年的历史,大致可划分为3个阶段:海洋资源原始调查阶段、海洋矿产资源勘查开发早期阶段、海洋矿产资源勘查开发快速发展阶段。从20世纪50年代开始至今,世界各国对海洋矿产资源开展了不同规模的勘查和研究。但与陆地矿产资源调查和开发相比,海洋矿产资源调查的广度和深度还远远不够,大部分海域调查尚属于空白或调查甚少,除海洋油气开发以外,其他海洋矿产资源开发更是大大滞后。

海洋矿产资源研究的重要意义主要在于3个方面:有助于缓解人类社会对矿产资源需求的压力;有助于丰富和更新已有的知识储备,完善成矿理论体系;是我国实现海洋强国战略的重要途径。

思考题

1. 海洋资源、海洋矿产资源的概念。
2. 画一张从海岸带到深海的典型剖面,说说各地貌单元中可利用的海洋矿产资源有哪些?
3. 海洋矿产资源的调查与开发历程可划分哪些阶段?其特点是什么?
4. 海洋金属矿产资源勘探现状。
5. 海洋能源资源勘探现状。

第二章 地球演化与矿产资源形成

第一节 地球圈层构造及地质作用概述

人类开发利用的各种矿产资源,包括海洋矿产资源在内,都产于地球的一定部位。它们是地球发展演化过程中一定阶段、一定地质条件和作用下的产物。理论研究和勘探实践表明,绝大多数矿床(油气藏)的成矿物质都来自地壳和上地幔,即岩石圈。因此,了解地球的圈层构造及其相互作用,对于研究矿产资源的形成和分布规律具有重要的指导意义。

一、地球的圈层构造

人类对地球内部构造的认识主要是基于地震波(包括横波和纵波)的反射和折射研究。地球内部物质组成的差异及其结构、构造的非均一性,会导致地震波在其内部的传播速度有明显的不同,从而推断地球由若干个圈层组成。除了大气圈、水圈和生物圈外,地球从外向内可分为地壳、地幔和地核3个圈层(图2-1-1)。莫霍面(Moho)是自地球表面向地球内部第一个地震波不连续面,是地壳和地幔的分界面,在大洋地区和大陆地区的平均深度分别为15km和32km。地球内部深度100~200km的地幔内有一个地震波的低速带。多数学者认为,它是呈部分熔融状态的软流圈,是地幔中岩浆产生和赋存的主要部位。软流圈之上的地球外层总体为刚性圈层,统称为岩石圈,包括地壳和上地幔两部分。此外,在距离地表约670km、2900km和5155km的深度,还存在几个重要的地震波不连续面,分别是地幔内部的不连续面、地幔-地核分界面以及外核-内核分界面(图2-1-1)。

关于地球圈层构造的成因,一直存在争论。有的学者认为,地球是由炽热的太阳星云随其温度下降而使各类组分逐渐凝聚和增生形成的,即地球的分带结构是增生过程中形成的,是非均一增生模式(Clark et al,1972;Grossman,1972;Gameerson,1973)。Ringwood(1979)则认为,地球是在太阳星云的各类组分凝聚以后才开始增生的,以后由于地球内部温度的增高发生熔融引起地壳、地幔、地核的分离而形成分带结构,即均一增生模式。由于非均一增生模式不易解释部分元素在地球内部的实际分布,因此目前人们更多地趋向于均一增生模式。

1. 地壳

地壳是地球岩石圈表面一层很薄的外壳,其厚度是不均匀的。陆壳厚度为20~80km,平均厚度为35km;洋壳最薄,仅为0~10km。

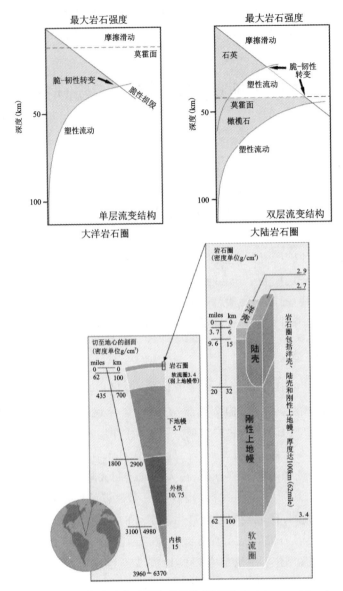

图 2-1-1 地球圈层构造及岩石圈流变结构剖面图(据 Adams and Lambert,2006)
(1mile=1.609km)

陆壳的结构和组成非常复杂。它虽然只占地球总体积的 0.4%,却集中了地球中一半以上的大离子半径亲石元素,保存了太古宙以来各地质时期的历史记录。根据地震波纵波速度(V_P)差异,陆壳可分为上、下两层:前者的 V_P 介于 5.9~6.5km/s 之间,后者的 V_P 介于 6.5~7.5km/s 之间。至地壳底部与上地幔的交界处,V_P 迅速增加达 8.2km/s,表明有不连续面的存在,即莫霍面。上陆壳的 V_P 相当于在酸性火成岩和变质岩中的速度,因而推测上陆壳是"花岗岩质"成分,但这种岩石更接近于花岗闪长岩,而非花岗岩。下陆壳的 V_P 与玄武岩和辉长岩相似。过去曾认为它是由这类基性岩石组成的,但石英闪长岩和闪长岩在高温高压下的 V_P 与之接近,因此推断下陆壳的平均化学成分可能相当于中性岩类的成分。

与陆壳相比,洋壳很薄。一般认为,它是由玄武岩层和上覆较薄(1~2km)的海洋沉积层构成的,其总成分相当于苦橄质玄武岩。大洋环境存在大洋盆地、洋中脊和岛弧3个重要的构造区。大洋盆地区的地壳结构可分为松散未固结沉积物的沉积层、具枕状构造的高原玄武岩层,以及各式各样的基性和超基性岩浆岩组合层。此外,大洋盆地区的壳幔边界——莫霍面,也是清楚可辨的。洋中脊是软流层物质上涌和对流的中心。岩石圈厚度极小,具有高热流、低密度和低地震波速度的特点。莫霍面很不明显,有强烈的玄武质火山活动,为超镁铁质岩的主要产地之一。岛弧前缘的海沟是对流洋壳下沉的位置。由于这种作用,洋壳插入陆壳之下而深入地幔,并导致岛弧区发生强烈的火山活动及火山成矿作用。因此,岛弧区广泛分布着造山型火山岩(安山质岩)。同时,岛弧区和海沟中也分布有岩浆对流侵位的超镁铁质岩。

综上所述,地壳的结构在大陆区和大洋区有显著差别,大陆区的造山带和古老的稳定地区的地壳结构也有所不同,这就决定了不同地质构造区的成矿地质条件也存在较大的差异。

2.地幔

地幔位于地壳之下,二者之间存在一个地震波不连续的莫霍面。在厚大的地幔中与成矿有直接关系的是上地幔。上地幔顶部有一个低速层,也称软流层。在这一层中热流值比地壳上层高6~7倍,推测其温度接近基性或超基性岩熔点的温度,以固体岩石为主,有部分熔融,所以该层的波速比其他层低。地球物理研究表明,地幔也存在着垂向和横向上的不均一性。

关于地幔岩,一般认为可能为二辉橄榄岩,相当于三份橄榄岩(含20%辉石)加一份玄武岩。由于在高温(1500℃)下地幔岩发生分熔作用,生成易熔部分玄武岩浆和难熔部分纯橄榄岩或橄榄岩质岩浆。同时一些元素按照地球化学性质也随之分离:在易熔熔体中富集有Si、Na、K、Ca、Al、Ti、Li、Rb、Cs、Be、Sr、Ba、Y、REE、Th、U、Zr、Hf等;在难熔固体中富集有Mg、Fe、Ni、Mn、Cr、Co、Pt等。有人认为,地壳内的玄武岩层就是由从地幔物质分熔出来的易熔部分组成的,而莫霍面下部的纯橄榄岩层,主要是由其分熔残留的难熔部分组成的。上地幔的这些特点对许多矿床的形成是非常重要的。地幔流体是一种富碱金属、富挥发分的流体,具有非常强的交代能力,并且由于地幔的不均一性,有一些地幔流体本身就是一种矿浆,在其喷流到地表或向地壳侵位过程中就可以直接成矿。

3.地核

根据宇宙化学资料,地球整体的非挥发性元素比值与太阳和球粒陨石相似,但地幔与整个地球相比,铁明显较低。因此,地核中应集中较多的铁(镍)。然而,在外核的压力条件下,纯铁的熔点高于外核的温度,而实际上外核是液体状态;另外,纯铁的纵波速度也稍低于地核。因此,许多研究者认为地核中还应该存在一些能使铁的熔点降低和使波速增加的杂质元素,如H、He、C、N、Si、Mg、O和S等。

二、地质作用过程

1. 地质作用的概念与分类

地质作用就是形成和改变地球的物质组成、外部形态特征与内部构造的各种自然作用,分为内力地质作用和外力地质作用两类。前者主要以地球内热为能源并主要发生在固体地球内部,包括岩浆作用、构造作用、地震作用、变质作用等;后者主要以太阳能及日月引力能为能源并通过大气、水、生物等因素引起,包括地质体的风化作用、剥蚀作用、搬运作用、沉积作用和固结成岩作用等(图2-1-2)。内力地质作用与外力地质作用都同时受到重力和地球自转力的影响。正是这些内力和外力地质作用,或明或暗、或急或缓不断地作用于地球并改变地球的结构和面貌,地球才表现出巨大的活力。从物质成分的角度来看,地质作用控制着地壳物质的循环,控制着物态变化的条件,也控制着成矿物质的富集。

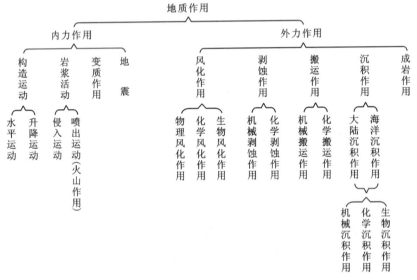

图2-1-2 地质作用分类图

2. 地质作用的特点

(1)地质作用的地域特色。一方面,地质作用的发生与发展具有共同规律,另一方面,不同地区往往出现不同的地质作用,且同一类地质作用在不同地区往往具有其特殊性。

(2)地质现象的复杂性。从性质上来看,包括物理的、化学的、生物的;从规模上来看,大到全球的宏观现象,小到原子和离子的微观过程。同时,地质作用涉及生物、气象、天文、地理等一系列学科领域。

(3)地质作用过程的漫长性。例如海陆变迁、山脉隆升、海底扩张、岩浆侵位等过程需要很长时间,一般以百万年(Ma)为单位计算。如喜马拉雅山脉从大洋关闭、褶皱隆升至今约有40Ma,太平洋的形成至今约有180Ma。但是,也有一些地质作用过程的时间很短,如地震作用,往往在几秒至几十秒时间内完成。2008年5月12日14时28分发生的四川省汶川8.0

级大地震,仅持续十几秒,但发震前的能量聚集过程时间很长。因而,人们很难对正在进行的地质作用的全过程进行完整观察,对于地质历史中发生的地质作用更不可能直接去了解,绝大多数地质作用也很难用物理或化学方法加以重现(陶晓风等,2007)。

第二节 成矿作用的本质与分类

一、成矿作用的概念与本质

1. 成矿作用的概念

人类开采和利用的矿产资源(包括无机矿产资源和有机矿产资源)均产于地球中的一定部位,是地球演化发展过程中一定阶段、一定地质条件下的产物。前人研究表明,绝大部分的成矿物质都是来自地壳和上地幔。因此,成矿(成藏)作用就是在地球的演化过程中,使分散在地壳和上地幔中的化学元素(有机质),在一定的地质环境中相对富集(聚集)而形成矿床(油气藏)的作用。换言之,矿床(油气藏)是自然界中分散存在的矿质(有机质)富集到一定程度的产物。如铁在地壳中平均含量约为5%,铁矿石边界品位为25%,铁必须经过成矿地质作用富集5倍以上并具有一定规模,才能成为矿床;锰元素的克拉克值为0.13%,而锰矿床的工业品位为20%,锰需要富集150多倍并具有一定规模才能成为矿床。

从微观角度看,成矿不是成矿元素新原子的合成和堆积,而是壳幔系统中元素从原始分散状态通过各类地质-地球化学作用及其中所包含的导致元素再分配(集中和分散)的机制逐步浓集,最终在地壳局部地段达到当前工业可利用的浓度水平(矿石)的全过程。对于非金属和油气成矿,也是某些特殊有用组分的浓集过程——由某一初始元素组合形态形成有用的新组合形式。

从宏观角度看,成矿作用是地质作用的一部分,不同的地质作用可以形成不同类型的矿产资源。矿产资源是地球长期形成、发展与演变的产物,是自然界的矿物质在一定地质条件下,经一定地质作用聚集而成的。

矿床的形成是个概率极低的自然过程。据统计,目前世界上保有的探明金属储量只相当于大陆地壳中金属总量的百万分之几至十亿分之几。换句话说,只有在特定的地质和物理化学条件下,成矿元素才得以集中成矿。查明有用组分聚集的条件、成因、方式和过程是矿产资源地质学研究的中心课题之一。

2. 成矿物质的来源

矿床(油气藏)是地壳的组成部分,成矿(成藏)物质主要来自地壳和上地幔。因此,了解元素在地壳和上地幔中的分布特征,对于研究矿床(油气藏)成因和分布规律具有十分重要的意义。元素在地壳和上地幔中的分布规律可以概括为以下几点:

(1)不同种类的元素在地壳和上地幔中的分布量相差极为悬殊,具有明显的不均一性。O是在地壳和上地幔中分布量最多的元素,在地壳中为46%,上地幔中为43%;He为在地壳和上地幔中分布量最少的元素,在地壳中为1.6×10^{-13},上地幔中为1.9×10^{-14},两者相差可达11~12个数量级。

O、Si、Al、Fe、Ca、Na、Mg 是地壳和上地幔中分布量最多的元素,合计约占地壳总成分的 99.4%,上地幔总成分的 99.11%,被称为造岩元素;而其余 85 种元素分布量总计不到 1%。地壳中分布量最多的前 7 种元素,多是在国民经济中占重要地位的金属和非金属元素,比较容易富集成矿,形成数量众多、分布广泛、规模巨大的矿床。其余 80 多种元素要富集成矿相对来说更为困难,矿床规模也较小。

(2) 同一种元素在地球不同圈层中的分布量或在不同地质体中的丰度具有很大的差异。

铁族元素(Fe、Cr、Co、Ni)、铂族元素(Pt、Ru、Rh、Pd、Os、Ir)和 Mg 在上地幔中分布量比在地壳中大几倍到十几倍;稀有元素(Li、Be、Nb、Ta)、稀土元素以及放射性元素(U、Th、Ra)在地壳中的分布量比在上地幔中大几倍到十几倍;挥发分元素(S、P、F、Cl、B)在地壳中分布量比在上地幔中大 2~4 倍。

Na、K 在中酸性岩中含量较高,Mg 在超基性岩中含量明显高。Fe、Cr、Co、Ni、Pt 在超基性岩中丰度最大,从超基性岩到酸性岩丰度急剧降低;U、Th、Li、Be、Nb、Ta、W、Sn、Pb 在酸性岩中丰度最高,从超基性岩到酸性岩丰度值明显增高;V、Ti、Cu、Zn、Sb、Mo 在基性岩中丰度最高;B、F、Cl、S、P 等挥发分元素,从超基性岩到酸性岩丰度逐渐增大。沉积岩中 S、B、C、Hg、Sn、Mo、Pb、W、Cu、Zn 含量很高,其他元素多介于基性岩与酸性岩的丰度之间。

(3) 不同种类元素在地质演化过程中往往形成不同的共生组合,呈有规律的共生关系。

元素共生组合或共生关系是物理化学条件的不同和元素化学行为的差异而产生的结果。研究地质作用中元素共生的基本规律和元素的地球化学分类,对于了解各类元素组合的迁移富集和矿床形成具有重要意义。目前最常用的元素地球化学分类是戈尔德施密特和查瓦里茨基的分类。

戈尔德施密特将元素分为亲铁元素、亲硫元素、亲石元素、亲气元素和亲生物元素 5 种类型(表 2-2-1)。在地球化学演化中,亲铁元素与基性、超基性岩有十分密切的联系;亲石元素比较集中于酸性岩和碱性岩中;亲硫元素与各种岩浆岩之间都存在比较密切的联系,但最主要的是与中性和中酸性岩浆岩有关;亲气元素主要富集于大气圈和某些天然气矿藏中;亲生物元素的集中与生物有机体的生命活动有密切联系。戈尔德施密特的元素地球化学分类,对于了解地球的原始分异作用、圈层状构造的形成、元素地球化学性质及其组合特点等具有指导意义。

表 2-2-1 戈尔德施密特的元素地球化学分类(转引自翟裕生等,2011)

亲铁元素	亲硫元素		亲石元素	亲气元素	亲生物元素
	在陨石中	在地球中			
Fe Ni Co P (As) C Ru Rh Pd Os Ir Pt Au Ge Sn Mo (W) (Nb) Ta (Se) (Te)	S Se (Te?) P As (Sb?) Cu Ag Zn Cd (Ti) V Cr Mn Fe (Ca)	S Se Te As Sb Bi Ga In Tl (Ge) (Sn) Pb Zn Cd Hg Cu Ag (Au) Ni Pd (Pt) Co (Rh) (Ir) Fe Ru (Os) Mo	O (S) (P) (H) Si Ti Zr Hf Th Fl Br I (Sn) B Al (Ga) Se Y La Ce Pr Nd Sm Eu Gd Tb Dy Io Er Tm Yh Lu Li Na K Rb Cs Be Mg Ca Sr Ba (Fe) V Cr Mn (Ni) (Co) Nb Ta W U (C)	H N C O Cl Br I He Ne Ar Kr Xe	C H O N P S Cl I (B) (Ca Mg K Na) (V Mn Fe Cu)

注:括弧中的元素表示这一类中的微量元素。

查瓦里茨基根据元素的电子层结构及其晶体化学参数,同时考虑元素在岩石及矿床中的共生组合,将全部元素分为12族,并以展开式周期表分区表示之(图2-2-1)。

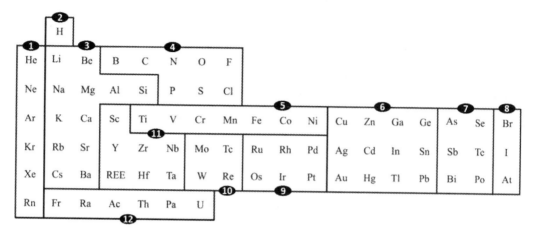

图 2-2-1　查瓦里茨基的元素地球化学分类(转引自翟裕生等,2011)

1.惰性气体族;2.钠族;3.造岩元素族;4.矿化剂元素族;5.亲铁族元素;6.亲硫族元素;7.半金属和金属矿化剂族;8.重卤素族;9.铂族元素;10.钨、钼族;11.稀有、稀土元素族;12.放射性元素

惰性气体族:一般不参加地球化学反应,呈单原子惰性气体,富集于大气圈内。

钠族:在地球化学中具有特殊地位,在强还原条件下形成 H_2 或各种碳氢化合物,在氧化条件下形成 OH^- 或 H_2O。水是重要的成矿介质,对元素的迁移、沉淀都有重要意义。

造岩元素族:为亲石元素,组成了地壳的主要岩石。其余的微量元素则呈分散状态产于硅酸盐及碳酸盐矿物中,局部富集于伟晶岩、交代岩及沉积岩类矿床中。

矿化剂元素族:有巨大的电负性,都呈阴离子或配离子,与碱金属元素形成易溶或易挥发的配合物,对成矿元素的迁移富集有重要意义。

亲铁族元素:介于惰性气体型离子和铜型离子之间,其地球化学性质处于造岩元素族和亲硫元素族之间的过渡类型,有时以混入物的形式进入超基性和基性岩的硅酸盐矿物中;有时以氧化物的形式出现并富集成矿,表现出其亲石性特点。

亲硫族元素:属铜型离子,具强亲硫性,形成硫化物及其他类似化合物。其中大部分元素形成独立矿物;其余则呈类质同象混入物,是典型的分散元素。

半金属和金属矿化剂族:常以络阴离子的形式和阳离子结合成硫盐矿物,而在还原条件下则呈单质出现,Se 呈类质同象混入物出现,Te 呈独立矿物出现。

重卤素族:包括 Br、I、At。

铂族元素:在自然界中主要呈自然元素存在,亦可呈硫化物、砷化物和硒化物出现,大都富集于基性、超基性岩与黑色岩系中。

钨、钼族:主要富集于与花岗岩类有关的矿床中。

稀有、稀土元素族:常富集于富含挥发分及碱金属的伟晶岩、交代岩或与碳酸岩有关的矿床中,常按各种比例相伴出现在某些稀有元素矿物中。

放射性元素:在内生条件下,可呈硅酸盐或氧化物的独立矿物出现,也可呈类质同象混入物出现;在表生条件下,主要呈含氧盐类矿物出现。

查瓦里茨基的元素分类比较系统地反映了地壳中元素的共生规律,对找矿勘探和矿床研究工作有指导意义。

对于金属矿质的来源,历史上早期曾经有过水成、火成两个非此即彼的争论,在19世纪初至20世纪80年代,火成论逐渐占据优势,并被作为标准模式,长期处于主导地位。20世纪80~90年代以来,随着新矿种和新矿床类型的不断发现,新技术、新方法的不断应用,岩浆演化-成矿体系暴露出来的问题日益明显,无法合理地解释很多世界级大型矿床的成因。

现代成矿理论认为,成矿物质具有多来源的特点,可以来自玄武岩浆、硅铝层重熔-再熔混合(花岗)岩浆、地壳上部岩石(层)、地表岩矿石以及宇宙空间(陨石),而地质流体对于成矿/成藏的重要意义越来越引起地质学家们的关注。所谓地质流体,就是在应力作用下能发生流动或变形,并与周围介质处于相对平衡条件下的物质。地壳中的水、岩浆、各种状态的热液、高密度气体、有机流体,甚至处于塑性变形状态下的岩石均可看作流体。

3. 成矿物质的迁移

成矿元素和有用组分从分散状态到成为矿床一般是经过迁移而聚集起来的,通过固、液、气3种物态,以分子、原子和离子或其他结合方式,经过机械的、化学的或生物的作用而实现的。自然界中物质在处于固态时活动性较小,在固体内的扩散、出熔等造成的物质移动规模都是十分有限的。而当物质在处于液态或进入液相后较容易发生显著而有效的迁移,所以绝大多数固体矿产资源都是在液相中转移,并由液相转变为固相时稳定下来的。而呈液相或气相产出的矿产资源,如石油和天然气,则是在外部条件的作用下,以流体的形式发生迁移,并最终在沉积盆地中的有利部位(圈闭)中聚集而形成油气藏。

影响元素迁移的因素,一方面为内因,即取决于元素的地球化学性状;另一方面为外因,即温度、压力、酸碱度、氧化还原条件及流体成分和动力等条件变化。从宏观角度看,驱动地质流体对成矿物质进行搬运的机制主要是地球内部和表面能量的变化,物质总是由能量高的部位向能量低的部位运动,即搬运总是向体系能量减小的方向进行。总体而言,引起成矿流体迁移运动的机制主要有:①温度差,一般由温度高的地方向温度低的方向迁移;②压力差,一般由压力大的地段向压力小的地段迁移;③浓度差,一般由浓度高的地方向浓度低的地方扩散;④高度差,一般由位置高的地方向位置低的地方迁移。

元素迁移的方式主要有以下几种:①以熔融状态迁移,如 Cr、Ni、Cu、Co、PGE 等;②以溶液状态迁移,如 Au、Ag、Cu、Pb、Zn、W、Sn、Mo 等;③以机械搬运方式迁移,如自然金、金刚石、锡石等;④以气态形式迁移,如 S、Fe 和 Au 等元素的氯化物。

元素迁移的通道主要有裂隙、断裂、透水层、不整合面、不同性质的地质界面等。

4. 成矿物质的富集

元素在地壳和上地幔中的含量并非固定不变,在一定的地质作用下会发生分散或富集。常用浓度克拉克值和浓度系数等术语来反映某种元素是分散还是富集,以及其富集程度。

浓度克拉克值是指某一地质体(矿床、岩体或矿物等)中某种元素的平均含量与其克拉克值(即该元素在地壳中的平均含量)的比值,也叫富集系数。它表示某种元素在一定的矿床、岩体或矿物中的浓集程度。浓度克拉克值大于1,即表示该元素在某地质体中比在地壳中相对富集;小于1,则意味着分散。例如,Mn 的克拉克值为 0.1%,则软锰矿中锰的浓度克拉克值为 632,蔷薇辉石中锰的浓度克拉克值为 419。因而,浓度克拉克值在研究元素的富集与分散以及在找矿实践中都具有重要意义。

浓度系数是指矿床工业品位与该矿种的元素克拉克值的比值。例如 Fe 的克拉克值为 5.8%,工业品位为 30%,则浓度系数为 5,说明地壳中的铁必须富集 5 倍以上才能成为矿床;Cu 的克拉克值为 0.006 3,工业品位为 0.5%,则浓度系数为 79,表示地壳中的铜必须富集 79 倍以上才能成为矿床。对自然界中的很多元素而言,若要达到工业要求,需要比其克拉克值富集几百倍至几千倍,甚至上万倍(表 2-2-2)。如 Mo 的浓度系数为 462,Hg 为 10 000,铋为 1 250 000。所以,某一地质体中的某种元素成矿,至少要求其浓度克拉克值(富集系数)不小于浓度系数。一般浓度系数小、富集系数大有利于成矿。

表 2-2-2 几种金属元素克拉克值、工业品位及浓度系数对比表

元素	克拉克值(%)	工业品位(%)	浓度系数
Al	8.3	25	3
Fe	5.8	30	5
Cu	0.006 3	0.5	79
Ni	0.008 9	0.3	34
Zn	0.009 4	2	213
Pb	0.001 2	1	833
Mo	1.3×10^{-6}	0.06	462
Au	4×10^{-9}	3×10^{-6}	750
Ag	80×10^{-9}	100×10^{-6}	1250
Sb	0.6×10^{-6}	1.5	25 000
Bi	4×10^{-9}	0.5	1 250 000

自然界中,成矿元素绝大部分是呈固体矿物出现的,少数呈气体、液体产出。元素聚集形成矿石矿物的方式是多种多样的,主要有结晶作用、化学作用、交代作用、离子交换及类质同象置换作用、机械分异作用等。

(1)结晶作用。它包括岩浆结晶作用、热液结晶作用、凝华结晶作用和蒸发结晶作用:①岩浆结晶作用是高温高压的岩浆硅酸盐熔融体,当温度、压力降低到某种矿物的饱和结晶点时,矿物从岩浆中结晶沉淀出来的现象,如基性—超基性岩中的金刚石、磁铁矿、铬铁矿、钛铁矿等;②热液结晶作用是溶解于热液中的化学组分,当温度、压力降低并达到某种矿物的饱和结晶点时,矿物就从热液中结晶沉淀出来的现象,如热液矿床中的方铅矿、闪锌矿、黄铁矿、重晶石等;③凝华结晶作用是一些易挥发性物质,随着温度的降低,由气态直接凝结为固态矿物的现象,最常见的是火山口附近的自然硫;④蒸发结晶作用是海水或盐湖水(天然卤水)因蒸发而逐渐浓缩,盐类物质在溶液中的浓度不断增加,当达到饱和时便结晶沉淀下来的现象,如石膏、石盐、芒硝、硼砂等。

(2)化学作用。有些矿石矿物不是由结晶作用,而是由化学反应生成的。根据不同化合物的化学反应,又可以分为化合作用、胶体化学作用和生物化学作用:①化合作用是指各种气体、液体和固体相互之间,发生化学反应而形成矿物的化学作用;②胶体化学作用是指带有一定电荷的胶体粒子,当胶体溶液因某种原因(电解质作用、电性中和、蒸发、pH值变化等)而失去稳定性,胶体粒子会发生凝聚,形成较大粒子,并在重力影响下发生聚沉的作用;③生物化学作用是指生物直接或间接参与,促使有机的或无机的成矿物质发生聚集的化学作用。

(3)交代作用。它实质上也是一种化学作用,是指溶液与岩石在接触过程中,发生了一些组分的带入和另一些组分带出的地球化学作用,也称为置换作用。交代作用在各种地质条件下均可发生,是一种重要的元素聚集成矿作用,有渗滤交代作用和扩散交代作用两种方式。交代作用过程中,围岩中原有矿物的溶解和新矿物的形成几乎同时进行;岩石始终保持固体状态;交代前后岩石体积保持不变。交代作用的产物常保留原有矿物或岩石的残留体、结构构造以及出现矿物假象。

(4)离子交换及类质同象置换作用。离子交换这种成矿方式,在内生和外生作用中都广泛存在,尤其在许多稀有、分散元素矿床形成过程中占重要地位。如岩浆中铌铁矿或钽铁矿的生成:$2Na(Nb,Ta)O_8 + Fe^{2+}$ 硅酸盐,通过离子交换形成 $Fe(Nb,Ta)_2O_6 + 2Na^+$ 硅酸盐。

类质同象置换作用,通过原子、分子、离子以及络阴离子的交换而生成,但不改变晶体构造类型,仍保持离子正负电荷平衡现象,这种作用在成矿中也有一定的意义。如钛磁铁矿:$Fe^{2+}Ti^{4+} \leftarrow Sc^{3+} + V^{3+}$;黄铁矿:$Fe^{2+} \leftarrow Co^{2+}$、$Ni^{2+}$;闪锌矿:$Zn^{2+} \leftarrow Cd^{2+}$、$3Zn^{2+} \leftarrow 2In^{3+}$、$3Zn^{2+} \leftarrow 2Ga^{3+}$ 等。

(5)机械分异作用。地表经风化剥蚀的碎屑物质(砾、砂、重金属矿物、岩屑、矿屑等)在流水、冰川和风等营力的搬运过程中,由于运动速度和搬运能力的减弱,发生按大小、形态、比重和耐磨性的差异发生沉淀的作用。

二、成矿作用分类

成矿作用是在地球演化过程中发生的,使分散在地壳和上地幔中的化学元素,在一定的地质环境中相对富集而形成矿床的作用,是地质作用的一部分。地质作用不仅控制着地球内部物质的重新空间分布,而且影响着物质状态的变化(图2-2-2)。因此,与一般的地质作用一样,按作用的性质、能量和物质来源,成矿作用可划分为内生成矿作用、外生成矿作用、变质成矿作用和叠生成矿作用。相应地形成的矿床分别称为内生矿床、外生矿床、变质矿床和叠生矿床。

1. 内生成矿作用

内生成矿作用主要是由地球内部能量(包括热能、动能、化学能等)的影响,导致形成矿床的各种地质作用。热能的来源主要是放射性元素的蜕变能,地幔及岩浆的热能、在地球重力场中物质调整过程中所释放的位能以及表生及上部物质转入地壳内部在高压下发生变化(如脱水、矿物变化和矿物相变)过程中所释放的能量等。

内生成矿作用除了能达到地表的火山和温泉外,都是在地壳不同深度、不同压力、不同温度和不同地质构造条件下进行的。总的来说,内生成矿作用多数是在较高温度和较大压力

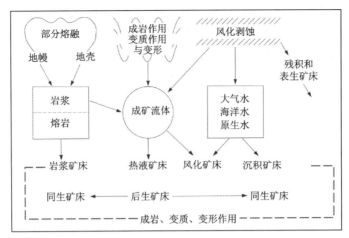

图 2-2-2　成矿作用类型及矿床成因分类示意图(据 McQueen,2005)

下,在地壳深处进行的。这种作用人们不能直接观察到,只有根据作用的结果,即对矿床地质特征的研究以及高温高压下的模拟试验,来追溯成矿作用的过程(图 2-2-3)。根据物理化学条件的差异,内生成矿作用可分为岩浆成矿作用、伟晶岩成矿作用、热液成矿作用等几种成因类型。现代海底热液硫化物矿产资源主要是通过热液成矿作用而形成的。

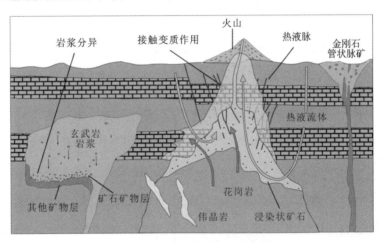

图 2-2-3　内生成矿作用示意图

2.外生成矿作用

外生成矿作用主要是指在太阳能的影响下,在岩石圈上部、水圈、大气圈和生物圈的相互作用过程中,导致成矿物质在地壳表层形成矿床的各种地质作用。外生成矿作用的能源,主要是太阳的辐射能,也有部分生物能和化学能。在火山活动的地区,还可能有与之有关的热能参加。外生成矿作用基本上是在温度、压力比较低(常温、常压)的条件下进行的。

外生矿床的成矿物质主要来源于地表的矿物、岩石和矿床、生物有机体、火山喷发物,部分可来自星际物质(陨石)。地表岩石主要成分是铝硅酸盐(如长石、云母等),经风化分解可形成黏土矿物和盐类矿物。铁硅酸盐(如辉石、角闪石、橄榄石等)经风化可分解出铁,是外生铁矿床的主要物质来源。大部分沉积矿床的物质来源主要是来自大陆风化壳。但也有一些矿床,如铁锰矿床,特别是前寒武纪的铁锰矿床,与海底火山喷发活动有明显的关系。此外,自元古宙,特别是古生代以来,生物大量繁殖,它们吸收了土壤、水和空气中的各种无机盐类、CO_2 和 H_2O 等,并把它们转化为生物有机体中的碳氢化合物,在生物的骨骼、鳞甲及排泄物中也富集了某些元素。生物死亡以后,遗体大量聚集,在一定的条件下,即可分解成为各种矿产,如煤、石油、磷块岩、生物灰岩等。

外生成矿作用可分为风化成矿作用、沉积成矿作用和有机地球化学成矿作用(可燃有机矿产的形成)三大类。根据成矿地质条件又再分为若干亚类。现代海底矿产资源中的绝大部分都是由外生成矿作用形成的。

3. 变质成矿作用

在内生作用和外生作用中形成的岩石或矿床,由于地质环境的改变,特别是经过沉埋或其他热动力事件,它们的矿物成分、化学成分、物理性质以及构造结构等都要发生改变,甚至可使原来的矿床消失(特别是盐类矿床),也可以产生某种有用矿物的富集而形成新矿床,或者使原来的矿床经受强烈的改造,成为具有另一种工艺性质的矿床,这些都称为变质矿床。

就本质上看,变质成矿作用是内生成矿作用的一种,但这里所指的变质成矿作用主要是指由于地球内力影响,使固态的岩石或矿石不经过熔融阶段而直接发生矿物成分和构造结构改变的各种作用,不包括岩浆岩的自变质作用和岩浆气水溶液的交代作用,也不包括沉积物在成岩阶段和表生阶段的各种后生变化。变质成矿作用就是已形成的岩石、矿床在特定的物理化学条件或地质条件下发生变化,导致成矿物质重新组合再分布的迁移和富集作用。

变质成矿作用,按其产生的地质环境不同,可分为接触变质成矿作用、区域变质成矿作用、动力变质成矿作用和混合岩化成矿作用,形成的变质矿床分别称为接触变质矿床、区域变质矿床、动力变质矿床和混合岩化矿床。

4. 叠生成矿作用

这是一种复合的成矿作用,在自然界也是经常发生的,即在先期形成的矿床或含矿建造的基础上,又有后期成矿作用的叠加。这样,不但对原来矿床或含矿建造有所改造,并有新的成矿物质的加入。例如内蒙古自治区白云鄂博超大型稀土-铁-铌矿床,就是在中元古代裂谷环境形成热水沉积型含稀土的贫铁矿床的基础上,又叠加了加里东晚期岩浆热液有关的稀土-铌矿化,是一种叠加复合型矿床。也有一些矿床是在先期外生成矿作用形成的矿床或含矿建造的基础上,又受到内生成矿作用的影响而使成矿物质发生活化转移后,在附近适宜构造条件下富集形成的矿床。

此外,有些矿床的形成可能与陨石降落地面有关。陨石降落地面的撞击力导致地球深部岩浆上涌或地壳物质的局部重熔,而发生成矿作用。如加拿大萨德贝里铜镍矿床的形成可能与此有关。

总之,地球上的成矿作用是非常复杂的,还有可能存在尚未被揭示的成矿作用。

第三节　内生成矿作用及内生矿床

一、岩浆成矿作用及岩浆矿床

(一)岩浆成矿作用

岩浆成矿作用是指在岩浆演化过程中,有用组分通过各种分异作用从岩浆中分离出来,在地壳中堆积而形成矿床的地质作用。根据有用组分分异作用的差异,岩浆成矿作用可分为3种类型:岩浆结晶分异作用、岩浆熔离作用、岩浆爆发(喷溢)作用。

1. 岩浆结晶分异作用

岩浆结晶分异作用是指岩浆冷凝过程中,由于不同矿物先后结晶和矿物比重的差异导致岩浆中不同组分相互分离的作用。总体上,金属氧化物矿物(如铬铁矿、磁铁矿)比硅酸盐矿物结晶时间早,暗色硅酸盐矿物的结晶顺序为橄榄石→斜方辉石→单斜辉石→角闪石→黑云母,浅色长石类矿物的结晶顺序为基性斜长石→酸性斜长石。

影响矿物结晶的因素有矿物结晶能力(晶格能)、有用组分的浓度、挥发组分的含量、氧逸度等。在不含水的干岩浆中,矿物的结晶主要受其熔点的温度高低控制,熔点高的矿物先结晶,熔点低的矿物后结晶。当岩浆含有一定量的水及其他挥发分时,这些挥发分与成矿重金属元素表现出更大的亲和力,而使金属矿物的结晶温度降低,或者扩大矿物结晶的温度范围,从而影响到岩浆中矿物的结晶顺序。此外,当物质浓度太低时,矿物将会在低于其熔点的温度结晶。比如橄榄石的熔点约为1800℃,铬铁矿的熔点为1900℃,铬铁矿理应比橄榄石早结晶,然而实际上铬铁矿更多地集中在岩浆结晶过程的后期,形成晚期岩浆矿床,可能正是上述因素影响的结果。

2. 岩浆熔离作用

岩浆熔离作用,也称岩浆液态分离作用,或称岩浆不混熔作用,是指在较高温度下一种成分均匀的岩浆熔融体,随温度和压力下降,分离成两种或两种以上互不混熔融体的作用。岩浆熔离作用可以使有用组分高度富集于某个或某几个分熔的熔体相中,是一种非常有效的成矿作用。其实质是,在原来物理化学条件下相互溶解的几种物质,当条件改变到超过它们相互的溶解度限度时,从熔体中分离出独立的不混融液体相。因此,岩浆在较高温度条件下结晶出某种矿物,可以使某些组分相对富集于熔体中,从而促使残余的岩浆发生熔离作用。换句话说,熔离作用是在液态岩浆中进行的分异作用,但它不排斥早期高温矿物相的析出,并为后来的熔离作用创造更有利的条件。岩浆熔离作用存在两种形式:一种是岩浆侵位后发生的就地熔离作用;另一种是岩浆在深部即发生熔离,但熔离体是在浅部成矿。

岩浆熔离成矿过程总体可划分为初始熔离、加强熔离和结晶成矿3个步骤:首先,随温度和压力降低,挥发组分外逸及同化作用导致熔体中SiO_2、Al_2O_3和CaO增加,金属硫化物溶解度降低,从而发生熔离作用;其次,微滴状悬浮的金属硫化物逐渐汇聚、变大,并逐渐沉至底部形成金属硫化物熔体层,从而岩浆熔体分离成硅酸盐熔体和金属硫化物熔体两部分;最后,温度继续下降,两种熔体先后结晶(金属硫化物结晶温度低,结晶时间晚),最终形成岩浆熔离矿床。

岩浆熔离成矿作用在铜镍硫化物矿床中表现最明显。岩浆熔离作用的影响因素主要有:①岩浆中硫和亲硫元素的浓度和岩浆的总成分,特别是铁、镁和硅的含量。硫和亲硫元素浓度高有利于熔离作用发生;而铁会导致硅酸盐熔浆对硫化物溶解度的提高,从而不利于硫化物的熔离作用。②某些特殊成分围岩的同化作用可引起岩浆发生熔离。磷酸盐围岩被硅酸盐熔浆同化后,易引发熔离作用形成富铁熔浆,进而形成磷灰石-磁铁矿床。③挥发组分对熔离的影响,P_{H_2O}、P_{CO_2} 增大有利于硫化物熔离。

3. 岩浆爆发(喷溢)作用

岩浆爆发作用指岩浆在内压力的作用下猛烈(爆炸)上升到地表及近地表的作用。岩浆爆发作用发生的条件是岩浆含有足够多的挥发性组分,且岩浆上侵途中构造环境比较封闭。富含挥发组分的岩浆从深部快速上侵时,岩浆中的挥发组分会快速集中于岩浆房顶部,当流体压力超过围压时产生巨大的瞬间压力,为超高压矿物的结晶提供了条件。如部分金伯利岩浆在浅部就位时发生爆炸,形成细粒的金刚石。岩浆喷溢作用指岩浆在内压力的作用下以较宁静的方式溢出地表的作用。

(二)岩浆矿床

1. 岩浆矿床类型

岩浆在地壳深处经分异作用和结晶作用而形成的矿床称为岩浆矿床。对应于岩浆成矿作用,岩浆矿床也主要有岩浆分结矿床、岩浆熔离矿床、岩浆爆发(喷溢)矿床3种类型。

(1)岩浆分结矿床。它是指岩浆通过结晶分异作用而形成的矿床,可分为早期岩浆矿床和晚期岩浆矿床两类。前者是指有用矿物较硅酸盐矿物结晶早的矿床,后者是指有用矿物较硅酸盐矿物结晶晚的矿床。

早期岩浆矿床具有如下特点:①矿石矿物具自形晶结构和被脉石矿物包含结构(图2-3-1A),可见熔蚀结构,常见浸染状构造;②矿石的矿物成分与母岩(岩体、围岩)的矿物成分基本相同,差别在于含量不同;③矿体与围岩没有明显的界限,一般为渐变过渡关系;④矿体常呈层状、条带状和透镜状产出于岩体的底部或下部,且常与偏基性岩伴生;⑤矿体围岩一般不发育热液蚀变。

晚期岩浆矿床的特点主要有:①矿石矿物具他形晶结构,他形矿石矿物集合体充填于较自形脉石矿物晶间形成海绵陨铁结构(图2-3-1B);②原地分异的矿石多具浸染状构造,贯入式矿体矿石常为块状构造;③矿物成分,除包括岩浆岩主要造岩矿物,还含有一定量热液生成的矿物;④矿体与围岩界限清晰,伴有一定的围岩蚀变;⑤矿体呈层状、似层状或透镜状产于含矿岩体的不同部位，贯入式矿体受裂隙控制。

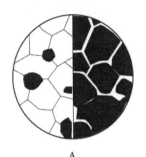

图 2-3-1　岩浆矿床的典型结构(转引自翟裕生等,2011)
A. 早期岩浆矿床:矿石矿物(黑色)的自形晶结构；
B. 晚期岩浆矿床:矿石矿物(黑色)胶结脉石矿物(白色)

(2)岩浆熔离矿床。它是指岩浆熔离作用而形成的矿床，常具有如下特点：①矿体呈似层状产出于岩体底部，贯入式矿体为脉状、透镜状；②矿体与围岩界限不明显，渐变过渡接触关系；贯入式矿体界限清楚；③矿石成分与母岩基本一致，硫化物含量高，含磷灰石和挥发分矿物；④常见海绵陨铁结构，固熔体分离结构，块状、浸染状构造；⑤矿床规模一般较大，工业价值较高。

(3)岩浆爆发(喷溢)矿床。岩浆爆发矿床是指有用组分在深部结晶经爆发作用带到近地表或在爆发过程中形成的矿床。岩浆喷溢矿床指深部分异出来的有用组分经喷溢作用带到地表或在地表附近形成的矿床。岩浆爆发(喷溢)矿床多产于火山岩及次火山岩中；矿体为筒状、脉状、层状及透镜状；多见角砾状、气孔状、绳状及块状构造。常见的矿床类型有与金伯利岩和钾镁煌斑岩有关的金刚石矿床，以及与科马提岩有关的硫化镍矿床两种类型。

2. 岩浆矿床形成条件

(1)岩浆岩条件。岩浆矿床具有成矿专属性，一定矿种仅与一定岩浆岩有关，例如与基性—超基性岩有关的矿床为铬铁矿、PGE、钒钛磁铁矿、铜镍硫化物矿床；产于金伯利岩(钾镁黄斑岩)中的金刚石矿床；与碱性岩-碳酸盐杂岩有关的磷灰石-磁铁矿矿床、铌、钽及稀土矿床。

(2)大地构造条件。岩浆矿床主要出现于俯冲带及板块缝合线(造山带)、大陆裂谷、板块内部或边缘的深大断裂带等构造环境。

(3)同化作用。岩浆对围岩的同化作用，会导致岩浆成分的改变，进而促进岩浆分异。

(4)挥发组分作用。某些挥发组分是成矿元素搬运富集的重要载体或矿化剂。

(5)岩浆的多期多阶段侵入。岩浆的多期多阶段侵入有利于岩浆成矿作用的叠加。

3. 岩浆矿床的总体特征

(1)主要与镁铁质、超镁铁质岩石有关，少数为碱性岩或酸性盐。

(2)岩体对矿体的包容性(矿体多产于岩体内,含矿围岩即为母岩)。

(3)矿体与岩体形成的同时性。

(4)矿石与围岩的矿物组合基本相同。

(5)矿体与围岩一般为渐变或迅速渐变接触(贯入式除外),围岩蚀变不明显或较弱。

(6)成矿温度高,为1200~1500℃,硫化物为500~1100℃,压力较大,深度较大。

(7)矿种多(铬、镍、钴、铜、铂、钒、钛、铌、钽、磷和金刚石)。

二、热液成矿作用及热液矿床

(一)热液成矿作用

1. 热液的成分、性质和来源

热液是在一定深度下形成的,具有一定温度和压力的气态与液态的溶液,也称为气水热液。其主要成分为 H_2O,常见基本组分有 Na、K、Ca、Mg、Sr、Ba、Al、Si 及 Cl^-、F^-、SO_4^{2-} 等。热液通常可以携带下列金属元素:亲铜元素(Cu、Pb、Zn、Au、Ag、Sn、Sb、Bi、Hg)、过渡元素(Fe、Co、Ni)、稀有元素(W、Mo、Be、U、In、Re)、稀土元素和放射性元素以及 Li、Rb、Cs、Br、I、Se、Te 等微量元素。此外,热液中常常含有溶解气体,如 H_2S、CO_2、HCl 等。

热液性质随温度、压力降低,流经围岩性质的不同以及它们相互间的作用而发生变化,并且能把深部矿质及岩石中的成矿元素萃取出来,携带到一定部位,通过充填、交代等方式,把矿质沉淀下来,形成矿床。含矿热液主要有岩浆热液、地下水热液、海水热液、变质热液 4 种来源。研究表明,不同来源热液中水的氢氧同位素组成,以及热液所含有的组分都具有一定的差异,可以将其作为判别热液来源的重要依据(图 2-3-2)。

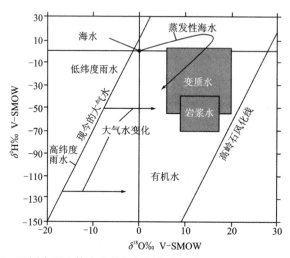

图 2-3-2 不同来源流体中水的氢氧同位素组成图解(据 Morad et al,2003)

(1)岩浆热液:与岩浆处于平衡或从岩浆中分出来的溶液。硅酸盐熔体内水的溶解度随温度增高而减小;随水蒸气压力增大而增大;氧化硅熔体具有最小溶解度,钠长石和碱金属硫酸盐熔体具有最大溶解度。

(2)地下水热液:主要产生在大陆地区。地下水向下渗透、环流时,在水-岩相互作用及其他地质作用影响下,其性质和成分均会发生改变。

(3)海水热液:由下渗的海水形成,主要产生在海洋环境。由海水热液形成的热液矿床主要是一些与海底岩浆作用有关的块状硫化物矿床。

(4)变质热液:由于岩石在深部受增温、增压作用而变质形成的。变质中矿物发生脱水反应,产生的变质流体具有很强的溶解金属的能力。

2. 热液的运移

热液运移的驱动力主要有重力驱动、压力梯度驱动和热力梯度驱动等几种形式。具体地说,自然界中存在,由于重力渗流作用而引起热液的运移,由于压力差而引起热液的运移,由于深部热源作用而引起热液的运移,由于冷却中的岩浆释放出流体而引起的热液运移等多种形式。

热液在岩石圈中运移需要有流动的通道。从成因角度看,热液运移的通道分为原生孔隙和次生裂隙两大类。前者主要包括矿物粒间孔隙、层间孔隙、喷发岩晶洞和空洞;后者又分为非构造裂隙和构造裂隙两种。非构造裂隙有溶解孔隙、岩石膨胀裂隙、矿物结晶或重结晶裂隙、崩塌角砾裂隙、火山角砾裂隙;构造裂隙有层间和层内的剥离裂隙、岩石的一般构造裂隙、单条断层等。

依据热液运移通道对成矿所起的作用,可以把它分为导矿构造、配矿构造和容矿构造(图2-3-3)。导矿构造是把深部含矿热液引入矿田及矿带的构造,控制矿田及成矿带分布,主要是深断裂、陡渗透性岩层等。配矿构造是把热液从导矿构造引入成矿地段的构造,控制矿床分布,主要为与导矿构造相通的断裂、裂隙带、透水层。容矿构造是热液矿质沉淀成矿时所在的构造,控制矿体形状和分布,多为与配矿构造相通的次级断裂、裂隙、层间剥离构造、透水层等。

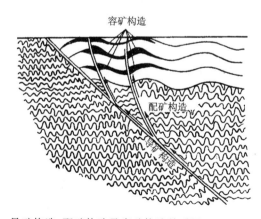

图 2-3-3 导矿构造、配矿构造及容矿构造关系图(转引自翟裕生等,2011)

3. 热液中成矿元素的搬运和沉淀

热液运移的过程中,成矿元素迁移的形式是现代矿床学研究的重要课题之一。它与成矿条件、热液流体的成分和性质、元素和矿物的共生关系、矿床分带和成矿专属性等都有直接的联系。关于成矿元素在热液中迁移的形式主要有以下几种观点。

(1) 以易溶络合物的形式迁移。大量实际资料和矿床学研究证实，热液中的成矿元素大都是以易溶络合物的形式存在并进行迁移的。在自然界中，Fe、Be、Nb、Ta、W、Sn、Mo 等金属元素的离子都可以构成络合物的形成体(中心离子)。一些挥发组分或阴离子，如 F^-、Cl^-、HS^-、S^{2-}、O^{2-}、OH^-、CO_3^{2-}、HCO_3^-、SO_4^{2-} 等可构成络合物的配位体，而一些碱金属和碱土金属则构成络合物外面的阳离子。即在自然界中，很多元素都可以是络合物的组成部分，在适宜条件下相互结合而形成络合物。此外，许多金属元素还能在不同性质和不同成分的溶液中形成不同种类的络合物，从而扩大了这些元素的活动性。

络合物在水溶液中的溶解度，比简单化合物要大几百万倍。络离子在溶液中的稳定性，取决于络离子电离能力的大小。络离子的电离能力越强，则越不稳定，在溶液中出现简单的金属离子就愈多。这些金属离子就通过化学反应形成难溶化合物而沉淀下来。由于不同络合物的稳定性不一样，它们迁移的能力也就各异，结果导致金属元素在矿床中分离和沉淀的分带性。流体包裹体和现代地热系统研究表明，氯化物的络合物和硫化物、硫氢化物的络合物是热液系统中比较重要的两种络合物。此外，碳酸盐络合物、有机质络合物等在金属元素的迁移中也具有重要的作用。

(2) 以胶体溶液形式迁移。一些学者的研究表明，许多金属硫化物在胶体溶液中的含量，比在真溶液中至少大 100 万倍；胶体溶液可以在任何温度和压力条件下产生；在热液矿床中发现有胶体构造的矿石。这说明，热液中的成矿元素可能会以胶体溶液形式进行迁移。但也有学者提出，胶体在高温下不稳定，只有在低温时才比较稳定；胶体溶液会因围岩中电解质的加入，而发生凝聚作用；胶体溶液黏度较大，不可能进行长距离的迁移，也很难在微小裂隙中进行扩散或渗滤。因此，认为胶体溶液形式并非热液中成矿元素迁移的最主要方式。综上所述，成矿物质以胶体形式存在是可能的，但可能不是最为主要的，在热液作用后期温度较低的情况下，胶体的作用可能会大一些。

(3) 以卤化物的形式迁移。其依据是各种金属元素的卤化物在水中溶解度比较大；火山喷出物中存在 As、Fe、Zn、Sn、Bi、Pb、Cu 等可溶性氟化物和氯化物；在一些矿床中存在含 Cl^- 和 F^- 的矿物；矿物流体包裹体内，液相中氯化物浓度很高，甚至出现 NaCl 的子晶矿物。现有研究表明，卤族元素对成矿物质的迁移和富集可能起了一定作用，但主要是在高温气化热液阶段。

(4) 以硫化物的形式迁移。实验证明，绝大多数的金属硫化物在水溶液中的溶解度非常低，难以实现硫化物的大量迁移、聚集而成矿。因此，这一观点已经少有人关注。

含矿热液经过一定距离的迁移，因环境物理化学条件的变化，或含矿热液与流经的各种不同成分的围岩相互作用，或不同成分和性质的水溶液相互混合，将不仅使热液本身的性质和成分发生变化，还会引起一系列的化学反应，促使成矿元素沉淀。概括起来，可引起成矿元素从热液中沉淀出来的因素和条件主要有以下几种情况：①温度的降低；②压力的降低；③pH 的变化；④氧化-还原反应；⑤离子交换反应；⑥不同性质溶液的混合。

4.热液成矿的方式及其矿床特征

含矿热液成矿的方式主要有充填和交代两种。

充填成矿作用是指热液在围岩内流动时,与围岩未发生明显的化学反应和物质交换,主要是由于温度、压力的变化或其他因素的影响而导致矿质直接沉淀于裂隙内的作用,而由充填作用形成的矿床称为充填矿床。其特征主要有:①矿体较围岩形成时间晚,属典型的后生矿床;②矿体形态多呈脉状,受裂隙控制(图 2-3-4);③矿体与围岩界限规则清楚,为突变接触,矿脉两壁平直或吻合(图 2-3-4);④矿石中常具有梳状构造、晶簇构造、对称带状构造、角砾状构造及同心圆状构造等典型构造(图 2-3-5)。

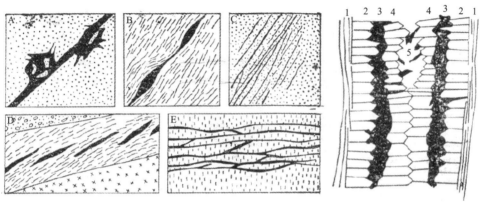

图 2-3-4 充填矿床的脉状矿体及矿脉内矿物生长情况(转引自翟裕生等,2011)
A.囊状矿脉;B.膨胀矿脉;C.席状矿脉;D.雁行状矿脉;E.链环状矿脉
1.脉壁;2.石英晶体;3.闪锌矿;4.紫水晶;5.晶洞

角砾状构造　　　　　　　　充填环状构造
图 2-3-5 充填矿床中典型的矿石构造

交代成矿作用是指含矿热液与围岩间发生化学反应或置换作用而造成矿质的聚集。其特点:原矿物溶解与新矿物沉淀同时进行;交代过程中岩石始终处于固体状态;交代前后岩石体积基本不变。根据成矿元素迁移驱动力的不同,交代作用分为扩散交代作用和渗滤交代作用两种形式。前者以浓度差作为组分迁移的主要动力,组分的迁移是通过停滞的粒间溶液以分子或离子扩散的方式缓慢地进行;后者以压力差作为组分迁移的主要动力,组分的迁移是通过溶液流动进行的。影响交代作用的因素主要有组分的活动性及其浓度、温度和压力,围岩的性质与构造等。研究表明,围岩岩性为碳酸盐岩、火山碎屑岩时,有利于交代作用发生;围岩岩性为石英岩、泥质页岩、砂岩时,不利于交代作用进行。

由交代作用形成的矿床称为交代矿床,具有如下特征(图 2-3-6):①矿体外形不规则,矿体和围岩界限不清楚,呈过渡关系;②矿体中常含未被交代的围岩残余,仍保留原来构造方向;③矿体中往往可以保存原来岩石的结构和构造;④交代形成的矿物往往具有较好的晶体形态;⑤交代作用可以产生假象矿物。

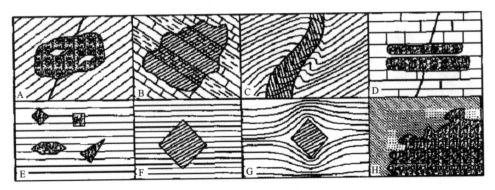

图 2-3-6 交代作用的特征(转引自姚凤良和孙丰月,2006)

A.矿体中呈悬挂状的围岩碎块;B.矿体中呈保留围岩的层理;C.保留原来围岩的褶皱构造;D.矿体切割了围岩的层理;E.切割层理的黄铁矿;F.交代成因的变斑晶;G.非交代成因的变斑晶;H.交代成因不规则矿体边界

5.围岩蚀变

围岩蚀变是指成矿过程中,围岩在含矿热液作用下发生的一系列旧矿物被新的更稳定的矿物代替的交代作用。其影响因素包括原岩的矿物成分和化学成分,热液的化学成分、浓度、pH 值、Eh 值、温度和压力等。遭受了蚀变的围岩,称为蚀变围岩。

围岩蚀变的命名方式:①以蚀变岩石增加的组分命名,如钾化、钠化、硅化等;②以蚀变作用形成的矿物命名,如钾长石化、钠长石化、绢云母化、绿泥石化、电气石化、黄铁矿化等;③以蚀变形成的岩石命名,如矽卡岩化、青磐岩化、云英岩化、白云岩化等;④以蚀变岩的颜色变化命名,如褪色化、红化等。

围岩蚀变的研究意义:①确定成矿的物理化学条件;②确定成矿溶液性质及变化;③矿床矿物沉淀原因、分带及分布规律;④解决矿床形成机理,丰富成矿理论;⑤用来作为找矿标志。

6.矿化期、矿化阶段及矿物生成顺序

矿化期是根据显著的物理化学条件变化来确定的一个较长的成矿作用过程。它是根据矿物组合划分,只有成矿时间长、发育完全的矿床才能划分出矿化期。每一个矿化期可划分

为若干矿化阶段。

矿化阶段是一个矿化期内一段较短的成矿作用过程,表示一组或一组以上的矿物在相同或相似的地质和物理化学条件下形成的过程。一个矿化阶段代表一次构造热液活动,主要依据矿石及矿脉胶结和穿插关系来划分。

矿物生成顺序是指同一矿化阶段中不同矿物结晶的先后顺序。矿床实例分析表明,热液矿床中脉石矿物的结晶顺序为硅酸盐→石英→碳酸盐和硫酸盐类矿物;矿石矿物的结晶顺序为高价离子的氧化物和含氧盐→铁、镍、钴、铜、铅、锌等二价元素的硫化物和砷化物→砷、锑的硫化物及金、银的硒化物和碲化物。确定矿物生成顺序的主要标志有:①穿插,晚期生成矿物穿插早期生成矿物;②交代,先成矿物被后成矿物交代,常显交代残余结构;③包围,先成矿物的全部或一部分被后成矿物所包围;④粒间位置,后成矿物生成于先成矿物的颗粒之间;⑤假象,先成矿物被后成矿物交代后,后成矿物仍保留原矿物的晶形;⑥构造,在对称带状构造中,外层矿物早于内层矿物,晶洞中矿物一般晚于洞壁的矿物。

(二)热液矿床

1. 热液矿床概述

热液矿床是含矿热液在有利构造及岩石中通过充填与交代作用使有用组分富集而形成的矿床。按成矿深度分为表成(数百米)、浅成(数百米至 1.5km)、中深成(1.5～3km)、深成(>3km)矿床;按成矿温度分为高温(>300℃)、中温(200～300℃)、低温(<200℃)矿床;按环境及热液来源分为接触交代矿床、岩浆热液矿床、火山热液矿床、地下水热液矿床、变质热液矿床。

热液矿床有以下主要特点:①形成矿床的含矿热液成分复杂,具有多来源特点;②形成温度和深度较其他内生矿床低和浅;③构造控制作用极为显著;④成矿时间一般晚于围岩,属后生矿床;⑤成矿方式以充填作用和交代作用为主;⑥矿石物质成分复杂,金属矿物以硫化物、氧化物、砷化物及含氧盐为主,非金属矿物有碳酸盐、硫酸盐、含水硅酸岩、石英;⑦矿床形成过程具有多期多阶段性。

2. 接触交代矿床

接触交代矿床是指在中酸性侵入体与碳酸盐类岩石的接触带上或其附近,由含矿热液交代作用而形成的热液矿床。因具典型的矽卡岩矿物组合,在成因和空间上与矽卡岩存在密切关系,又称矽卡岩矿床。

接触交代矿床具有如下特征:①多产于侵入体与围岩外接触带,一般分布在距接触面200m 范围内;产状和形态比较复杂,与围岩呈渐变关系;矿体规模以中等为主;②矿石物质成分复杂,金属矿物以氧化物和硫化物为主,脉石矿物主要为矽卡岩矿物;③矿床具有分带性,金属氧化物主要分布在靠近岩体一侧的接触带上,金属硫化物主要分布在靠近围岩一侧的外接触带上;矽卡岩在内接触带以高温矿物为主,在外接触带以高—中温矿物为主。

接触交代矿床的形成过程可划分为两个矿化期、五个矿化阶段,即矽卡岩期包括早期矽卡岩阶段、晚期矽卡岩阶段和氧化物阶段；石英-硫化物期包括早期硫化物阶段和晚期硫化物阶段。

3. 岩浆热液矿床

岩浆热液矿床是岩浆结晶过程中分馏出来的热液所形成的矿床，具有以下基本特征。①与岩浆岩关系密切：产于岩体内或其附近围岩中，围绕岩体呈带状分布；形成时间晚于或稍晚于岩浆岩冷凝时间；成矿物质主要来自岩浆析出的热液，不同类型岩浆岩与一定类型热液矿床有明显成因联系，体现了其成矿专属性。②矿体（脉）受构造控制明显。③高温岩浆热液矿床围岩多为化学性质不活泼岩石，以充填矿床为主；中—低温岩浆热液矿床围岩多为化学性质活泼岩石，充填及交代矿床均可见；渗透性好的围岩对矿化有利。

4. 火山、次火山热液矿床

火山热液成矿作用指火山活动喷出的大量气水热液通过交代和充填方式，导致有用组分堆积的作用。火山热液成矿作用形成的矿床称为火山热液矿床。次火山热液成矿作用是指在次火山岩体结晶冷凝过程中，聚集在岩体内的热液在其构造空间通过交代和充填方式形成矿床的作用；次火山热液成矿作用形成的矿床称为次火山热液矿床。次火山岩是与火山岩具有同区、同期、同源关系的浅成—超浅成侵入体，一般距地表 0.5~1.0km。该类矿床可进一步分为火山喷气矿床、陆相火山热液矿床、陆相次火山热液矿床、海相火山（次火山）热液矿床等几种类型。

海相次火山热液矿床，即海底块状硫化物矿床，形成于现代大洋中脊和亲弧裂谷盆地以及古代岛弧及板块缝合带环境。该类矿床的矿体有两种类型：①喷流-沉积矿体，呈层状顺层产出，其下为火山熔岩及火山碎屑岩，强烈蚀变；其上为硅质岩、硅质页岩等，无蚀变或蚀变微弱。矿石多为块状、角砾状构造及层理构造，主要金属矿物为黄铁矿、黄铜矿、方铅矿、闪锌矿，脉石矿物为石英、重晶石等。②充填交代矿体，位于沉积矿体之下，呈筒状、透镜状穿层产出。围岩为火山熔岩及火山碎屑岩，蚀变强烈。矿石呈浸染状及细脉浸染状构造，主要有用矿物为黄铁矿、黄铜矿。

5. 地下水热液矿床

地下水热液矿床是地下水在受到深部热烘烤环流过程中，萃取了流经围岩的成矿物质，并将其带至近地表，在有利的部位沉积富集而形成的矿床。该类矿床具有以下特征：多产于沉积岩区，岩体与成矿无关；受地层、岩相、岩性控制明显；矿体产于特定的地层层位，沿岩层、层理、层间构造、断裂、裂隙分布；矿石的矿物成分简单，有用矿物种类较少；成矿温度多属中—低温，围岩蚀变较弱，多见硅化、白云石化、黏土化等；成矿流体 H_2O 的氢氧同位素值接近大气降水线，$\delta^{34}S$ 多为高负值。

第四节　外生成矿作用及外生矿床

一、风化成矿作用与风化矿床

1. 风化成矿作用

风化成矿作用指地表的岩石和矿石在太阳能、大气、水和生物等地质外营力作用下,发生物理的、化学的及生物化学的变化,并使有用物质原地聚集形成矿床的地质作用。风化作用的主要营力为地壳最表层的外生营力(大气、水、生物等营力),主要对象为硅酸盐类、可溶盐类及硫化物类矿物,其结果是易溶物质进入溶液中,可能产生新的矿物以及剩下难溶物质。上述3种组分在原地或附近充分富集则可形成风化矿床。

风化作用包括物理风化、化学风化、生物风化3种类型。物理风化成矿作用指以崩解方式,将原岩和原生矿物机械地破坏成碎屑,并导致有用组分聚集形成矿床的风化作用;化学风化成矿作用指由于化学作用使原岩矿物发生化学分解,并导致有用组分聚集形成矿床的风化作用;生物风化成矿作用指生物生活和死亡过程中,由生物及其衍生物所引起岩石或矿物发生化学变化,并导致有用组分聚集形成矿床的风化作用。

风化作用过程中元素的迁移难易程度有所不同(表2-4-1),元素迁移能力影响着风化矿产的分布。强烈迁移的元素主要有Cl、Br、I、S等,趋于完全迁出风化壳。易迁移元素主要有K、Na、Ca、Mg、F、Sr、Zn等,多或完全迁出风化壳(趋于分散);可迁移元素主要有Cu、Ni、Co、U、Mn、Si、P等,可迁出风化壳,也可在风化壳下部富集成矿;一些惰性元素,如Fe、Ti、Al、REE,它们趋于在风化壳内的中、上部富集成矿;石英是不迁移组分,基本上残留于原地。

表 2-4-1　元素迁移的难易程度

元素迁移等级	迁移的难易程度	元素(或氧化物)
Ⅰ	强烈	Cl、Br、I、S
Ⅱ	易迁移	Ca、Mg、Na、K、F、Sr、Zn
Ⅲ	可迁移	Cu、Ni、Co、Mo、V、Mn、SiO_2(硅酸盐)、P
Ⅳ	惰性的	Fe、Al、Ti、Sc、Y、TR
Ⅴ	不迁移	SiO_2(石英)

2. 风化矿床

风化矿床(风化壳矿床)系指陆地表层在风化作用下形成的,质和量都能满足工业要求的有用矿物堆积的地质体。风化矿床具有以下特点:①多产于新生代风化壳中,埋藏浅,易勘探开发;②距原岩近,常沿现代丘陵地形呈面型层状分布;③矿体形态可分为面形和线形两种,矿体深度受风化壳厚度决定;④矿石结构一般疏松多孔,多为土状、多孔状或网格状构造;

⑤有用矿物多为铁、锰、铝的氧化物、氢氧化物、黏土矿物、稳定的原生矿物;⑥矿床规模以中、小型为主,个别大型和特大型。

影响风化矿床形成的条件主要有5点。①基岩条件。基岩即为风化矿床母岩,决定风化矿床类型。②气候条件。它主要包括温度和降雨量两个方面:温度影响化学风化作用的速度;水是化学风化必要的介质,降雨量一方面影响地表水向下淋滤的量和速度,另一方面影响植被发育。总体上,高纬度寒带及沙漠地区的气候条件不利于风化矿床的形成;中纬度温带的气候条件利于膨润土、蒙脱土矿床的形成;低纬度温带的气候条件利于高岭土矿床的形成;亚热带及热带的气候条件利于形成与红土风化壳有关的风化矿床。③地貌及水文地质条件。中—高山地区,地形高差大,剥蚀速度大,不利于风化壳形成与保存;平原及洼地区,地下水位高,渗透带不发育,排水能力差,不利于风化壳形成;低山及丘陵区,地形有起伏但高差不大,有利于风化壳形成与保存。④地质构造条件。区域性大构造,影响地形地貌;局部性断裂构造,影响风化壳形态,如产生线形风化壳。⑤时效条件。较长时间和稳定的地质环境,可使原岩风化作用进行彻底,形成厚度巨大的风化壳矿床。

二、沉积成矿作用与沉积矿床

(一)沉积成矿作用

1. 沉积成矿作用方式

沉积成矿作用的方式为沉积分异作用,是指以各种形式搬运的沉积物质,按一定顺序沉积下来的地质作用,分为机械沉积分异作用、化学沉积分异作用、生物沉积分异作用3种类型。

(1)机械沉积分异作用:碎屑物质在水、风、冰川等地质营力搬运和沉积过程中,由于搬运介质的运动速度和搬运能力有规律地减弱,而使碎屑物质根据其颗粒大小、形状、比重等依次沉积的分异作用。

(2)化学沉积分异作用:溶解于水的物质(包括真溶液和胶体溶液)在迁移和沉积过程中,按照元素或化合物溶解度的大小,依次沉积析出的分异作用。

(3)生物沉积分异作用:各种生物在其生命活动过程中以及死亡以后,有选择性地造成某些元素或化合物的富集,并沉积下来形成各种矿床的地质作用。

2. 沉积成矿作用过程

沉积成矿作用过程,实质就是沉积矿床的形成过程,总体可分为风化剥蚀、搬运迁移、同生沉积、固结成岩和后生变化5个阶段(图2-4-1)。风化剥蚀是沉积矿床中成矿物质的准备阶段。搬运迁移是成矿物质在水、风、冰川和重力等搬运营力作用下发生迁移;流水中成矿物质主要以碎屑颗粒、胶体溶液或机械悬浮物以及真溶液形式搬运。同生沉积是成矿物质在有利环境中通过沉积分异作用富集成矿。固结成岩是松散的沉积物经固结变成为坚硬的岩石,其中的沉积物主要发生了重结晶作用和再分配作用。后生变化指沉积物经长时期的压实-固结,形成坚硬的矿石或岩石之后所发生的所有变化。需要说明的是,有些沉积成矿作用发生的时间较晚,沉积矿床可能尚未经历固结成岩和后生变化阶段,或成岩程度很低,基本呈松散沉积物状态。

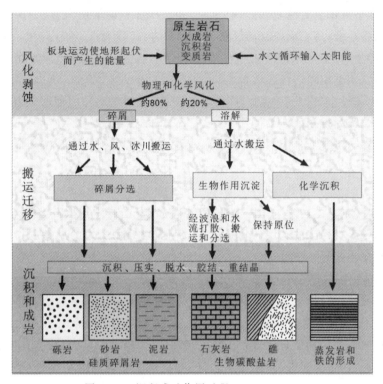

图 2-4-1 沉积成矿作用过程(据 Klein,2013)

(二)沉积矿床

1.沉积矿床概述

沉积矿床是岩石及矿石的风化产物、火山喷发产物、生物机体及残骸经介质搬运和沉积分异作用及成岩作用使有用组分富集而形成的矿床。形成沉积矿床的有用组分来源有陆源风化产物、火山碎屑及气液、盆内物质。搬运有用组分的介质为水、风、冰川。沉积矿床按有用物质富集方式可以分为机械沉积矿床、蒸发沉积矿床、胶体化学沉积矿床和生物-化学沉积矿床。

沉积矿床具有以下特点:①矿床受地层及岩相、岩性控制;②矿体呈层状、似层状、透镜状顺层产出,并与上下围岩呈整合接触关系(同生矿床),矿体规则、稳定;③矿石常具沉积结构构造(碎屑结构、生物结构、胶状结构、层理构造、条纹构造、鲕状构造)。

沉积矿床具有重要的工业意义,因为它是盐类矿床的唯一来源,是化肥原料、建筑材料等的大部分来源。此外,黑色金属、有色金属、贵金属矿产中沉积矿床提供的储量占有很大的比例。

沉积矿床的形成条件主要有以下几种。①物源条件:沉积盆地流域内的含矿岩石、火山喷发物及生物残骸等。②气候条件:不同气候条件对不同类型沉积矿床有直接制约作用,例如盐类矿床仅产于干旱气候环境,沉积型铝土矿产于炎热气候条件,沼泽铁矿产于温暖潮湿环境,沉积型鲕状铁矿、锰矿产于潮湿和干旱季节交替环境。③岩性岩相条件:一定类型沉积矿床产于一定类型沉积岩岩性岩相之内。如海相沉积赤铁矿矿层发育在石英砂岩和页岩系中,属潮下浅水相环境;海相沉积锰矿层发育于硅质岩、碳酸盐岩、粉砂岩和黏土岩岩系中,属潮下深水环境产物;海相沉积含磷岩系主要发育于粉砂岩和碳酸盐岩,属滨海潮下相沉积。④地质构造条件:主要出现于板块内部的坳陷带,少数出现在活动板块边缘裂谷内。华北板块燕辽坳陷带内震旦纪海相沉积铁矿床、锰矿床,华南板块坳陷带内泥盆纪海相沉积铁矿床,柴达木、塔里木等内陆沉积盆地中的盐类矿床,松辽沉降带和华北平原内部油气、煤、铝、磷、膏盐矿床,活动板块边缘裂谷内部块状硫化物矿床中常伴有盐类(石膏、重晶石等)矿床出现。

2. 机械沉积矿床

机械沉积矿床是被搬运的风化碎屑产物经机械沉积分异(分选)作用使有用矿物富集而形成的矿床,形成该类矿床的有用矿物是风化的基岩中残留下来的稳定矿物碎屑,搬运介质主要是水,而富集方式是机械分选。

机械沉积矿床主要矿产有金、铂族元素、锡、金刚石、锆石、独居石、金红石、钛铁矿、硅砂等,现代砂矿埋藏浅,疏松,采选成本低。

机械沉积矿床的成矿条件主要有以下几种。①矿物条件:密度大、化学性质稳定、耐磨性强。②物源条件(剥蚀区地质条件):a.基性—超基性岩、榴辉岩区,形成铬铁矿、铂族元素、金红石等沉积矿床;b.金伯利岩、钾镁煌斑岩区,形成沉积金刚石金矿床;c.花岗岩区,形成锡石、锆石、独居石、铌钽铁矿等沉积矿床;d.金矿床及金矿化区,主要形成砂金矿床。③成矿环境:山麓、谷口、河谷、湖滨、海滨。

机械沉积矿床按搬运介质分为水成砂矿床(包括冲积砂矿床、海底砂矿床、湖滨砂矿床、洪积砂矿床)、风成砂矿床和冰成砂矿床;按成矿时代分为现代砂矿(新生代)和古砂矿两类;按工业矿种分为砂金矿床、砂铂矿床、砂锡-砂钨矿床、金红石-锆英石-独居石砂矿床、铌钽铁矿砂矿床、金刚石砂矿床、水晶砂矿床等。海底砂矿资源是现代海洋矿产资源中,仅次于石油与天然气资源的第二位矿产资源。我国有18 000km漫长的海岸线,应重视海底砂矿资源的调查与勘探,摸清矿产资源家底,为国民经济建设服务。

3. 蒸发沉积矿床

蒸发沉积矿床指盆地中某些溶解度较大的无机盐类经蒸发作用沉淀或富集而形成的矿床,因此也称盐类矿床。其成矿物质来源:盆地水体溶解物;热卤水及地下水来源;下部含盐岩系;火山喷出物;含盐的海相沉积岩淋滤出来的盐类组分。蒸发沉积矿床的成矿作用方式为卤水浓缩过程中按溶解度大小依次沉淀。矿床形成于干旱气候带大陆边缘封闭、半封闭盆地(潟湖、海盆),大陆裂谷早期盆地,陆内坳陷及断陷盆地;多形成于红色碎屑岩系及咸化潟湖相碳酸盐岩系,沉积韵律发育(图2-4-2)。

蒸发沉积矿床的基本特征主要有:①矿床总体与上下沉积岩系地层平行一致,呈较规则的形状,如似层状或大的扁豆体状;②矿体、矿石易变形(盐丘)、易变质(石膏及钾盐镁矾)、易

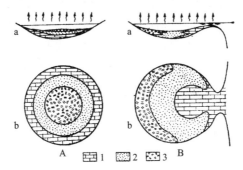

图 2-4-2 假设的蒸发岩分布类型(转引自翟裕生等,2011)
1.碳酸盐;2.石膏;3.石盐;a.剖面图;b.平面图
A.牛眼式;B.泪滴式

溶解(盐溶角砾岩);③矿床规模巨大,面积可达几十平方千米至几百平方千米,或更大。石膏、石盐的储量往往可达几亿吨,且往往与油田共生,因此常综合利用,油盐兼探兼采。

蒸发沉积矿床,按形成时代分为古代盐类矿床和现代盐类矿床;按形成环境分为海相盐类矿床和陆相盐类矿床;按盐类物质物态分为固体盐类矿床和液体盐类矿床;按盐类物质岩相分为碳酸盐岩相型和碎屑岩相型;还可以按有用矿物成分分为各种矿种类型。

蒸发沉积矿床形成需要下列条件:①物源方面,要有充足的盐分来源;②气候方面要干旱气候,盆地的水有较大的净蒸发量;③地形方面,陆相为高山环绕的山间封闭、半封闭盆地;海相为潟湖或半封闭海盆;被动大陆边缘多级盆地海滨潮上带潜水沉积——"萨布哈"式成盐;④大地构造方面,构造运动微弱的海退时期,若气候干旱,对成盐极为有利。

蒸发沉积矿床的保存需要以下条件:①盐层之上需要具备不透水盖层以阻止盐层在盆地水淡化时溶解破坏;②沉积后不发生强烈抬升和剥蚀;③含矿岩系不被断裂强烈破坏。

关于蒸发沉积矿床的形成,前人提出了多种假说,概括起来有如下几种。①沙洲说(海相成盐说):海洋的某一部分因沙洲隔挡形成良好的封闭半封闭环境,经过强烈蒸发形成大型盐盆地。②沙漠说(陆相成盐说):大陆沙漠地带,在四周为高山封闭的湖盆中,湖水由于强烈蒸发而形成大陆型盐类矿床。③"萨布哈"式成盐说:炎热干旱气候条件下,大陆的地下水及蒸发泵吸带来的海水经强烈蒸发,在沿海海滩地区形成广泛分布的盐类沉积层及某些金属硫化物。④"干化深盆"成盐说:深海(达 2000m)强烈蒸发变成浅海,沉积出盐类物质,其后海水补充使浅海又变成深海,往复不断就形成盐类沉积层与深海沉积物的互层重复现象。

4.胶体化学沉积矿床

胶体化学沉积矿床是以胶体溶液的形式搬运的有用组分经凝胶作用沉积富集而形成的矿床。该类矿床的基本特征:①主要矿种有铁、锰、铝、黏土的沉积矿床;②产出岩系为不整合面之上的海侵岩系;③矿体常呈层状、似层状及透镜状整合产于一定时代的地层及岩性段中,受 pH、Eh 值影响,具明显矿物相分带现象;④矿石中有用矿物主要是铁、锰、铝的氧化物、氢氧化物及碳酸盐,常具鲕状、豆状、叠层石状及块状构造。

胶体化学沉积矿床的形成条件有如下几种。①成矿物质来源:a.沉积盆地周围水系流经的陆源含矿风化原岩;b.海底火山喷出物;c.海底岩石的分解物。②气候和地貌条件:温暖潮湿气候、准平原地貌。③沉积盆地条件:a.沼泽(有机质过量),形成沼铁矿;b.湖泊-黏土矿床、湖相沉积铁、锰、铝土矿床(规模小);c.浅海,形成海相沉积铁矿床、锰矿床、铝土矿床。④沉积期构造条件:a.平衡补偿盆地(沉降速度=沉积速度),形成厚矿层;b.非补偿盆地(沉降速度>沉积速度),形成薄矿层;c.沉降速度反复变化的盆地,形成多而薄的矿层。最有利构造条件为风化壳发育的平行不整合构造。

胶体化学沉积矿床的常见类型有现代的大洋多金属结核、结壳矿床,以及古代的浅海沉积铁矿床、浅海沉积铝土矿床等。大洋多金属结核、结壳矿产富含多种金属元素,在全球大洋底广泛分布,但以在太平洋中的克拉里昂和克里帕顿断裂带之间的区域(简称CC区)最为富集。浅海沉积铁矿床形成的沉积环境为长期隆起的古大陆边缘相对局限的浅海盆地。含矿岩系为海侵岩系,矿层产于岩系中下部细、粉砂岩至页岩岩性段,下为粗碎屑岩,上为碳酸盐岩或页岩。其含铁矿物相随水深增加、还原性增强(Eh值减小)、碱性增强(pH值增大)呈现氧化矿物相带→硅酸盐矿物相带→碳酸盐矿物相带→硫化物矿物相带的带状分布现象(图2-4-3)。浅海沉积铝土矿床形成的沉积环境为长期隆起的古大陆边缘浅海及滨线附近。含矿岩系为海侵岩系,矿层位于岩系底部。矿石多为一水型,常具鲕状、豆状、块状等构造。

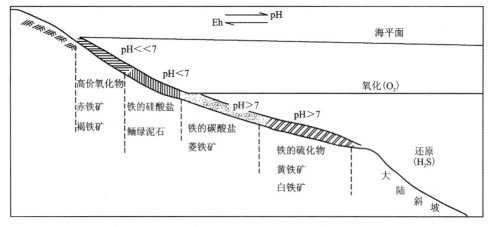

图2-4-3 古代浅海沉积铁矿床含铁矿物相及其分带示意图(转引自翟裕生等,2011)

5.生物化学沉积矿床

生物化学沉积矿床是由沉积作用堆积起来的生物遗体或经生物有机体分解而导致有用矿物沉淀形成的矿床,也包括沉积过程中细菌的生命活动使某些元素聚集而形成的矿床。两种成矿作用方式可以造成生物化学沉积矿床的形成:①生物沉积作用,即生物遗体及生物代谢残余物质的直接沉积富集成矿;②生物化学沉积作用,即生物体的合成、分解作用及对周围环境的物理化学条件改变而引起的物质沉积富集。

生物化学沉积矿床具有下列特征:①具有沉积矿床的一般特征;②含矿岩系一般富含有机质及化石;③有用矿物为磷酸盐、硫化物、碳酸盐、氧化物、生物结构构造发育;④矿石的同位素组成上，$\delta^{34}S$ 多为高负值，^{13}C 及 ^{31}Si 也具判别意义。

生物化学沉积矿床中重要的矿床有磷块岩矿床、自然硫矿床、硅藻土矿床、生物灰岩矿床，以及与黑色页岩有关的沉积钒、铀、钼、锂、锰等矿床。现代海洋上升洋流活动强烈的陆架区，各种浮游生物活跃，是海底磷块岩成矿的有利地区。

第五节 成矿控制因素与成矿规律

一、成矿控制因素

矿床的形成受多种因素的制约，主要包括区域地球化学、构造、岩浆、流体、地层、岩相等。多种有利成矿因素在一定的地质环境中相互耦合导致成矿作用的发生。对于不同类型的矿床而言，不同的成矿因素所起的作用也不尽相同。构造、岩浆、流体对内生矿床的形成相对重要，而地层、岩相、古地理、古地貌、古气候等因素对外生矿床的形成更为重要。而地球化学涉及成矿物质的来源与演化，对内生矿床和外生矿床都非常重要。

1. 区域地球化学与成矿

成矿作用的实质是成矿元素的富集过程，是成矿元素在不同地质环境下经过复杂地球化学演化的结果。化学元素在地壳和岩石圈中的分布是不均匀的，它随时间和空间而异。一个区域中化学元素的丰度、分布和分配状态以及元素的迁移活动历史对成矿作用起着根本性的控制作用，它直接影响成矿的前提——物质基础，即成矿物质的来源、输运和浓集。元素分布的这种区域性特点，构成了所谓的地球化学省，也构成了相应元素重要的成矿区（带）。

2. 构造与成矿

构造运动是驱动地壳物质包括成矿物质迁移的主要因素，构造也为含矿流体的迁移和矿质堆积提供了通道和空间。因此，构造是制约成矿作用的主导因素之一。就其在成矿过程中的作用而言，它可分为导矿构造、配矿构造和容矿构造；就其与成矿的时间关系而言，它可分为成矿前构造、成矿期构造和成矿后构造。总体上，不同级别和层次的地质构造，影响和制约成矿作用的范围与程度也是各不相同的（表2-5-1）。

表 2-5-1 成矿构造体系（据翟裕生等，2011 修改）

构造尺度	成矿构造级别	矿化单元	研究应用的目的
全球构造	全球成矿构造	全球成矿域	全球成矿分析
大地构造	大区域成矿构造	成矿域	资源潜力评价
大型构造	区域成矿构造	成矿区（带）	区域成矿预测
中、小型构造	矿田矿床构造	矿田、矿床、矿体	找矿、勘探、采矿
微型构造	显微成矿构造	矿石、矿物	选矿、冶炼

3. 岩浆与成矿

岩浆活动是影响内生成矿作用的重要因素,主要体现在岩浆岩的成矿专属性上;岩浆岩也是外生矿床,尤其是风化矿床和机械沉积矿床的成矿物质的一个重要来源。不同类型的矿床与岩浆岩的密切程度是不同的。岩浆矿床与岩浆岩关系最密切,矿体绝大部分产于岩体内,矿石成分与岩体成分也相似。接触交代型和某些高温热液矿床,产于接触带及其附近的围岩中,两者在空间上接近,但有时物质成分存在较大差异。

就岩浆成矿作用而言,岩浆活动的作用主要体现在:①特定的岩浆岩体可成为成矿母岩或为某些外生矿床,如风化矿床和机械沉积矿床提供成矿物质来源;②岩浆岩可以为一些矿床的形成提供热动力;③岩浆活动可以对先存矿床产生叠加或改造作用。

4. 流体与成矿

流体是岩石圈中最活跃的成分。地球内流体的大规模运动,可造成地壳乃至地幔的物质和能量的转换与迁移,因此也就直接导致地球内部化学元素的显著活动和成岩、成矿作用的发生。流体既能汲取、溶解、包含各种成矿物质,又能将其运移、输导到有利的构造——岩石空间,而富集成矿。流体活动贯穿热液矿床和绝大部分外生矿床形成的全过程。

5. 地层与成矿

地层对于有沉积作用参与的矿床具有直接的控制作用,同时可以作为矿源层为部分内生矿床提供成矿物质来源。地层对成矿作用的控制主要体现在成矿时代制约以及成矿位置、矿体形态制约两个方面。地层的发育演化受古地理和古气候条件影响,与地史密切相关,结果造成一定地质时代的地层因其元素分布、生物演化、大地构造、岩浆作用等的差异常沉积特定的矿产类型。如煤主要出现在古生代及以后时代的地层中,这是因为古生代尤其是晚古生代以来,具有温暖湿润的气候环境,陆生植物大量繁殖的缘故。

6. 岩相建造与成矿

岩相建造是地层条件在一定的大地构造、古地理和古气候条件下的具体表现,对成矿具有直接的控制作用。大多数沉积矿床都产出在一定的岩相和一定的岩石建造中的某一特定部位,因而进行岩相和建造分析有助于认识矿石及岩石之间的本质联系。

7. 成矿后变化保存条件

矿床是地球复杂系统的历史产物,是源、运、储、变、保等耦合作用的结果。矿床形成后的变化与保存研究可为矿产的勘查和开发提供更全面的理论基础,对找矿有重要的指导意义。矿床变化与保存研究包括矿床形成后控制其发生变化的因素、发生了哪些变化、变化的作用过程、变化后的结果等。不同矿种、不同类型矿床有不同的演变轨迹;不同地质环境中产出的矿床的变化与改造方式也不一致;不同时代形成的矿床也有不同的演变历史。

二、成矿规律

所谓成矿规律,是指矿床形成的空间关系、时间关系、物质共生关系及内在成因关系等的总和。

1. 成矿时代和成矿区域

地壳中矿产资源的空间和时间分布都是不均匀的。地壳中某种或某些矿产大量集中的地区,称为成矿区域。在一个成矿区域中,矿化往往集中地发生在某个或某些地质时期内,这种矿化比较集中的地质历史时期,称为成矿时代。需要说明的是,成矿时代和成矿区域都是概括性用语,并没有严格的界定。

在地球发展演化的过程中,成矿并不是连续不断地发生的,而是间歇性地与岩石圈运动的旋回有密切的联系。不同的地史时期内,成矿作用的类型和强度可能都存在较大的差异。科学地划分成矿时代,研究成矿时代与成矿区域的关系,对认识成矿规律、预测矿床分布具有重要的意义。大量的地质和矿产资料表明,随着地球各圈层的形成和发展,地史上的成矿作用总体呈前进的、不可逆的渐进发展过程。主要表现在4个方面:①成矿物质由少到多;②矿床类型由简到繁;③成矿频率由低到高;④聚矿能力由弱到强。但是在成矿作用演化过程中,由于受到地球上若干重大地质事件,如板块聚散、大气成分突变、生命爆发等的制约和影响,成矿作用的地质环境和矿化特征等会出现突变。这些突变使地球历史上总的成矿过程表现为阶段性或节律性特征。

成矿区域是已知矿床集中和具有资源潜力的地质单元,可以是一个独立的大地构造单元,也可以跨越几个大地构造单元。每个成矿区域中都有特定的成矿环境和成矿系统。按成矿作用涉及的范围和成矿地质背景,成矿区域可分为成矿域、成矿省和成矿区(带)3个级别。成矿区域有大有小,有不同的层次和级别。矿化单元从大到小,依次为成矿域—成矿省—成矿区(带)—成矿亚区(带)—矿田—矿床。它们规模不同、特色各异,但构成了一个密切关联、相互依存的地质矿化整体。

2. 成矿系列和成矿系统

成矿系列是四维空间中具有内在联系的矿床自然组合(陈毓川,1997),其实质是指在一个地区的某一成矿时期内,发生了统一的有一定广度和强度的成矿作用,只是由于具体的成矿地质条件的差异,而产生出不同的矿床类型,但它们彼此之间存在着内在联系。成矿系列的主要研究内容包括识别和建立在地质与成矿作用过程中形成的具有内在联系的各种矿床的成矿系列;探索不同历史阶段、不同的或相似的地质环境中所形成的矿床成矿系列的规律及其之间存在的联系;以全球角度从成矿系列的时空及成矿物质的演化规律探讨地球与有关星际演化过程;以成矿系列概念及研究成果应用于指导找矿和探讨有关的基础地质问题(陈毓川,1997)。

成矿系统是指在一定地质时-空域中,控制矿床形成与保存的全部地质要素和成矿作用过程,以及所形成的矿床系列和异常系列构成的整体,它是具有成矿功能的一个自然系统(翟裕生,1998)。这个术语类似于石油与天然气地质学中的含油气系统。一个成矿系统是由相互作用和相互依存的若干部分(要素)结合成的有机整体,一般包括4个部分:①成矿控制因素,有风化、沉积、构造、岩浆、变质、流体、生物、大气、地貌、热动力等作用因素;②成矿要素,有矿源、流体、能量、空间和时间等;③成矿作用过程,包括成矿发生、持续、终结以及成矿后的变化和保存等;④成矿产物,包括矿床系列和异常系列(翟裕生,1999)。

本章小结

(1)地球由若干个圈层组成,除了大气圈、水圈和生物圈外,地球从外向内可分为地壳、地幔和地核3个圈层。地质作用是形成和改变地球的物质组成、外部形态特征与内部构造的各种自然作用,分为内力地质作用和外力地质作用两类。地质作用具有地域性、复杂性和漫长性等特点。

(2)成矿作用是地质作用的一部分,其实质是壳幔系统中元素从原始分散状态,通过各类地质-地球化学作用逐步浓集,最终在地壳局部地段达到当前工业可利用的浓度水平的全过程。成矿作用可划分为内生成矿作用、外生成矿作用、变质成矿作用和叠生成矿作用。成矿(成藏)物质主要来自地壳和上地幔,成矿元素在地壳和上地幔中的分布具有显著规律,并通过特定的方式迁移和富集,进而形成矿床。

(3)岩浆成矿作用是指在岩浆演化过程中,有用组分通过各种分异作用从岩浆中分离出来,在地壳中堆积而形成矿床的地质作用,可分为岩浆结晶分异作用、岩浆熔离作用、岩浆爆发(喷溢)作用3种类型。其形成的矿床分别为岩浆分结矿床、岩浆熔离矿床、岩浆爆发(喷溢)矿床。热液是在一定深度下形成的,具有一定温度和压力的气态与液态的溶液。热液性质随温度、压力降低,流经围岩性质的不同以及它们相互间的作用而发生变化,并且能把深部矿质及岩石中的成矿元素萃取出来,携带到一定部位,通过充填、交代等方式,把矿质沉淀下来,形成矿床。

(4)风化成矿作用是指地表的岩石和矿石在太阳能、大气、水和生物等地质外营力作用下,发生物理的、化学的及生物化学的变化,并使有用物质原地聚集形成矿床的地质作用。陆地表层物质在风化作用下,有用矿物的质和量达到工业要求的地质堆积体,称为风化矿床。沉积成矿作用的方式为沉积分异作用,是指以各种形式搬运的沉积物质,按一定顺序沉积下来的地质作用,分为机械沉积分异作用、化学沉积分异作用和生物沉积分异作用3种类型。沉积矿床是岩石及矿石的风化产物、火山喷发产物、生物机体及残骸经介质搬运和沉积分异作用及成岩作用使有用组分富集而形成的矿床,分为机械沉积矿床、蒸发沉积矿床、胶体化学沉积矿床和生物化学沉积矿床等几种类型。

(5)矿床的形成受多种因素的制约,主要包括区域地球化学、构造、岩浆、流体、地层、岩相等。多种有利成矿因素在一定的地质环境中相互耦合导致成矿作用的发生,如成矿时代、成矿区域、成矿系列和成矿系统。

思考题

1. 何谓浓度克拉克值？它能表示什么问题？
2. 何谓浓度系数？它能表示什么问题？
3. 试分析成矿元素在岩石圈和不同岩石中分布规律性？
4. 元素丰度和成矿有何关系？
5. 简述成矿作用的概念及其分类。
6. 何谓岩浆结晶分异作用和岩浆熔离作用，两者有何区别？
7. 岩浆矿床的形成条件有哪些？
8. 岩浆矿床一般具有哪些特征？
9. 简述热液的概念及其主要来源。
10. 简述热液中成矿元素搬运方式和沉淀的影响因素。
11. 简述热液运移通道的分类。
12. 简述交代作用的概念及其影响因素。
13. 简述热液矿床的主要特点。
14. 简要说明沉积矿床的形成过程和成矿作用。
15. 试分析机械沉积矿床的成矿条件。
16. 试分析蒸发沉积矿床的形成和保存条件。
17. 简述生物化学沉积矿床的概念及其成矿作用方式。
18. 简述风化成矿作用的概念及其主要类型。
19. 试分析成矿规律研究的基本内容。

第三章　海底砂矿资源

第一节　海底砂矿资源概述

一、海底砂矿资源的概念及特点

海底砂矿资源是仅次于海底油气资源，居于第二位的潜在海洋矿产资源。它泛指一切赋存于现代海洋陆架松散沉积物中的具有工业价值的砂矿资源，根据其赋存位置可分为滨海砂矿和浅海砂矿两类(图 3-1-1)。滨海砂矿是指在波浪、潮汐、沿岸流、入海河流等，水和风综合动力条件下富集于现代海岸带和古海岸带松散沉积物中的砂矿，多为表层沉积矿产；浅海砂矿是指波基面(一般水深 10~20m)之下在潮汐、海流等水动力条件下富集于浅海海底松散沉积物中的表层沉积矿产和由于海平面上升埋藏于近代沉积物之下的古沉积砂矿。海底砂矿在成因上属于机械沉积矿床或砂矿床。成矿的陆源碎屑可以来源于原生矿床，也可以来源于岩浆岩、变质岩等岩石中的副矿物或造岩矿物，以及古砂矿的再冲刷。成矿的主要搬运营力是拍岸浪和岸流作用等的机械分选作用。

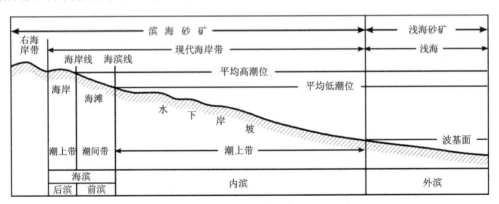

图 3-1-1　陆架砂矿赋存位置分类示意图(据方长青等，2002)

海底砂矿资源通常具有如下特点。

(1)有用矿物：可以是一些化学性能稳定、密度较大的重矿物，如金、铂、金刚石、锡石、钛铁矿、锆石、金红石、独居石和磁铁矿等；也可以是某些非金属矿物，如石英、贝壳等的大量聚集可作为建筑材料开采。

(2)产出位置：矿体通常赋存于流入和流出线之间的浪击带附近，以及潮汐作用较强的浅海底;较老的砂矿受地壳运动或海平面升降的影响,则构成阶地砂矿和浅海砂矿(图 3-1-2、图 3-1-3)。

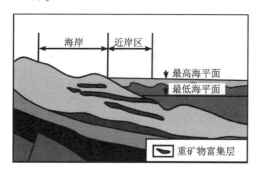

图 3-1-2 海岸带重砂矿物赋存系统
(据 Kotlinski,1977)

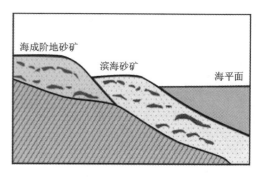

图 3-1-3 滨海砂矿与海成阶地砂矿示意图
(据袁见齐等,1985)

(3)含矿岩性:有用矿物通常聚集于分选较好的细粒砂岩中,矿床品位高,矿体松散,易于开采。如美国佛罗里达州滨海砂钛矿床,含钛的滨海砂比正常滨海砂细,富含微晶质的金红石、锐钛矿或板钛矿等含钛矿物。

(4)矿层特征:矿层稳定,矿体规模较大,沿走向延伸可达几十千米到几百千米。如澳大利亚东海岸的金红石和锆石海滩砂矿,宽 13km,厚 30~40m,沿走向延伸 300km。

(5)矿体形态:沿倾向多呈两端尖灭的透镜状,沿走向呈狭窄条带状。

二、海底砂矿资源的分类

1. 海底砂矿的工业分类

根据有用矿物的成分分类,对于复合型矿床,则依据矿物成分的主次将其归于某一工业类型。所谓"主要"是指在某一矿产地中某一矿种或某几个矿种其储量规模相对较大而言。如我国滨海砂矿主要工业类型(大类)有磁铁矿、铬铁矿、钛铁矿、金红石、金、铂、锡石、铌钽铁矿、锆石、独居石、磷钇矿、金刚石和石英砂,其中以钛铁矿、锆石、独居石、石英砂规模最大,储量最多(表 3-1-1)。

表 3-1-1 我国滨海砂矿的工业分类(据谭启新等,1988)

	大类	亚类
黑色金属	磁铁矿	磁铁矿 含锆石磁铁矿
	铬铁矿	铬铁矿 伴生钛铁矿、锆石的铬铁矿
	钛铁矿	钛铁矿 锆石-钛铁矿
	金红石	伴生钛铁矿、锆石、独居石的金红石

续表 3-1-1

大类		亚类
有色金属	金	金 锆石-金
	铂	伴生钛铁矿、锆石的砷铂矿
	锡石	锡石 含铌铁矿锡石
稀有金属	铌钽铁矿	褐钇铌矿 铌铁矿 含铌钽钛铁矿
	锆石	锆石 钛铁矿-锆石
	独居石	独居石 钛铁矿-锆石-独居石 磷钇矿-独居石 金红石-钛铁矿-锆石-独居石
	磷钇矿	磷钇矿 独居石-磷钇矿
非金属	金刚石	金刚石
	石英砂	玻璃石英砂 型砂 玻璃-型砂 建筑砂

2. 海底砂矿的地质分类

海底砂矿的地质分类主要是根据控制其形成的地质因素、时间或有用矿物的搬运距离进行分类。

(1) 成因-地貌形态分类。该分类首先根据海底砂矿形成过程中占主导地位的外动力作用因素划分大类，然后按海底砂矿所赋存的不同地貌形态划分亚类。二者的结合反映了砂矿成矿作用中的动力环境结合。一般按成矿营力因素划分为残坡积、冲积、海积、风积和混合堆积 5 类；按地貌形态分为 16 个亚类（表 3-1-2）。

表 3-1-2　我国滨海砂矿的成因-地貌形态分类（据谭启新等，1988）

成因	残坡积	冲积					海积					风积	混合堆积	
													冲海湖积	冲海积
地貌形态	剥蚀平台	残丘	河床	河漫滩	阶地	埋藏河谷	冲积小平原	海滩	沙堤	沙嘴	沙地	连岛沙堤	阶地	沙丘	潟湖	河口堆积平原

我国滨海砂矿以海积成因类型规模较大,次为冲积和风积,形态类型以海积沙堤、沙嘴、沙地和河口堆积平原型工业意义较大,次为海滩、冲积阶地、风积沙丘和海积阶地型。

(2)时代分类。按海底砂矿的形成时代可分为现代海底砂矿和古海底砂矿。

现代海底砂矿是指在现今近海地带所形成的砂矿,一般指晚全新世以来在现今岸线附近形成的海底砂矿,矿体一般保存较好。我国目前已探明的各类规模较大的滨海砂矿多属此类,如现代海滩、沙堤和沙嘴砂矿等。

古海底砂矿一般指目前离现在海岸有一定距离的砂矿,又分为抬升和埋藏砂矿。抬升砂矿是指成矿后因地壳相对上升,现今保留在现代海平面以上的砂矿,如陆上海积阶地砂矿等,该类砂矿多遭受破坏,形态不规则,矿化不均,但部分早期被抬升的砂矿可能将有用矿物转移到位置较低处,形成相对时代较晚的新砂矿。埋藏砂矿是指成矿后的砂矿体因地壳相对下降而被埋藏起来的砂矿,其上被现代海积物所覆盖,如溺谷砂矿等;埋藏砂矿的另一类型是被现代海水淹没的水下砂矿,是海水相对上升的结果,如水下阶地、沉溺河谷、海底残留砂矿等。目前我国已探明的古滨海砂矿,总体规模较小。

(3)矿物的可搬运距离分类。工业矿物物性的差异,会导致其可搬运距离不同,从而形成近源海底砂矿和远源海底砂矿两类。

近源海底砂矿是指那些在原地或距离原生地几千米至几十千米而沉积富集成矿的海底砂矿。密度大、易磨损的矿物多属该类砂矿,其规模一般较小,如金、锡、铬铁矿和铌钽铁矿等。

远源海底砂矿是指可在距离原生地几十千米至几百千米,甚至近千千米处富集成矿的海底砂矿。一般为密度相对较小、抗磨蚀能力较大的矿物组成,如锆石、钛铁矿、金红石、磷钇矿、磁铁矿和金刚石等。目前,我国已发现的具工业价值的较大型砂矿床多为远源砂矿类型。

三、海底砂矿资源调查研究与开发简史

(一)国际海底砂矿调查研究与开发简史

近几十年来,由于对矿产资源需求的急速增长,海洋沿岸及大陆架浅海区砂矿成为矿业中具有重要经济价值的矿产资源。现已探明的海底砂矿广泛分布于澳大利亚、印度、新西兰、美国、东南亚、加拿大、日本、俄罗斯、英国、南非等国家和地区。

目前,世界各国也发表了多部具有代表性的论著。1982年苏联 А. И. Айнедер 和 Г. И. Конщин 编著的《世界海洋陆架区砂矿》系统地介绍了世界陆架砂矿的地质特征,探讨了美国、澳大利亚、新西兰及欧洲各国滨海陆架区的已知砂矿,分析了苏联陆架区砂矿的地质构造和形成过程。1984年英国 Cronan 所著的《水下矿产》总结了世界陆架砂矿(含重矿物砂矿、建筑集料砂和砾石、工业砂、贝壳)的全球分布。1990年美国菲尔莫尔和埃尔尼撰写了《海洋矿产资源》,以较大的篇幅论述了陆架砂矿资源的分布。1997年波兰 Depowski 等编著的《海洋矿物资源》单辟一章重点论述了海洋重矿物碎散矿床的分布。陆架地区分布广泛的建筑用砂砾石资源潜力巨大,具有资源利用的现实可能性。

英国、法国、加拿大及日本是世界开展滨、浅海砂砾石矿产资源研究和利用最先进的国

家。一方面是这些国家在20世纪50—60年代的工业化时期对建筑砂砾石矿产资源就有巨大的需求;另一方面这些国家都拥有广阔的海域并重视海洋资源的利用。

国外海洋采砂产业的发展与其重视海洋砂砾石矿产资源的调查和评价息息相关,相关内容主要集中在资源调查与评价、开采技术与工程环境分析及产业管理规范3个方面,这些研究成果揭示了海洋砂砾石矿产的成因并构成了矿产分类体系和资源数据标准(Arita et al,1985;Tsurusaki,1988)。随着可持续发展观念日益成为全球共识,近年来世界各国普遍重视海洋砂砾石资源开采的工程环境分析,并因此制定和规划产业发展政策,指导砂砾石资源利用的良性循环。

(二)我国海底砂矿调查研究与开发简史

1. 阶段划分

我国有悠久的砂矿开发史,但真正从事海底砂矿调查研究是在新中国成立后才开始。几十年来,总的进展不平衡,大致可概括为两个主要发展期。

(1)实践探索时期(20世纪50—60年代):该时期工作重点在滨岸,采用的是常规地质勘查方法(如地质填图、重砂测量、山地工程和钻探等),在广东、海南、广西、福建、山东和辽宁等省(区)的沿海地带找到了一批具有工业价值的滨海砂矿床。

(2)总结深入时期(20世纪70年代以来):该时期工作范围由滨岸推向浅海,除常规方法外,浅地层剖面勘查、回声测深、核子旋进磁力勘查、声纳浮标、微测距仪等先进的物探仪器和遥感技术被广泛应用,发现了一批包括砂金、金刚石、锡砂矿在内的国家急需的砂矿远景区,在浅海圈出40余个重矿物异常区,注重了成矿规律、成矿理论研究。

代表性的科研报告和砂矿专著主要有20世纪70年代地质矿产部提交的《北部湾海底地形、底质及沉积矿产概查报告》《南黄海西北部海底地形、沉积物和矿产概查报告》和《北黄海中部海底地形、沉积物和矿产初步概查报告》,以及国家海洋局提交的《黄海区沉积调查报告》和《东海海区海洋地质综合调查报告》等。20世纪80年代谭启新等编著的《中国滨海砂矿》系统地研究了我国滨海砂矿类型、矿床特征、成矿条件、分布及富集规律,提出了12个成矿远景区。20世纪90年代张仲英等编著的《华南第四纪滨海砂矿》从地貌学和第四纪地质学观点出发,系统地论述了华南砂矿的成矿母岩、风化过程、搬运的水动力条件、分布富集过程;陈吉余主编的《中国海岸带地质》涉及了我国滨海砂矿的分布特征;许东禹等主编的《中国近海地质》论述了中国近海固体矿产类型和分布。2013年,我国启动了《滨海砂矿地质勘查规范》的编制工作,标志着我国滨海砂矿地质勘查工作进入了有规可依的新时期。

2. 存在的差距

经过几十年的发展,不论在勘查方法上还是开发利用上,我国海底砂矿资源的调查研究工作虽取得了一定的成效,但截至20世纪末,同其他先进的开发国相比,还存在较大的差距(孙岩和韩昌甫,1999)。其主要表现在以下几个方面。

(1)砂矿调查范围总体侧重于近岸,水下调查仅在少数单位进行试验,调查范围限于浅水域(水深 10~25m),陆架区综合地质调查中的重砂部分,资料处理不统一,不足以对该资源作出评价。而国外一些先进的开发国,其调查范围已到陆架区 50~100m 水深,最深达 700~1200m,且采用的技术手段先进。

(2)生产能力低。我国海底砂矿生产仅限于滨岸,为中小型,多数采矿场年产量徘徊在几千吨到万吨以内,而国外一些生产大国(如澳大利亚、印度和东南亚的一些采锡国)的采选厂,年产精矿量多年保持在几十万吨到上百万吨范围内,其开发范围不仅在滨岸,还扩大到水深 20~30m,最深达 70m。

(3)在开采手段上,我国以土法生产为主,兼用机械、半机械化采矿工具。而国外一些先进生产国多采用一些设备齐全、机械化程度较高的挖泥采矿船,用人少、效率高,生产成本大大降低。

(4)选矿工艺较简单。我国多数生产厂家采用粗选(混合)和精选(分离)两道工序,前者在采场完成,后者运到选矿厂进行分离。而国外一些先进生产国新建立的选矿厂工艺流程先进,自动化程度高,电磁分离、静电分离以及计算机控制的选矿系统都得到了充分应用,有的国家还能在采矿的同时,直接在采矿船上进行选矿和分离。

进入 21 世纪以来,我国在海底砂矿资源勘查与开发方面,加大了人员和资金投入力度,以高科技为支撑,发展海洋勘查、测试手段,通过加强对以往海区调查资料的再研究,建立滨海砂矿勘查试验区,建立滨海砂矿评价专业技术队伍等手段,正在逐步缩小与发达国家的差距。

四、海底砂矿资源研究意义

滨海固体矿产资源的开发已有数百年的历史,但正在获取的或可能获取的更多的则是重矿物砂矿、砂、砾石、贝壳等。随着陆地资源不断被开采和消耗,人们逐渐把目光投向海洋,滨海和浅海是海洋固体矿产资源成矿的有利区域,开发这一区域的矿产资源是世界各国十分关注的问题。苏联学者 А. И. Айнедер 和 Г. И. Конщин(1982)认为,世界海洋陆架区砂矿作为非常宝贵的矿产资源有着极其美好的前景。美国学者穆尔早就在宣传砂矿的潜力。德国学者罗恩认为,砂矿属于风险性最小的海底矿产资源。英国学者 Cronan(1984)认为,深海底采矿工程困难和拟开采区域与海洋法公约所涉及的政治问题将促使开采者们把注意力转移到砂矿上来。

现今已被开采利用的 30 余种砂矿资源中,不论其储量还是开采量,在世界固体矿产储量表中都有相当重要的位置。例如世界金红石总储量 9435×10^4 t(钛含量),98% 为砂矿;钛铁矿总储量 2.46×10^8 t(钛金属),仅砂矿就占一半;锆石的探明储量 3175.2×10^4 t,96% 来自滨海砂矿。从开采量所占世界总产量的比例看,钛铁矿占 30%,独居石占 80%,金红石占 98%,锆石占 90%,锡石占 70%(不包括中国),金占 5%~10%,金刚石占 5.1%,铂占 3%(谭启新和孙岩,1988)。海底砂矿资源已成为仅次于海底石油和天然气资源,位居第二的潜在海洋矿产资源宝库。

我国海域辽阔,拥有超过 18 000km 曲折而漫长的海岸线,陆架宽广,第四系发育,滨海砂矿资源的矿种和储量比较可观,是增加我国矿产储量的最大潜在资源之一。随着工业发展和人类需求的日益增长,矿产资源不断地被开采和消耗,并且消耗的速度愈来愈快,加强滨海砂矿勘探与开发的研究有助于缓解这种越来越紧迫的矿产资源需求紧张的局面。

我国目前已探明具工业价值的滨海砂矿有锆石、锡石、钛铁矿、独居石、磷钇矿、铬铁矿、铌铁矿、褐钇铌矿、金红石、磁铁矿、石英石、砂金和金刚石13种。现已探明砂矿产区100余处,各类矿床195个(其中大型48个、中型48个、小型99个),矿点110个(莫杰,2004;表3-1-3)。根据现有资料,各类滨海砂矿总储量为 31×10^8 t,其中磁铁矿 76×10^4 t、钛铁矿 2340×10^4 t、锆石 318×10^4 t、独居石 24×10^4 t、金红石 4×10^4 t、磷钇矿 9000t、铌铁矿 60t、锡石 9400t、褐钇铌矿 104t、砂金 22.6t、金刚石 1442×10^4 ct、铬铁矿 1.6×10^4 t 和石英砂 30.7×10^8 t(其中玻璃砂近 3×10^8 t),浅海区圈定重矿物高含量区20个、Ⅰ级异常区26个和Ⅱ级异常区24个,显示了良好的开发前景。

表3-1-3 我国滨海砂矿工业种类及规模统计表(据莫杰,2004)

矿种	大型	中型	小型	矿点
磁铁矿	0	2	15	8
钛铁矿	10	9	19	15
锆石	12	12	26	38
独居石	6	7	10	17
金红石	0	1	2	7
磷钇矿	2	2	1	0
铌铁矿	0	0	0	3
锡石	0	0	6	6
褐钇铌矿	0	0	<3	<3
石英砂	17	15	12	1
砂金	1	0	4	10
金刚石	0	0	0	2
铬铁矿	0	0	3	0
合计	48	48	99	110

第二节 海底砂矿资源分布及特征

一、全球海底砂矿资源的分布与特征

(一)一般分布特征

海底砂矿资源的地理分布范围很广,广布于各大洲的沿海近岸陆架区(图3-2-1)。其中已经探明储量最多、商业价值最大的矿种有金属矿物中的钛铁矿、金红石、锆石、磁铁矿(钛磁铁矿);稀有金属中的锡石、铌钽铁矿;稀土矿物中的独居石、磷钇矿;贵金属矿物中的砂金、银、铂;宝石矿物中的金刚石、琥珀以及非金属矿物中的石英砂等(表3-2-1)。

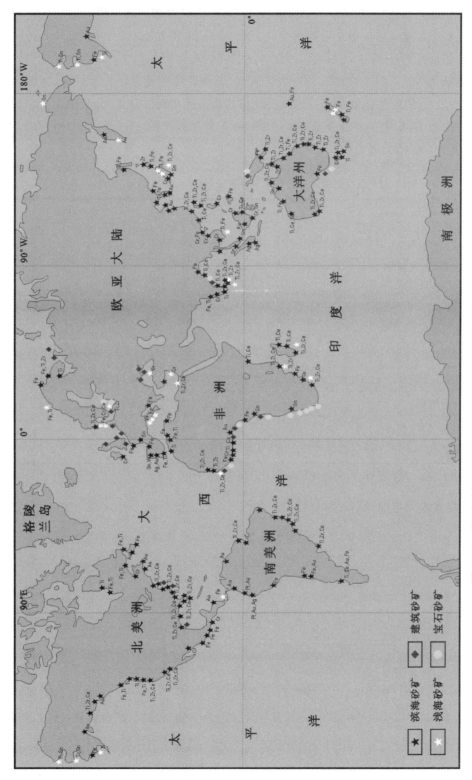

图 3-2-1 世界各大洲沿海近岸陆架区砂矿的地理分布（据Depowski et al., 2001）

海底砂矿资源的地理分布具有显著的地域性差别(表3-2-1)。总体上,美国西北太平洋沿岸以富集钛铁矿、铬铁矿和锆石等工业矿种为主;澳大利亚和新西兰沿海陆架区以发育金红石、锆石、独居石和钛铁矿等工业矿种为主;西南非洲沿岸陆架区主要富集金刚石砂矿床,伴生金、铂、铬铁矿等;东南亚南部的印度尼西亚、泰国、马来西亚主要产出砂锡矿床;印度、斯里兰卡沿海陆架区主要富集金红石、锆石、独居石、钛铁矿等海底重矿物砂矿床,并伴生稀有金属砂矿;西北太平洋沿岸,特别是日本列岛比较富集磁铁矿海底砂矿床;我国以广东沿海的海底砂矿资源最多,集中了滨海金属砂矿的90%,非金属砂矿的82.7%,其次为台湾、山东、福建、广西等省(区)沿海陆架区。

表 3-2-1　世界范围主要重矿物砂矿开采区统计表(据 Depowski et al,2001)

矿物与主要金属	矿物基本成分与用途	主要开采区
钛铁矿、金红石、锆石、独居石 (Fe、Ti、Zr、Th、RRE)	$FeTiO_3$、TiO_2、$ZrSiO_4$、$CePO_4$	澳大利亚、印度、斯里兰卡、美国、南非、塞拉里昂、莫桑比克、巴西
磁铁矿、钒钛磁铁矿 (Fe、TiO_2、V)	Fe_3O_4	日本、新西兰、菲律宾、印度尼西亚
金	Au	美国(阿拉斯加)、加拿大
铂金	Pt	美国(阿拉斯加)
锡石(Sn)	SnO_2	印度尼西亚、马来西亚、泰国、英国
铬铁矿(Cr)	$FeCr_2O_4$	美国(俄勒冈、华盛顿)
金刚石	宝石与工业资源	纳米比亚、南非
花岗石	宝石与工业资源	印度、斯里兰卡
硅线石	耐火资源	印度

(二)主要工业矿种的分布与特征

就工业矿物组合而言,不同工业类型的海底砂矿资源,其地理分布和矿床特征也具有较大的差异。下面分别介绍钛砂矿、锡砂矿、金砂矿、铂砂矿、铁砂矿、宝石砂矿和石英砂矿7种主要的海底砂矿资源工业类型的全球地理分布与矿床地质特征。

1. 钛砂矿

钛砂矿包含钛铁矿、金红石、钛磁铁矿及石榴石、独居石、锆石等重矿物,该类型是海洋砂矿中分布最普遍、开发最多的一种矿产类型。世界上勘查开发此类矿产的国家有澳大利亚、印度、斯里兰卡、美国、塞内加尔、毛里塔尼亚、冈比亚、南非、莫桑比克、埃及、巴西、苏联和欧洲的沿海国家,其中以印度、澳大利亚、新西兰、巴西、美国分布最广,产量最多。据报道,印度西海岸的钛铁矿储量$1×10^8$t,独居石储量$1500×10^4$t,该国独居石产量占世界总产量的40%～45%。澳大利亚东、西海岸均有钛砂矿分布,仅东海岸储量达$(4～5)×10^8$t。20世纪70年代末,澳大利亚金红石采掘量占世界产量的90%,锆石占50%(图3-2-2)。美国佛罗里达沿岸、加克逊威尔海岸及墨尔本海岸都赋存了大量重矿物,如钛铁矿、金红石、独居石及锆石等,仅特雷尔-里兹和佛罗里达两个矿区钛铁矿储量达 $1370×10^4t$,锆石储量 $650×10^4t$,金红石储量$(300\sim350)×10^4t$。钛砂矿的成矿碎屑物质主要来自阿帕拉哈的前寒武纪及古生代变质岩,经河水搬运最终在大西洋沿岸成矿。应当肯定的是,含钛铁矿-金红石-独居石-钛磁铁矿等海底砂矿床的开采不仅是为了满足对钛的需求,同时这些砂矿床还含有非常昂贵的元素如 Hf、Sc、V、Zr 等。

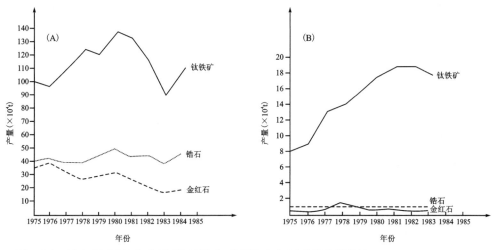

图 3-2-2　澳大利亚(A)和印度(B)钛铁矿、锆石和金红石矿年产量统计(据 Depowski et al,2001)

2. 锡砂矿

锡矿床是世界海洋砂矿中最著名、最重要的砂矿类型,也是唯一具有重要商业价值的资源,在美国、英国、缅甸、菲律宾、泰国、马来西亚和印度尼西亚等国都有分布,主要产区在马来半岛周围和苏门答腊与加里曼丹之间的水域(即泰国、马来西亚、印度尼西亚三国交界处)。此外,非洲西岸、欧洲的西班牙和葡萄牙沿岸以及苏丹的斯基岛海岸也都富集不同规模的锡矿床。据有关资料,印度尼西亚锡砂矿储量为 $600×10^4t$,近 60% 属于海洋砂锡矿床。马来西亚是世界上重要的产锡国,近 31% 的锡产量来自近海,矿石品位总体在 $200\sim300g/m^3$。

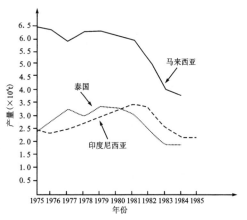

图 3-2-3　马来西亚、印尼和泰国锡石年开采量统计图(据 Depowski et al,2001)

泰国大规模近海采锡砂矿始于 1977 年,主要在安达曼海和泰国湾,锡石平均含量 $200\sim400g/m^3$,产量占该国锡矿总产量的 50%(图 3-2-3)。

3. 金砂矿

世界上很多国家都在滨海区提取和开采砂金,但只有美国和苏联的滨海砂金具有重要商业价值。此外,南美洲两岸和亚洲东岸也发育一定规模的近海砂金矿床。美国大陆架金储量约1500t,品位达$(5\sim5.2)\times10^{-6}$,最重要的矿床赋存于阿拉斯加、俄勒冈和加里福尼亚,开采区已延伸到10m水深的浅海区。苏联黄金总产量仅次于南非,居世界第二位,其中有50%来自于砂金,远东和西伯利亚滨海区是重要的砂金产区。

4. 铂砂矿

世界上很多国家都在滨海区提取和开采铂砂矿,但只有美国白令海岸及阿拉斯加"好新闻"海湾的铂砂矿具有重要商业价值。此外,在美国俄勒冈州、加利福尼亚州和华盛顿州沿岸也发育小规模的铂、金的冲积与海洋砂矿床。

5. 铁砂矿

铁砂矿主要包括磁铁矿和钛磁铁矿等重矿物。日本、新西兰、菲律宾、印度尼西亚、加拿大、德国、挪威等国沿岸大陆架区都有此类砂矿分布,其中日本磁铁矿储量达1.6×10^8t,产量约占日本铁矿产量的1/5,生产最大水深达60~90m。加拿大的铁砂矿主要分布在纳塔什库安新苏格兰区。

6. 宝石砂矿

近海宝石砂矿主要富集金刚石、琥珀和宝玉石类等资源。滨海金刚石砂矿主要分布在非洲的大西洋沿岸,如纳米比亚、南非、利比里亚、安哥拉等国。其中,纳米比亚是滨海金刚石砂矿的最主要生产国,年产量180×10^4ct;其次是利比里亚,为10×10^4ct。南非奥兰杰蒙德和沙梅斯海湾之间的沿海地带是金刚石砂矿主要的富集区,沿岸流携带着含金刚石的砂砾从奥兰治河口沿海岸向北运移,在滨海的冲沟或基岩洞穴内停留下来。地质学家估计南非西岸的金刚石储量达$(15\sim30)\times10^8$ct,价值可能达到$(5000\sim10\,000)$亿美元(Abate,1997)。滨海琥珀砂矿主要分布在苏联、波兰、德国、新西兰以及非洲北岸,其中波罗的海沿岸琥珀砂矿的开采最为著名。近海宝石砂矿的分布比较局限,仅在少数国家有开采,例如巴西的黄玉翡翠、红宝石、蓝宝石、石榴石、电英石和海蓝宝石;斯里兰卡的金绿宝石、蓝宝石、黄玉;东非的红宝石、石榴石、电英岩;印度的石榴石、金绿宝石;澳大利亚的蓝宝石、蛋白石以及俄罗斯的黄玉、海蓝宝石、石榴石和金绿宝石等。

7. 石英砂矿

作为建筑砂和工业用砂的石英砂与砾石砂矿是世界上各沿海国分布最广、开发最多的一种矿产资源。据统计,20世纪80年代中期,全世界每年陆上和海上建筑用砂、砾石的总产量约10×10^8t,工业砂产量$(1.8\sim2)\times10^8$t。2000年,世界建筑用砂和砾石的年需求量超过了1500×10^8t,开采地转向近海。日本、英国、加拿大、美国是目前世界上海砂最主要的开采国,其中日本年产海砂约5800×10^4t(1995年);英国于20世纪70年代中期年产量达1560×10^4t,占总产量的12%~13%;加拿大采海砂3500×10^4t;美国产海砂3500×10^4t。荷兰利用海砂资源的历史也比较悠久,主要用来填方、海岸养护以及建筑集料等。

二、我国海底砂矿资源的分布与特征

(一)滨海砂矿

我国滨海砂矿资源的分布总体可概括为以下两个特点：①已探明具工业价值的滨海砂矿主要分布在山东、福建、广东、广西和台湾,尤以广东分布普遍,矿床规模大,矿种多,辽宁、江苏、浙江等仅发现个别小型矿(表3-2-2);②探明工业储量最多的矿种为锆石、钛铁矿、独居石和石英砂等。锆石以山东、广东和台湾3省储量多,矿床规模大;钛铁矿主要分布在广东、广西、福建、山东等省区沿海,以广东、广西储量多,矿床规模大;独居石和磷钇矿遍布沿海各省区,但仅在广东和台湾形成工业矿床;石英砂矿主要分布在广东、广西、福建和山东,以前三地最佳;砂金分布于辽宁、山东、广东和广西等省区,多为矿点、矿化点,个别为小型矿床;锡石矿、铬铁矿、金红石和铌钽铁矿的工业砂矿床主要分布在广东,多为中小型矿床(图3-2-4)。

表3-2-2　我国各省区滨海砂矿的地理分布(转引自陈忠等,2006)

省(区)	矿床概况				主要矿种	伴生矿种	成因类型
	大型	中型	小型	矿点			
辽宁			2	9	锆石、金、金刚石、独居石、石榴石	磷钇矿、钛铁矿、磁铁矿、金红石、独居石、铌钽铁矿	冲积、海积
河北				4	锆石、独居石	金红石、锡石	海积
山东	3	4	9	22	金、锆石、磁铁矿、石英砂、贝壳、球石	钛铁矿、金红石、磷钇矿、铌钽铁矿	海积、冲积、风积、残坡积
江苏				1	石英砂		海积
浙江				4	锆石	独居石、钛铁矿、金红石	海积
福建	1	3	7	29	磁铁矿、锆石、独居石、钛铁矿、石英砂	钛铁矿、金红石、磷钇矿	海积、风积
广东	3	23	54	57	独居石、锆石、钛铁矿、褐钇铌矿、金、磷钇矿、锡石、石英砂	金红石、铌钽铁矿、金	冲积、海积
广西	4	2	5	2	磁铁矿、钛铁矿、铌钽铁矿、石英砂	铬铁矿、独居石、金红石、锆石、磷钇矿	海积、风积
海南	10	25	37	57	锆石、钛铁矿、金红石、独居石、铬铁矿、石英砂	铌钽铁矿、锡石、砷铂矿、磷钇矿、褐钇铌矿	海积、冲积、风积、残坡积
台湾					钛铁矿、独居石	锆石	海积

1.磁铁矿

磁铁矿主要分布在山东、福建、广西(图3-2-4),多以伴生矿出现,很少形成单一的大型矿床。矿床类型以海滩、沙堤、沙嘴等海积砂矿为主。矿体一般较小,品位较低,经常与其他矿物伴生。成矿物源来自中酸性侵入岩、中基性喷发岩及近岸原生磁铁矿体。成矿时代为中晚全新世。

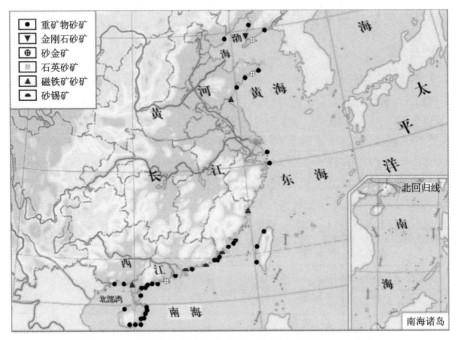

图 3-2-4 中国滨海砂矿分布略图（据谭启新和孙岩，1988 修改）

2. 铬铁矿

铬铁矿多以伴生矿出现，已探明有工业储量的矿床为海南岛文昌清澜、烟墩、三更寺、沙笔、潭门 5 个小型伴生矿。此外在广东海康县东里有 1 个矿化点（图 3-2-5a）。矿床类型主要为海积沙堤-阶地型。矿体规模长 270~3000m，宽 155.8~400m，厚 2~8m。矿体沿近代岸线呈带状分布，多赋存于中粗和中细粒砂中，为钛铁矿、锆石和独居石矿床中的伴生矿物。成矿物源来自上新世—早更新世玄武岩和橄榄玄武岩。成矿时代为晚更新世—全新世中晚期。

3. 钛铁矿

钛铁矿主要分布在山东、福建、广东、广西等省区，以广东省矿床规模较大，储量丰富（图 3-2-5b）。矿床类型有残坡积型、冲积型、海积型和潟湖型等，以海积沙堤、海滩、沙地型为主。海积沙堤型规模较大，品位较高，呈长条状平行海岸分布，矿体赋存于松散的中—细粒石英砂中，伴生矿种较多，矿层松散。海积海滩型规模较小，呈条带状平行海岸分布，矿体由中、细砂组成，品位富但变化大，富集地段往往呈黑砂层与石英砂互层。海积阶地型品位一般小于 $5kg/m^3$，矿体通常富集于砂或黏土砂层中。潟湖型主要分布在海南岛，品位一般小于 $10kg/m^3$，厚度较薄，工业意义不大。冲积型仅见于海南岛乌石矿区，品位较贫，工业意义较小。残坡积型主要赋存于滨海丘陵残坡积层的含铁质结核砂质黏土和含土砂砾层中，矿体较小，以海南岛长安、兴隆矿区较为典型。上述钛铁矿砂矿的成矿时代总体为中更新世—全新世，以晚更新世早中期和全新世中晚期为主。

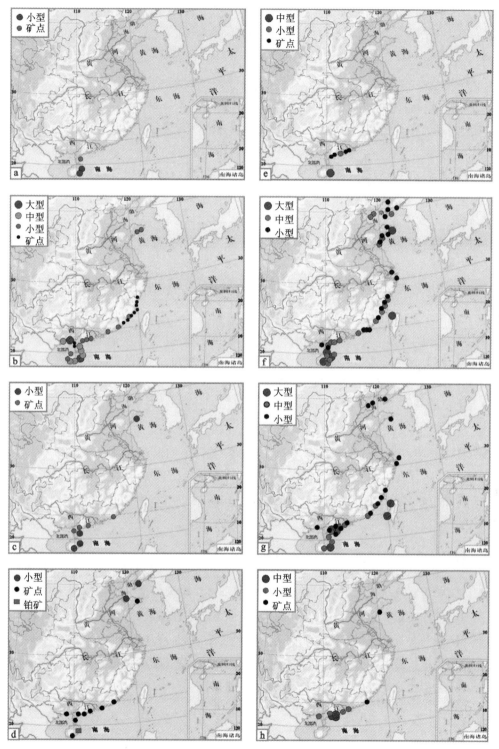

图 3-2-5 中国滨海砂矿主要工业矿种地理分布和矿床规模略图(据谭启新和孙岩,1988 修改)

a.铬铁矿;b.钛铁矿;c.金红石;d.砂金和铂矿;e.铌钽铁矿;f.锆石;g.独居石;h.磷钇矿

4. 金红石

金红石主要分布在山东、广东及海南的沿海地区,多为共生或伴生矿(图3-2-5c)。矿床类型以海积沙堤、沙嘴、阶地型为主,其次为冲积河床和阶地型。成矿物源主要来自喜马拉雅期的玄武质喷出岩。成矿时代为晚更新世—全新世晚期,以全新世中、晚期的工业意义较大。

5. 砂金矿

砂金矿主要分布在辽宁、山东和广东滨海区(图3-2-4、图3-2-5d),主要为残坡积型、冲积河床型、阶地型和海积海滩(沙堤)型。残坡积型呈透镜状不连续分布,无固定层位,主要含矿岩性为砂砾层,含砾砂质黏土、基岩风化壳。冲积型矿体呈似层状、透镜状,底部层位含金较富。海积型砂金赋存于底部砂砾层中,砂体呈层状、透镜状平行岸线展布,空间分布有显著分异,滨岸以粒状为主,浅海以片状为主。成矿物源来自太古宙—晚古生代变质岩系、中生代酸性侵入岩和原生金矿。成矿时代为晚更新世—全新世。

6. 铂矿

铂矿仅见于海南岛坑龙矿区,在锡石精矿中含铂族矿物——砷铂矿,呈细粒状,铂品位为1.53×10^{-6},成矿物质可能来自玄武岩(图3-2-5d)。

7. 锡石

锡石主要分布在广东省(图3-2-4)。矿床类型有冲积河床、河漫滩、残坡积和河口堆积平原及海滩型。矿体在平面上呈弧形带状或透镜状,剖面上近于水平,主要赋存于砂砾层或由砂砾、砂质黏土组成的沉积物中。燕山期花岗岩、斑状花岗岩和锡石-硫化物型原生锡矿床为砂锡矿主要物源。成矿时代为全新世中晚期,以中期为主。

8. 铌钽铁矿

铌钽铁矿主要分布在广东省和海南岛(图3-2-5e)。矿床类型为冲积河漫滩型、河口堆积平原型和海积沙堤型。冲积河漫滩、河口堆积平原型矿层埋藏较深,多数位于地下水面之下,燕山期花岗岩和中粒或中粗粒斑状花岗岩为砂矿主要来源,成矿时代为全新世晚期。海积沙堤型矿体呈条带状沿海岸分布,主要矿物为褐钇铌矿或铌铁矿,矿体赋存于砂层或砂砾层中,燕山期花岗岩为主要物源,成矿时代为全新世中晚期。

9. 锆石

锆石广泛分布于辽宁、河北、山东、浙江、福建、广东、广西和台湾滨海地带,以山东、广东和台湾的规模大(图3-2-5f)。成因类型有残坡积型、冲积型、海积型及河口堆积平原和潟湖型,以海积型为主。常与钛铁矿、独居石、磷钇矿和金红石等伴生形成共生矿床。矿床通常由多层矿、多个矿体组成,规模不等,呈层状、似层状、透镜状、不规则状,沿海岸带及河流流向分布。太古宙和加里东期变质岩、混合岩及中生代酸碱性侵入岩为其主要成矿母岩。成矿时代为晚更新世—全新世中晚期,以全新世中晚期为主。

10. 独居石

独居石主要分布于广东、台湾和福建(图3-2-5g)。成因类型有海积沙堤、沙嘴、海滩和冲积河口堆积平原型。独居石常与钛铁矿、锆英石和磷钇矿共生。矿床多数由数个矿体组成,矿体呈层状、不规则状等。太古宙和加里东期变质岩、混合岩及印支期花岗岩、燕山期黑云母花岗岩为主要成矿母岩。成矿时代为中更新世—全新世晚期,以全新世中晚期形成的矿床工业意义较大。

11. 磷钇矿

磷钇矿主要分布在广东(图3-2-5h)。矿床类型为海积沙堤型。加里东期变质岩、混合岩和印支期—燕山期花岗岩为主要成矿物源。成矿时代为中更新世—全新世,以全新世中晚期为主。

12. 金刚石

金刚石仅发现于辽东半岛西部复州河口阶地第四纪沉积物中(图3-2-4)。金刚石含量局部达工业品位,个别颗粒达39.74ct,具搬运磨蚀特征,多数为宝石级,其物源为距滨海地带20~25km出露的金伯利岩管、岩脉群。金刚石砂矿的成矿时代可能为中、晚更新世。

13. 石英砂矿

石英砂矿分布在山东、江苏、福建、广东等省和广西壮族自治区的滨海区(图3-2-4)。成因类型有海积沙堤、沙滩、沙嘴、阶地和风沙丘型。以玻璃砂和型砂为主。矿体呈层状、透镜状,往往由多层矿和多个矿体组成,以中细—中粗砂为主。北方山东石英砂质量较差,玻璃用砂和型砂互层;南方福建、广东和广西石英砂质量好,以玻璃用砂为主。太古宙—古生代变质和中生代酸性侵入岩为主要物源。成矿时代为晚更新世—全新世。

另外,海底砂矿分选良好、品质优良,可作为海洋工程用料使用,经脱盐后的海砂可作为建筑集料使用,广泛用于城市建设、公路、铁路和桥梁等混凝土结构建筑(王圣洁等,1997,2003)。据不完全统计,我国现已探明近海建筑砂矿床27处,查明资源约为20×10^8t,主要分布在水深10m以内、岸距小于5km的近岸海域;矿床规模以大型为主,个别为中型矿床;矿床类型多为全新世潮流沙脊型,此外有全新世潮流冲刷槽型、全新世潮间带浅滩型、更新世古岸线型、现代或古三角洲型和古河道埋藏型等;矿石类型以中、粗砂为主,少量为细砂(曹雪晴等,2007;表3-2-3)。

表 3-2-3 中国近海建筑砂矿床分布及特征表(转引自曹雪晴等,2007)

矿床编号	地理位置	岸距(km)	水深(m)	矿石类型	矿床类型	矿床规模
1	辽宁省绥中六股河河口外海域	<5	<10		全新世三角洲水下沙坝型	
2	辽宁省绥中六股河河口南部海域	3～5	<10		全新世三角洲水下沙坝型	
3	辽宁省瓦房店李官镇白沙山西北海域	18	6～9	中砂	全新世潮流沙脊(席)型	大型
4	山东省烟台市长岛县庙岛南部海域	4	12	中粗砂	全新世潮流沙脊型	中型
5	山东省烟台经济技术开发以北近海海域	1～2	12～20	中粗砂、中细砂	全新世潮流沙脊型	大型
6	山东省威海市双岛湾入海口处	0～0.35	0～5	中细砂、细砂	全新世潮流沙脊型	中型
7	山东省荣成桑沟湾东浅海海域	5	10～20	砾砂	全新世潮流沙脊型	
8	山东省海阳千里岩东北海域	25	25～30	中砂	更新世(古)河谷埋藏型	大型
9	山东省青岛市胶州湾外海域	5	>12	砾砂、中砂	更新世(古)河谷埋藏型	大型
10	山东省日照奎山嘴南—虎山以东海域	5	8～12	中细砂、细砂	更新世(古)三角洲型	大型
11	浙江省舟山岛西北端和长白山岛附近海域	1～5	35～46	砾砂、粗砂	全新世潮流冲刷槽型	大型
12	浙江省舟山两蟹西南和摘箬山以南海域	0.4～3	47～119	砾砂、粗砂	全新世潮流冲刷槽型	大型
13	浙江省舟山市崎头洋海域	1.5～4	28～80	中砂、粗砂	全新世潮流冲刷槽型	大型
14	浙江省宁波北仑港区附近海域	1～2	40～70	中粗砂、中细砂、细砂	全新世潮流冲刷槽型	大型
15	浙江省温州洞头县大门岛海域	1～4	0.9～7.5	中细砂	全新世潮流沙脊	大型
16	福建省沙湾官井洋白马门口海域	<5	<5	细砂	全新世三角洲型	大型
17	福建省南日岛海域	<5	<10	中砂、细砂	全新世潮流沙脊	中型
18	福建省惠安县泉州湾海域	1～2	3～10	中砂、细砂	全新世潮间带浅滩型	大型
19	福建省九龙江口外海域	<5	<10		全新世潮间带浅滩型	大型

续表 3-2-3

矿床编号	地理位置	岸距（km）	水深（m）	矿石类型	矿床类型	矿床规模
20	福建省九龙江海门岛西北海域	<5	<10		全新世潮间带浅滩型	
21	广东省珠江口外伶仃岛海域	3	26～30	粗砂、中砂、细砂	更新世（古）岸线型	大型
22	广东省珠江口外伶仃水道	2.5	5～18	砾砂、粗砂、中砂	更新世（古）三角洲型	大型
23	广东省东莞市沙角水域珠江口龙穴水道	7.5	<5	中粗砂、中细砂	更新世（古）三角洲型	大型
24	广东省伶仃洋沙湾东南、龙穴水道西北水域	4～5	<20	粗砂、中细砂	全新世湾口潮流沙坝型	大型
25	广东省珠江口龙穴水道与矾石水道间水域	12	4.9～8.9	粗砂、中细砂	全新世潮流沙脊型	大型
26	广东省湛江南山礁利剑门海域	<5	<10		全新世潮流沙脊型	
27	广东省湛江市东海岛北、南三岛西南海域	2	2～5	粗砂、中砂、细砂	全新世三角洲水下沙坝型	大型

（二）浅海砂矿

我国浅海重矿物多达60余种，尚未探明具有工业储量的浅海砂矿，但在各海区已发现众多锆石、钛铁矿、金红石、独居石、磷钇矿、磁铁矿、石榴石等重矿物的高含量区或异常区，呈现出如下总体特征。①形态与规模：以条带状、椭圆状、斑块状和不规则状平行海岸分布；面积大小不等，一般为数十平方千米至数百平方千米，部分达数千平方千米。②分布水深：一般小于200m，多数在50m以内，少数小于20m。③沉积物类型：主要为细砂和粗砂，重矿物含量与沉积物分选呈正相关，即沉积物分选好，重矿物含量高，分选差则含量低，矿物粒径主要为0.125～0.063mm，其次为0.25～0.125mm。④所处地貌单元：冲刷槽、沙脊群、水下沙坝、古河谷、三角洲、古海滩、浅滩、潮流辐射沙脊、水下岸坡、水下阶地及古滨海平原等。⑤矿种分布：砂金主要分布在渤海莱州湾东部；磁铁矿分布在渤海和东海；独居石（磷钇矿）分布在南海；金红石（锐钛矿）分布在南黄海和南海；石榴石在渤海、北黄海、东海和南海等海区均有分布。⑥物源及动力：以陆源各类基岩侵蚀物和第四纪堆积物为主；海洋水动力是主要富集动力（谭启新，1998；陈忠等，2006；表3-2-4）。

表 3-2-4 中国各海区浅海砂矿异常区及高含量区统计

海区	高含量区	Ⅰ级异常区	Ⅱ级异常区	矿种
渤海	5			钛铁矿、磁铁矿、锆石、石榴石、砂金等
黄海	6	15	8	锆石、钛铁矿、金红石、石榴石等
东海	28	5	10	锆石、钛铁矿、磁铁矿、石榴石、电气石等
南海	9	17	33	锆石、钛铁矿、金红石(锐钛矿)、独居石、石榴石等

1. 矿物高含量区

渤海分布 5 个矿物高含量区,有用矿物为钛铁矿、磁铁矿、锆石、石榴石和砂金等,属多矿物高含量区。黄海矿物高含量区主要分布在北部,有 6 处,有用矿物为钛铁矿、锆石、石榴石等。东海原有矿物高含量区 8 处,有用矿物为锆石、钛铁矿、磁铁矿、石榴石等;新发现和圈定多处矿物高含量区,其中铁钛矿、黄铁矿和石榴石各 5 处,锆石 4 处,电气石、红柱石、磷灰石各 3 处。铁钛矿物分布面积$(1 \sim 5) \times 10^4 km^2$,磷灰石 $55 \times 10^3 km^2$,石榴石$(0.24 \sim 0.8) \times 10^4 km^2$。南海西部浅水海域新发现和圈定 9 处矿物高含量区,有用矿物主要为钛矿物(金红石、钛铁矿、锐钛矿)、锆石和石榴石等。

2. 品位异常区

黄海砂矿异常区矿种为锆石、钛铁矿、磁铁矿、金红石、石榴石等。品位异常区有 23 处,其中锆石异常区 6 处、石榴石异常区 3 处、钛铁矿异常区 1 处,其余为复合型砂矿异常区。东海砂矿异常区主要分布在台湾海峡西部海域和东海陆架、外陆架,矿种为钛铁矿、金红石、锆石和独居石,台湾海峡西部海域分布 5 个异常区,东海外陆架冲绳海槽西部石榴石和锆石为Ⅰ级异常,钛铁矿为Ⅱ级异常,矿化异常区面积约 $1.2 \times 10^4 km^2$,具有较好的潜在资源远景。东海陆架仅有石榴石、锆石和电气石小面积的异常区,其中石榴石 6 处、锆石 3 处、电气石 1 处。南海异常区的有用矿物为钛铁矿、金红石、锆石、独居石等。目前在南海北部浅海发现和圈定异常区 30 处,其中Ⅰ级异常区 10 处,面积约为 $4210 km^2$;Ⅱ级异常区 20 处,面积约 $5000 km^2$。南海东部、南部、西部海域新发现和圈定异常区 20 处,其中Ⅰ级砂矿异常区 7 处、Ⅱ级砂矿异常区 13 处,有用矿物主要为钛铁矿、金红石、锆石、独居石。

三、海底砂矿资源的富集规律

(一)成矿专属性

1. 原生补给源

砂矿的分布富集与陆地表层的岩石组合之间存在着密切的物源联系。基底地层中相应的原生矿源的存在,决定了在近海生成砂矿堆积的可能性。苏联学者别捷林等对西太平洋沿岸和世界其他地区区域资料对比分析认为,根据地球上不同的构造-岩石区可将世界海洋陆架区砂矿的原生补给源分为 4 种基本组合(莫杰,2004)。

(1)在地台和前阿尔卑斯褶皱构造范围内的侵入岩组合,主要是前新生代的岩浆岩以及与岩浆岩伴生的变质岩,在地球上占主导地位。

(2)在地台构造范围内的喷发岩组合,包含广泛的碱性熔岩,特别是玄武岩成分的熔岩。

(3)在阿尔卑斯褶皱构造范围内的新生代喷发岩组合,分为碱性和钙碱性的熔岩、火山碎屑岩与以安山岩火山活动产物为主的岩石等两组。前者发育极其有限,几乎不充当滨海砂矿的补给源;后者在海岸带具有广泛的分布,组成所谓的太平洋边缘岩石区。

(4)海洋火山喷发岩组合,由新生代大洋型和斜长辉石岩型橄榄玄武岩、玄武岩、苦橄玄武岩以及中长石安山岩组成,主要分布在太平洋中部岛屿上,形成了大洋碱性岩区。

2. 砂矿基本类型

根据别捷林的研究,在全球范围内,与原生补给源组合类型相对应,可形成 6 种基本的海底砂矿类型(莫杰,2004)。

(1)由第一类母岩组合形成的陆架砂矿,该类砂矿普遍存在钛铁矿、金红石、锆石、磁铁矿、石榴石和独居石等重矿物,以及石英和长石等轻矿物组分。该类砂矿主要分布在澳大利亚、新西兰南岛、巴西、乌拉圭、美国大西洋滨岸、斯里兰卡、印度和马达加斯加等国家或地区。

(2)在成因上与第一组岩石有关的金刚石砂矿。

(3)与玄武质暗色岩破坏有关的砂矿,该类几乎完全由钛铁矿和磁铁矿组成。

(4)由年轻造山带安山质火山作用产物改造而形成的砂矿,主要的重矿物有钛磁铁矿、磁铁矿、斜方辉石和单斜辉石,偶见榍石和磷灰石。该类砂矿以钛磁铁矿砂的形式广泛分布在新西兰北岛西部滨岸区、中国台湾岛北部、印度尼西亚爪哇岛及日本等地。

(5)由钛磁铁矿、普通辉石、钛辉石和橄榄石等重矿物组成的砂矿,主要分布在太平洋、大西洋和印度洋的火山岛区,即大洋型碱性喷发岩区,目前尚未发现具有商业价值的砂矿。

(6)由第一和第二组合岩石被破坏后混合而形成,主要矿物为磁铁矿、钛铁矿和钛磁铁矿,并含有铬铁矿,广泛分布在太平洋的北美滨岸地区。

(二)我国海底砂矿资源富集规律

1. 富集规律

我国海底砂矿的富集规律总体可概括为以下几点:①成矿物源规律,主要来自沿岸出露的前震旦纪和加里东期的变质岩系与混合岩;广泛出露的印支期—燕山期中酸性岩;部分新生代喷发岩。②地理分布规律,27°N 以南,气候湿热,矿床规模较大;27°N 以北,气候温凉干燥,矿床规模较小。③赋存地貌规律,主要富集于砂质堆积岸,受地貌形态、部位控制明显。④赋存层位规律,第四系海积层中—上部及冲积层中—下部、残坡积层底部、湖积边缘和风成沙丘中。

总之,除物源决定了海底砂矿的成矿专属性外,气候分带性决定的海岸带发展史、沉积物形成机制、地貌和岩石动力学对海底砂矿资源的成矿作用也具有重要影响。

2. 成矿带和成矿远景区

结合我国海底砂矿资源的分布与富集规律,可将我国海洋砂矿资源分布的地理格局划分为 3 个大的成矿带和 24 个成矿远景区(陈忠等,2006;图 3-2-6)。

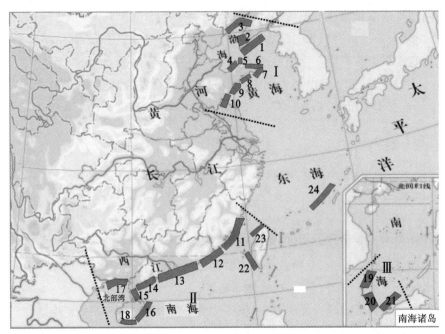

图 3-2-6　中国海域砂矿成矿带及成矿远景区划分示意图(据陈忠等,2006)

Ⅰ.华北砂金、金刚石砂矿成矿带(1.辽东半岛北黄海砂金-锆石矿远景区;2.复洲湾金刚石矿远景区;3.辽东湾重矿物远景区;4.莱州-龙口砂金、石英砂远景区;5.蓬莱石英砂远景区;6.烟台-牟平石英砂远景区;7.威海-石岛石英砂-锆石远景区;8.乳山-海阳锆石远景区;9.青岛石英-锆石远景区;10.日照石英-锆石-金红石、钛铁矿远景区)。Ⅱ.华南有色、稀有、稀土金属砂矿成矿带(11.闽南-粤东玻璃石英砂远景区;12.粤东绕平-陆丰锆石-钛铁矿远景区;13.粤中海丰-台山锡石-铌钽铁矿远景区;14.粤西阳江-吴川独居石-磷钇矿远景区;15.雷琼徐闻-琼北钛铁矿-锆石远景区;16.琼东南沿岸钛铁矿远景区;17.北海-珍珠港钛铁矿-锆石-石英砂远景区;18.琼南钛铁矿远景区;22.台西北磁铁矿-石英砂-稀有金属砂矿远景区;23.台西南稀有金属-磁铁矿-钛铁矿远景区)。Ⅲ.南海南部巽他陆架砂矿成矿带(19.湄公河口外锆石-石榴石远景区;20.巽他陆架锆石-独居石-钛铁矿远景区;21.南沙海槽南钛铁矿-锆石-金红石远景区;24.冲绳海槽西钛铁矿-石榴石-锆石远景区)

(1)华北砂金、金刚石砂矿成矿带:该成矿带位于胶辽台隆,主要矿种有砂金、金刚石,其次为锆石、独居石、磁铁矿、石英砂等。根据砂矿的分布、富集特征及共生组合特点分为 10 个成矿远景区。

(2)华南有色、稀有、稀土金属砂矿成矿带:该成矿带位于华南褶皱系滨海区,主要矿种有锡石、锆石、独居石、磷钇矿、铌钽铁矿、钛铁矿、砂金、石英砂等。根据砂矿的分布、富集特征及共生组合特点,该成矿带也包括 10 个成矿远景区。

(3)南海南部巽他陆架砂矿成矿带:该成矿带位于南海南部,主要有用矿物为锆石、钛铁矿、独居石、金红石和石榴石等。该成矿带包括为 3 个成矿远景区。

此外,在冲绳海槽西侧还发育一个钛铁矿-石榴石-锆石砂矿成矿远景区。

第三节 海底砂矿资源的成矿机制

一、海底砂矿资源成矿控制因素

（一）物源条件

物源对海底砂矿的类型及矿物组成具有决定性影响，不同类型的物源含有不同种类的工业矿物，具有不同的有用矿物丰度，因而对砂矿形成的贡献也不相同。岩浆岩和变质岩所含矿物不仅种类丰富而且丰度较高，是砂矿的主要物源。岩浆岩以提供锆石、钛铁矿为主，次为金红石、独居石、磷钇矿、铌钽铁矿、锡石和铬铁矿等。变质岩以提供独居石、磷钇矿、锆石为主，次为钛铁矿、金红石、钍石、褐钇铌矿和黑稀金矿等。此外，内生矿是砂金、金刚石、锡石和褐钇铌矿等某些重矿物砂矿的重要物源。

不同类型物源在一定区域内的组合形成物源组合区，决定了区域内砂矿中有用矿物的类型和多寡。苏联学者别捷林等根据地球上不同的构造-岩石区将全球海底砂矿的原生补给源分为4种基本组合，控制形成了6种海底砂矿的基本类型（莫杰，2004）。我国沿海地区根据大地构造、基岩类型和出露面积等因素可分为12个物源组合区，每个物源组合区形成特定类型的海底砂矿（图3-3-1）。

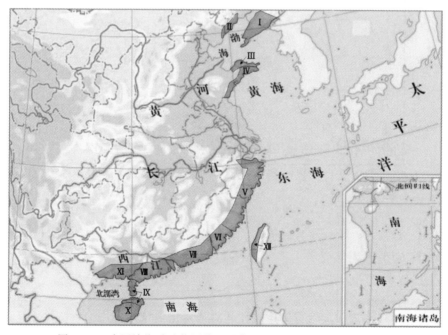

图3-3-1 中国滨海砂矿物源分区示意图（据谭启新和孙岩，1988修改）

Ⅰ.岩浆岩-变质岩母岩砂金、金刚石、锆石物源区；Ⅱ.沉积岩-岩浆岩母岩锆石、磁铁矿物源区；Ⅲ.变质岩-岩浆岩母岩砂金、石英砂物源区；Ⅳ.变质岩-岩浆岩母岩锆石、钛铁矿物源区；Ⅴ.沉积岩母岩磁铁矿物源区；Ⅵ.沉积岩-岩浆岩母岩钛铁矿、独居石、石英砂物源区；Ⅶ.沉积岩-岩浆岩母岩锡石、锆石、钛铁矿物源区；Ⅷ.岩浆岩-变质岩母岩独居石、磷钇矿、褐钇铌矿物源区；Ⅸ.沉积岩-岩浆岩母岩钛铁矿、金红石、锆石物源区；Ⅹ.岩浆岩母岩钛铁矿、锆石、铬铁矿物源区；Ⅺ.岩浆岩-沉积岩母岩钛铁矿、石英砂物源区；Ⅻ.沉积岩母岩锆石、独居石、钛铁矿物源区物源条件除控制砂矿的成矿专属性外,对砂矿的品位和规模也具有重要影响。海底砂矿可由单源补给形成,也可由多源补给形成,可以是直接补给产物,也可以是间接补给产物。因此,物源的成矿系数和补给面积决定了海底砂矿的品位和规模。成矿系数是物源中某一工业矿种的品位与砂矿中该矿种最低工业品位的比值。统计结果表明,成矿系数大于0.05,补给面积不小于$50km^2$,则可形成砂矿,并随着成矿系数和补给面积增大,砂矿床的规模也增大。总之,成矿系数高、补给面积大,则形成规模大、矿床多、品位高的砂矿;成矿系数低、补给面积小,则形成规模小、矿床少、品位低的砂矿(图3-3-2)。

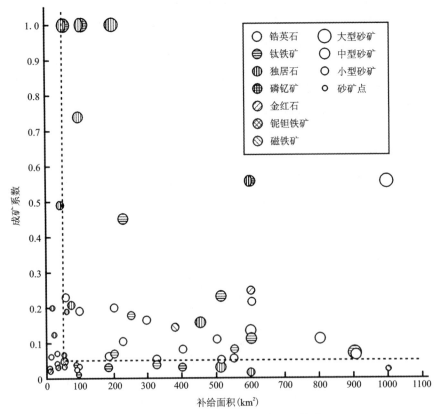

图 3-3-2 中国主要砂矿床(点)工业矿物成矿系数与补给面积关系(据谭启新和孙岩,1988略改)

(二)气候与水动力条件

1. 气候条件

气候条件对砂矿形成的影响主要体现在其对基岩化学风化作用的影响上。在炎热湿润的气候条件下,基岩化学风化作用强烈,容易形成较厚的基岩风化壳,将有用的重矿物解脱出来,而易溶的矿物和元素则被淋失,砂矿在风化壳中得到初步富集。我国处于热带或亚热带的福建、广东、广西、海南及台湾沿岸,由于气温高(年平均达21～26℃)、降雨量大(年降雨量一般在1150～2000mm)、年相对湿度大(一般为80%左右)、夏秋季台风活动频繁等特点,普遍发育了一层较厚的风化壳(福建省风化壳厚10～20m,广东省风化壳最厚达50～60m),从而在沿岸地区发育了规模大、数量多的砂矿床。截至20世纪90年代，已发现大型矿床21个，占全国的87.5%；中型砂矿床37个，占全国的90%；小型砂矿床62个，占全国的83.8%。而地处温带的我国北方沿岸（辽、冀、鲁及苏等省）具有气温比较低（年平均气温为8.9～14.2℃）、年降雨量少（一般在700mm左右），年相对湿度较小等特点，导致岩石的物理-化学风化作用相对较弱，风化壳厚度较薄（山东半岛风化壳厚度一般小于10m），因此形成的海底砂矿床的规模一般较小，数量相对较少，如仅在山东发现3处大型矿床、4处中型矿床和几个小型矿床。

2. 水动力条件

与气候条件相比，水动力条件对海底砂矿形成的影响更为直接，体现在河流水动力和海洋水动力两个方面。

河流是沟通海陆并把陆源碎屑颗粒搬运入海的重要渠道，其规模大小（包括长度、流域面积、流量及输沙量）和对岩石的切割密度制约着陆架砂矿的形成、富集。河流流经的母岩区不同，其在滨海形成的砂矿种类也不同；对岩石的切割密度不同，则成矿规模也不同，在其他条件相同的情况下，一般来说，切割密度与成矿规模呈正相关。入海河流的规模大小也直接影响着滨海砂矿的有无和规模大小。

长度超过100km的大河虽然对滨岸和海底地形地貌的塑造有一定控制作用，但对滨海砂矿大多起贫化作用，不利于工业砂矿床的富集与形成。原因：①砂矿中的有用矿物多为化学性能稳定和密度较大的重矿物，经过长距离的搬运磨蚀和机械分异作用，大多在上游有利部位沉积，到达河口区的物质通常具有颗粒细、重矿物含量低的特点，故一般不易成矿；②大河的入海口大都地势平坦，流速缓慢，输沙量大，沉积速率大于波浪、潮流和余流对其改造的速率，不利于工业重矿物的进一步分选和富集。河流规模太小（长度小于5km），其物源供应区小，输沙量很少，也不足以形成工业价值大的砂矿床。

研究表明，沿岸地区长为20～60km中小型河流对滨海砂矿的形成最为有利。尽管这些河流所处的地理位置及大地构造单元不同，河流的流量、流速和输沙量也不尽相同，但具有如下共同特点：①多呈枝状，汇水面积较广，切割密度较大，河流携带的碎屑物以砂、砾为主，分选差，磨圆度低，多为次棱角状；②河床比降大，流速快，侵蚀搬运能力强；③河流流程短，工业重矿物搬运距离短；④河流受季节控制明显，丰水期流速较平时高数倍至数十倍，流量增加可达数千倍。这些对滨海地区重矿物成矿非常有利。

沿岸地带的海洋水动力因素决定着近岸地区陆源碎屑物的再分配和海底泥沙运动及其分布规律，海洋水动力的强弱及方向直接控制着海成砂矿的形成、分布规律及赋存的地貌部位等。控制滨海砂矿形成的主要海洋水动力有波浪、潮流和沿岸流等。

波浪是海岸地貌、滨海砂矿的主要塑造动力。当从风中获得能量的波浪接近滨海浅水区时，受海底地形摩擦影响，水质点的运动轨迹由圆形变成椭圆形，直至完全压扁变成沿波浪传播方向平行于水底的往复运动。当这种往复运动超过海岸沉积物的启动速度时，便可产生海底沉积物的横向运动，不断把粗碎屑从海底搬运到岸边，而其回流又把部分轻的、细的碎屑物运回海底，形成水下堆积阶地、海滩、水下沙坝和离岸堤等滨海砂体堆积地貌，进而富集滨海砂矿(图 3-3-3)。波浪的搬运能力及对海底作用强度,与波高成正比,波高越大,搬运碎屑物的数量及颗粒越大,影响深度越大。

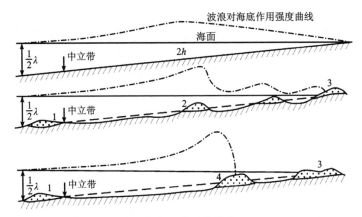

图 3-3-3　以物质横向移动为主形成的海积地貌及其演变(据曾柯维奇,转引自张仲英等,1992)
1.水下堆积阶地;2.水下沙坝;3.海滩;4.离岸堤

潮汐和潮流同样对滨海砂矿的形成具有重要影响。首先,潮汐引起的海面周期性升降直接影响波浪的有效作用,使波浪作用带和破碎带的位置随潮汐的升降而变动,作用带范围变宽就增强了波浪的有效能量。在无潮区,波浪只能长期作用于一个狭长的地带;在有潮区,特别是海岸平缓而潮差较大的地区,潮汐所引起的海面升降可使波浪对滨海砂矿体的分选范围扩大,同时使波浪作用的时间缩短,有利于滨海砂矿发育厚度增大。其次,潮流的水平往复运动直接影响着滨海砂矿的形成。潮流流速的大小除与潮差有关外,还明显受海底地形和海岸轮廓线形态的影响。在海峡、海湾的通道里,潮流流速较大,对沉积物有明显的侵蚀搬运作用;在通道的进出口处,由于水域展宽,潮流流速降低,携带的碎屑物质沉积下来形成潮流三角洲,是重矿物富集的有利地貌部位。

沿岸流系指沿岸河流的入海淡水所形成的低盐水流,是沿岸沉积物大规模运移的主要动力,其对陆架砂矿形成的影响主要表现在两方面:一是携带重矿物运移至有利的地貌部位沉积成矿;二是对浅海海底沉积物进行搬运、分选,把轻矿物带走,使重矿物富集成矿。例如在广东阳江至吴川一带,沿岸流常年以北东向西南流动为主,大量陆源碎屑物质及有用矿物在沿岸流的搬运下形成了百余千米的独居石、磷钇矿滨浅海砂矿异常带。

(三)海岸类型和地貌特征

1.海岸类型

海岸是海岸动力极为活跃的地带,也是海陆相互作用和影响的地带。由于海岸所处地质、自然地理位置不同以及不同类型海岸物质来源、空间形态和水动力条件的差异,其成矿性相差很大。根据海岸总体分布特点及其海洋所接触的陆地形态,可将我国海岸分为平原海岸、山地丘陵海岸和生物海岸3种类型。平原海岸主要分布在杭州湾以北,包括平原型淤泥海岸、三角洲和三角港海岸以及平原型砂质和砂砾质海岸等;山地丘陵海岸主要分布在杭州湾以南,包括港湾海岸和断层海岸;生物海岸主要分布在福建以南的部分亚热带地区,包括珊瑚礁海岸和红树林海岸等。

从我国已知砂矿的分布特点看,港湾砂砾质海岸成矿最为丰富;砂砾质平原海岸成矿较为丰富;港湾淤泥质海岸、红树林海岸及中小型三角洲海岸也可能成矿;而平原海岸和大河形成的三角洲海岸、基岩海岸、珊瑚礁海岸以及断层海岸则几乎不发育砂矿。港湾砂砾质海岸之所以能够成为最有利成矿海岸,是因为:①这类海岸具有良好的成矿地质构造条件和充足的成矿物源;②这类海岸总体属稳定堆积海岸,有广阔的自由空间并能形成交织叠加的地貌形态,为砂矿赋存提供有利部位;③这类海岸属波浪、沿岸流等水动力作用较强的中高能环境,能将陆源、近地海蚀及海底含矿物质搬运到海岸,并经淘洗粗化形成有序的沉积序列;④这类海岸背靠山地丘陵,第四纪以来多次海平面变迁形成的古海岸及相应的地貌形态距离现代海岸不远甚至连为一体,虽经破坏、改造或被埋藏,但总的成矿条件与现今海岸相同,因而提高了形成大中型矿床的可能性。

2.地貌特征

地貌发育过程包括风化、侵蚀搬运和堆积作用,这个过程也是砂矿矿物从母岩中分离,通过外营力搬运到近海地区并在海水动力作用下堆积、富集的过程,即砂矿的形成、发育过程。海区地貌围绕大陆边缘呈带状分布,其延伸与等深线排列方向一致,地貌发育程度受海底地形和陆源物质供给多寡控制,形态较为复杂。因而,滨浅海区地貌类型根据其分布的总体特点、所处位置、成因、形态可分为4个级别和许多亚类(表3-3-1)。

表3-3-1 滨浅海区地貌类型分布表(转引自谭启新和孙岩,1988)

一级	二级	三级	四级
陆区地貌	山地地貌	山地、丘陵、夷平面	孤山、孤丘
	火山地貌	火山丘陵式台地	火山口、火山锥
	流水地貌	冲积平原、洪积-冲积平原、三角洲平原	河漫滩、河谷、冲积扇、冲积裙、冲沟、阶地
	湖成地貌	湖积平原	湖沼洼地、潟湖
	风成地貌	流动沙地、固定半固定沙丘	新月形沙丘、沙丘锥
	海岸地貌 混合堆积	冲积-海积平原、河口港湾堆积平原、海口水下三角洲	海滩、沙嘴、沙堤、贝壳堤、海蚀平台、海蚀洞、海蚀柱、海蚀陡坎、古海岸
	海岸地貌 海积	海积平原	
	海岸地貌 海蚀	海蚀阶地	
	海岸地貌 海蚀-海积	海蚀-海积阶地	

续表 3-3-1

一级	二级	三级	四级
海区地貌	海成地貌	海积：浅滩、古海湾、海积堆积平原、辐射状沙脊群、潮成三角洲平原	古海滩、沙脊、沙坝（堤）、碟形凹地、谷底凹地、潮沟、陡坎、海丘、珊瑚礁平台
		海蚀：冲刷岸坡、海底侵蚀岸、冲刷槽、掘蚀洼地、海谷	
		海蚀-海积：水下阶地、古剥蚀堆积岗丘	
	河海成地貌	海湾三角洲平原、现代河口水下三角洲、古三角洲平原、弱古平原	
	湖成地貌	古湖沼洼地	
	河成地貌	古河谷（道）	

从已知砂矿的分布特点看，地貌类型对滨海砂矿形成的影响主要体现在如下方面：①砂矿分布与海陆地貌类型有关。总的来看，山地丘陵地貌较平原地貌、滨海地貌较浅海地貌、海积地貌较海蚀地貌、现代滨海地貌较古滨海地貌有利于成矿。②不同类型地貌单元对砂矿富集相差较大。海成沙堤、沙嘴、海积小平原、冲积河谷、冲积阶地、河口堆积平原等成矿意义最大；潟湖、风成沙丘、残坡积群等地貌只能形成中小型矿；剥蚀或海蚀地貌不成矿。③砂矿形成还受地貌形态一定部位控制。各类沙堤的根部、鞍部、海滩的高潮线附近和与沙堤接触部位，海积小平原的次级地貌单元接合处，水下沙坝的坝顶和向海坡、河口冲积扇一侧或两侧，潟湖边缘、残丘顶部以及河谷、河漫滩、冲积阶地有利部位易于砂矿富集。平面上，多在两种地貌单元的交界处、孤山向海伸出的内湾以及山地丘陵前缘海成地貌最易于成矿。

（四）构造运动和海平面变化

1. 构造运动

区域性构造能反映陆架砂矿分布规律及不同地质历史时期成矿的总体部位。新构造运动是局部地区砂矿富集的先决条件，它对砂矿分布的控制取决于大陆边缘活动强度与剥蚀堆积作用的关系上。根据大陆边缘的构造运动强度及其剥蚀堆积能力强弱，可将其分为增长型、平衡型和减弱型3种，每种类型对砂矿分布的控制也不相同。

增长型大陆边缘：构造抬升速率大于剥蚀堆积速率，断裂规模较大，切割较深，岩浆活动、火山喷发频繁，近期地震活动强烈。根据活动形式可分为抬升型和下降型，前者发育时间短，抬升速度快，剥蚀速率远小于抬升速率，导致古老基底岩石和含矿地质体很难暴露地表，堆积地貌不发育，即使局部有堆积，因得不到很好的分选，也很难成矿；后者由于大陆边缘区强烈下沉，沉积速度特别快，堆积地貌虽很发育，但未经充分分选，故不成矿。

平衡型大陆边缘：新构造运动在挽近时期仍有活动，但幅度不大，其抬升速率与剥蚀堆积速率相当，地形地貌总体变化不明显。新构造在稳定中相对抬升，陆区剥蚀仍较强烈，造成大量含矿物质随径流运移到海区，为海区堆积成矿提供前提条件。在海岸，缓慢抬升引起的海退又为堆积提供了空间位置，在波浪和水流作用下，一方面把陆源区带来的含矿物质进行充分淘洗分选,另一方面对早先堆积在水下岸坡的砂矿体进行侵蚀,不断向岸边推移,长期反复作用形成较大规模的砂矿床。

减弱型大陆边缘:剥蚀堆积能力大于新构造抬升能力。含矿物质从基岩中分离出来,大部分连同碎屑物一起堆积在山间谷地和附近沟谷中形成陆相砂矿,少部分随径流带入海区,当沉积速率大于水动力改造速率时不利于砂矿富集,反之可形成砂矿,但矿体分散,形态复杂。

2. 海平面变化

世界性洋面变化影响着古今海岸和第四纪沉积物展布。由冰期和间冰期所引起的海平面变化与新构造变动引起的海平面变化有着本质区别。前者是全球性气候演变的反映;后者是局部性内应力作用的结果。全球性海平面变化,包括海进、海退两大过程,其岩相古地理都发生根本变化,因而所形成的砂矿在分布方向和空间位置上都有较大的差异。

当冰期来临时海水后退,在刚退出海岸过程中,原海岸带上形成的砂矿组成阶地砂矿并沉积一套滨海相沉积。由于离陆地较近,物源丰富,在改造早期砂矿的基础上又形成了新的海积砂矿。随着海水从陆缘到陆架的退出,海洋变成陆地,致使原来海区的坳陷盆地和三角洲变成大平原,海底隆起和岛屿变成山地丘陵,整个浅海区与大陆连成一片,河流穿过陆架伸入大海形成水系网络,同时发育了一套河流相沉积及相应的冲积砂矿。在山地丘陵区,处在海退过程中的干冷气候开始了强烈的、以机械风化为主的剥蚀和堆积作用,形成陆相残坡积砂矿。

当全球气候变暖,冰川消融,海水入侵,波浪对海滩上的海退沉积物进行冲刷、淘洗、改造,细粒物质被波浪和水流带到外海,粗粒物质留在原地。当所处位置含矿物质丰富或海侵过程停留时期较长时(古海岸线),易形成海侵滨海砂矿和异常;当海水达到现今海岸附近或者达到海底隆起与平原的过渡地带,大量带入的陆源物质一方面可埋藏海退时未被改造的冲积和海积砂矿,另一方面又可形成新的海积砂矿。当海进抵达现今海面以上,此时沉积环境同现今海岸一样,可形成各式各样的地貌单元和有关的砂矿床。

综上所述,滨海和浅海砂矿形成与全球性海平面变化方向、阶段、时间、位置都有关系,海退阶段有利于阶地砂矿、残坡积和古河谷砂矿形成,海进阶段有利于浅海和滨岸砂矿富集;海平面变化所引起的砂矿空间分布取决于海侵(海退)过程中的岩相古地理变化,通常平原和坳陷区不成矿,而古陆边缘或隆起和岛屿与平原的过渡地带是形成砂矿的有利部位。

(五)第四纪沉积作用

滨海第四系的发育受气候、地形地貌、新构造运动以及海平面变化等因素的控制,在时间和空间上都存在较大的差异,因而海底砂矿形成时代也具有多期性,不同时代形成的砂矿在规模、矿种和成因类型上都有所不同。表3-3-2列举了我国滨海砂矿各类工业矿床的成矿时代。①早更新世:我国沿海尚未发现滨海砂矿,仅局部地区残积层中有矿化异常。②中更新世:主要在残坡积层中形成矿化点和矿化异常,个别地区形成残坡积砂矿床。③晚更新世早、中期:形成一系列海积、冲积、残积和冲-海积砂矿,且矿床规模和工业意义较大,是我国滨海砂矿重要成矿期之一。④晚更新世晚期和早全新世：海平面升降过程中产生了古滨海沉积及相应有用矿物富集，从而在现代浅海区的残留沉积区中形成砂矿异常。滨海局部地区形成古冲积砂矿及个别地区因地壳上升分布有古滨海阶地砂矿。⑤中、晚全新世：我国所发现的大部分滨海砂矿形成于该时期，为滨海砂矿主要成矿期，有海积型、风积型、冲积型和冲-海积型。

表 3-3-2　我国滨海砂矿各类工业矿床的成矿时代（转引自谭启新和孙岩，1988）

时代 矿种	早更新世	中更新世	晚更新世			全新世		
			早期	中期	晚期	早期	中期	晚期
砂金			——	——	——		- - -	- - -
锡石						- -		
锆石 钛铁矿 金红石	⋯⋯		——	——	——	——	——	——
独居石 磷钇矿		⋯⋯	——	——	——	——	——	——
磁铁矿				——	——	——		
褐钇铌矿							——	——
铌钽矿							——	——
石英砂岩							——	——
铬铁矿			⋯⋯	⋯⋯	⋯⋯	⋯⋯	- - -	- - -

工业意义：—— 大（主要成矿）；—— 较大；- - - 较小；⋯⋯ 小。

早、中更新世未发现海积等类型砂矿的原因可能因当时海平面未在现今滨海区或形成时间较长，受后来各种因素的破坏作用而不易保存所致。晚更新世中期的砂矿可能与当时海平面位于现今海面附近以及当时温暖潮湿的气候有关，但砂矿形成后经历了较长时间，部分砂矿受后期改造，从而其规模不如中、晚全新世。晚更新世晚期和早全新世砂矿的分布与玉木冰期—冰后期早期气候影响下的海平面大幅度升降有关。中、晚全新世时期不仅气候温暖潮湿，风化剥蚀作用强烈，碎屑物质在地表水作用下搬运至滨海地区，为滨海砂矿的形成提供了充足的物源，而且比较稳定的海平面有利于一系列砂矿床的形成。同时该时期是地质年代的最新时期，距今时间短，砂矿形成后很少受到破坏而多被保存，因此成为砂矿的主要成矿期。

二、海底砂矿资源成矿模式

海底砂矿的形成往往是由多种因素所决定的。对于某一具体矿种的某一矿床的形成，其中的某种因素可能起主导作用，但一般情况下砂矿形成中的各种因素是相互联系的。根据海底砂矿的形成过程，大致可建立包括5个成矿阶段的总体成矿模式（图3-3-4）。

1. 工业矿物的原生赋存阶段

该阶段是指工业矿物呈分散的或富集的状态赋存于岩浆岩、变质岩和沉积岩等各大岩类

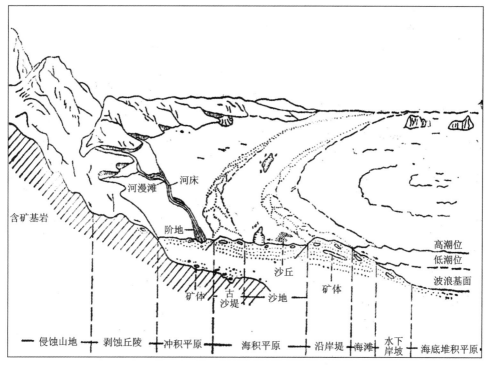

图 3-3-4　陆架砂矿成矿模式图(据谭启新和孙岩,1988)

或原生矿体中。岩石中所含工业矿物的丰度对砂矿物质的供给至关重要,是工业砂矿床形成的先决条件。岩石中含工业矿物的丰度越高,出露面积越大,则越有可能形成规模较大的砂矿床。

2. 工业矿物的活化阶段

由于岩石的风化剥蚀,而形成不同厚度的风化壳,从而使工业矿物松动。风化壳的厚度往往因岩性、地质构造发育程度的差异及所处的气候不同而不同,风化壳的形成即标志着砂矿形成的开始,有时在岩石表面或斜坡上形成残积和残坡积砂矿,其形成往往需要足够的切割深度。而构造隆起是其形成的必要前提,气候条件是这类砂矿形成的必要条件,基岩性质决定着风化作用的强度。

3. 工业矿物的搬运阶段

物质的搬运和分异作用与地表水系作用密切相关。河流是向滨海地带输送岩浆岩、变质岩和沉积岩等风化产物的主要途径;而分异作用取决于动力条件的强度;被搬运的距离取决于地形的坡度和重矿物的密度、硬度和水力学、粒径等特性。对于密度较大的金和锡石等矿物在最初的搬运阶段首先析出和沉积,较轻的重矿物如锆石、独居石、钛铁矿、磷钇矿和金红石等则可搬运较远,而耐磨性很强的金刚石则可搬运数百千米,此阶段可在滨海区形成一些冲积型砂矿床。

4. 工业矿物的富集成矿阶段

砂矿的原始碎屑物质经历了长时间的崩解和分异作用,使陆源物质组合中的重矿物数量不断增加,并由河流等将其输送入滨海地带,因受海岸类型、地貌形态的制约,海洋水动力条件和沉积机制的作用,当其各种成矿因素相匹配时,即可形成有工业价值的堆积体。此时期对于密度较小(一般为 $4.2 \sim 5.2 \text{g/cm}^3$)的钛铁矿、锆石、独居石、金红石、磷钇矿和磁铁矿等的形成极为有利,它们一般富集于分选好的细(砂)粒级的沉积物中;对于那些密度较大的重矿物金、锡石等则往往需要在较大的风暴和平静水动力条件经常交替的情况下才可成矿。

5. 砂矿的后生变化阶段

该阶段指砂矿形成之后的变化。这种变化表现在由于海岸变迁而使已成砂矿抬升或下降,所形成的抬升和沉溺或埋藏砂矿;亦可因大风暴潮的作用破坏已形成的砂矿而在新的水动力平衡条件下再次富集成矿。①已形成的砂矿因地壳抬升或海平面下降形成的抬升阶地砂矿易受破坏,其形态往往不规则,早期被抬升的阶地砂矿,可在新的外动力作用下将工业矿物转移到较低位置富集成矿;②已形成的砂矿因地壳相对下降而形成的沉溺或埋藏砂矿,上部往往被现代沉积物覆盖;③大风暴潮可将已成砂矿冲毁,其重矿物被运移,并有可能重新改造,在有利的地貌部位再次富集成矿。

本章小结

(1)海底砂矿资源是目前仅次于海洋油气资源的第二位矿产资源,泛指一切赋存于现代海洋陆架松散沉积物中的具有工业价值的砂矿资源,根据其赋存位置分为滨海砂矿和浅海砂矿两类。海底砂矿资源的成因类型属于机械沉积矿床,根据工业矿床或地质因素等可划分为不同类型。由于对矿产资源需求的急速增长,海洋沿岸及大陆架浅海区砂矿成为矿业中具有重要经济价值的矿产资源。现已探明的海底砂矿广泛分布于澳大利亚、印度、新西兰、美国、东南亚、加拿大、日本、俄罗斯、英国、南非等国家和地区。我国海底砂矿调查研究与开发也经历了几十年的发展历史,但与世界发达国家相比,还存在较大的差距。

(2)海底砂矿资源分布范围广,但具有显著的地域性差别,不同国家富集海底砂矿资源工业类型和矿床特征都存在较大差异。我国海岸线漫长,富集多种海底砂矿资源,但也存在明显的地域差别,总体上华南地区沿海富集有色、稀有稀土金属砂矿,辽东和胶东半岛沿海以富集砂金、金刚石砂矿资源为特色。砂矿的分布富集与陆地表层的岩石组合之间存在着密切的物源联系。基底地层中相应的原生矿源的存在,决定了在近海生成砂矿堆积的可能性,全球范围内可形成 6 种与原生补给源匹配的海底砂矿基本类型。我国海底砂矿资源分布的地理格局分为 3 个成矿带和 24 个成矿远景区。

(3)海底砂矿资源的成矿控制因素有物源条件、气候与水动力条件、海岸类型和地貌条件、构造运动和海平面变化条件及第四纪沉积作用等几个方面,它们相互作用和影响,共同决定了工业矿物经历原生赋存阶段、活化阶段、搬运阶段、富集成矿阶段和后生变化阶段,最终形成海底砂矿资源的演变过程。

思考题

1. 简述海底砂矿的概念、主要特征及地质分类。
2. 分析我国海底砂矿资源勘查开发现状及与世界先进开发国的差距。
3. 试分析世界范围海底砂矿的地理分布特征。
4. 简述我国海底砂矿地理分布的基本特征。
5. 简述我国海底砂矿的成矿富集规律
6. 试分析影响海底砂矿形成的主要因素。
7. 简述河流作用对海底砂矿形成的影响。
8. 试分析区域海平面变化和全球海平面变化对海底砂矿成矿的影响有何差异。
9. 简述海底砂矿成矿的主要阶段。

第四章 海底磷矿资源

第一节 海底磷矿资源概述

一、海底磷矿资源的概念与基本特征

海底磷矿,系指通过生物沉积或生物化学沉积等作用富集于海底并具有明显工业价值(P_2O_5含量>18%)的含磷沉积物,包括磷块岩(磷结核)、含磷砂岩、含磷泥浆和含磷沉积物的固结层4种类型。

生物沉积作用和生物化学沉积作用是生物化学沉积矿床的两种主要成矿作用方式。前者是指生物遗体及生物代谢残余物质的直接沉积富集成矿;后者是指生物体的合成、分解作用及周围环境的物理化学条件改变而引起的物质沉积富集成矿。因此,从矿床学角度上看,海底磷矿资源属于生物化学沉积矿床范畴。

磷块岩是海底磷矿最常见的赋存方式,具有如下特点。

(1)常呈暗灰色、大小悬殊、形态不规则、致密坚固(摩氏硬度5)的结核状或颗粒状产出,相对密度为2.6~2.8,内部多具鲕状或层状构造(图4-1-1)。如在加利福尼亚湾沿岸,结核平均直径5cm左右,最大结核为60cm×50cm×20cm。

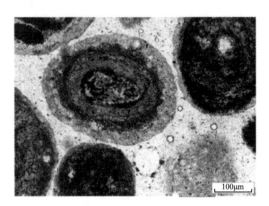

图4-1-1 西南非洲纳米比亚陆架区磷块岩形态及其内部构造(据Compton and Bergh,2016)

(2)矿物成分主要为隐晶质或胶状的磷灰石和与之伴生的细晶磷灰石,还含有黏土物、海绿石、方解石、白云石、碳质、硅质、黄铁矿以及生物骨屑等杂质;矿石中P_2O_5含量变化较大,介于5%~25%之间,但很少超过30%,含3.5%~4%的氟和少量的铀(0.005%~

0.05%)、钡(0.01%~0.03%)及稀土元素。

(3)化学成分主要为 $Ca_3(PO_4)_2$，PO_4^{3-} 可被 CO_3^{2-} 置换，置换造成的化学不平衡由 F^-、OH^- 或 Cl^- 等补偿，形成含 F^-、Cl^-、OH^-、CO_3^{2-} 的一系列碳氟磷灰石类质同象系列。根据磷结核的成分特征可将其区分为单一矿物结核和多种矿物结核、泥质结核、砂-石英质结核以及海绿石结核等。

随着现代农业生产对磷肥需求的持续扩大以及陆地磷块岩资源的快速消耗，海洋磷块岩越来越受到人们的重视，除了可以作为制造磷肥的主要原料，还被广泛应用于制造黄磷、赤磷、磷酸、磷化物及其他磷酸盐，因此，磷块岩是一种重要的海洋非金属矿产资源。

二、海底磷矿资源的调查研究简史

1. 海底磷矿的调查发现

自 1873 年在南非大陆边缘的厄加勒斯滩首次发现磷块岩以来，至今已有近 156 年的历史。总体上，人类对海底磷矿资源的勘查研究历史大致可以分为 3 个阶段(刘晖等，2014)。

(1)初始发现阶段(1870—1949 年)。该阶段以海底磷块岩的首次发现为标志。1873 年，英国"挑战者"号调查船在大西洋南非大陆边缘区的厄加勒斯滩用拖网首次获得岩化的磷酸盐沉积物，并引起了地质学家们的关注，将其作为认识磷块岩矿床成因的一个关键(Siesser，1978；Dingle，1978；图 4-1-2)。1937 年在美国南加利福尼亚捕捞取得的样品中找到了磷结核(Dietz，1942)。该阶段，海底磷矿资源在大洋中还属于相对比较零星的发现，研究内容仅限于海底磷矿的产状、沉积组成等方面。

图 4-1-2 英国"挑战者"号调查船

(2)大规模调查阶段(1950—1989 年)。20 世纪 50 年代以来，世界经济的快速发展加速了对磷酸盐物质的需求，以及受益于大洋矿产勘查技术的进步和 DSDP—ODP 研究计划的开展，人们又陆续在南、北美洲沿岸，非洲，澳大利亚，新西兰及太平洋沿岸找到了海底磷矿资源。具有代表性的是，1950 年美国"中太平洋"考察队在太平洋马绍尔群岛首次发现了海山型磷块岩；Slate(1973)对西南太平洋塔斯马尼亚水下海山区的磷酸盐结核进行了详细描述。海山磷块岩的发现是该阶段的一个重要进展。该阶段还对海底磷块岩的产出环境、地球化学组成、同位素特征、成矿作用和年代等开展了相关研究。

(3)零星探索阶段(1990年—现今)。虽然大规模海底磷块岩资源相继被发现,但是由于各方面的原因,海洋磷块岩的开采一直没有进行,随后海洋磷块岩的勘查研究逐渐转冷。针对磷块岩的勘查研究也越来越少,只有部分科学家从科学探索的角度对磷块岩中的化学元素组成、沉积环境、磷酸盐化作用以及(微)生物在磷块岩中的作用进行研究(Rao et al,2008;Arning et al,2009)。

2. 海底磷矿的理论研究

海洋学的新成果中,多次提出了海底磷块岩的种种成因假说。Murray and Renard(1891)根据对海底磷块岩成分和产出条件的认识,最早提出了一种海底磷块岩的生物-成岩假说;苏联学者卡查科夫(1937)提出了与Murray模式具有原则性区别的化学成因假说;布申斯基(1963)提出了与Murray模式相近的生物化学假说。

1982年,苏联学者巴图林在实际调查研究的基础上撰写了《海底磷块岩》一书,较为全面地叙述了大西洋东、西陆架,美国和墨西哥沿海陆架,秘鲁和智利西部陆架及印度洋西部陆架,以及远洋区海底山脉上的现代磷块岩的分布、产状、化学和矿物组成、结构及时代;详尽地分析了海洋中磷的来源及其不同的存在形式和现代磷块岩形成的沉积相环境,并从气候、洋流等方面,分析了上升洋流对于磷块岩形成的影响,从而比较详尽和全面地探讨了现代磷块岩的成因。

此外,有的学者针对上升流不强、有机质含量有限的沉积区磷矿的形成,提出了海底磷矿的细菌成因模式;有些学者针对海山磷块岩的形成,提出了底层水中的磷酸盐交代海底石灰岩和碳酸盐沉积物而形成的交代成因学说(Ames,1959;D'Anglejan,1968;McArthur et al,1990;潘家华等,2007)。这些成果为后继者进行海底磷矿调查和研究提供了重要参考资料。

第二节 海底磷矿资源分布及特征

一、海底磷矿资源的分布及其影响因素

1. 海底磷矿资源的分布

目前已发现的海底磷矿在太平洋、大西洋、印度洋的陆架区和大洋区均有分布,在全世界大洋中P_2O_5资源量总计约$200×10^8t$;产出水深一般为$20\sim400m$,少数可达$2000\sim3000m$,一般形成于氧化—亚氧化环境下;矿床形成时代为晚白垩世至全新世;赋存部位主要包括大陆架边缘、陆坡上部和中部、海台和大洋平顶山等地貌中,与生物(钙质和硅质)、陆源和海绿石沉积有关;由于受上升洋流的影响,大洋东侧往往较大洋西侧富集,矿床分布的地理带宽度总体介于$50°S$与$42°N$之间(Werner,1975;Baturin and Biezrukow,1971;Depowski et al,2001;莫杰,2004;图4-2-1)。

苏联学者巴图林(1982)根据海底磷矿的分布与产状将其分为大陆边缘带海底磷矿和海山区海底磷矿两类。大陆边缘带海底磷矿主要分布在5个海区:①东大西洋带,主要在非洲西海岸外,如南非厄尔勒斯滩;②西大西洋带,主要在南、北美洲东海岸外,如布莱克海台;

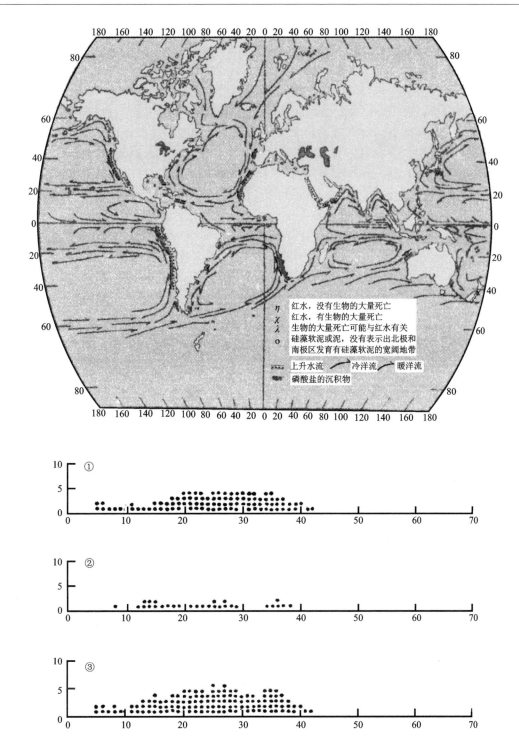

图 4-2-1 现代磷酸盐沉积物、磷块岩矿床的分布与洋流的关系

上:洋流与现代磷酸盐沉积物的分布;下:新近纪以来磷块岩的分布统计(横坐标表示纬度,纵坐标表示矿床产地数目);
①由于洋流辐散引起的洋流上升地区;②动力原因引起的洋流上升地区;③总体统计结果

③东北太平洋带,主要指加利福尼亚和墨西哥西海岸;④东南太平洋带,主要在秘鲁—智利海岸外陆架区;⑤澳大利亚—新西兰海区。而海山区海底磷矿大部分见于北太平洋中西部,少量见于西南太平洋和印度洋东部,一般产于平顶山上,这种海底磷矿并非结核状的,而是由交代成因的不同类型磷酸盐化岩石(如石灰岩、玄武岩、玻璃碎屑岩)组成。

刘晖等(2014)以巴图林(1982)的海底磷矿分布的划分方案为基础,并综合20世纪90年代海底磷块岩大规模勘查和研究时期的成果,根据产出位置、构造单元、地貌类型等,将全球范围内海底磷矿资源的分布划分为8个主要的区(带):①太平洋东部陆缘区;②太平洋海山与深盆区;③太平洋西部陆缘区;④印度洋陆缘区;⑤印度洋海山与深盆区;⑥大西洋东部陆缘区;⑦大西洋海山与盆岭;⑧大西洋西部陆缘区。总体上,分布于大洋海山与深盆区的海山型磷块岩形成时代相对较老,形成时代从白垩纪到新近纪都有分布,基本没有第四纪形成的磷块岩,而在大陆边缘磷块岩形成时代从白垩纪到第四纪均有分布,并且以新近纪和古近纪形成的磷块岩为主(图4-2-2,表4-2-1)。

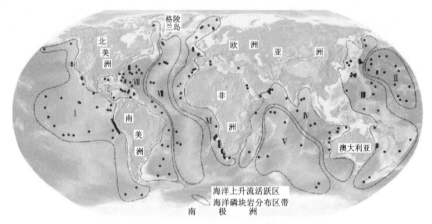

图 4-2-2 全球范围海底磷矿的地理分布示意图(据刘晖等,2014)
Ⅰ.太平洋东部陆缘区;Ⅱ.太平洋海山与深盆区;Ⅲ.太平洋西部陆缘区;Ⅳ.印度洋陆缘区;
Ⅴ.印度洋海山与深盆区;Ⅵ.大西洋东部陆缘区;Ⅶ.大西洋海山与盆岭区;Ⅷ.大西洋西部陆缘区

表 4-2-1 全球范围内海底磷矿分布区(带)及其特征(据刘晖等,2014)

分布区带	地理位置	资源富集带	形成时代
太平洋东部陆缘区	阿留申深海平原-北美西部大陆架-东太平洋海隆-南美西部大陆架-秘鲁海盆、智利海岭	东北太平洋边缘带、北美西部陆缘带、墨西哥太平洋陆缘带、南美太平洋陆缘带、智利南部陆缘带	白垩纪、古近纪、新近纪、第四纪
太平洋西部陆缘区	堪察加半岛-东亚大陆坡-东马里亚纳海盆-澳洲东部大陆坡-西南太平洋海盆	西太平洋陆缘带、西南太平洋陆缘带、澳大利亚-新西兰陆缘带	白垩纪、侏罗纪、古近纪、新近纪
太平洋海山与深盆区	太平洋西北部高纬度区-太平洋中西部-西南太平洋(少数)	西北太平洋海山带、中太平洋盆缘带	白垩纪、古近纪
大西洋东部陆缘区	冰岛北部-西班牙和葡萄牙近海-非洲北部摩洛哥、纳米比亚近海-非洲南部	欧洲北-西陆缘带、地中海陆缘带、北非大西洋陆缘带、中部非洲大西洋陆缘带、非洲西南部陆缘带	白垩纪、侏罗纪、古近纪、新近纪、第四纪

续表 4-2-1

分布区带	地理位置	资源富集带	形成时代
大西洋西部陆缘区	纽芬兰近海-布莱克-巴哈马海域-加勒比海域-巴西东南部的巴西陆棚	北美东部陆缘带、北美东南部陆缘带、墨西哥湾陆缘带、加勒比陆缘带、南美陆缘带	白垩纪、古近纪、新近纪、第四纪
大西洋海山与盆岭区	格陵兰岛南部北大西洋 Vogel 海山-大西洋中脊	大西洋西部海山带、大西洋中脊带	白垩纪、古近纪、新近纪
印度洋陆缘区	印度洋沿非洲东海岸-南亚大陆南侧近海-澳大利亚大陆西海岸	印度泽东北陆缘带、印度洋东南部陆缘带、印度洋西部大陆边缘带	白垩纪、古近纪、新近纪、第四纪
印度洋海山与深盆区	东印度洋 Cocos 岛西北部-东印度洋 Ninetyeast 脊-印度脊东南部-西南印度洋 Crozet 海盆	印度洋中-南盆岭带	古近纪、新近纪

2.海底磷矿资源分布的影响因素

海底磷矿资源的分布和赋存环境受海底地貌、水深、水动力、氧化-还原环境以及埋藏条件等多个方面的制约和影响(刘晖等,2014)。

(1)地貌与水深。磷块岩埋藏的水下地貌包括陆架(如纳米比亚陆架)、大陆坡及其山麓(如非洲南端陆坡)、海底高地(如布列依克高原)。大陆边缘磷块岩主要产于水深相对较小的岸外浅滩、浅海大陆架、陆坡上部、边缘台地上,水深一般在数百米,很少超过 500m;海山磷块岩大部分产于水深较大的海山或海底隆起上,水深一般在 1000m 以上。水深对海底磷矿分布的控制主要体现在海水对磷的溶解度上,海底表层至 400~1000m 范围内,海水对磷的溶解度呈增大趋势,1000m 以下的深度范围内,磷的溶解度变化相对较小。因此,海底磷矿资源绝大部分分布在水深小于 400m 的大陆边缘区海底地貌单元中。

(2)水动力条件。最富和分布最广的磷块岩矿床通常与海洋上升流关系密切。秘鲁近海以结壳和结核形式产出的磷块岩与秘鲁近海持续的南风驱动着的常年上升流关系密切;澳大利亚东部大陆边缘磷块岩产出的海洋环境受澳大利亚东部洋流控制;南非大陆边缘厄加勒斯滩区多数地方的磷酸盐源于新近纪期间深部海底上升流;阿拉伯海西北部 Murray 脊的磷块岩也产出于位于阿曼大陆边缘高生产力上升流区。这些地区受富营养海水的强上升作用影响,结果导致沉积物中高的生物生产力、强的生物成因沉积作用及磷的成岩再分配作用,这种磷最初以软的和易碎的结核状态被吸附,逐渐遭受成岩压实作用,并在波浪和海流活动下逐渐富集。

(3)埋藏条件。海洋磷块岩与不同类型陆源、钙质和硅质沉积物伴生,它的埋藏环境主要有硅藻土或含硅藻土泥岩,也有不少磷块岩产出于有孔虫砂中。总体上,海洋磷块岩基本上产出于海底表层沉积物,深埋条件下的磷块岩少见。

(4)氧化-还原条件。海底磷块岩一般形成于氧化-亚(次)氧化条件。如秘鲁近海陆架区自生磷块岩结壳中小的负 Ce 异常和 U 富集特征表明,在其形成过程中沉积物—水界面附近为次氧化条件,南非大陆边缘区磷块岩的 C、S 同位素数据表明磷块岩形成于氧化的或氧化过后的沉积物中。这是因为在氧化或亚氧化条件下,磷酸盐容易从铁氧化物或氢氧化物中释放出来,促进孔隙水中磷酸盐含量的提高,有利于磷酸盐矿化作用。

3. 海底磷矿资源潜力

20 世纪 90 年代海底磷矿资源大规模勘查和研究的成果表明,在全世界大洋中 P_2O_5 资源量总计约 200×10^8 t(表 4-2-2),并且随着对世界大洋磷矿资源进行更详细的勘查研究,其磷酸盐潜力可能会大大增加。具体而言,大西洋边缘海底磷矿资源主要分布在非洲西海岸及美洲东海岸,P_2O_5 资源量超过 120×10^8 t,太平洋含磷酸盐地区主要分布在加利福尼亚半岛(墨西哥)西部陆架、秘鲁-智利陆架和陆坡、澳大利亚-新西兰以东陆架和大陆坡上部、日本海陆架及大陆坡等地区,P_2O_5 资源量为 $(30\sim70)\times10^8$ t。印度洋底的磷矿资源主要分布在索马里海岸附近、阿拉伯半岛东北部大陆坡、西印度半岛陆架及澳大利亚西北海岸附近等地区,资源量尚未估算。同时,对于太平洋、大西洋和印度洋远洋带海山上的 P_2O_5 资源量也没有进行估算,但根据其分布推算,应该有数十亿吨。

表 4-2-2 全球主要海底磷矿资源赋存区特征与资源潜力(转引自刘晖等,2014)

地区	产出状态	分布面积(km^2)	P_2O_5 资源量($\times10^6$ t)
摩洛哥陆棚	磷酸盐化灰岩、磷酸盐砂(砾)	330	480
纳米比亚陆棚	磷酸盐砂	—	100
南非西南部陆棚	磷酸盐化灰岩、砾岩	13 500	3500
厄加勒斯滩	磷酸盐化灰岩、砾岩	21 500	5500
北加罗林陆棚(美)	磷酸盐砂	1600	1300
布列衣克海底高原	磷酸盐化灰岩	7400	220
加利福尼亚盆地	结核体、砾岩	19 000	290
加利福尼亚陆棚(墨西哥)	磷酸盐化砂	13 000	1500～4000
澳大利亚东南-新西兰南部海域	磷酸盐化灰岩	—	200
秘鲁-智利陆棚	结核体	10 000(?)	1000(?)
日本海	结核体、砾岩	10 000(?)	200(?)

二、大陆边缘带海底磷矿资源

(一)东大西洋带海底磷矿

东大西洋带海底磷矿的分布北起葡萄牙大陆架,南至南非厄加勒斯滩,呈不连续带状,包括南非陆架区、西北非陆架区、西南非陆架区和中非西部陆架区 4 个区带。

(1)南非陆架区海底磷矿。1873 年,英国"挑战者"号考察船首先在该区的厄加勒斯滩获得了表面光滑的致密滚圆状和棱角状海底磷块岩样品。随后,德国("瞪羚"号和"瓦尔迪维亚"号)、苏联("鄂毕河"号和"克尼波维奇院士"号)、大西洋渔业和海洋科学调查研究所以及南非等国家和组织采集到了各种各样代表性的样品。南非陆架边缘区的海底磷矿产于水深 100~500m 之间的含介壳石英砂、海绿石砂、泥质沉积物及纯软泥的海底松散沉积物中;呈角砾状、砾状、细粒状及鱼骨残骸 4 种形态,其 P_2O_5 含量为 7%~24%,一般为 15%~20%;成矿时代为古近纪渐新世至新近纪中新世。

(2)西北非陆架区海底磷矿。西北非陆架区包括摩洛哥陆架和撒哈拉陆架。1883 年,"Dacia"考察队首次在摩洛哥陆架发现磷块岩,但直到 40 年后才广为人知(Murray and Chumley,1924)。随后,人们又陆续在摩洛哥陆架的其他地带和撒哈拉陆架发现了磷块岩。西北非陆架区的海底磷矿主要分布在摩洛哥陆架的拉巴特和阿加迪尔之间、萨菲和杰迪代之间以及撒哈拉北部的外陆架区;产于水深 150~300m 的含生物成因碳酸盐砂和粉砂的海底松散沉积物中;呈砾状、角砾状和细粒状 3 种形态,结核 6~8cm;是弱磷酸盐化的钙质砂以及由磷块岩组成的砾岩和磷酸盐化灰岩,其 P_2O_5 含量在 10%~23% 之间,CO_2 含量较高,平均达 6%;成矿时代为新近纪中中新世(图 4-2-3)。

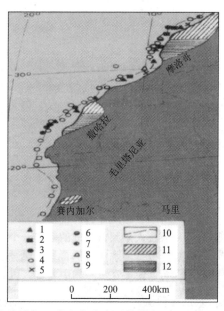

图 4-2-3 西北非陆架区磷和含磷岩石的分布(转引自 Depowski et al,2001)
1.角砾化的含磷岩石;2.砾岩的含磷岩石;3.细粒含磷岩石;4.石灰岩;5.泥灰岩;6.白云岩;
7.粉砂岩;8.泥质板岩;9.砂岩;10.200m 等深浅近岸含磷盆地;11.古近纪—新近纪;12.晚白垩世

(3)西南非陆架区海底磷矿。西南非陆架区包括纳米比亚陆架(从 16°S 的库内内河口到 28.5°S 的奥兰治河河口)和南非大陆架西北部到好望角。该区水深 60~300m 的含生物碎屑砂岩、泥浆及硅质淤泥等海底松散沉积物中都有不同程度的磷富集(图 4-2-4)。磷矿以磷酸盐的砂、板状体和团块,粗大致密的磷酸盐结核,硅藻软泥中未固结的和压实的磷酸盐结核,磷酸盐化粪石以及鱼和海生哺乳动物的骨骼等形式赋存,形态和尺寸各异(图 4-2-5)。化学分析表明,含磷沉积物中的 P_2O_5 含量在 0.3%~24% 之间,CaO 含量为 17.7%~50%,Fe_2O_3

含量为 0.6%～50%，SiO_2 含量为 0.9%～25%；此外，含磷沉积物中 CaO、CO_2 和 F 含量的变化与 P_2O_5 含量的变化具有正相关性，而 H_2O、有机碳、SiO_2、Al_2O_3、TiO_2 和 S 含量的变化与 P_2O_5 含量的变化具负相关性。成矿时代总体为中新世与上新世。

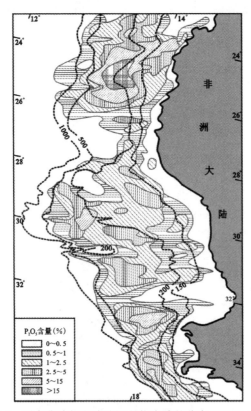

图 4-2-4　西南非陆架和陆坡沉积物中磷的分布（据巴图林，1985）

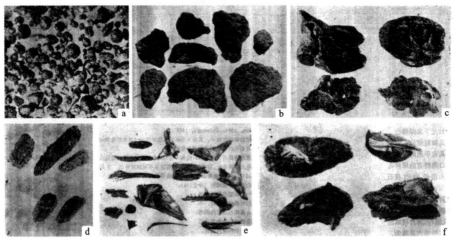

图 4-2-5　西南非陆架区海底磷矿的不同赋存状态（据巴图林，1985）
a.磷酸盐砂；b.硅藻软泥中未固结的磷酸盐结核；c.砾岩状磷块岩结核；d.硅藻软泥中磷酸盐化粪石；e.硅藻软泥中的现代鱼骨；f.生长在鱼骨上的磷酸盐结核

(4）中非西部陆架区海底磷矿。中非西部陆架区海底磷矿分布在几内亚、加纳、加蓬、刚果及安哥拉等地，主要以磷酸盐化灰岩和砂岩以及磷酸盐化粪石等形式赋存，其中 P_2O_5 含量低，在9%～13%范围内变动，铁质岩含 Fe_2O_3 达37%。形成时代为新近纪（图4-2-6）。

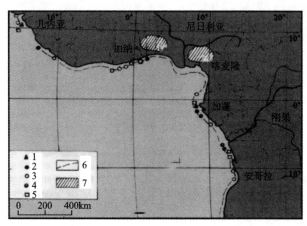

图4-2-6　中非西部陆架区磷和含磷岩层的分布（转引自 Depowski et al,2001）
1.角砾化的磷；2.细粒含磷岩石；3.石灰岩；4.泥灰岩；5.砂岩；
6.200m等深线近岸含磷盆地；7.古近纪—新近纪

（二）西大西洋带海底磷矿

西大西洋带的海底磷矿主要集中在北美和南美两个亚区。北美亚区南起美国东海岸南端的佛罗里达半岛，向北延伸到乔治滩，包括布莱克海台、普尔特里斯沉没阶地、乔治亚和北卡罗来纳陆架等，延伸达1400km。南美亚区主要指巴西东南岸和阿根廷海岸。

1. 北美亚区

（1）布莱克海台。它位于佛罗里达东部的大陆坡，地形平坦而宽广，水深300～800m。该区海底磷矿于1877年被"布莱克"号调查船首次发现，现已探明磷块岩主要分布在北部和西部较浅水地带，由此向东，磷块岩带被锰壳薄层覆盖，台地东南部边缘深水地带主要分布不含磷块岩的铁锰结核（图4-2-7）。磷块岩总体呈砾状、结核状和团块状产出，少数为磷酸盐夹层。化学分析表明，结核中 P_2O_5 含量为20.26%～23.53%，CaO为33.32%～52.15%，不溶残余为0.52%～15.37%，岩性为磷酸盐化灰岩。成矿时代为新近纪。

（2）普尔特里斯沉没阶地。它位于佛罗里达半岛南端大陆架上的削平侵蚀阶地，由中新世致密灰岩构成。磷块岩以结核、砾岩、具同心层和树枝状结构的磷酸盐化灰岩碎屑和海洋哺乳动物磷酸盐化骨骼等形式赋存。成矿时代为中新世。

（3）乔治亚和北卡罗来纳陆架。磷矿产于水深30～40m的海底表层松散沉积物中，以磷酸盐含量较低的石英-钙质砂形式赋存，其中 P_2O_5 含量为20%～23%。这种磷酸盐砂的成因可能与上新世时由河流自海岸带搬运磷酸盐颗粒和暴露于海底的中新世沉积物发生冲蚀与次生富集有关。

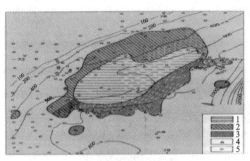 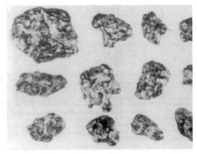

图 4-2-7 西大西洋布莱克海台海底磷矿的分布及形态特征(转引自 Depowski et al,2001)
1.岩浆岩壳体带;2.磷结合带;3.新铁锰结核带;4.水下拍照点;5.挖掘地点

2.南美亚区

该区海底磷矿已被开发利用,主要集中在 4 个区域进行磷矿勘查:旧金山里奥出口以东的巴西海岸、蓬达的热根斯近岸区、介于乌拉圭与阿根廷之间的拉帕腊塔东出口以及介于伐尔克兰兹与南美大陆南部之间的广阔陆架区(Mckelvey et al,1970)。

(三)东北太平洋带海底磷矿

东北太平洋带的含磷地区沿太平洋大陆架及大陆坡延伸,包括美国与墨西哥沿岸从布兰柯近岸区(旧金山以北)到加利福尼亚半岛的南角边长约 2000km 的地区(图 4-2-8)。

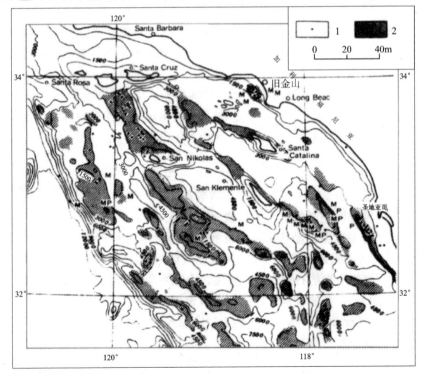

图 4-2-8 加利福尼亚半岛海域海底磷矿的分布(转引自 Depowski et al,2001)
1.发现磷结核的站点;2.可能赋存磷的区域;M 与 P.含中新世(M)和上新世(P)多孔虫微动物群的区域

(1) 加利福尼亚陆架区。磷块岩产于水深 80~300m 的陆架外侧、岛屿陆架、水下滩和丘的顶部及斜坡上,以及洼地和水下峡谷的斜坡等沉积作用缓慢的海底地区。磷块岩以颗粒状、板块状以及结核状等形态赋存于石英-云母砂岩、海绿石砂和粉砂质软泥中(图 4-2-9)。产出深度较大的磷结核表面覆盖有氧化锰薄膜,表明磷酸盐沉积作用已经停止。化学分析表明,磷结核中含 P_2O_5 为 20%~30%,CaO 为 37%~47%,Al_2O_3 为 0.3%~4%,SiO_2 为 10%,CO_2 为 4%~5.5%,F 为 2.47%~3.98% 及约 21% 的其他成分。磷块岩形成分为两个阶段:第一阶段是从中中新世开始一直持续到晚中新世初期;第二阶段则从晚上新世延续到晚更新世初期。

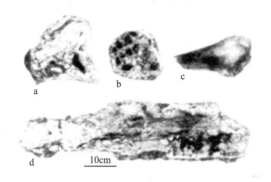

图 4-2-9　加利福尼亚区磷块岩形态(据 Dietz et al,1942)
a.结核;b.含磷角砾岩;c.磷酸盐化的海狮骨骼;d.层状的磷酸盐化块体

(2) 下加利福尼亚西部陆架区。它是一个发育在加利福尼亚向斜西翼的侵蚀台地,地形比较平坦。磷块岩产出水深大于 100m。磷酸盐颗粒含 P_2O_5 为 30.2%,F 为 2.8%,CO_2 为 1.75%,SiO_2 为 10%。含磷灰石大于 5% 的沉积物分布面积约 1800km²,厚度约 20m,P_2O_5 储量 $(35 \sim 40) \times 10^8$ t。该区的磷酸盐砂在很大程度上与前全新世沉积物的冲蚀有关,成矿时代可能为中新世—上新世。

(四) 东南太平洋带海底磷矿

东南太平洋带的海底磷矿主要分布在秘鲁和智利沿岸自 5°S 至 21°S 绵延约 1000 英里(1 英里=1.609km)的大陆架及大陆坡的上部,产出水深为 100~450m。海底表面主要为陆源碎屑沉积物,少量为生物成因(弱硅质和碳酸盐)沉积物和海绿石沉积物。磷块岩则赋存于各种粒级的陆源碎屑——硅藻和有孔虫沉积物中,表现为松软的、未固结的、压实的和致密的磷酸盐颗粒、结核,磷酸盐化的粪石、鱼骨和海洋哺乳动物骨骼等形式。结核的尺寸在 0.5~10cm 范围内变化;形态多种多样,有等轴状、平板状和不规则状;颜色从白色到深灰色和黑色,有时为绿色;结核表面粗糙,少数表明平坦,但并不光滑(图 4-2-10)。磷块岩的化学成分在很大程度上与其石化作用的程度具有相关性,从未固结的结核过渡到致密的结核,P_2O_5 含量从 13%~21% 增至 19%~29%,CaO 含量从 15%~30% 增至 31%~42%,CO_2 含量从 2%~3% 增至 3%~3.5%,F 含量从 1.3%~2.1% 增至 2%~2.6%。与此同时,与陆源和生物成因硅质有关的非磷酸盐组分的含量呈下降趋势,如 SiO_2 含量从 19%~44% 降至 10%~30%,

Al_2O_3 含量从 4.4%～9.0%降至 2.0%～5.7%；而镁、铁、钠、钾和硫的含量未发生明显变化。同位素资料(Baturin et al,1974;Burnett and Vech,1977)和硅藻种属资料表明,该区的磷块岩大部分形成于全新世,少数形成于新近纪。

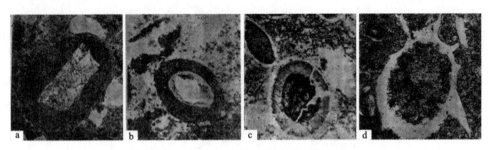

图 4-2-10　智利陆架上含核心磷酸盐颗粒的镜下特征(据 Burnett,1974)
a.长石核心,×200;b.石英核心,×20;c.海绿石核心,×80;d.鱼骨碎屑,×80;薄片,平行偏光

(五)澳大利亚—新西兰区海底磷矿

该区磷块岩主要分布于澳大利亚东、西部岸外和新西兰东部岸外(图 4-2-11)。东澳大利亚陆架区的磷结核富含海绿石和针铁矿,是一种含铁量高而钙、磷含量相对较低的磷结核,P_2O_5 含量平均仅为 9.8%。磷结核有两种类型:第一种类型结核较小(直径小于 4cm)土状、固结较差,产于水深 360～420m 处,是全新世的产物;第二种类型结核产于水深小于 300m 处,为中中新世形成的残余结核,一般较大(直径大于 5cm),高度固结,含铁量较多。

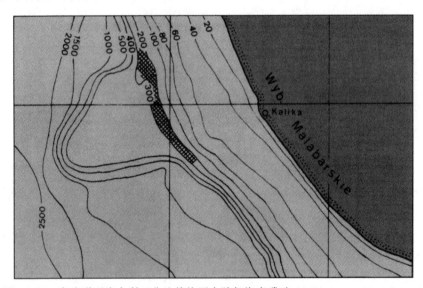

图 4-2-11　印度洋西澳大利亚盆地德坎西大陆架海底磷矿(转引自 Depowski et al,2001)

新西兰以东的查塔姆隆起区是一个长 800km、宽 130km 并与新西兰相连的构造。英国"发现Ⅱ"号考察船首先在该区 285～300m 深海底发现了磷块岩(Reed,1952);之后,新西兰"维迪"号考察船和美国"南船座"号考察船在 176°E 至 175°W 间的 285～465m 深海底相继发现了 6 处磷块岩矿(Norris,1964)。含磷块岩的沉积物为由结晶片岩、矿物颗粒、黑色磷块岩

结核和有孔虫碎屑组成的中—细粒砾质砂。磷结核形状不规则,呈棱角状或次圆状,有的具光滑表面,大小不超过15cm,其成分由有孔虫残骸、海绿石颗粒、石英、黑云母以及脆性结晶页岩及粪石所组成,由石灰质胶结而变硬。磷块岩中 P_2O_5 平均含量为21.5%(16.2%~25.4%),CaO含量介于37%~53%之间,SiO_2含量为0.45%~6.9%,F含量为2.28%~3.1%。形成时代为中新世。

三、海山区海底磷矿资源

1. 太平洋

1950年,美国"中太平洋"考察队在太平洋远海带的马绍尔群岛区首先发现了海底磷块岩。随后,苏联、美国、日本和新西兰等国考察队在太平洋西北部、中部、南部的一些海山查明有分布相当广泛的磷块岩和磷酸盐化岩石(图4-2-12)。

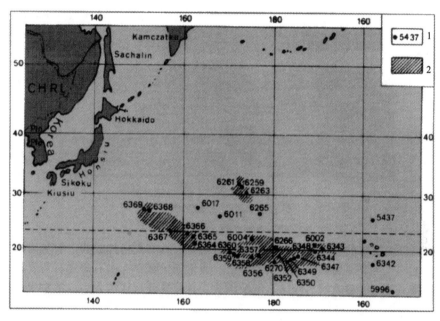

图4-2-12 太平洋西北部海山磷块岩的分布(转引自 Depowski et al,2001)
1.采集磷块岩样品的地点;2.赋存磷和含磷岩石的区域

这些海山磷块岩的产状可划分为6种类型:①作为结壳的下伏基岩(武光海等,2005);②作为砾状、球状(椭球状)结壳和海山结核的核心;③呈胶结物状胶结老结壳的碎块;④呈细脉状穿插于板状结壳中;⑤呈断续的"夹层状";⑥呈碎屑状、浸染状等产于结壳中(图4-2-13)。其产出深度多数为300~4000m,个别超过5000m,某些已充当铁锰结核核心的磷块岩产出深度达到6160m。磷酸盐化灰岩是海山磷块岩的主要类型,极少数为硅质磷酸盐岩。磷酸盐常呈非晶质形式产出,少数充填在岩石孔洞中的磷酸盐为晶质的和纤维状的。

化学分析表明,海山磷块岩和磷酸盐岩的化学成分比较复杂(表4-2-3),其 P_2O_5 含量变化极大,从4%~32%,在致密磷酸盐化灰岩中达29%~32%,在未固结灰岩中一般较低。另

图 4-2-13 太平洋海山磷块岩的产状特征(据潘家华等,2007)

A.磷块岩作砾状结壳的核心(浅色部分);B.磷块岩作球状结壳的核心(浅色部分);C.磷酸盐胶结老结壳角砾;D.磷酸盐脉穿插于基岩及下部结壳中;E.结壳中浅色的"夹层状"磷酸盐(反光)

外,海山磷 4‰～32‰块岩中有机碳和 U 的含量较低,前者为 0.09%～0.33%,后者为 0.000 1%～0.000 9%;不含黄铁矿形式的硫,但稀土元素较为富集。成矿时代方面,从白垩纪到更新世都可能形成海山区磷酸盐化岩石。

表 4-2-3　太平洋水下海山磷块岩主要化学成分的质量百分比(据潘家华等,2007)

地区	样品号	CaO	Na_2O	P_2O	CO_2	F	CaO/P_2O_5*	F/P_2O_5*
中国调查区	CHAll	45.65	1.52	28.04	2.86	1.92	1.61	0.07
	CHA15-C	52.10	1.21	32.60	3.59	2.04	1.60	0.06
	HA17-1-a	50.30	1.19	32.40	3.72	2.05	1.55	0.06
	CHA18-1-a	23.74	1.55	14.60	2.2	2.28	1.63	0.16
	CHA28-1-a	44.50	0.86	28.90	2.42	1.97	1.54	0.07
	CHA32-a-1	50.10	0.89	25.80	10.23	1.87	1.94	0.07
	CHA40	50.30	1.36	31.30	3.74	2.17	1.61	0.07
	CHA-H02	47.20	1.45	30.60	3.04	2.07	1.54	0.07
	CHA-A01	49.50	0.88	31.10	3.34	1.99	1.59	0.06
	CHA-A08	48.74	1.35	30.60	2.35	2.09	1.59	0.07
	CHA-H08	51.20	1.17	31.30	4.80	2.23	1.64	0.07
	平均值	46.67	1.22	28.87	3.84	2.06	1.62	0.07

续表 4-2-3

地区	样品号	CaO	Na$_2$O	P$_2$O	CO$_2$	F	CaO/P$_2$O$_5$*	F/P$_2$O$_5$*
赤道太平洋	D5-A3-2	42.5	0.69	27.00	3.84	3.18	1.57	0.12
	D29-A1-1b	51.7	1.01	32.20	5.48	3.38	1.61	0.11
	CD14-2D	46.4	1.14	28.90	4.44	3.48	1.61	0.12
	CD19-1A	48.9	1.05	30.70	5.11	3.26	1.59	0.11
	D12-1A	48.8	0.74	30.80	4.76	3.38	1.58	0.11
	D12-5	47.5	0.78	30.20	4.55	4.24	1.57	0.14
	平均值	47.6	0.90	29.97	4.70	3.49	1.59	0.12

测试方法：ICP-MS；测试仪器型号：JA-160 等离子光谱计；分析误差<5%；测试单位：国家地质实验测试中心。* 单位为1。

2. 大西洋

大西洋有 3 个区域的海山产有磷块岩和磷酸盐岩：罗曼什断裂附近、阿韦斯和杨马延海岭。磷酸盐化灰岩是海山磷块岩的主要类型，少数为磷酸盐化砾岩和含有孔虫生物遗迹的磷酸盐化泥岩。磷酸盐矿物通常是晶质的，在扫描电镜下呈不规则板状，偶见柱状。化学分析和原子吸收分析表明，磷酸盐化微晶灰岩含 P$_2$O$_5$ 为 24%，SiO$_2$ 为 1.95%，SO$_3$ 为 1.33%，镁、铁和锰的含量较低；相反，磷酸盐化砾岩则富含镁、铁，贫锰。

3. 印度洋

目前，在印度洋海山与深盆区发现的海底磷矿资源还比较少，这些磷块岩零散地分布在印度洋水深 1500～4000m 的区域，例如东印度洋 Cocos 岛西北部、东印度洋 Ninetyeast 脊、印度脊东南部以及西南印度洋 Crozet 海盆等地区，这些磷块岩一般以结核体或者生物碎屑的形式分布在海底沉积物中，P$_2$O$_5$ 含量为 22.7%～32.5%。其形成年代为古近纪和新近纪。

第三节　海底磷矿资源的成矿机制

一、海洋中磷的地质地球化学

1. 海洋中磷的来源

海洋中磷的来源有大陆含磷岩石的风化、海岸的剥蚀、地球内部的火山和热液活动以及宇宙物质等几种方式。其中大陆含磷岩石的风化产物可通过大气降水和尘埃、地表径流、地下径流和冰川径流等方式搬运至海洋中。数据资料表明，每年以固体形式进入海洋的磷约 $(15\sim20)\times10^6$ t，以溶液形式进入海洋的磷约 1.5×10^6 t（表 4-3-1；巴图林，1985）。

表 4-3-1 海洋中磷的各种来源及其输入数量(据巴图林,1985)

来源		物质量($\times 10^8$t)	平均含磷量(%)	磷的绝对量($\times 10^6$t)
固态磷	风	16	0.07	1.1
	河流悬浮物	130~180	0.07	9~14
	冰川径流	15	0.07	1
	海岸磨蚀	3	0.07	0.2
	火山碎屑	20~30	0.1	2~3
	宇宙尘埃	0.1	0.3(?)	0.03
溶解磷	河流径流	36×10^3km^3	0.045mg/L	1.5
	火山喷气	66km^3	1mg/L	0.066
	地下径流	—	—	—

2.海洋中磷的赋存方式

海洋中的磷具有多种赋存方式,其影响因素也不尽相同,并且不同的赋存方式间会发生转化。

(1)海水中的磷。它包括无机磷和有机磷两种,分别具有溶解态和悬浮态两种状态。

溶解态无机磷的含量和存在形式受生物作用、海水的深度、盐度、温度及pH值等因素的影响(图 4-3-1)。在浮游植物繁盛期,海水中溶解态无机磷的浓度最低;在浮游植物生长季节前期,海水中溶解态无机磷的浓度达到最大值。表层水中溶解无机磷的浓度最低;水深增至400~1000m时其浓度最大;随深度增加,溶解无机磷的浓度趋于稳定(图 4-3-2)。总的来看,海水中溶解态无机磷约占海洋总磷量的90%。在正常盐度(35‰)大洋水中,当温度20℃、pH值为8时,无机磷的存在形式为$H_2PO_4^-$占1%,HPO_4^{2-}占87%,PO_4^{3-}占12%;同时近99.6%的PO_4^{3-}与Ca^{2+}、Mg^{2+}结合为带一个电荷的络合物(Kester and Pytkowicz,1967)。

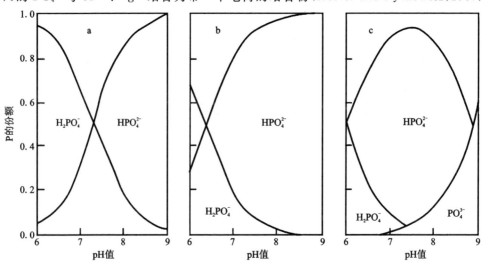

图 4-3-1 海水中溶解的无机磷的形式(据 Kester and Pytkowicz,1967)
a.淡水;b.盐度为68‰的NaCl溶液;c.海水

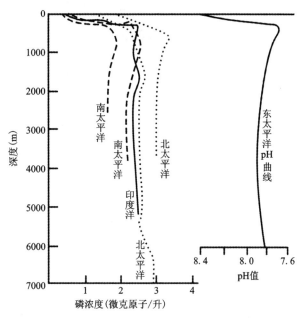

图 4-3-2　海洋中溶解磷随深度变化情况

溶解态有机磷占海洋总磷量的 5%～7%（太平洋化学，1966），主要分布在海洋表层水中，通常以磷核蛋白、磷脂及其分解产物的形式存在（Armstrong，1965）。

悬浮态的磷以有机磷为主，占海洋总含磷量的 3%～5%。就悬浮物本身而言，悬浮态有机磷占其总量的 0.1%～0.87%，平均为 0.3%，在海洋的周边区域和上升洋流带，悬浮物中磷的含量最高。同时，磷与有机碳含量具有一定的相关性，表明悬浮物中的磷多数与生物有关，属于有机磷。

(2)海洋生物体中的磷。磷在生命物质的遗传和新陈代谢中起着十分重要的作用，常以磷的有机化合物的形式参加动植物组织中的各种生物化学的能量转化反应（Matheja and Degens，1971），因而被认为是一种典型的生物元素。地壳中磷的平均含量为 0.12%（黎彤，1976），而脊椎动物骨骼中含 P_2O_5 达 53.31%，许多低等生物贝壳（如舌形贝和圆货贝）含 P_2O_5 达 80%～91.5%，虾类含 $Ca_3(PO_4)_2$ 达 26%。绿藻、金藻和硅藻是含磷最富的海洋浮游植物，其含量达 2%～3%（干重）；而海洋动物中的磷主要集中在甲壳、鳞片和骨骼中（6%～16%），以及某些腕足类动物的介壳中，相比之下，软组织中磷的含量要低得多，为 0.5%～3.2%。

海洋生物体中磷的含量在很大程度上取决于它们的生长和营养条件。例如当海水缺乏磷时，浮游植物中的磷含量比正常海水中浮游植物的磷含量低 5 倍；另一方面，当海水中磷的含量较高时，磷在浮游植物里就会发生过剩聚集，随着大量的细胞分裂，这种过剩的磷就会被释放出来，并作为它们生长的养料。

浮游生物有机体中的磷，大部分是以有机化合物形式出现，少量以无机聚磷酸盐形式存在，如在鱼及海洋动物的鳞和骨骼中无机磷占优势。根据磷的生物化学活动性程度，生物体中的磷可分为弱结合和牢固结合两类，浮游植物中的磷主要为弱结合的磷，硅藻中也存在牢固结合的磷;但在哲水蚤的壳中,牢固结合的磷占其总磷量的 94%～99%(Conoyer,1961)。因而,生物作用对于海洋中磷的富集、成矿具有重要意义。

(3)海底沉积物中的磷。在海底沉积物及其孔隙水中也存在一定量以多种形式赋存的磷,如海底磷矿资源就是 P_2O_5 含量达到工业品位的含磷海底沉积物。

3. 海洋中磷的再循环和沉积作用

在海洋中,磷同其他生物成因元素一起参加强烈的生物循环。磷循环的速度受海水温度、海水中生物的含量及生物繁衍量等因素影响,通常溶解的磷含量越低及水中浮游植物和细菌的种群越多,则循环完成得也就越快。例如在某些有大量生物繁衍的湖泊中,溶解的无机磷循环一次仅需几分钟时间(Romeroy,1960;Rigler,1956),而在有生物大量繁衍的近岸海洋水中则需 1.5 天(Watt and Hayes,1963)。

海洋水体中溶解态的磷可通过几种途径发生沉积:作为生物屑和粪石的组分沉积;微生物和酶的沉积作用沉积;磷的吸附作用沉积;碳酸盐的磷酸盐化沉积等。

二、海底磷矿资源的成因学说

1. 生物成因说

这种观点提出磷块岩矿床是由海水中生物大量死亡后聚集而成的,认为动物残骸是磷的主要来源,磷在沉积物中发生再分配,从而富集为磷质结核和矿层(Murray and Renard,1891;Archangiclskij,1927;Buszynskij,1966)。如在南非好望角以南、赤道暖流和南极寒流相遇的地方,生物大量死亡,它们的遗体在海底堆积起来形成大量磷酸盐结核;在爱沙尼亚早志留世的磷块岩矿床中,有 3 层磷块岩几乎全由矿化的圆货贝的贝壳组成;我国昆阳磷灰岩矿床中则有矿化软舌螺层。

2. 生物化学成因说

该学说认为磷的富集与海洋中的浮游生物有关。在热带浅海地带,大量浮游生物繁殖,并吸收海水中的磷质。当生物死亡后,残骸下沉到海底的淤泥中,由于细菌作用可将残骸分解而释放出磷,因此,在淤泥中富集了大量的磷,其含量可比底层海水含磷量高 70～150 倍。含磷量高的淤泥水向浓度较低的水底层扩散。在扩散过程中,磷酸盐围绕着小的质点(如砂粒、矿物颗粒、生物残骸等)聚集,形成磷酸盐结核。这样,由于富有机质淤泥的长期沉积,便可形成较厚的磷块岩矿床。

3. 化学成因说

卡查科夫(1937)根据海洋学和水化学的资料,研究了近代海水中磷的分布情况和 P_2O_5-CaO-HF-H_2O 的相平衡关系后,比较系统地阐明了磷的化学沉积过程(图 4-3-3)。他认为,上部海水层是浮游生物活动繁盛层,在大约 60m 的深度范围内,因海水中的磷已被生物大量吸收,导致海水几乎不含磷,P_2O_5 的最大含量为 10～15mg/m³,一般低于 2～5mg/m³;该带的

CO_2 分压不超过 30.39Pa。生物死亡后下沉过程中也就将表层水中的磷带到了较深水层。随着深度增加,有机物不断分解出 CO_2,使得其分压升高,进而导致磷大量溶解在海水中。至海面以下 500~1000m 深处,CO_2 分压增至 121.56Pa,生物遗体完全分解,海水中的 P_2O_5 浓度达到 300~600mg/m³,甚至更高。当上升洋流把深部富磷和 CO_2 的寒冷海水带至陆架边缘时,由于水温升高,水压降低,导致 CO_2 逸出,或为生物所吸收,或形成 $CaCO_3$ 沉淀。在此情况下,水中 CO_2 的分压显著降低,磷酸钙的可溶性易随之降低,当达到过饱和状态就以磷酸钙形式沉淀,在陆架边缘形成磷矿床。该理论强调了上升洋流的作用,较好地解释了有些大型磷矿床中缺乏动物化石,在大型淡水盆地和浅水封闭海盆中没有磷块岩形成的现象。

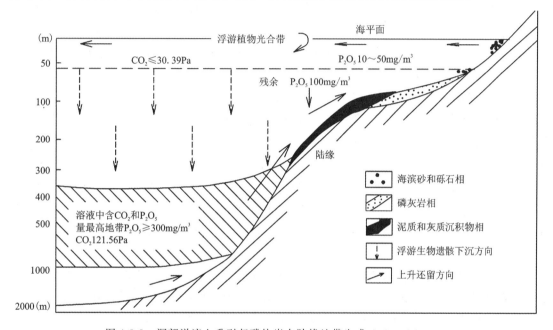

图 4-3-3 深部洋流上升引起磷块岩在陆缘地带生成(据卡查科夫,1937)

4. 陆架磷矿上升洋流成因说

该观点是由苏联学者巴图林(1985)提出的。他认为,磷块岩的形成是多旋回反复进行的过程,每个旋回包含按一定顺序依次发展的 5 个阶段,从而保证由磷的克拉克浓度向矿石品位的过渡(图 4-3-4)。

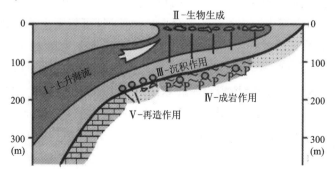

图 4-3-4 大陆架上现代磷块岩的形成机制(据巴图林,1985)

(1)上升洋流对磷的补给。在几乎完全没有陆上径流和实际上完全没有水下热液作用的情况下,从100~300m深处来到陆架的上升流是现代大洋磷块岩形成带中溶解磷的唯一来源。这种水所含的磷比表层水丰富得多,但比深部海水贫乏。若上升洋流的流速为1m/d,上升洋流带的面积为10万平方英里($25.9×10^4 km^2$),其磷的平均含量为$80mg/m^3$,则大洋水每年补给现代磷块岩形成带的溶解磷约为$1000×10^4 t$,相当于陆地所有河流补给给世界各大洋中溶解磷的8倍。

(2)生物对磷的消耗。由于磷和其他生物元素不断向大洋表层补给,有10%的有机物原始繁衍量进入到大洋面积不足1%的近岸上升洋流带。磷的直接消耗者是浮游植物,其次为浮游动物、底栖生物、鱼类、海鸟和哺乳动物。总体上来说,上升洋流带的浮游植物每年从海水中汲取约$1×10^8 t$溶解的无机磷,并产生$40×10^8 t$有机碳,即进入陆架表层水中的溶解磷全部为浮游植物所消耗掉。

(3)海底磷的堆积。在上升洋流带的现代磷块岩形成区内,磷只是作为生物成因碎屑,如浮游动植物的残骸、粪石、骨骼和介壳的一部分沉淀于海底。由于磷在水中的再循环作用,只有很少部分沉淀在海底,而在沉积物中保存下来的磷则更少,只占其中的1%~2%[$(10~20)×10^4 t$]。

(4)成岩过程中磷的再分配与富集。以吸附状态存在于碎屑矿物表面磷的活动性较弱,而有机质中磷的活动性却很强。由于有机质的分解,磷就堆积于沉积物的孔隙水中,其浓度可达8~9mg/L。在随后的石化过程中可能发生磷酸盐结核成分的实质性转变,P_2O_5含量增至20%~32%。

(5)含磷沉积物的再造。原始的磷酸盐沉积物主要是半液态泥质和粉砂-泥质软泥,含磷酸盐的砾、砂和粉砂组分非常少。沉积物的再造作用表现为其中细粒、轻质非磷酸盐组分被海流或波浪的活动带出大陆架,而较重的磷酸盐组分在原地残留富集。

5. 其他成因学说

巴图林的成因模式对于解释秘鲁-智利沿岸和纳米比亚沿岸有机质含量高的海水上涌区的现代磷矿的形成是合理的,但无法解释澳大利亚东部海区上升流不强、有机质含量有限的沉积区磷矿的形成。有人根据东澳大利亚磷矿中碳酸盐氟磷灰石产于细菌中的证据,提出了有限沉积区内磷矿通过细菌缓慢吸收海水中的磷而形成的细菌成因模式。在太平洋、大西洋和印度洋的热带地区当今存在的一些岛屿上分布有磷块岩,可能是由于中新世—更新世时堆积在这些岛屿上的鸟粪层使各种不同岩石(主要是灰岩)发生磷酸盐化的交代作用形成的(Hutchinson,1950;Trueman,1965)。许多海山具有被波浪磨蚀切削的顶峰以及其上存在浅水动物群残骸,表明它们是沉没的岛屿。因此,有人提出了海山磷块岩可能是底层水中的磷酸盐交代海底的石灰岩和碳酸盐沉积物而形成的交代成因学说(Ames,1959;D'Anglejan,1968;McArthur et al,1990;潘家华等,2007)。

第四章 海底磷矿资源

本章小结

(1)海底磷矿系指通过生物沉积或生物化学沉积等作用富集于海底并具工业价值的含磷沉积物,包括磷块岩、含磷砂岩、含磷泥浆和含磷沉积物的固结层 4 种类型,海底磷矿资源的成因类型属于生物-化学沉积矿床。人类对海底磷矿资源的勘查研究已有 150 多年的历史,可分为初始发现、大规模调查和零星探索 3 个阶段,并形成了一批研究成果。

(2)海底磷矿资源主要分布于现代大洋陆架区和海山区,产出水深一般在 20~400m 之间,大洋东侧往往较大洋西侧富集,地理带宽度总体介于 50°S 至 42°N 之间。大陆边缘带海底磷矿主要分布在东大西洋带、西大西洋带、东北太平洋带、东南太平洋带和澳大利亚-新西兰海区 5 个海区;海山区海底磷矿大部分见于北太平洋中西部,少量见于西南太平洋和印度洋东部。海底磷矿资源的分布和赋存环境受海底地貌、水深、水动力、氧化-还原环境以及埋藏条件等多个方面的制约和影响。

(3)海底磷矿资源的形成受控于海洋中磷的地质地球化学,海洋中磷的来源、赋存、迁移、再循环和沉积作用等各个环节。因而,不同学者提出了多种海底磷矿资源的成因学说,如生物成因说有生物化学成因说、化学成因说,以及巴图林的陆架磷矿上升洋流成因说等。

思考题

1. 简述海底磷矿的概念及基本特征。
2. 简述海底磷矿的一般分布特征。
3. 简述巴图林的海底磷矿分类。
4. 试分析海洋中磷的赋存方式及其再循环和沉积作用。
5. 简述巴图林的大陆架磷矿上升洋流成因模式并分析其有何不足。

第五章 海洋多金属结核结壳资源

第一节 海洋多金属结核结壳资源概述

一、海洋多金属结核结壳资源的概念、特点及分类

1. 海洋多金属结核的概念

海洋多金属结核因其富含多种金属而得名,亦被称作铁锰结核或锰结核,是分布在大洋海床上的一种自生多金属矿产资源,大小相差悬殊,外形从杨梅状到土豆状、菜花状或瘤状块体,一般由核心及围绕它的壳层构成(图5-1-1),其矿物成分主要为铁、锰的氧化物和氢氧化物,富含Cu、Ni、Co和多种微量元素,其资源量高出陆地相应资源量的几十倍到几千倍。

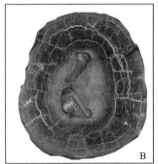

图 5-1-1 大洋多金属结核的实物照片
A.5000m深海底的多金属结核照片;B.过核心的多金属结核剖面;C.多金属结核的铁锰质壳层

海洋多金属结核的颜色多呈黑色和黑褐色,粉末为褐色。其颜色变化与结核中锰、铁的含量有关,含锰高者颜色偏黑,铁含量高者其颜色偏褐色。结核大小相差悬殊,从直径小于1mm 的微结核至直径数十厘米的大结核均可见到。结核硬度不均匀,且随着铁锰质含量的差异而变化,铁质结核比锰质结核硬度大,结核的摩氏硬度为1~4;通常湿结核因其含水量高(约30%)而易破碎,脱水干结核硬度增强,显脆性。

多金属结核的核心主要有以下4种:①生物质核心包括鱼类牙齿、生物骨刺、各种浮游生物和底栖生物的化石等;②岩石质核心包括火山岩和沉积岩的岩屑、火山玻璃、黏土以及砂粒等;③矿物质核心包括铁锰氧化物(老结核)、钙锰矿、铝硅酸盐矿物(如蒙脱石、沸石、伊利石、

石英、长石)等;④陨石质核心,由宇宙空间降落到海洋中的玻璃陨石、铁质陨石和宇宙尘等。

多金属结核的壳层物质多呈隐晶质或非晶质,肉眼无法鉴别矿物形态。矿物成分上,结核的壳层主要由锰的氧化物和氢氧化物(简称锰矿物)、铁的氧化物和氢氧化物(简称铁矿物)及硅酸岩矿物(统称脉石矿物)三大部分组成。

2.海洋多金属结核的内部构造

1)宏观构造

垂直结核顶底和平行结核赤道带的切片揭示,结核都由核心和铁锰氧化物壳层组成,具同心壳层构造。核心周围壳层的厚度、致密程度和分布都存在着连续性的变化,因而显示出微纹层及粗层特征(图5-1-2)。同一粗层内微纹层特征相似,而相邻粗层间界面明显,结构差异较大,因此将特点相似的薄壳层(微纹层)的组合称为构造层组,也有学者称其为壳层(边立曾等,1996)。同一构造层组由平行分布的微纹层组成,相邻构造层组以间断面相隔,界限清晰,易辨认,可剥离。这反映了多金属结核成矿的阶段性及差异性,每一个构造层组(粗层)代表结核的一个生长阶段。

图5-1-2 大洋多金属结核的宏观构造特征(据朱克超,2000)

根据多金属结核中构造层组的微纹层组合及显微构造的差异,可将其分为3种类型:第Ⅰ种类型,结构致密,由细密平直的微纹层组成,微纹层连续且规则,易抛光,抛光面上微纹层好分辨;主要发育层纹构造和柱状构造等显微构造,可见沸石矿物较有规律地分布于层面与层间;矿物组合以水羟锰矿为主,钙锰矿次之,成矿金属元素 Mn、Ni、Cu 含量相对较低,Mn/Fe值偏低。第Ⅱ种类型,壳层结构疏松,多脉石矿物及生物;裂隙发育,裂隙中常充填黏土、沸石等;粗层厚度较大,其内微纹层发育不好,连续性差,环带状的微纹层常围绕脉石矿物分布而形成斑块状或斑杂状构造;矿物成分钙锰矿含量较高,结晶程度好,成矿金属元素 Mn、Ni、Cu 含量相对较高,Mn/Fe 值高。第Ⅲ种类型由韵律纹层组成,兼顾了第Ⅰ、Ⅱ两种构造层特征,表现为致密层和疏松层呈韵律性分布,致密层中以层纹-叠层构造为主,少具柱状构造,疏松层以叠层-斑杂构造为主;矿物组合特征介于前两者之间,但 Mn、Ni、Cu 含量及 Mn/Fe 值均较前两者偏低(朱克超等,2000;表5-1-1)。

2)显微构造

镜下观察表明,多金属结核壳层内的铁锰氧化物并非均匀分布,而是呈微粒状(微结核)或磷球状聚集,每个微结核由更细的微纹层组成。由于微结核的大小、形态、表面特征、排列组合、金属元素含量和锰矿物结晶程度以及其间沉积的脉石矿物、生物及成岩期、成岩后期变化等的区别,导致宏观上的构造层组(也可称为粗层或壳层)在镜下表现出复杂的微构造特征。边立曾等(1996)通过研究认为,多金属结核是一种锰质核形石,微纹层和叠层石柱体的

表 5-1-1　我国开辟区多金属结核不同构造层组中的主要元素含量(据朱克超等,2000)

样品号	构造层组	Fe(%)	Mn(%)	Cu(%)	Co(%)	Ni(%)	Cu+Co+Ni(%)	Mn/Fe
5789	Ⅰ	12.55	36.15	1.85	0.14	1.31	3.30	2.88
	Ⅱ	20.08	36.35	1.89	0.12	1.59	3.60	1.81
	Ⅲ	6.96	32.99	1.25	0.16	1.42	2.83	4.74
5343	Ⅰ	5.71	31.25	1.15	0.17	1.19	2.51	5.47
	Ⅱ	5.37	32.24	1.38	0.22	1.42	3.02	6.00
	Ⅲ	8.60	27.39	0.92	0.26	1.28	2.46	3.18
5621	Ⅰ	4.01	24.69	1.27	0.13	1.14	2.54	6.16
	Ⅱ	3.62	29.68	1.32	0.15	1.38	2.85	8.20
	Ⅲ	5.85	31.12	1.10	0.18	1.40	2.68	5.32
5789	Ⅰ	2.88	36.15	1.85	0.14	1.31	3.30	12.55
	Ⅱ	1.81	36.35	1.89	0.12	1.59	3.60	20.08
	Ⅲ	4.74	32.99	1.25	0.16	1.42	2.83	6.96
5974	Ⅰ	3.40	35.36	1.78	0.15	1.47	3.40	10.40
	Ⅱ	22.59	34.94	1.92	0.14	1.60	3.66	13.49
	Ⅲ	5.89	29.58	1.37	0.15	1.57	3.09	5.02

形态受生物菌席的发育特征控制,反映了一定的成因环境。因此,根据形态和成因相结合的原则,可将多金属结核包壳的显微构造分为生长构造、间断构造和次生构造3种类型(朱克超等,2000)。

(1)生长构造:主要包括层纹构造、柱状构造、叠层构造、斑杂构造和同心球粒构造等几种显微构造(图5-1-3)。层纹构造是由含杂质的、非晶质—隐晶质的铁锰氧化物微纹层相间分布构成的显微层状构造,这是因铁锰氧化物及黏土等杂质含量的不同使其反射率及颜色表现出层状差异。发育层纹构造的壳层致密,易抛光,内部的微纹层呈舒缓波状平行分布,延续性好(图5-1-3A、B)。柱状构造表现为由规则弯曲的、含杂质的非晶质—隐晶质铁锰氧化物微纹层组成的柱状体。柱体呈平行或树枝状、放射状排列,其间孔隙分布有较多的沸石类及黏土矿物(图5-1-3B、C)。叠层构造是由隐晶质—晶质铁锰氧化物微纹层与黏土等杂质微纹层混杂分布构成的叠层起伏的、似重峦叠嶂般较有次序地分布的显微层状构造(图5-1-3D)。该构造与层纹构造常交生或互为过渡。斑杂构造是由非晶质—晶质铁锰氧化物微纹层及含黏土等杂质的微纹层混杂分布构成的形态不定、凌乱且断续分布、随意组合成各种图形的显微构造,其微层间有大量的硅酸盐矿物、钙硅质生物。具此构造的壳层疏松、多孔,反射率变化大,表现为粗糙铁锰微粒的杂乱堆积(图5-1-3E)。斑杂构造常常与叠层构造共生。同心球粒构造为具有同心环状微纹层的铁锰氧化物微粒随机无定向、无边界限制发育而成(图5-1-3F)。此类构造仅在局部发育,如结核核心及壳层的疏松部位或孔洞中。

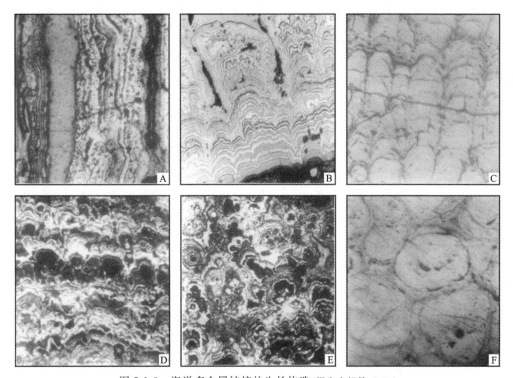

图 5-1-3　海洋多金属结核的生长构造(据朱克超等,2000)

A.层纹构造,单偏光,6.3×10;B.底部层纹构造,上部柱状构造,扫描电镜分析;C.柱状构造,单偏光,6.3×10;
D.叠层构造,单偏光,6.3×10;E.斑杂构造,单偏光,6.3×10;F.同心球粒状构造,单偏光,6.3×10

(2)间断构造:是在多金属结核形成过程中,由于形成条件(如沉积速率、底流、沉积间断、氧化还原条件等)的变化而使结核生长方式发生变化、停止生长或遭受侵蚀、溶蚀作用破坏而形成的构造。该类构造多见于不同壳层之间,依据其接触关系可分为平行不整合和角度不整合。平行不整合指各壳层呈平行接触,其微层组合特征、构造特征基本相同或不同,但由于壳层间分布有黏土微层、沸石细脉,极易剥离而显示出的间断构造(图 5-1-4A)。这种构造多见于水成成因的球状结核、连生体状结核及部分碎屑状结核中。角度不整合指壳层间以角度相交接触,接触面由致密的铁锰氧化物微纹层、反射率明显偏低且疏松的含黏土铁锰氧化物纹层或黏土微层组成(图 5-1-4B)。这种间断构造的形成原因尚有争论,边立曾等(1996)认为它反映了锰质核形石(多金属结核)由固定到半漂浮,或由半漂浮到固定生长的变化。

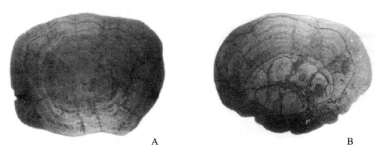

图 5-1-4　大洋多金属结核的间断构造(据朱克超等,2000)

A.平行不整合;B.角度不整合

(3)次生构造:主要有裂隙构造、充填构造、多边形构造、块状构造和交代构造等。裂隙构造包括在成岩成矿过程中产生的原生裂隙(如不规则状裂隙、放射状裂隙)和由于生长间断而在壳层层面间形成的次生裂隙。充填构造与裂隙构造对应存在,分为单脉状充填构造和对称充填构造,前者是铁锰氧化物及黏土等杂质顺着裂隙充填而成的构造(图5-1-5A),后者是充填的铁锰氧化物及脉石矿物沿裂隙两壁呈对称性沉淀而形成的构造(图5-1-5B、C)。多边形构造是同心球粒构造在成岩后期—变质初期发生次生变化,使球粒变成近六边形的次生构造。块状构造由非晶质、晶质铁锰氧化物组成,其微纹层极不发育,即使在高倍显微镜下也难以分辨出连续的微层,常与斑杂构造伴生,可能是由斑杂构造经重结晶作用而形成。交代构造是指结核中的非矿质核心或非矿质团块因铁锰氧化物的不完全矿化作用而形成的构造,可分为交代残余构造和交代生物构造。前者指铁锰氧化物呈树枝状、斑块状、微粒状交代硅酸盐、碳酸盐物质等而形成浸染状、交代树枝状及交代网脉状构造,残留部分仍可辨认(图5-1-5D);后者指生物化石经矿化后保留的生物假象,最常见的为矿化放射虫、矿化硅藻、矿化鱼牙骨,偶见矿化有孔虫。

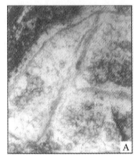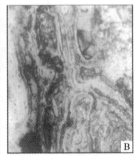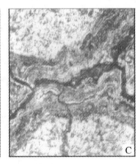

图 5-1-5　大洋多金属结核的次生构造(据朱克超等,2000)

A.简单脉状构造;B.对称脉状构造,裂隙中充填的铁锰沉积物具层纹构造;
C.对称脉状构造;D.铁锰矿物呈树枝状交代,核心内部可见交代残留的鱼牙骨

3.海洋多金属结核的矿物学特征

多金属结核是多种矿物的集合体,包括矿石矿物和脉石矿物两部分。据文献报道,现已发现的自生铁锰矿物近20种,脉石矿物约20种,但由于组成结核的矿石矿物,即铁锰氧化物多为非晶质或隐晶质,矿物颗粒极其细小,铁锰矿物交错生长,给鉴定带来了困难。目前公认的多金属结核锰矿物主要有钙锰矿(也称钡镁锰矿)、水羟锰矿和钠水锰矿;铁矿物主要有针铁矿、纤铁矿、四方纤铁矿、赤铁矿和磁赤铁矿等。

1)锰矿物

(1)水羟锰矿:即$\delta\text{-}MnO_2$,是海水和间隙水中的Mn^{2+}经微生物催化、氧化成Mn^{4+}直接从溶液中沉淀而成。化学式为$MnO_2 \cdot nH_2O \cdot m(R_2O, RO, R_2O_3)$,式中$R$指Na、Ca、Co、Mn、Fe。假六方晶系,反光显微镜下呈暗灰色—灰白色,无双反射、偏光色及非均质性。在透射电子显微镜下呈极薄的叶片状、卷曲的叶片状,低倍显微镜下呈纤维状(图5-1-6)。

(2)钙锰矿:又称钡镁锰矿,化学式为$(Ca, Na, K, Mg, Mn^{2+})_2 Mn_5 O_{12} \cdot xH_2O$,单斜晶

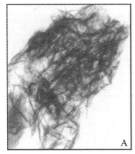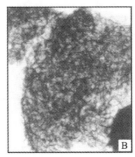

图 5-1-6　多金属结核中锰矿物的透射电镜分析特征(据朱克超等,2000)

A.水羟锰矿,卷曲叶片状,×36 000;B.水羟锰矿,卷曲纤维状,×46 000;

C.长板条状钙锰矿,×10 000;D.纤状钙锰矿,×80 000

系。反光显微镜下呈亮灰色—灰白色,隐晶质,偶见双晶,反射率略高于水羟锰矿,结晶好时具非均质性,无内反射,硬度高于$\delta\text{-}MnO_2$。透射电镜下呈纤维状、似席格状的纤维状、板条状、薄片状,或略弯曲的薄片状,常呈片状集合体(图 5-1-6)。与水羟锰矿相比,其铁含量较低,富含 Mn、Cu、Ni、Mg。

(3)钠水锰矿:其化学式为$(Ca, Na)(Fe^{2+}, Mg)Mn^{4+}O_{14} \cdot 3H_2O$,假六方晶系。反光显微镜下呈灰色,无内反射,有微弱的双反射。扫描电镜下,其形态为板状、长板状。也有学者认为钠水锰矿与水羟锰矿同属一相。

2)铁矿物

多金属结核中的铁矿物结晶极差或呈非晶质,X 射线衍射及红外光谱分析很难判别。通过穆斯堡尔谱分析及透射电镜研究发现,结核中的铁矿物主要有磁铁矿、针铁矿、四方纤铁矿、六方纤铁矿、赤铁矿、铬铁矿、钛铁矿、似水硅铁石、Si-Fe 矿物(未定名)。

3)脉石矿物

(1)自生矿物:常见的为黏土类及沸石类矿物(如伊利石、蒙脱石、高岭石、钙十字沸石),其次为磷灰石、碳磷灰石、方解石及重晶石等。大部分黏土类矿物、沸石类矿物是海底火山物质的海解产物结晶而成,常构成结核核心或分布于结核的铁锰层间及裂隙中。磷灰石和方解石是生物作用产物(前者为磷酸盐骨骼的主要成分;后者为有孔虫壳体的组成矿物),主要见于铁锰微层间,鱼骨、鱼牙也常成为结核的核心。

(2)碎屑矿物:结核壳层中常见的碎屑矿物主要有长石(以基性斜长石为主,碱性长石、微斜长石、钠长石少见)、辉石、橄榄石、角闪石、黑云母、金红石等。

4.海洋多金属结核的地球化学特征

1)化学组成

多金属结核是海洋中一些微量元素的巨大储存库,已发现元素多达 80 余种(G. N. Baturin,1988),平均含量大于 1%的元素有 Fe、Mn、Si、Al、Na、Mg、Ca 7 种,平均含量在 1%~0.1%之间的元素有 Cu、Co、Ni、P、K、Ti、Ba 等(表 5-1-2)。这些富集元素的含量分布特征不仅是结核资源评价的重要指标,而且是结核矿床分类的重要指标。研究表明,不同类型的结核,其所含金属元素的种类和富集程度并不相同,埋藏型结核以富含 Mn、Cu、Ni、Zn、Mo、Th 等元素和高 Mn/Fe 值为特征,锰矿物以钡镁锰矿为主;暴露型结核以富 Fe、Co、Pb、Ti、REE、U 等元素和低 Mn/Fe 值为特征,锰矿物以水羟锰矿为主(表 5-1-3)。

表 5-1-2 大洋多金属结核中元素的平均含量(转引自许东禹等,1994)

元素	太平洋	大西洋	印度洋	世界大洋平均值	深海沉积物	地壳
Mn	19.78	15.78	15.10	18.60	0.30	0.095
Fe	11.96	20.78	14.74	12.50	3.80	5.63
Ni	0.634	0.328	0.454	0.66	0.01	0.007 5
Cu	0.392	0.116	0.294	0.45	0.024	0.005 5
Co	0.335	0.318	0.230	0.27	0.006 5	0.002 5
Zn	0.068	0.084	0.069	0.12	0.013	0.007
Pb	0.085	0.127	0.093	0.09	0.004	0.001 25
K	0.753	0.056 7	—	0.84	1.60	2.09
Na	2.054	1.88	—	2.69	2.45	2.36
Ca	1.960	2.96	2.37	3.22	19.04	4.15
Mg	1.710	1.89	11.40	2.67	2.37	2.38
Si	8.320	9.58	2.49	16.50	42.11	28.15
Al	3.060	3.27	0.64	5.10	10.11	8.23
Ti	0.674	0.421	—	1.12	0.43	0.57
P	0.235	0.098	—	0.57	0.25	0.105
Mo	440	490	290	400	100	1.5
Zr	580	560	340	560	170	165
Hf	6	7.54	7.1	8	4	3
V	530	530	440	500	100	135
Sr	850	930	860	830	750	375
Ba	2760	4980	1820	2300	2600	425
U	6.8	5	5.3	5	2	2.7
Th	28	51	32	30	12	9.6
Sc	10	20	10	10	14	22
Y	133	240	110	150	100	33
As	110	220	180	140	20	1.8
Sb	50	40	—	40	2	0.2
La	160	177	110	160	42	30

续表 5-1-2

元素	太平洋	大西洋	印度洋	世界大洋平均值	深海沉积物	地壳
Ce	530	2037	820	660	90	50
Pr	60	—	117	70	11	8.2
Nd	160	220	144	160	54	28
Sm	35	49	46	35	12.6	6
Eu	9	10.9	8.3	9	3.2	1.2
Gd	32	—	48	35	10	5.4
Tb	5.4	5.3	5.8	5.3	1.5	0.9
Dy	23	—	50	30	9	3
Ho	4.2	16	16	6.4	2.4	1.2
Er	15	—	24	18	7.3	2.8
Tm	2.0	—	3.5	2.2	1.4	0.46
Yb	18	13.1	23	18	6.5	3
Lu	2.0	2.1	2.7	2.2	1.9	0.5

注：Mn～P 含量单位为％，其余为 $\times 10^{-6}$。

表 5-1-3　各类结核成矿元素含量（据陈冠球等，1994）

结核类型	元素含量（％）						Mn/Fe 比值
	Fe	Mn	Cu	Co	Ni	Cu+Co+Ni	
埋藏型	4.7	30.19	1.25	0.22	1.39	2.86	6.69
暴露型	14.67	20.53	0.44	0.29	0.53	1.26	1.28

2）元素组合规律

此外，结核的元素之间还可表现出一定的相关性和组合特征。这除了与元素自身的化学和晶体化学性质有关外，还与多金属结核形成期间的环境条件和成矿作用密切相关（郭世勤等，1994）。如图 5-1-7 所示，Mn 与 Ni、Cu 呈正相关关系，与 Fe 呈负相关关系；Fe 与 Co 呈正相关关系。根据元素的这种相关性，可将其分为 5 种具有成因意义的组合：①水成成因元素组，主要有 Fe、Co、Pb、Ti、Sr 和 REE 等，是水成成矿作用的结果；②成岩成因元素组，主要有 Mn、Ni、Cu、Zn、Mo 和 Mg 等，是早期成岩成矿作用的结果；③生物成因元素组，主要有 P、Ca 等元素，是生物成矿作用的反映；④造岩元素组，主要有 Si、Al、Ca 和 K 等，反映了结核形成过程中铝硅酸盐碎屑物质的混入；⑤热液成因元素组，主要有 Ba、Ti 和 Mo 等（姚德等，1991）。

3）稀土元素分布特征

大洋多金属结核也是稀土元素（REE）的富集体，其总量高达正常沉积物的几倍至几十倍，含量最高的元素是 Ce、Nd、La 及 Y 等（图 5-1-8，表 5-1-4）。结核中 REE 的分布特征与其

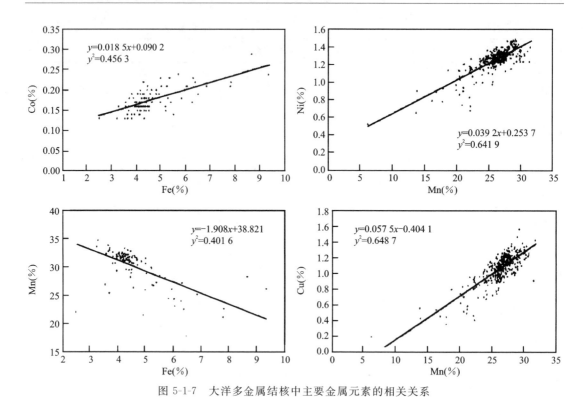

图 5-1-7 大洋多金属结核中主要金属元素的相关关系

形成环境具有密切关系(Pattan and Parthiban,2007)。例如海山区光滑型结核 REE 含量高,具明显的 Ce 正异常($\delta Ce>1$);而在海底平原小型粗糙杨梅状结核的 REE 含量较低,具弱的 Ce 正异常或出现 Ce 负异常;丘陵区的大型菜花状结核,其 REE 含量介于上述两者之间,具 Ce 的正异常(表 5-1-5)。在同一结核上,光滑暴露部分的 REE 含量高;粗糙埋藏部分的 REE 含量低。此外,结核中的稀土元素总量和 Ce 异常与结核的 Mn/Fe 值也具有一定的相关性,可作为结核分类的指标(图 5-1-9)。一般水成结核中稀土元素含量大于 $1000×10^{-6}$,具有明显的 Ce 正异常($\delta Ce>1.2$)。

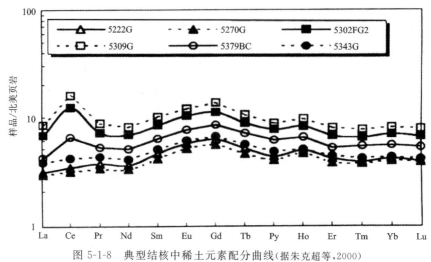

图 5-1-8 典型结核中稀土元素配分曲线(据朱克超等,2000)

表 5-1-4 大洋多金属结核中稀土元素的含量(据 Kotlinski et al,1997)　　　(单位：$\times 10^{-6}$)

元素	世界海洋(平均)	太平洋	印度洋	大西洋	CC 区
La	149.2	147.8	163.38	214.56	227.3
Ce	355.37	293.55	885.96	1752.06	392.7
Pr	—	50.37	—	—	—
Nd	154.84	151.02	69	368.5	217.3
Sm	32.29	30.37	31.56	62.19	35.3
Eu	7.76	7.441	6.85	13.806	10.6
Gd	—	46.45	—	—	48.9
Tb	6.01	5.8	7	8.17	3.6
Dy	—	44	—	—	—
Er	—	25.16	—	—	—
Yb	14.49	14.64	12.43	15.84	6.9
Lu	2.47	2.53	2.19	2.15	1.4
Y	289.43	344.35	62.3	142.3	—
总计	1012.06	1163.48	1240.68	1597.94	944

表 5-1-5 太平洋 CC 区典型站位多金属结核中的稀土元素含量(据朱克超等,2000)

样品号	结核类型	La	Ce	Pr	Nd	Sm	Eu	Gd	Tb	Dy	Ho	Er	Tm	Yb	Lu	ΣREE	Y	δCe
		$\times 10^{-6}$																
5222G	杨梅状	96.1	244	29.00	117.00	26.20	7.02	32.40	4.37	25.20	5.16	14.20	1.94	13.00	1.89	617.48	102	1.00
5270G	杨梅状	91.4	224	25.90	107.00	23.40	6.33	28.80	3.89	23.49	4.84	12.90	1.83	12.30	1.86	567.90	86	1.00
5302FG2	连生体状	215	897	56.60	226.00	48.20	12.90	58.50	7.58	45.00	8.63	23.10	3.30	21.90	3.23	1 626.94	134	1.77
5309G	连生体状	258	116	69.20	267.00	57.70	15.00	71.70	9.06	51.40	10.20	27.40	3.89	25.50	3.83	2 040.83	153	1.86
5379BC	菜花状	131	470	41.10	166.00	36.10	9.52	44.40	6.09	35.80	6.83	17.80	2.73	17.30	2.57	987.24	111	1.39
5343G	菜花状	119	299	33.50	133.00	28.60	7.54	34.70	4.77	27.90	5.27	15.00	2.10	13.40	2.00	725.78	109	1.03

4) 多金属结核分类的地球化学标志

根据结核的地球化学特征可将其分为两大类：一类富集 Mn 组元素，Cu+Co+Ni 含量高，大于 2.0%，REE 含量小于 800×10^{-6}，Mn/Fe 值大于 5，为 S+R 型和 R 型结核的典型化学特征；另一类富集 Fe 组元素，Cu+Co+Ni 含量低，小于 2.0%，Ce 正异常明显($\delta Ce>1.1$)，REE 含量一般大于 800×10^{-6}，Mn/Fe 值为 4~5，为 S 型结核的典型化学特征。

5. 海洋多金属结核的分类

多金属结核的形态多种多样，国外不同学者有不同的划分方案，但不论哪种分类，都以结核的大小、形态、表面结构和产出状态 4 个要素作为划分依据。结核的表面特征基本上可归

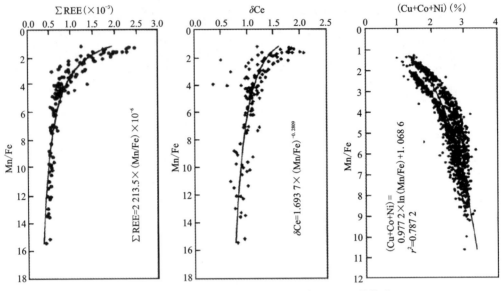

图 5-1-9　结核中稀土元素总量、铈异常及(Cu+Co+Ni)与 Mn/Fe 的关系(据朱克超等,2000)

为 3 种主要类型,而这 3 种类型又与其产状密切相关,其中结核的表面结构主要指表面粗糙程度及微粒集合体形状。

1)光滑型(s 型)

将表面致密无砂粒感者称为光滑型(s 型)结核,代表水成成因,生长在沉积物表面,分布在海山、海台与山坡上,有的则生成于钙质沉积物中。形态上多呈卵石状、串珠状或不规则状。某些结核表面沾有大小不等(2~5mm)的棱角状暗红色或褐黄色火山岩屑。此种结核泥质含量相对较高,低锰(<23%),高铁(>10%),品位低(Cu+Co+Ni 含量为 1.4%~1.8%)。

2)粗糙型(r 型)

将表面疏松并附有砂状颗粒者称为粗糙型(r 型)结核,代表成岩成因。形态以圆球状和椭球状为主,大结核表面常布满小结核。泥质含量少,锰高(普遍大于 27%),铁低(一般小于 7%),品位通常为 2.5%左右。

3)光滑+粗糙型(s+r 型)

将顶面光滑、底面粗糙者称为混合型(s+r 型或汉堡包型)结核,代表混合成因(图 5-1-10)。该类型集光滑型与粗糙型结核特征为一体:上部(或顶部)表面光滑,下部(或底部)表面粗糙。尤其以扁球状结核(或"菜花状")更具代表性:中部有一条十分明显的赤道线,其下一般具有沉积物残留痕迹,上部则完全不沾泥,证明该结核产状为半埋藏型。该种结核成因上属成岩结核与水成结核之间的过渡型,它生长在沉积物液化层的最上部且其中一部分能与海水相接触(陈建林,1994)。

郭世勤(1994)根据我国调查区的多金属结核特征,在前人分类方案的基础上总结了一套以形态为主、兼顾大小和表面特征的分类方案(表 5-1-6,图 5-1-10)。结核上、下表面特征的差异随结核尺寸增大愈加明显。根据结核沉入沉积物的水平面具有增厚且呈环状的特点,可判断结核顶、底面的位置,这对于分析结核的生成具有重要意义(图 5-1-11)。

第五章 海洋多金属结核结壳资源

图 5-1-10 海洋多金属结核的形态特征（据朱克超等，2000）

1.球状结核；2.圆盘状结核；3.杨梅状结核；4.连生体状结核；5.椭球状结核；
6.混合型；7.菜花状结核；8.碎屑状结核；9.碎屑状结核；10.板状结核

表 5-1-6 海洋多金属结核的分类方案（据郭世勤等，1994）

分类要素	大小	形态特征		表面结构
分类标准	L 大型 >6cm M 中型 3~6cm S 小型 <6cm	[C]菜花状 [S]球状 [E]椭球状 [B]杨梅状 [P]连生体状 [T]板状 [D]盘状 [F]碎屑状		s 光滑 r 粗糙
分类实例	$L[C]_r^s$：大型菜花状结核，顶面光滑，底面粗糙 $M[S]_s^s$：中型球状结核，表面光滑 $S[B]_r^r$：小型杨梅状结核，表面粗糙			

注：第一个字母表示大小；[ ]中字母表示结核形态；[ ]右上角和右下角分别表示上、下表面结构特征。r 表示粗糙，s 表示光滑。

图 5-1-11 沉积物表面的结核，具明显的环状增厚

（据 Depowski et al，2001）

影响结核表面形态特性的直接因素有矿物成分与种类、形状、大小；核心的年龄、结晶条件和生成过程，以及结核中的元素来源等。核心的形状决定了早期的结核增长层（图5-1-12），随着时间的推移，结核的形态逐渐显示差异。因此，一个很小的结核通常变成了一个非常不规则的形态。例如，圆盘形的结核，通常都有一个相同形状的核心存在，而由老结核碎片形成的新结核一般有多个核心或者不规则核心。多核心的结核一般存在于水流较强、沉积速度较小的区域，而在缺乏沉积物的区域则只能形成所谓的覆盖结壳体。

图5-1-12　不同类型的结核形态，带清晰核心的剖面

（据Depowski et al，2001）

尽管大洋多金属结核的形态类型很多，但在产状上主要有3种类型：①暴露型，结核表面绝大部分暴露于表层沉积物之上，与底层水接触。暴露型结核往往属水成成因，主要分布于海山区。连生体状、碎屑状等s型结核多属暴露型。②埋藏型，整个结核被表层沉积物埋没，埋深通常在5～15cm之间，很少超过20cm。埋藏型结核为成岩成因，属r型，在深海平原区出现最多。杨梅状结核为典型的埋藏型结核。③半埋藏型，结核的下部埋于沉积物中，上部则出露于底层水中。半埋藏结核多为s＋r型，赤道带发育，属混合成因，广泛分布于深海平原-丘陵区。菜花状、盘状结核为典型的半埋藏型结核（朱克超等，2000）。

结核矿层主要呈二维方向分布于洋底表面，一般呈单一类型或以一种类型结核为主，聚集成片状、席状、带状矿块或矿体。如果结核矿层为暴露型，则大多数结核暴露在沉积物之上；如果结核矿层为半埋藏型，则发育半液态层（乳浊层），结核部分埋藏于沉积物表层的半液态层中；如果结核矿层为埋藏型，则结核全部埋藏于沉积物中，这种情况比较少见。

（二）海洋多金属结壳

1. 海洋多金属结壳的概念

多金属结壳是一种生长在海山顶部与斜坡基岩上自生的铁锰氧化物和氢氧化物集合体，由于其含钴量较高，又称作富钴结壳（图5-1-13）。其产状有两种：一种是球状或似球状多金属结壳，是铁锰氧化物、氢氧化物环绕岩石碎块生长形成的，具有核心构造；另一种是被状多金属结壳，是铁锰氧化物、氢氧化物直接生长在基底岩石上形成的（Wiltshire and Yao，1996）。虽然早一百多年前发现多金属结核的同时就发现了多金属结壳，但很长一段时间内未对其给予特别的关注，只是当作结核的一种特殊产状看待。直到20世纪80年代初，德国"太阳号"科学考察船在中太平洋海山区发现多金属结壳中Co的异常富集后，才开始了多金属结壳的专门调查和研究(Halbach et al,1982,1983,1984)。在随后的研究中还发现,除 Co 之外,Pt、REE、P 等在多金属结壳中也高度富集。目前,多金属结壳已经作为最具潜在经济价值的深海矿产资源之一(王毅民,1992)。

图 5-1-13　海山基岩上的多金属结壳及其切片

多金属结壳一般呈浅黑色或褐棕黑色(图 5-1-13);大多呈斑块状,少数为不规则的块状、球状、板状和瘤状等;结壳厚度一般为 2～5cm,富集区厚度可大于 5cm;平均密度约为 2g/cm^3;结壳中含有数十种金属元素,含量较高的有 Mn、Co、Cu、Ni、Pb,还有 Pt、Ag、Ti 等,其中 Co 的含量特别高,平均 0.5%,最高达 1.8%～2.5%,Pt 含量也高达 2×10^{-6},比陆地同类矿床高出几十倍,比洋底多金属结核的 Co 含量高 3～4 倍,铂含量高 10 余倍,单位面积重量高 4～6 倍(表 5-1-7、表 5-1-8)。多金属结壳的组分按其成因可分为两大部分:①自生组分包括锰相、铁相和生物相,普遍认为其来源于周围的海水;②碎屑组分包括黏土组分,主要来源于经季风、底流侵蚀和大洋环流搬运的陆源碎屑物。

表 5-1-7　世界三大洋多金属结壳中主要金属元素平均含量的变化(据 Hein et al,2000)

元素	Fe	Mn	Ni	Cu	Co
含量	15.1～22.9	13.5～26.3	3255～5716	713～1075	3006～7888
元素	Zn	Ba	Mo	Sr	Ce
含量	512～864	1494～4085	334～569	1066～1848	696～1684

注:Fe、Mn 含量单位为%;其他元素含量单位为×10^{-6}。

表 5-1-8　太平洋不同海区不同水深多金属结壳中钴、锰的含量(据 Manheim,1986)

水深(m)	夏威夷海岭		马绍尔海岭及以西中太平洋海山区		北莱恩海岭-中太平洋海山区		南莱恩海岭-波利尼西亚	
	Co(%)	Mn(%)	Co(%)	Mn(%)	Co(%)	Mn(%)	Co(%)	Mn(%)
0～1000	0.91	23.85	1.64	33.38			1.98	28.09
1000～1500	0.94	24.24	0.84	23.87	1.05	27.08	1.25	26.97
1500～2000	0.66	22.01	0.74	24.36	0.93	26.01	1.41	24.87
2000～2500	0.70	0.70	0.87	26.57	0.59	21.94		
所有深度	0.76	0.76	0.77	23.80	0.77	23.82	0.87	20.49

2.海洋多金属结壳的内部构造

1)宏观构造

结壳的宏观构造统称为层状构造,并可细分为板层状和圈层状两种。

(1)板层状构造:结壳层呈二维展布,可以是单层,也可以为多层,厚度有大有小,层面平坦或起伏。这种构造一般发育在面积宽广、坡度平缓的基底上。

(2)圈层状构造:结壳层围绕一核心呈同心圈层状生长,是结壳状结核特有的一种构造。结壳与结核一样,可以围绕一个核心向外生长,这与其形成"基底"的不稳定性有关。核心较小时,圈层等厚;核心较大时,上层较厚,下层较薄。

如果按壳体的疏密程度分,结壳的宏观构造又可分为多孔状构造、煤状构造和致密块状构造。多孔状构造、煤渣状构造多见于结壳与风化基底的界面处,而致密块状构造是结壳在沉积作用较弱时稳定生长的标志。

2)显微构造

结壳的壳层在显微镜下形态多样,根据形态特征,显微构造大体上可分为柱状构造、不规则状构造、岛屿状构造、平行纹层状构造、波浪纹层状构造等。

(1)柱状构造:纹层层层叠置形成如叠层石状的柱体。柱体有时出现分叉与合并现象,并且有平行柱体延伸方向的间隔柱体的沉积物杂质。在沉积物不连续分布的地方,相邻柱体部分纹层过渡相连。

(2)不规则构造:纹层生长方向、厚度、连续性均受到破坏干扰,纹层组形态不规则,方向紊乱,纹理厚度不一。纹理间或纹层组合间充填了许多其他物质。

(3)岛屿状构造:纹层组被大量的沉积物完全分隔,呈形态不一但封闭的孤立岛屿状,其生长方向较难判断。

(4)平行纹层状构造:纹层形态为近水平的平行带状,其间沉积物杂质较少,不易分辨。

(5)波浪纹层状构造:纹层为连续波浪状,纹层间沉积较少。

(6)贝纹状构造:纹层组呈扇状,形似贝壳纹饰。沉积物杂质含量多,分隔了纹层组,有部分纹层如网脉状连接。

(7)鲕状构造:纹层组为鲕粒状,沉积物较多,呈网脉状分隔单体,网脉体较宽。鲕粒间也有纹层粘连现象,鲕粒中似有核心。

(8)火焰状构造:有些类似贝纹状构造,纹层组可见柱状、扇状、不规则状构造形态,其边缘纹层形似火焰。

以上除柱状、平行纹层状、波浪纹层状3种显微构造显示结壳生长环境较稳定外,其他几种构造都是在不同程度的动荡环境形成的(张海生等,2001)。

3.海洋多金属结壳的矿物学特征

海洋多金属结壳的结晶程度很差,尤其是矿物组成中的铁矿物,常规的显微镜方法不能对其进行鉴定,只有用穆斯堡尔谱或X射线衍射分析才能进行准确的鉴定。海山结壳矿物主要由3部分组成,即锰矿物、铁矿物和杂质矿物。

(1)锰矿物。它为结壳的主要矿物,主体矿物组分为水羟锰矿,同时存在较少量的钡镁锰矿。

(2)铁矿物。在结壳中少量存在,所有铁矿物均为羟铁矿,个别区域会出现赤铁矿和磁铁矿。赤铁矿在上壳层中较多,而磁铁矿在下壳层中较多。

(3)杂质矿物。它主要是由碎屑、黏土或自生矿物组成,杂质组分的种类较多,主要有石英、斜长石、磷灰石、高岭石、方解石、云母等,其来源不尽相同。这些杂质矿物主要是由结壳生长期间同期所发生的沉积作用掺杂的结果。在结壳生长期沉积作用的强度将直接影响结壳的纯度(张海生,2001)。

4. 海洋多金属结壳的地球化学特征

海洋多金属结壳含多种元素,但相对地壳丰度而言,属高度富集型的元素主要有 Mn、Co、Ni、Cu、Zn、Pb、Mo 及 REEs。前者比地壳丰度高出约 14 个数量级,后者 REEs 则约是其地壳丰度的 10 多倍,其次为 Fe、Ti、P 等元素。元素在海山富钴结壳中的丰度特征是结壳在生长过程中各种地质地球化学作用的综合表现,也是富钴结壳资源评价的基础。

5. 海洋多金属结壳的分类

Hein et al(1999)根据结壳的物质组成、形成过程及环境条件的不同,将其分为:①水成成因结壳,广泛分布于板块火山堆积区,结壳厚,品位高,丰度大,最具经济价值;②热液成因结壳,在大洋扩张脊两侧附近,由热液沉淀作用导致的锰(或铁)氧化物形成结壳;③水成与热液成因结壳,通常分布在活火山、扩张脊、断裂带、扩张轴外海山区域,由水成和热液沉积作用形成结壳;④水成与成岩作用成因结壳,在深海大洋丘陵地带有发现,常与多金属结核伴生。

(三)海洋多金属结核矿床

1. 海洋多金属结核矿床的分类

矿床的分类实质就是认识各种矿床的过程。传统的矿床成因分类把多金属结核矿床划归为化学及生物化学沉积矿床中的沉积锰矿床。20 世纪 70 年代以来,随着大规模海底矿产资源调查的兴起以及大洋多金属结核矿产研究的深化,国内外学者根据矿床的形态和产状、矿物与化学成分、矿床的成因、成矿物质的来源以及矿床的产出环境等提出了多种多金属结核矿床的分类方案。Price and Calvert(1970,1977)根据结核的矿物与化学成分,将矿床分为深海平原型、海山型;Bonatti et al(1983)考虑到成矿物质的来源将其分成水成型、成岩型和热液型;Dyrnod 等(1984)在 Bonatti 等的分类基础上,又根据成矿环境的不同将成岩型分为氧化成岩型和亚氧化成岩型。朱克超等(2000)认为,多金属结核矿床中的矿石建造-结核类型反映了多金属结核矿床的本质特征,据此可把结核矿床分为光滑型、光滑+粗糙型和粗糙型,并建立了多金属结核矿床划分的描述性模型(表 5-1-9)。

表 5-1-9 多金属结核矿床划分的描述性模型（据朱克超等，2000）

矿床类型	类型与产状	结构构造	矿物成分	化学成分	产出环境	成矿期次	成矿条件
s 型	连生体状及碎屑状，暴露型为主	2个构造层组	水羟锰矿为主，次为钙锰矿	Mn/Fe 值较小，品位较低，稀土元素总量较高	海山链、孤立海山及局部高海丘区	两期为主	氧化环境，Eh、pH 值较高
s+r 型	多为菜花状，以半埋藏型为主	3个构造层组	水羟锰矿为主，次为钙锰矿	Mn/Fe 值、品位、稀土元素含量中等	丘陵、山间盆地及深海盆地	三期	氧化环境，Eh、pH 值中等
r 型	杨梅状，埋藏型	1个构造层组	钙锰矿多于水羟锰矿	Mn/Fe 值较高，品位较高，稀土元素总量较低	深海平原	一期	氧化环境，Eh、pH 值较低

2.海洋多金属结核矿床的评价指标

结核的品位、丰度和覆盖率是评价多金属结核矿床是否具有开采价值及矿区资源的重要指标。

(1)结核的品位。结核的品位是指结核中金属元素 Cu、Co、Ni 含量之和，它是评价多金属结核有用元素富集的重要指标。

(2)结核的丰度和覆盖率。结核的丰度和覆盖率是描述结核富集程度的重要参数。结核的丰度是指单位海底面积内所赋存的结核量，单位为 kg/m^2。它可用地质采样的方法获得，即用地质采样器（如无缆抓斗、有缆抓斗、箱式采样器）获得结核样品，然后计算每平方米海底内结核的赋存量，称为地质采样丰度；也可用多频探测的方法取得，称为多频探测丰度（图 5-1-14）。结核覆盖率是指单位海底面积中结核覆盖面积的百分比，包括海底照片覆盖率和甲板覆盖率。甲板覆盖率是指在海上现场把每个测站的结核样品平铺在 $0.2m^2$ 的平板上照相，在照片上用网格法计算结核面积而得到的覆盖率（图 5-1-14）；海底照片覆盖率就是把照相机安装在无缆抓斗上，直接拍摄海底结核的分布，然后经过图像处理系统——NIRS 求得结核覆盖率（朱克超和张国祯，1998）。统计表明，结核的覆盖率与丰度具有较好的正相关关系（图5-1-15）。

二、海洋多金属结核结壳资源研究概况

1.海洋多金属结核研究简史

世界大洋多金属结核的研究历史总体可以划分为 3 个阶段。

(1)认识阶段(1872—1965 年)。该阶段代表性事件有 1868 年由 A. E. Nordenskiold 率

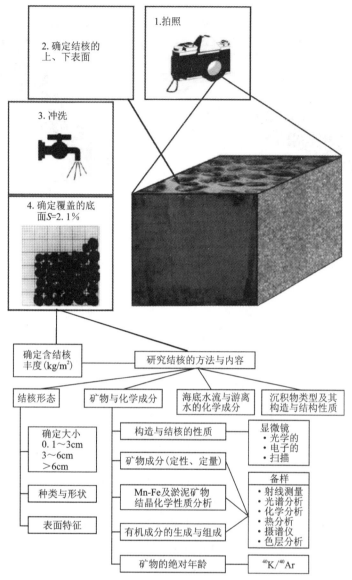

图 5-1-14 大洋多金属结核研究系统(据 Kotlinski,1997)

领的"索菲娅"号调查船在太平洋探险中偶然发现锰结核;英国"挑战者"号考察船在1872—1876年对三大洋进行环球考察时,于1873年2月18日在摩洛哥西边的加那利群岛西南约300km处海底,首次采集到锰结核(图 5-1-16);1899—1900年和1904—1905年美国"信天翁"号考察船在太平洋对锰结核进行了广泛的取样,1902年阿加西斯根据"信天翁"号考察资料,确认太平洋东南部广泛分布结核并绘制了结核分布图;美国人梅罗于1962年根据110个测站的多金属结核样品分析结果,指出了多金属结核的潜在经济价值,认为三大洋的结核资源量约达 3×10^8 t,其中太平洋约为 1.7×10^8 t;在结核成因方面,明确了生物和宇宙物质的影响(Correns,1941;Peterson,1959)以及锰在海水和结核中的不同存在形式(Golberg and Arrhenius,1958)。

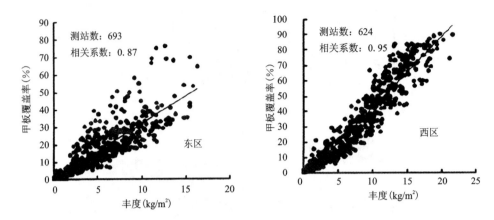

图 5-1-15　我国开辟区多金属结核的甲板覆盖率与地质采样丰度相关图(据朱克超等,2000)

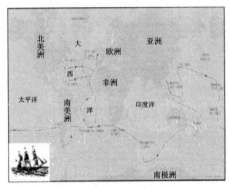

图 5-1-16　英国"挑战者"号考察船及其航行线路图(据 Depowski et al,2001)

(2)勘查分析阶段(1965—1974 年)。该阶段代表性事件主要有 1965 年出现了国际范围的综合海洋研究项目而且研究概念和方法也有了重大改变,在采集到的结核样品中确立了 Mn 与 Cu、Ni、Zn 和 Fe 与 Cp、Se、Pb 及 Th 的相关性;1971 年欧洲九国 25 个公司组成的企业和 CLB 小组开始利用连续绳斗法进行深海采掘结核试验,研究采掘结核的系统方法。理论研究方面,分析了结核聚集与沉积物类型及海底剥蚀以及矿物化学成分、结核形态之间的关系;美国"Eltenian"号(第 27 次探测)在南太平洋,海洋地理研究所"Tangaroa"号在新西兰岛以及德国"Valdivia"号的探测结束了区域性探矿勘察研究时期。

(3)资料积累阶段(1974 年至今)。该阶段代表性事件主要是发现了第一批矿床,并开始研究对它的工业开发。20 世纪 70 年代对太平洋的结核调查、勘探和开发的研究达到高潮,已有的地质-地球物理调查都认为,克拉里昂和克里伯顿断裂带之间的区域(Clarion-Clipperton Zone,简称 CC 区)是太平洋中最好的结核富矿带,因此,大部分国家的调查、勘探活动都集中在这一地区。

总之,海底多金属结核资源的调查研究以环球探险偶然发现为开端,进而出于科学好奇和基础研究而进行科学考察,发现这种资源的潜在经济价值后,从而导致各国以国家权益和商业利益考虑,开展大规模的勘探开发。调查范围从大西洋、印度洋、太平洋开始,慢慢转向南太平洋、中太平洋、东北太平洋、赤道太平洋,最后聚集在 CC 区。

2.海洋多金属结核调查概况

(1)美国。从20世纪60年代起在太平洋进行了数十次海底多金属结核资源调查研究,并于1970年在布莱克海台(水深730m)以水力提升法试采锰结核成功。1974年深海勘探公司正式提出开发夏威夷东南海底锰结核的申请,到1980年完成矿区勘探评价和一系列采矿与冶炼试验。期间,美国还对全球各大洋,特别是太平洋的多金属结核中有用金属分布与资源量作了估算。20世纪70年代先后实施"大学间锰结核研究计划"(1972年)、"深海采矿环境研究计划"(1975年)、"锰结核计划"(1978年),编制出版了《世界锰结核发布图和Fe、Mn、Cu、Co、Ni含量分布图》《海底沉积物和锰结核分布图》《中太平洋铁锰沉积物研究报告》和《太平洋锰结核地质学和海洋学》等专著。20世纪80年代以来,美国基本结束深海多金属结核的调查和勘探,并转入海山区富钴结壳调查,由太平洋的夏威夷、莱恩群岛扩大到大西洋的布莱克海台、加勒比海、阿拉斯加等地的海山区。

(2)俄罗斯(苏联)。俄罗斯(苏联)是从事多金属结核资源调查较早的国家之一,调查海域遍及三大洋。1957—1961年"勇士"号和"门捷列夫院士"号查明了太平洋北部与中部的结核富集区情况,并于1964年编制了《太平洋多金属结核分布图》,1976年出版了《太平洋多金属结核》专著。1977年以来在国际海底区域,包括太平洋CC区进行锰结核勘探评价,并研究多金属结核勘探开采技术及采样装置。20世纪80年代初调查重点转向富钴结壳、热液硫化物和多金属软泥,以及进行环境生态调查。1981—1985年海洋地质的重点是大洋多金属结核的研究。

(3)法国。法国在早期海洋开发方面一直处于世界领先地位,其中深潜技术和水下光学、声学方面的研究尤为突出。在大洋多金属结核调查勘探中广泛地使用这些高新技术,获得了包括海底地形、结核分布等高质量成果,主要集中于:1970—1974年在法属波利尼西亚水域进行概查;1974—1976年在北太平洋CC区;1977—1978年继续在CC区加密普查,圈定了$15\times10^4 km^2$的勘探区。

(4)德国。1972—1974年进行"锰结核1号"计划,在CC区进行勘探,在$3.43\times10^4 km^2$内探明$8000\times10^4 t$的结核储量。20世纪80年代,"太阳"号船多次对南太平洋进行勘探。从1981年起,实施为期5年的"中太平洋富钴结壳调查计划"。到20世纪末,德国已对中太平洋海山区、莱恩群岛海岭及夏威夷附近海山进行了多次调查,并在夏威夷建立了一个多金属结核勘探矿区。

(5)日本。日本对大洋多金属结核调查研究开发较其他西方国家晚些。1968年在太平洋完成"连续链斗状"系统采矿试验;1970—1971年执行"深海矿物资源勘探的基础研究计划",在太平洋塔希提岛附近水深3700m处试验绳链提升系统成功,并在西太平洋进行了试验性开采。日本政府把多金属结核资源作为准国内资源来开发,把深海采矿作为一种产业来发展。1974年组织成立了"深海矿物资源开发协会",用"白岭丸-2"号船来实施九年计划(1981—1989年)研究采矿系统,在太平洋进行多金属结核勘探和选定矿址。1982年制定《深海底矿业临时措施法》。由于日本非常重视深海采矿事业的发展,并实施了一套行之有效的发展计划,目前在实现多金属结核商业化开采的目标上已居世界前列。

(6)印度。印度是首先登记为"深海采矿先驱投资者"的发展中国家,也是唯一在印度洋申请多金属结核矿区的国家。1981年成立了海洋开发部,主要任务是组织深海多金属结核的调查、勘探和实现商业化开采。到20世纪末,印度已完成多金属结核综合研究计划,以及技术经济评价和综合开发研究工作。

(7)韩国。1983年制订了多金属结核开发计划,分3个阶段:第一阶段(1983—1984年),目标是概查和选择矿区,投资3000万美元;第二阶段(1985—1995年),目标是详查和试采,投资3000万美元;第三阶段(1995—2005年),目标是研制开发技术,实现商业化开采,投资6.43亿美元。

(8)中国。为了维护我国在开发国际海底矿产资源活动中应有的权益和分享国际海底资源这一全人类共同的财产,从20世纪80年代初至今,中国也积极开展了大洋多金属结核资源调查研究和开发试验。1983年,国家海洋局首先在北太平洋中部海域($7°\sim 11°N,167°\sim 178°W$)进行了试验性的大洋多金属结核资源调查,采集结核310.49kg;随后于1985年、1988年、1990年先后5次在赤道太平洋CC区开展综合性的大洋多金属结核资源调查。原地质矿产部"海洋四号"科学考察船于1986年首次在中太平洋CC区进行多金属结核资源调查,紧接着于1987—1991年连续6次在太平洋CC区进行多金属结核资源调查。1991年3月5日,经联合国正式批准,中国成为继法国、日本、苏联、印度之后第5个"深海采矿先驱投资者"国家,并在太平洋CC区最终获得了$7.5\times 10^4 km^2$的多金属结核开辟区,矿区内控制干结核资源量约$4.2\times 10^8 t$。到1999年,国家海洋局和地质矿产部先后进行了21个航次的多金属结核调查,调查面积为200多万平方千米,最终圈定出$30\times 10^4 km^2$的相对富矿区。2003年,"大洋一号"和"海洋四号"科学考察船分别在太平洋执行了DY105-14和DY105-15航次的调查,其主要任务就是加密调查富钴结壳资源靶区以及建立我国$7.5\times 10^4 km^2$多金属结核开辟区的环境调查、监测和评价体系。

3. 海洋多金属结壳调查概况

美国和德国于20世纪80年代初即已开始联合开展富钴结壳矿床的调查研究,苏联(俄罗斯)从1985年开始对麦哲伦海山区进行调查,至1998年已向国际海底管理局提交了矿区申请。仅俄罗斯在十多年的调查研究中就勘查了三大洋各海域的90多座海山,获得了大量的调查数据,通过对比研究,最终选定并申报了在麦哲伦海区附近的矿区。日本、韩国等也不甘落后,陆续开展对富钴结壳矿床的调查研究工作。1993年ODP第143和第144航次在中太平洋和西北太平洋平顶海山上钻取的岩芯中也发现埋藏型富钴结壳层,这进一步证实了埋藏型结壳大量存在于海山顶部或在斜坡区远洋钙质黏土层之下(武光海,2001)。

我国对富钴结壳的调查起步较晚,1987年"海洋四号"科学考察船首次采取了富钴结壳样品。自1997年正式开始对中太平洋海山区(位于中太平洋海盆北缘、夏威夷-天皇海山链以西)美国威克专属经济区与夏威夷专署经济区之间的国际海域进行有计划的前期调查。在2013年取得西太平洋富钴结壳矿区的专属勘探权,面积为3000km²。

三、海洋多金属结核结壳资源研究意义

大洋多金属结核在世界洋底分布十分广泛,其金属含量非常高,是可以利用并影响世界有色金属市场的潜在资源,是接替已有陆地矿床(锰、镍、锌、铜、银、镉、金及钴)储量的出路所在(表5-1-10,图5-1-17)。据估计,全世界大洋底多金属结核储量约3×10^{12}t,仅太平洋就有1.7×10^{12}t,其中有工业开采价值的储量约700×10^8t。结核中锰、镍、钴、铜等金属的储量远高于陆地上的相应储量。如太平洋多金属结核中锰的储量相当于陆地储量的200倍;铜储量相当于陆地储量的50倍;镍储量相当于陆地储量的600倍;钴储量相当于陆地储量的600倍。而且结核矿还以每年约1000×10^4t的速度增长。目前,世界大多数国家已将多金属结核的Mn、Ni、Cu、Co等金属元素作为重要的战略资源。据估计,大洋多金属结核矿床在2020年以后有可能实现工业开采(Lenoble,1993;Kotlinski,1996)。

表5-1-10 世界大洋多金属结核中金属元素的平均含量(据Ghosh and Mukhopadhyay,2000)

元素	太平洋	印度洋	大西洋	世界海洋
锰(%)	20.10	15.25	13.25	18.60
铁(%)	11.40	14.23	16.97	12.40
镍(%)	0.76	0.43	0.32	0.66
铜(%)	0.54	0.25	0.13	0.45
钴(%)	0.27	0.21	0.27	0.27
锌(%)	0.16	0.15	0.12	0.12
铅(%)	0.08	0.10	0.14	0.09
铱($\times10^{-6}$)	6.64	3.48	9.32	—
铀($\times10^{-6}$)	7.68	6.20	7.4	—
钯($\times10^{-6}$)	72	8.76	5.11	—
钍($\times10^{-6}$)	32.06	40.75	55.00	—
金($\times10^{-9}$)	3.27	3.59	14.82	—

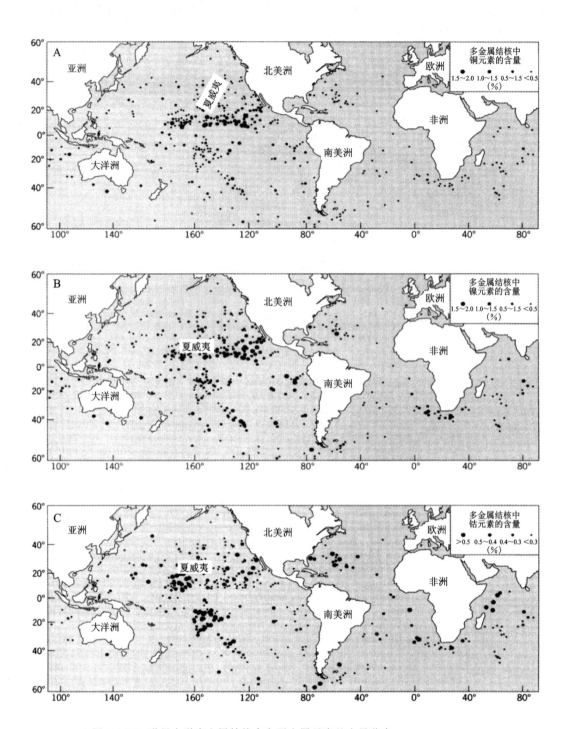

图 5-1-17 世界大洋多金属结核中主要金属元素的含量分布(据 Libes,1992)

就我国而言,陆地锰、铜、钴、镍等矿产资源人均储量远低于世界平均水平,随着国民经济发展的需要,这些矿产资源短缺的矛盾日益突出,为了填补陆地矿产资源的不足,满足国民经济发展的需要,勘查和开发海洋多金属结核资源势在必行。

第二节 海洋多金属结核资源分布及特征

一、海洋多金属结核资源一般分布特征

海洋多金属结核多分布在远离海岸数千千米,水深4500~5500m的深海大洋底,总体位于碳酸盐补偿深度(CCD)以下。CCD是海洋中的一个重要物理化学界面,其分布位置或深度受生物碳酸盐补给量和水层溶解量影响,在CCD位置上,两者近于平衡,即在更深海底没有明显的生物$CaCO_3$聚集。CCD不仅控制了海洋沉积类型(相)的分布,同时影响沉积速率与多金属结核的形成和富集。在CCD以上多形成铁、锰的碳酸盐矿物而非铁、锰的氧化物或氢氧化物。海洋多金属结核主要赋存于硅质海底沉积物表层,包括硅质黏土、硅质软泥;其次,赋存于深海黏土和沸石黏土等海底沉积物表层;还有部分赋存于CCD附近或之上的钙质沉积物表层,包括钙质黏土、钙质软泥等(陈建林等,2002)。世界各大洋底部均有多金属结核分布,但分布不均(图5-2-1)。全球海洋中大约覆盖了$54\times10^6 km^2$的多金属结核,其中覆盖面积最大的大洋是太平洋,约有$23\times10^6 km^2$,以东太平洋的CC区最富集且最具潜在经济价值(王海峰,2015)。其次为印度洋,分布面积$(10\sim15)\times10^6 km^2$,大西洋则约有$8\times10^6 km^2$。从经济价值角度考虑,太平洋的多金属结核经济价值最高且分布最广泛,其次是印度洋(于淼等,2018)。太平洋底多金属结核最为丰富,覆盖面积约$2300\times10^4 km^2$,主要有东太平洋CC区、东北太平洋海盆、中太平洋海盆、南太平洋海盆、东南太平洋海盆5个分布区;印度洋底多金属结核覆盖面积约$1500\times10^4 km^2$,主要分布在中印度洋海盆、沃顿海盆、南澳大利亚海盆、塞舌尔海区和厄加勒斯海台5个区域;大西洋底是三大洋中多金属结核最不发育的洋区,覆盖面积约$850\times10^4 km^2$,主要有北大西洋(凯尔文海山、布莱克海台、红黏土区和中央大西洋海岭)和南大西洋少数几个结核丰度小、金属含量低的分布区。据统计,目前在整个大洋底发现67处多金属结核远景区,总资源量为$817\times10^8 t$,其中太平洋占80%,大西洋占10.5%,印度洋仅占9.5%;在大洋底总资源量中,富镍-铜型结核占25%、富锰型结核占3.5%、富铜型结核占3.5%,其余均为铁-锰型结核(莫杰等,2004)。

二、太平洋区多金属结核资源

1. 太平洋区多金属结核概述

在世界三大洋中,太平洋的多金属结核最为丰富,约占世界总资源量的80%;而太平洋的多金属结核则主要富集在$6°\sim20°N$,$110°\sim180°W$之间,面积约$1080\times10^4 km^2$的海底区域,特别是东太平洋海盆CC区(Clarion-Clippertion Zone)、中太平洋海盆CP区(Central Pacific Basin)和西南太平洋海盆北部WS区(West South Zone)(图5-2-2)。

东太平洋海盆北起夏威夷海岭,西邻莱恩海岭,东至东太平洋海隆,大部分水深4500~

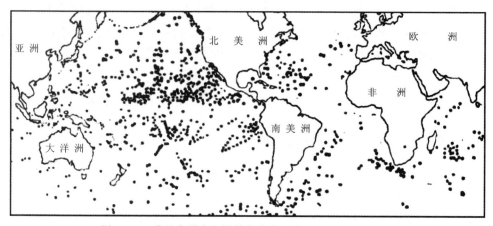

图 5-2-1　世界大洋多金属结核分布示意图(据莫杰等,2004)

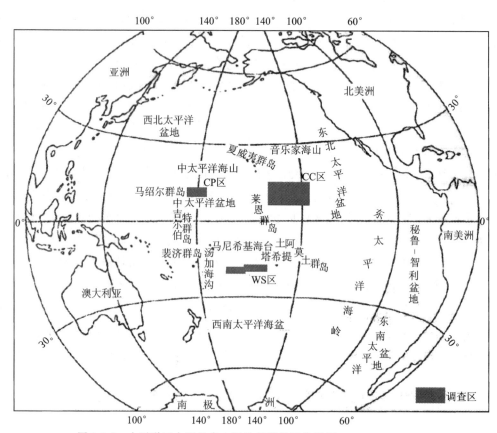

图 5-2-2　太平洋区主要的多金属结核富集区位置图(据朱克超等,2000)

5500m,地形较为平坦,以平原为主要特征。CC 区位于东太平洋海盆西部,南、北分别以克里伯顿和克拉里昂断裂带为界,总体介于 $7°\sim15°N$、$114°\sim158°W$ 之间,面积 $600\times10^4 km^2$,水深 $5000\sim5200m$,深海底为受断陷切割和分布海丘的深海平原(图 5-2-3)。东太平洋 CC 区多金属结核被认为最具有经济价值,其丰度范围为 $0\sim30kg/m^2$,平均丰度约 $15kg/m^2$。CC 区多金属结核预估的储量约 $21\times10^9 t$,其中含有锰约 $6\times10^9 t$,这一储量比已知的陆地全部锰储量还要大。同时,CC 区多金属结核的镍含量(270×10⁶t)和钴含量(44×10⁶t)分别是陆地上储量的 3 倍和 5 倍。尽管多金属结核的总储量和一些主要金属元素的总量很大,但 CC 区多金属结核的整体分布并不是均匀的。整体上,CC 区中部和北部的多金属结核储量要多于南部、西南和东部。在 CC 区,品位高的多金属结核 Ni+Cu 含量可达 2%~2.6%。秘鲁海盆多金属结核平均丰度约有 10kg/m², 最高可达 50kg/m²。与 CC 区相比,秘鲁海盆的多金属结核具有相似的 Ni 和 Mo 含量、低的 Cu、Co、REE、Y 含量和以及高的 Li 含量和 Mn/Fe 比值(于淼等,2018)。

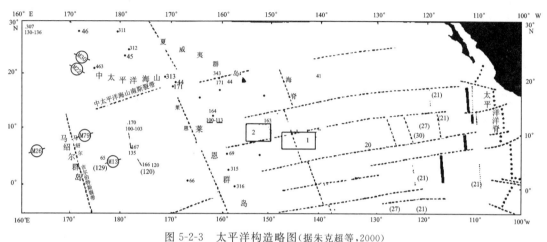

图 5-2-3 太平洋构造略图(据朱克超等,2000)

图例及说明:■ 熄灭裂谷 ★★★ 活动裂谷 --⑦(21)-- 磁异常带及时代(Ma);159. DSDP 钻遇基底孔位及时代(Ma);
• 其他 DSDP 孔位; ……… 新老洋脊分界; ----- 断裂带;1. 开辟区东区. 2. 开路区西区

中太平洋海盆北界为中太平洋海岭,西侧为马绍尔海岭和吉尔伯特海岭,东临莱恩海岭,绝大部分水深 4500~6000m。它是太平洋诸海盆中地形较为复杂者,海底地形由周边向中间倾斜,最深处位于海盆西侧。CP 区位于海盆西北部,绝大部分水深为 5000~6000m,地形起伏也较大,但总体以深海平原为主。CP 区结核的形态和分布变化都很大,结核中 Fe、Co、Pb、Sr、P、Ti 等元素含量较高,结核品位平均为 1.2%(表 5-2-1)。

表 5-2-1 太平洋中部 CP 区和 WS 区多金属结核矿床基本特征(据朱克超等,2000)

矿床类型	类型与产状	结构构造	矿物成分	化学成分	空间分布	成矿期次	成矿条件
S 型矿床(CP 区)	多呈球状、椭球状和连生体状,以暴露型为主	两个构造层组	壳层锰矿物以水羟锰矿为主,次为钙锰矿	Mn/Fe 值平均为 1.5,品位平均为 1.2%,REE 含量平均 1320×10⁻⁶	海山区、盆地边缘、孤立海山及高海丘区	两期为主	氧化环境
S 型矿床(WS 区)		一个构造层组		Mn/Fe 值平均为 0.75,品位平均为 0.94%,其中 Co 含量平均为 0.48%	艾图塔基水道区及其附近的海山区、海丘区	单期	氧化环境

西南太平洋海盆北界为马尼希海台,东侧为斐济群岛,西邻土阿莫土群岛。WS区位于西南太平洋海盆北部,其结核以S形为主,Mn/Fe、品位都较CC区结核低(表5-2-1)。

2. 太平洋区多金属结核时代分布特征

多金属结核的时代分布特征主要包括生长时代和生长期次。太平洋中部多金属结核总体可划分为3个生长期,但由于不同地区古海洋环境的差异,有的结核具有2~3个构造层组(也称粗层或壳层),即经历了2~3个生长期,而有的结核只有1个构造层组,即只经历了1个生长期。这里把具有2~3个生长期的结核称为多期生长结核;只有1个生长期的结核成为单期生长结核。这两类结核在时间和空间分布上都有差异。

(1)具第Ⅰ生长期(早中新世晚期前)壳层的结核。CC区具第Ⅰ生长期壳层的结核多为菜花状结核的核心,主要分布在中部的深海平原、丘陵及其附近的深海盆地、线状隆槽区(图5-2-4)。CP区具第Ⅰ生长期壳层的结核以中—大型球状或多核椭球状为主,主要分布在西部海山区(图5-2-5)。

(2)具第Ⅱ生长期(早中新世晚期—中新世晚期)壳层的结核。CC区具第Ⅱ生长期壳层的结核是具第Ⅰ生长期壳层的结核继续生长的产物,因而绝大多数呈菜花状且主要分布在平原、丘陵区。CP区结核的第Ⅱ生长期壳层很难辨认,暂不讨论。

(3)具第Ⅲ生长期(上新世—第四纪)壳层的结核。CC区具第Ⅲ生长期壳层的结核的成矿范围由深海丘陵和平原区分别向东、向西扩展至海山和台地区,构成北太平洋结核富集带(图5-2-4)。CP区具第Ⅲ生长期壳层的结核的分布范围由西部海山区向东扩展至中央深水盆地区(图5-2-5)。

3. 太平洋区多金属结核空间分布特征

赋存于沉积物表面的结核矿床是各个生长期形成结核的堆积体,其空间分布规律受各个生长期结核分布格局的制约。根据结核的地史分布规律,可将太平洋中部结核富集区分为多期生长结核分布区和单期生长结核分布区两类;多期生长结核分布区含3个生长期形成的结核,而单期生长结核分布区主要包括第Ⅲ生长期形成的结核。

(1)多期生长结核分布特征。CC区的多期生长结核主要分布在深海丘陵区、平原区(图5-2-4);以大、中型菜花状结核为主,杨梅状、板状、盘状、椭球状、连生体状等结核次之;成因上以水成-成岩类型为主;结核丰度变化较大,大于10kg/m^{2}的高丰度区处于丘陵区低洼地带;结核覆盖率总体在10%~30%之间;结核品位大于2.5%。CP区的多期生长结核主要分布在海山区以及中央深水盆地西北部地形较高的地区(图5-2-5);以大—中型球状、椭球状的水成结核为主;结核丰度一般大于15kg/m^2;覆盖率在30%~80%之间;品位较低,一般小于1.8%。

(2)单期生长结核分布特征。CC区的单期生长结核主要分布在海山、台地区和北部高原区(图5-2-4);以连生体状、杨梅状结核为主,碎屑状次之;结核覆盖率小于10%;结核丰度较低,绝大部分小于5kg/m²;结核品位总体在1.8%以上。CP区的单期生长结核主要分布在中央深水盆地区(图5-2-5);以水成成因的小型碎屑状、球状、椭球状为主;结核覆盖率在30%~80%之间;结核丰度较低,一般小于5kg/m²;结核品位小于1.4%。

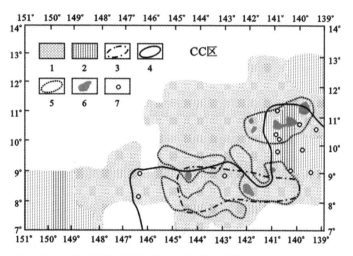

图5-2-4 东太平洋CC区多金属结核分布图(据许东禹等,1994)

1.多期生成结核;2.单期生成结核;3.覆盖率大于10%的分布范围;4.品位大于30%;

5.丰度5~10kg/m²;6.丰度大于10kg/m²;7.品位大于30%的测站

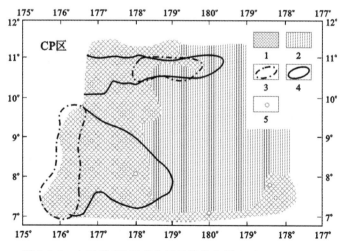

图5-2-5 太平洋CP区多金属结核分布图(据许东禹等,1994)

1.多期生成结核分布区;2.单期生成结核分布区;3.覆盖率大于30%的分布范围;

4.高品位区;5.测站位置

三、印度洋区多金属结核资源

印度洋结核区位于中印度洋海盆西北角,区域范围为 $10°\sim16.5°S$ 和 $72°\sim80°E$,是世界上第二大结核富集区,平均水深约 5000m。在中印度洋海盆最富集的区域是 IONF 区(Indian Ocean Nodule Field),约覆盖了 300 000km² 面积,该区域总的多金属结核储量约有 1400×10^6 t,平均丰度约 4.5kg/m²,同时赋存 21.84×10^6 t 的 Ni+Cu+Co 资源。印度洋结核区结核分布很不均匀,但具有一定的规律性,与海山的发育程度呈正相关,由北往南结核丰度逐渐增大。印度洋区多金属结核类型有菜花状、碎屑状、杨梅状和连生体 4 种类型,其中以菜花状和碎屑状结核为主,杨梅状和连生体次之;从大小来看,绝大部分为中小型结核(占 95%),大型结核很少,结核分布很不均匀(图 5-2-6)。印度洋区结核锰相矿物主要为钙锰矿、水羟锰矿和水钠锰矿,铁相矿物可能为针铁矿,次要矿物为钙十字沸石、石英等。与东太平洋海盆 CC 区相比,印度洋结核中水羟锰矿的含量较低,同时铁相矿物粒度更小。中印度洋海盆结核和东太平洋海盆结核具有类似的矿物组成和稀土配分模式,可能具有类似的成因模式,但前者的平均丰度和品位均低于后者(何高文等,2011)。

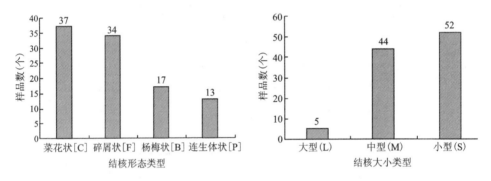

图 5-2-6 印度洋结核调查区结核类型统计直方图(据何高文等,2011)

四、中国海域多金属结核资源

1. 多金属结核分布特征

黄海的多金属结核主要分布在南部晚更新世的残留沉积区,以及黄海、渤海交界附近海域的残留沉积区。东海的多金属结核主要分布在长江口外古长江三角洲附近的残留沉积物中,以肾状、瘤状、弹丸状为主,分布范围广泛,沉积物类型为细砂及泥质砂(朱而勤,王琦,1985)。

南海是我国铁锰氧化物最丰富和最有利用潜力的边缘海。南海的铁锰氧化物,根据其产出形式和大小可分为 3 种类型:铁锰结核、铁锰结壳和微结核($\varphi<1mm$)。铁锰结核主要分布在北部湾、东北陆坡和深海盆地(图 5-2-7)。北部湾的铁锰结核富集在涠洲岛附近海域 $15\sim45m$ 水深以及海南岛西浅水的沉积物中,分为球状、椭球状、肾状、饼状等,沉积物为砂质

粉砂、粉砂质黏土等古滨岸残留沉积(陈俊仁,1984)。南海的铁锰结壳由胶状、微晶片状的微粒直接沉积、凝聚在海底基岩表面而成,呈不同颜色的条纹或叠层状构造,主要分布在中央海盆海山、深海盆周缘陆坡区以及部分海山、岛坡和海隆(图 5-2-7)。

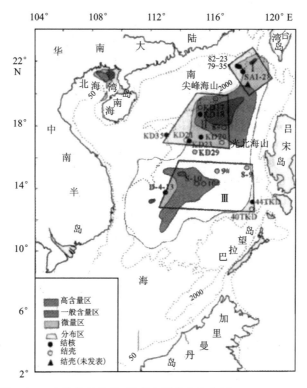

图 5-2-7　南海铁锰结核-结壳含量分布和分区(据陈忠等,2006)

2. 多金属结核化学组成特征

(1)化学元素组成。黄海、东海铁锰结核的化学成分中 Fe 占绝对优势,Fe_2O_3 为 27.95%～59.73%,MnO_2 为 0.5%～0.96%,Ni 为 0.004 3%～0.007 2%,Cu 为 0.001 2%～0.003%,Co 为 0.003%～0.005%,但没有一种元素达到工业开采品位。南海北部湾的铁锰结核含 Fe、Mn、Cu、Ni、Co 等多种元素,但含量很低,为贫锰质结核;南海陆坡和中央海盆中结核的铁锰含量变化大,Mn 为 7.71%～22.27%,Fe 为 14.13%～54.59%,Cu 为 0.04%～2.27%,Ni 为 0.11%～0.85%,Co 为 0.02%～2.83%,具有典型边缘海铁锰结核特征。

(2)稀土元素组成。南海结核、结壳稀土元素含量高,REE 总量平均值 $1\,440.67\times10^{-6}$,比中太平洋 CP 区结核($1\,409.6\times10^{-6}$)和东太平洋 CC 区结核($1\,026.5\times10^{-6}$)都高;分布模式与大洋结核、结壳相同,除 Ce 外,稀土元素分布模式还与沉积物的分布模式相同;具有高的 Ce 异常,在南海结核、结壳中富集率很高,几乎占稀土元素总量的 50%,明显比太平洋结核、结壳具有更高的异常值,说明南海海底的介质环境氧化程度更高,是一种更有利于铁、钴富集的环境。

五、海洋多金属结核资源分布的影响因素

1. 多金属结核矿床分布的影响因素

大洋多金属结核在洋底的分布特征与赋存状态的差异是区域性因素和局部性因素在其形成与保存过程中共同作用的结果。这些因素包括成矿物质的来源、海底深度与地形地貌、海底水流的活动与化学条件、表层沉积物的沉积速率与类型以及水生生物作用等。

(1) 成矿物质的来源。成矿物质的来源是多金属结核形成的基础。没有核心就不会有结核产生,而只有氧化物沉积,缺乏充当核心的碎屑物只能形成微结核;没有金属元素的供给同样也不可能形成结核。多金属结核的核心多数来自火山作用或水生生物(骨骼部分),也可是更老的结核瓦解后的碎片。老结核碎片成为新结核核心,说明了结核形成过程的长期持续性与稳定性。金属元素来源的距离和丰度对结核分布也有明显影响。金属元素来源的距离越近、丰度越高,则结核的生长速度越快,富集程度越高。

(2) 海底深度与地形地貌。海底深度与地形地貌直接或间接地控制多金属结核的形成和分布,这种控制主要通过对结核形成的物质基础和环境条件的影响来实现。在不同的地形地貌区,多金属结核的成矿作用和某些控制因素表现出不同的特征(图 5-2-8)。在海山和高海丘地带火山活动强烈,为结核的生长提供了丰富的核心物质,成矿物质主要来自火山的内生源物质,形成丰度高,富含 Fe、Co 而低 Mn、Cu、Ni 的多金属结核;深海丘陵区结核的核心物质以老结核碎片和沸石碎块为主,沉积速率有所增加,成矿物质由内生源向外生源转换,主要形成沉积-成岩型结核;深海平原区和山间盆地的局部地段,由于结核的核心物质贫乏,多为固结的沉积物和老结核的碎片,成矿物质以外生源为主,不利于多金属结核的生长,结核的个体较小,形成低丰度、高品位的成岩型或沉积-成岩型结核(鲍才旺等,1997)。

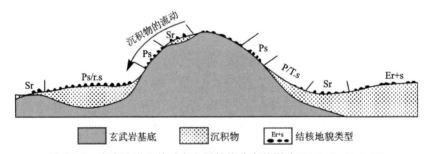

图 5-2-8 海底地形地貌对多金属结核分布的影响(据 Kotlinski,1997)

Sr. 粗糙球形结核;Ps/r.s. "汉堡包"式多核心结核或光滑型多核心结核;
Ps. 光滑型多核心结核;P/T.s. 光滑型多核心或板状结核;Er+s. 椭圆状结核

(3) 海底水流的活动与化学条件。海底水流的活动对结核分布的影响主要体现在充当结核物源的搬运介质,为结核成矿创造有利的环境条件和控制结核的成矿阶段及保存等方面(鲍才旺等,1997)。首先,海流是结核成矿物源的主要搬运介质,特别是在远离陆地的大洋中部,海流的搬运作用显得更为重要。例如东太平洋 CC 区沉积物和结核中的中酸性火山岩碎屑就是中美大陆火山物质经加利福尼亚海流和秘鲁海流携带而来的结果。其次,海流(特别

是南极底流)还可为结核生成提供低温、强氧化和弱碱性的物理化学环境。研究表明,南极底流具有高盐度、高密度、低温度、富含 CO_2 和 O_2 等特点,是不饱和碳酸钙和二氧化硅的冷水团。当形成结核的物质组分被搬运到底层水时,低价态的可溶性组分会持续地转化为高价态难溶的氧化物和氢氧化物胶体或悬浮颗粒,相互吸附凝聚,遇到核心就产生沉积,逐渐发展成结核。再次,底层海水的活动控制了结核的成矿阶段及保存。大洋中物质,当其迁移量小于堆积量时则产生沉积作用(结核生长),当其迁移量大于堆积量时即产生间断(结核停止生长)。在沉积间断期,不仅没有物质沉积,甚至会造成海底冲刷。研究表明,当底层流流速超过 10cm/s 时,海底沉积物即被掀起,甚至被搬运走。此外,底层流的湍流作用还有利于结核分布在表层沉积物的表面而不会被沉积物埋没。

海底水流的高氧化程度对多金属结核形成与分布同样具有重要意义。只要 pH 值还未增高而氧化还原的势能(Eh)还未达到相应的值,Fe^{2+} 则不会被氧化成 Fe^{3+},Mn^{2+} 不会成为 Mn^{4+}。在弱氧化介质中沉淀的主要是碳酸锰而非锰的氧化物,更无法形成锰结核。

(4)表层沉积物的沉积速率及类型。多金属结核的成矿和保存与表层沉积物缓慢的沉积作用密切相关。高沉积速率虽然可引起构成结核核心的碎片快速沉积,但同时还可导致更多的有机质进入沉积物,从而增大沉积物的聚集并可能降低水与沉积物边界层上氧的含量,即降低界面附近的氧化性(Depowski et al,2001)。不同类型的表层沉积物也往往分布不同类型的结核。硅质沉积主要发育在深海丘陵及平原区,多分布成岩型或成岩-水成型(过渡类型)的菜花状、板状、盘状及表面粗糙的连生体状结核;钙质沉积主要发育在海山链、海山区及海丘的顶部,多分布表面光滑的水成成因的小型碎屑状及连生体状结核;黏土质沉积见于水深较大的海区,多分布小型的连生体状和表面粗糙的碎屑状结核,也见少量菜花状结核,结核成因以过渡类型为主(黄永祥等,1997)。

(5)水生生物作用。水生生物,特别是微体生物,不仅影响了多金属结核的生成,同时对多金属结核的保存也具有重要意义(王崇友等,1994;许东禹等,1994)。高的水生生物产量更容易产生铁、锰等金属元素的富集。此外,生物的扰动作用有利于结核移动或翻动,从而保证结核始终被托置于沉积物之上,而不被埋没。

2. 多金属结壳矿床分布的影响因素

(1)气候的经纬向分带控制了结壳的经纬向分布。在经向上,多金属结壳中 Co 的含量多有向低经度增高的趋势;在纬向上,大洋中 95% 的结壳集中分布在 35°S~45°N 之间的地带上,并且结壳中 Co 的含量有从中太平洋区域向西北太平洋区域减小的趋势(Frank,1976)。

(2)大洋水层中几个主要的水化学界面(LOZ、CCD、$CDSiO_2$)控制了结壳的垂向分布(许东禹,2002;徐兆凯等,2006)。与深水多金属结核不同的是,多金属结壳主要产出在碳酸盐补偿深度(CCD)之上、最低含氧层(LOZ)中或在水深 500~3500m 范围内,尤其是 2000~2500m 的水下平顶海山、海台顶部和斜坡上,以层状(板状)、砾状或结核状赋存于海山裸露基岩以上或钙质沉积物以下。

第三节　海洋多金属结核资源的成矿机制

一、海洋多金属结核成因学说概述

成矿物质来源、火山作用强度、水体的水力化学结构、水动力学、水生生物产量、海底地形、沉积物成岩动力过程以及岩性等因素均在一定程度上影响着大洋多金属结核的生成,这已被绝大多数学者普遍接受(Mero,1969;Glasby,1977;Biezrukow,1976;Murdma and Skoniakowa,1986;Baturin,1986;Cronan,1982;Korsakow et al,1987;Kazmin et al,1988;Skorniakowa,1989;Andriejew,1992;Amalnn,1992)。但是,在结核形成过程中,哪些因素起主要作用及具体评价方面还存在明显分歧(图5-3-1),因而形成了各种多金属结核的成因模式,如"生物成因说"(Thomson,1875)、"火山成因说"(Murrey and Renard,1891;Hurry and Irving,1895)、"生物-化学成因说"(Camob and Tutob,1922)、"火山-沉积成因说"(Bontt and Nayadu,1965)、"水成说"(Bonatt et al,1972;Cronan,1979;Halbach,1975)、"成岩作用说"(Halbach and Ozkara,1979)和"热液成因说"(Cronan,1976;Bonatti,1981)。我国学者也提出过"多金属结核成矿控制模型"(李家彪等,2000)和"多金属结核生物成因说"(陈建林等,2002)。概括起来,可将上述学说分为自生化学沉积成因和生物成因两类。

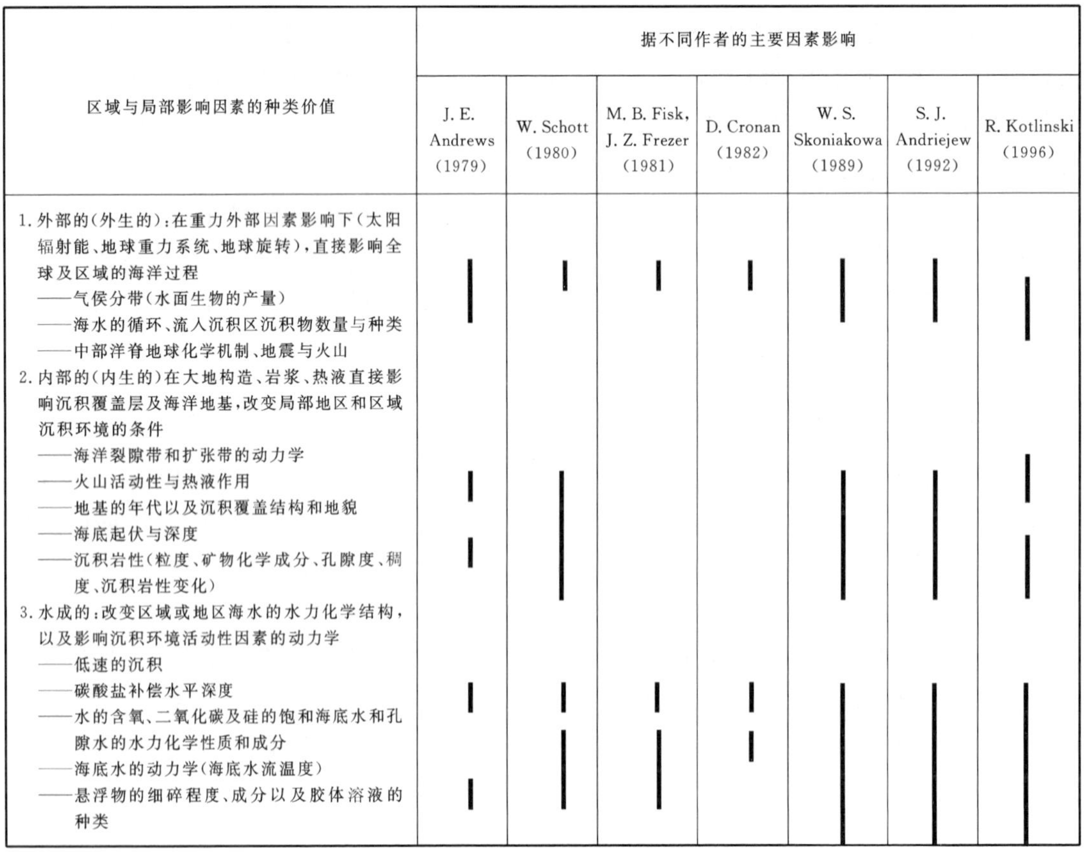

区域与局部影响因素的种类价值	据不同作者的主要因素影响						
	J.E. Andrews (1979)	W. Schott (1980)	M.B. Fisk, J.Z. Frezer (1981)	D. Cronan (1982)	W.S. Skoniakowa (1989)	S.J. Andriejew (1992)	R. Kotlinski (1996)
1.外部的(外生的):在重力外部因素影响下(太阳辐射能、地球重力系统、地球旋转),直接影响全球及区域的海洋过程 ——气候分带(水面生物的产量) ——海水的循环、流入沉积区沉积物数量与种类 ——中部洋脊地球化学机制、地震与火山	∣	∣	∣	∣			∣
2.内部的(内生的)在大地构造、岩浆、热液直接影响沉积覆盖层及海洋地基,改变局部地区和区域沉积环境的条件 ——海洋裂隙带和扩张带的动力学 ——火山活动性与热液作用 ——地基的年代以及沉积覆盖结构和地貌 ——海底起伏与深度 ——沉积岩性(粒度、矿物化学成分、孔隙度、稠度、沉积岩性变化)	∣	∣	∣	∣			∣
3.水成的:改变区域或地区海水的水力化学结构,以及影响沉积环境活动性因素的动力学 ——低速的沉积 ——碳酸盐补偿水平深度 ——水的含氧、二氧化碳和硅的饱和海底水和孔隙水的水力化学性质和成分 ——海底水的动力学(海底水流温度) ——悬浮物的细碎程度、成分以及胶体溶液的种类	∣	∣	∣	∣	∣	∣	∣

图5-3-1　影响大洋多金属结核形成的主要因素及其分组(据Depowski et al,2001)

戈德堡(1961,1963)、布朗(1972)认为,在海底成核物周围随 pH 值的增高,首先沉淀的 FeOOH 吸附 Mn^{2+},并作为催化剂使 Mn^{2+} 氧化成 Mn^{4+},这样不断地吸附和氧化形成 MnO_2。Crewrar and Barnes(1974)认为海底硅酸盐、碳酸盐、磷酸盐及生物骨屑等成核物表面的 Eh 值比海水中高得多,可极大地提高 Mn 的氧化程度,高价态锰离子的催化作用又有效地提高了局部环境的 Eh 值,使海水中的氧能高度氧化固体物表面的 Fe^{2+} 和 Mn^{2+},形成 Fe 与 Mn 互层。Fewkes(1973)认为,细微的胶态铁、锰颗粒的不断聚集,能结合成葡萄状质块,随着时间延续一些无定形的胶状物逐渐转化成晶粒。

Graham and Cooper(1959)在对锰结核研究过程中,于底栖有孔虫和圆棍虫类(Rhabdommina sp.)的空介壳内发现有成岩起源的 MnO_2,推测锰结核是微生物以有孔虫介壳为群居从海水中抽取 MnO_2 的结果。Wendt(1974)对从世界各地区采集的不同形状锰结核表面构造及光片的观察中均发现有底栖微生物的存在。Greenslate(1974)也发现结核表面有很多由底栖微生物建起的空管,推测微结核是依靠于生活在锰结核表面上的底栖微生物聚集而形成的。可以看出,上述学者主要是从结核中存在的微生物机体及虫壳来阐述锰结核的生物成因的。1973 年,比利时古生物学家 Monty 用光学显微镜对取自南大西洋的锰结核的观察发现,锰结核具有叠层石所特有的波状规则纹层,并在以后的研究过程中发现丝状菌等微生物。这表明 Monty 等少数学者开始将锰结核看作是由细菌形成的,但由于当时缺乏足够的证据而未被引起广泛的注意。

20 世纪 80 年代中期,国内开始涉及锰结核(多金属结核)开发研究领域,并从不同角度对多金属结核成因进行了许多有益的探讨。例如,许东禹等(1993)在《多金属结核的特征及成因》一书中指出,氧化作用、胶体化学作用是结核生长的主要机制,而生物化学作用则促进了上述两个作用的过程;他们认为结核中的 Fe 与 Mn 主要是呈氧化物或氢氧化物肢体状态出现,铁锰矿物结晶差、结核内所具有的纹层状、树枝状等构造可能是通过胶体化学过程生长起来的。

关于细菌对锰结核影响的较多报道。如 Ehrlich(1972,1975)通过对锰结核中的锰的还原菌及氧化细菌的培养实验,发现锰氧化细菌促进了 $Mn^{2+} \rightarrow Mn^{4+}$ 氧化反应,得出了结核形成与细菌有很大关系的结论。此后,我国学者史君贤等(1989,1996)、阎葆瑞等(1994)通过大量的实验证实,海底微生物在多金属结核生长过程中起了积极的作用,并进一步提出了微生物对其形成有重要影响的看法。他们在样品分析中发现,结核、沉积物及底层水中存在着大量的异养细菌、锰细菌、铁还原菌、铁锰细菌及硫酸盐还原菌等。通过铁细菌及硫酸盐还原菌对结核成矿组分作用后的沉淀与溶解实验表明,铁细菌可加快铁与锰的沉淀作用,还原细菌有加速 Mn 元素从固相向液相转移、增强锰迁移的能力,对多金属结核的生长起着促进作用。此外,这些学者还从某些微生物的矿化现象推测它们也是多金属结核的建造者。陈建林等(2002)通过对中国开辟区多金属结核进行研究发现,光滑型结核和粗糙型结核同它们内部发育的微小叠层石和奇异叠层石以及两种超微生物化石(中华微放线菌和太平洋螺球孢菌)存在良好的对应关系,是超微生物本身的生物结构与生长方式决定了叠层石柱体的形态,而后者又造成多金属结核表面的光滑状或瘤状突起;此外,陈建林等(2002)提出大洋多金属结核是超微生物的建造体,其内部纹层韵律周期的深层控制因素是全球性大气候变化,并可能最终受控于地球运动轨道变化周期。

二、洋底水文地球化学与多金属结核生成

1. 成矿作用反应场

多金属结核生成的影响因素较多且复杂。但就多金属结核生成而言,应具备3个方面的必要条件:一是充足的成矿物质来源;二是适宜的成矿作用环境;三是有效的迁移机制将成矿物质输送到成矿作用反应场。根据多金属结核的分布和产出部位,其成矿作用反应场最有可能存在于大洋水体与洋底沉积物接触的界面附近,包括物质和环境两个因素(许东禹等,1994)。

成矿作用反应场的物质因素主要由3个方面组成:①大洋水与洋底沉积物接触处的界面水。它反映了各种来源的物质成分进入大洋水后到达最终位置的化学场态,是各种来源供给物质成分的一个综合性的量值,是实际参与成矿作用的最重要的物质因素。②洋底沉积物。它是大洋水物质成分的庞大吸收体,不仅贮存着成矿元素,而且与上覆界面水构成了一个十分复杂的物理化学、地球化学动态平衡系统。它可向上覆界面水中释放或吸收成矿元素,积极地调节界面水成矿元素的浓度,从而影响和制约结核的生成作用。③孔隙水。沉积物中赋存着大量孔隙水,在其早期成岩阶段,水比固体对成岩环境的变化更为敏感和迅速。孔隙水中的物质成分既可向界面水中转移,又可接受界面水中物质成分的进入,从而影响和制约结核的成矿作用。在3个物质因素中,界面水成矿元素的浓度和转移作用最为重要,因为沉积物中成矿元素需通过水的携带和进入水中后才能参与成矿,沉积物中成矿元素释放的载体是界面水和孔隙水,而孔隙水中的成矿元素也只有向上迁移进入沉积物与界面水接壤的成矿作用空间才能参与成矿。

成矿作用反应场的环境因素相应地由上述物质因素构成,包括泛水岩系统(由三者构成的系统)及其子系统(指每个物质系统)的温度、压力、酸碱度和氧化还原电位等,构成系统的岩性、矿物和构造断裂,系统所在的洋底地形地貌,以及底层水的动力条件等。多金属结核的成矿作用反应场整体上具有低温、弱碱性、强氧化条件的环境特征;从底层洋水→界面水→孔隙水,垂向上呈氧化性渐趋增强、碱性渐趋减弱的变化趋势;并在洋底水-沉积物界面附近形成氧化垒、碱性垒、金属垒等地球化学垒。另外,洋底广泛分布黄褐色、褐色、浅黄色系列色调的硅质或钙质的软泥、黏土和少量的沸石黏土,标志着其沉积和沉积后均为氧化环境(张宏达等,2006)。

2. 成矿金属组分来源

大洋水是一种多组分电解质与少量非电解质共存的十分复杂的溶液,包括可溶性盐类、

有机物、气体、凝絮状的悬浮物微粒等成分。Piper(1988)认为,多金属结核中金属组分的来源可分为外生源和内生源两类:前者由大洋外部输入,包括大陆岩石风化产物经河流搬运和太空宇宙尘埃降落进入大洋的金属,海洋生物吸收携带的金属在死亡后释放和沉积物贮存的金属在早期成岩阶段释放再度返回大洋水的金属;后者由大洋底部输入,包括洋底岩浆活动引发的海底火山喷发和热液携带的金属,以及大洋水入渗与玄武岩发生海解作用萃取的金属,它们通过断裂、裂缝等通道进入大洋水。内、外源供给的金属组分在大洋水中经历了混合和循环等作用,较难将两者分辨开来,但两者均是生成结核的潜在成分。

3. 金属组分赋存状态及其在成矿中的作用

(1)金属组分赋存状态。界面水和孔隙水中的金属组分按其可溶性和迁移强度可分为两类:呈溶解态的离子、无机和有机络合物形式赋存;呈高价态难溶于水的 OH^- 配合物、氧化物等胶体微粒形式赋存。研究表明,溶解态金属组分,尽管在界面水和孔隙水中的赋存状态具有一定差异,但各种组分的主要赋存状态基本相同,Mn 主要以 Mn^{2+} 和 $MnCl^+$ 形式赋存;Fe 主要以高价态的 $Fe(OH)_3$ 和 $Fe(OH)_2^+$ 形式赋存;Cu 仅以 $CuCO_3(OH)_2^{2-}$ 形式赋存;Ni 主要以 $NiCO_3$ 和 Ni^{2+} 形式赋存;而 Co 主要以 $CoO(OH)^-$ 形式赋存(张宏达等,2003;吴琳等,2004;表 5-3-1)。

表 5-3-1　洋底水中溶解态金属组分的多种赋存状态

元素	子系统	
	界面水	孔隙水
Mn	Mn^{2+}、$MnCl^+$、$MnSO_4$、$MnCl_2$、$MnCO_3$、$Mn(HCO_3)^+$	Mn^{2+}、$MnCl^+$、$MnSO_4$、$MnCl_2$、$MnCO_3$、$Mn(HCO_3)^+$
Fe	$Fe(OH)_3$、$Fe(OH)_2^+$、$Fe(OH)_4^-$、Fe^{2+}、Fe^{3+}	$Fe(OH)_3$、$Fe(OH)_2^+$、$Fe(OH)_4^-$、Fe^{2+}、Fe^{3+}、$FeCl^+$、$FeHCO_3^+$
Cu	$CuCO_3(OH)_2^{2-}$	$CuCO_3(OH)_2^{2-}$
Ni	$NiCO_3$、Ni^{2+}、$NiCl$、$NiCl_2$、$NiSO_4$、$Ni(CO_3)_2^{2-}$	$NiCO_3$、Ni^{2+}、$NiCl$、$NiCl_2$、$NiSO_4$、$Ni(CO_3)_2^{2-}$、$Ni(HCO_3)^+$
Co	$CoO(OH)^-$、Co^{2+}	$CoO(OH)^-$、Co^{2+}

(2)溶解态金属组分在成矿中的作用。溶解态金属组分能否沉淀生成固相,可采用集中系数(k)、水迁移系数(kw)两个物理量来度量和评估。集中系数(k)指水中溶解态组分含量

与该组分的克拉克值或研究区沉积层中该组分均值含量的比值,$k>1$,元素富集;$k<1$,元素分散。水迁移系数(kw)指溶解态组分在水的总溶解固体量(TDS)中的含量与其所在区沉积层中该组分含量的比值,$kw>1$,则元素迁移(聚集)强度大;$kw<1$,则元素迁移(聚集)强度小(汪蕴璞,1991,1994)。研究表明,洋底水中的溶解态金属组分不仅 k、kw 值远小于1,浓度很低,是一种稀金属溶液,而且主要沉淀铁的氧化物和氢氧化物类的赤铁矿、针铁矿,硅酸盐类的高岭石、白云母、绿泥石、伊利石、钠长石、钙长石、斜长石、微斜长石、石英,碳酸盐类的方解石、白云石,而铁的其他矿物、锰矿物和硫酸盐类矿物均不能生成(张宏达等,2006;表5-3-2)。可见,溶解态的低价金属组分并未直接参与多金属结核的成矿作用。

表 5-3-2 洋底水中金属组分的集中系数和水迁移系数(据张宏达等,2006)

金属组分	溶液中金属组分含量(mg/L)	集中系数($\times 10^{-3}$)		水迁移系数($\times 10^{-3}$)		积物中金属组分平均含量(%)	维若格拉多夫(1962)克拉克值(%)
		$k_克$	$k_岩$	$kw_克$	$kw_岩$		
Mn	0.004~0.020	0.004~0.020	0.0005~0.027	0.12~0.59	0.017~0.078	0.754	0.1
Fe	0.035~0.100	0.00075~0.0022	0.0013~0.0037	0.022~0.063	0.038~0.110	2.735	4.6
Cu	0.004~0.028	0.085~0.600	0.0083~0.058	2.5~18	0.25~1.7	0.048	
Ni	0.005~0.070	0.086~1.20	0.025~0.350	2.5~3.5	0.74~10	0.020	0.0058
Co	0.008~0.075	0.44~4.20	0.073~0.680	13~120	2.1~20	0.011	0.0018

注:$k_克$、$kw_克$ 按克拉克值计算;$k_岩$、$kw_岩$ 按沉积物中金属组分平均含量计算。

(3)难溶胶态金属组分在成矿中的作用。在洋底水中,难溶胶态金属组分的含量明显高于溶解态金属组分的含量,特别是主要成矿元素 Mn、Fe 的含量,胶态较溶解态高出数百倍,甚至数千倍。Cu、Ni 和 Co 等元素的含量,胶态较溶解态也有一定程度的增高,而其他组分的含量基本没有太大变化(汪蕴璞等,1994;表5-3-3)。苏联研究者曾用超过滤膜过滤了界面水和孔隙水中的难溶凝絮状悬浮物,测得锰胶体含量达30%左右(金庆焕,1987)。由此可见,洋底水中的胶体和微粒是富含锰、铁金属的载体,或者其本身就是由 Mn、Fe 组成,且远高于溶解态 Mn、Fe 的含量。毋庸置疑,这些高价态的难溶胶态金属组分是直接参与多金属结核生成的主要物质。

表 5-3-3　经不同技术处理的界面水中成矿金属浓度对比（据汪蕴璞等,1994）

样品号	技术处理类别	成矿金属浓度(mg/kg)				
		Mn	Fe	Cu	Ni	Co
1	未经过滤酸化	1.0	0.4	0.004	0.002	<0.005
2		1.0	0.2	0.026	0.006	<0.005
3		20	100	0.080	170	2.88
4		0.2	0.2	0.004	0.028	<0.005
5		150	100	0.074	50	9.2
6		2.4	16	0.078	0.02	0.018
7		1.6	0.4	0.012	0.017	<0.005
8		50	275	0.092	0.018	14.5
9		1.2	2.2	0.041	0.092	0.35
10	过滤后酸化	0.004	0.045	0.028	0.07	0.068
11		0.008	0.05	0.016	0.058	0.04
12		0.013	0.08	0.022	0.04	0.04
13		0.021	0.1	0.011	0.057	0.04
14		0.036	0.055	0.007	0.07	0.045
15		0.022	0.03	0.007	0.025	0.03
16		0.015	0.035	0.015	0.057	0.045
17		0.047	0.055	0.028	0.07	0.045
18		0.028	0.045	0.017	0.045	0.075
19		0.02	0.057	0.01	0.06	0.045
20		0.016	0.07	0.022	0.06	0.04

4. 成矿金属组分的转移与补偿

当液相中高价的锰、铁氧化物、氢氧化物分子颗粒凝聚发生沉析作用和不同电性的胶体相吸发生共沉淀作用的产物向固相转移时,引起液相化学动态平衡的破坏,势必牵动和发生其周围物质成分的转移补偿,建立新的化学动态平衡(图 5-3-2)。液相中成矿元素的补偿主要来自 4 个方面。

(1)大洋水系统中的成矿元素在重力和分子热运动自扩散力的合力作用下,向大洋水底部方向运移,由于成矿元素的沉析而形成的亏损则加快了金属微粒流的运移速度,直至这种化学平衡差引起的补偿达到和建立新的动态平衡时为止。这种补偿速度缓慢,但持续进行,故补给量巨大。

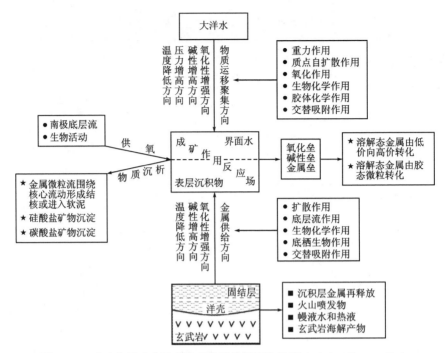

图 5-3-2 成矿作用反应场中成矿物质的形成和转移(据张宏达等,2006 修改)

(2)底层流和底栖生物的活动,使表层沉积物及其中的水携带着成矿元素一起掺和并混入界面水中,在溶蚀、氧化、交替吸附、扩散等作用影响下,使沉积物中成矿元素再次返回界面水中形成二次聚集。这种补偿是极其活跃的、广泛的,随着底层流和生物作用活动强度的增强而增高。

(3)洋底岩浆喷发的及通过断裂向洋底涌溢的幔源水与热液中携带的成矿元素进入大洋水中,这种补偿具有突发性、间断性和局部性的特点。

(4)洋底火山岩的蚀变、海解作用和生物生命过程中的排泄物及其残骸的溶解作用等向水中释放成矿元素。这种补偿具有缓慢性、局部性和不均一性的特点。

三、微生物、微体生物与多金属结核生成

1. 微生物作用与多金属结核生成

微生物大量分布在海水、海底沉积物中,它们能通过生物化学作用参与不同的氧化还原过程,而这些过程往往又与水-沉积物之间的各种变化密切相关。因此,大洋介质中的物质转移和聚集不单单是水-岩作用的结果,而是发生在水-岩-微生物系统内的复杂过程。该系统受化学因素、物理因素及生物因素变化的影响,其中微生物是最为敏感的因素。有些微生物对某些物质的氧化还原反应具有催化作用,通过代谢活动破坏系统中碳、氮、硫及微量金属盐类的平衡,从而加速介质中某些元素的氧化沉淀和其他元素的还原溶解(图 5-3-3)。

Fe、Mn 是多金属结核的主要成矿组分,很容易在微生物活动中发生转化。微生物可按不同途径参与它们的转化过程:①铁细菌氧化亚铁成为高铁状态,产生 $Fe(OH)_3$ 沉淀;②异养铁细菌分解可溶性有机铁盐,使之成为无机的高价铁从溶液中沉淀出来;③微生物的繁殖过

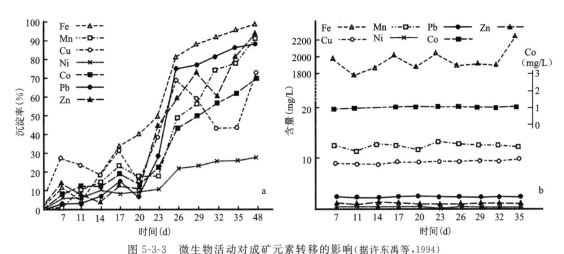

图 5-3-3　微生物活动对成矿元素转移的影响（据许东禹等，1994）
a.铁细菌作用下，溶液中金属元素沉淀率随时间变化；b.无菌条件下，溶液中金属元素含量随时间变化

程导致介质 pH 值上升，Eh 值下降，从而产生亚铁化合物；④有些细菌（如排硫杆菌和氧化硫硫杆菌）在其生命活动过程中可产生酸，引起介质酸性增强，使铁锰进入溶液中；⑤在厌氧条件下，可以产生脱硫酸作用生成 H_2S；⑥某些微生物释放的有机酸可与含铁锰产物结合形成可溶性的有机络合物，使其从固相转化为液相。

在早成岩期，随着沉积作用的不断进行，有机质进一步分解而消耗氧，沉积物内含氧量减少，处于还原环境，有利于厌氧的硫酸盐还原菌及其他厌气微生物的生长。在硫酸盐还原菌分解有机物的过程中，使介质的 Eh 值降低，pH 值升高，促使沉积物中高价的铁锰氧化物还原溶解。锰是结核中活动性较强的元素，首先被还原成 Mn^{2+}。含 Mn^{2+} 和其他微量元素的孔隙水不断向上迁移至沉积物-底层水界面，这就保证了界面附近的底层水比正常海水更丰富的金属元素的补给。底层水和沉积物界面是一个氧化环境，好气性铁细菌活动强，这些溶解的成矿元素可以被铁细菌再氧化，形成富 Mn^{4+} 和微量元素的成岩型结核。由此可见，多金属结核在洋底的聚集成矿与洋底好气和厌气微生物参与的再氧化作用有密切关系。

2.微体生物与多金属结核生成

微体生物如放射虫、硅藻等是多金属结核的重要组成部分，不但在结核表层的孔穴和裂隙内可观察到大量的微体生物充填物与吸附物，而且在结核内部各构造带中同样见到许多微体生物的矿化残体。因此，它可能是多金属结核生长的重要物质来源和成矿因素。

（1）微体生物为多金属结核形成提供了丰富的物质来源。放射虫和硅藻具有特殊的骨骼组构，容易吸附成矿金属元素而发生不同程度的矿化，形成带电的胶体颗粒或微结核。这种胶体颗粒或微结核比岩屑、泥屑颗粒更容易被多金属结核所吸着，成为多金属结核生长的重要组分。

（2）微体生物颗粒可以增加结核的孔隙度和表层粗糙度，有利于底层水、孔隙水的微循环和微体生物本身的进一步矿化，进而提高多金属结核中有用组分的含量。例如在太平洋中部，微体生物在微结核和多金属结核中的矿化程度明显高于其在沉积物中的矿化程度，大部分属中矿化至强矿化，少数为弱矿化（许东禹等，1994；表5-3-4，图5-3-4）。

表 5-3-4　太平洋中部微体生物成矿元素含量及矿化程度(据许东禹等,1994)

物质类别	生物名称	测站	测点数	百分含量(%)									矿化度
				Mn	Fe	Cu	Co	Ni	Zn	Pb	Mn+Fe	Cu+Co+Ni+Zn+Pb	
沉积物	放射虫	CCA2	2	0.26	0.28	0.06	0.08	0.05	0.02	0	0.54	0.21	弱矿化
		CC57	3	0.06	0.11	0.02	0.03	0.03	0.01	—	0.17	0.09	未矿化
			2	2.04	0.96	0	0.05	0.11	0.08	—	3.00	0.24	弱矿化
		CC60	3	0.34	1.56	0.05	0.05	0.05	0.03	—	1.90	0.18	
	硅藻	CCA22	2	0.06	0.10	0.16	0.03	0.04	0.02	0.03	0.16	0.28	
	有孔虫	CC33	2	0.03	0.07	0.02	0	0	0.17	0	0.10	0.19	未矿化
		CC6	1	0.06	0	0	0	0.05	0	0.02	0.06	0.07	
	超微	997	1	0.06	0.07	0.04	0.12	0.02	0	0	0.13	0.18	
微结核	放射虫	CC6	3	30.62	4.69	0.51	0.59	0.52	0.24	0	35.31	1.86	强矿化
			3	32.27	2.31	0.49	0.22	1.11	0.22	0	34.58	2.04	
			3	24.72	1.87	0.17	0.11	0.76	0.09	0.02	26.59	1.15	中矿化
		CCA2	3	28.87	1.13	0.50	0.07	1.48	0.07	0.01	30.00	2.13	
			1	45.58	1.31	0.49	0	1.74	0.41	0	46.89	2.64	强矿化
			3	27.84	2.34	0.28	0.08	1.06	0.19	0.03	30.18	1.64	
			2	40.98	0.71	0.44	0.02	1.47	0.27	0.04	41.19	2.24	
		CC57	3	3.35	1.31	0.06	0.06	0.19	0.19	0	4.66	0.50	弱矿化
	硅藻	CC57	2	28.22	1.29	0.99	2.37	1.19	0.17	0	29.51	4.72	
	有孔虫	CCA2	4	34.21	2.19	0.77	0.06	2.13	0.28	0.04	36.40	3.28	强矿化
			2	40.00	0.83	0.49	0.29	1.63	0.40	0.05	40.83	2.86	
多金属结核	放射虫	CP4	5	18.95	15.34	0.34	0.21	0.45	0.18	2.12	34.29	3.31	强矿化
			5	5.91	18.06	0.03	0.10	0.03	0.16	0.81	23.97	1.13	中矿化
		CC33	3	0.18	7.79	0.33	0.04	0.03	0.06	1.69	7.97	2.15	弱矿化
			6	7.86	6.25	0.52	0.10	0.71	0.20	0.61	14.12	2.14	中矿化

注:微体生物壳体矿化程度是按其 Mn+Fe、Cu+Co+Ni+Zn+Pb 含量来定义的,包括未矿化(<0.5)、弱矿化(0.5~10,0.1~1)、中矿化(10~30,1~3)和强矿化(>30,2~5)4 级。

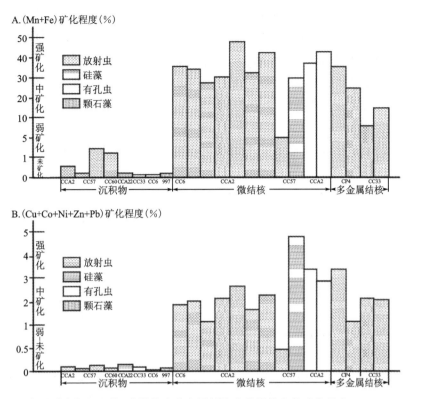

图 5-3-4　太平洋中部沉积物、微结核和多金属结核中的微体生物矿化程度（据许东禹等,1994）

(3) 矿化的微体生物常成为结核的一个生长点,吸附和置换周围的成矿元素沉淀于壳体表面,促进物理化学作用和胶体化学作用的进行,并形成以矿化微体生物为核心的各种内部纹层构造。

(4) 微体生物颗粒常富集于多金属结核的底面,有利于从孔隙水中进行成矿金属元素的置换或交代,并促使铁锰氧化物和氢氧化物的沉淀和多金属结核的生长,导致结核底面具有明显高于顶面的生长速率。微体生物集中分布于结核底面,是因为结核底面粗糙,裂隙和洞穴发育,环境稳定,有利于微体生物的富集,也容易被多金属结核吸附和凝聚；而结核顶面环境不稳定,常受底流冲刷而较光滑,不利于微体生物停积。

四、海洋多金属结核的形成机制

1. 结核的成矿阶段

(1) 成矿前阶段。成矿金属元素主要以低价的溶解态离子、无机或有机络合物形式存在和迁移,同时还存在高价难溶的氧化物和氢氧化物。它们在大洋水中持续地聚集,并处于化学动态平衡状态。在大洋水深增大的方向上,由于物理化学条件的改变,成矿元素发生价态变化,并在固、液相间交换移动。在物源持续供应的前提下,大洋水中的物质成分在重力和质点热运动自扩散力的合力作用下,朝向大洋底部运移,并沿此方向上形成正向浓度梯度。因此,构成结核成矿作用反应场的液化层是成矿元素聚集的场所。下伏沉积物及其孔隙水里的低价成矿金属元素再次循环返回液化层,有利于成矿元素浓度的进一步增大。

(2)成矿元素存在形式的转化和浓集阶段。化学元素在水中的分布和存在形式,不仅取决于介质的酸碱度、氧化还原电位、温度、压力等;成矿作用反应场间的环境因素也是至关重要的。由于成矿反应场具有高压、低温、弱碱和强氧化性特征,从而限制了低价溶解态成矿元素的活动性及其稳定存在和聚集的可能,而有利于来自上部大洋水和下部沉积物孔隙水两方面释放与转移来的低价溶解态成矿元素向高价难溶固体颗粒的持续转化。随着低价溶解态成矿金属组分的不断迁移,化学动态平衡向利于生成高价难溶的金属固体颗粒方面移动和浓集。

(3)成矿元素的沉析阶段。成矿溶液中成矿元素不断聚集并转化为高价的固体颗粒。当分子凝聚陈化超过其溶度积时,则发生沉析作用。不同电性的胶体颗粒相互吸引发生沉淀。当溶液中的金属流围绕核心流动则可发生结核的成矿作用或沉析于沉积物中。

2. 结核的金属元素通量

结核的金属元素通量是指在结核生长过程中,单位时间、单位面积内所吸取的金属量。它对于探讨结核的形成具有重要意义。不同类型结核的金属元素通量具有一定的差异,甚至半埋藏型结核顶侧和底侧的金属元素通量也不相同。半埋藏型结核顶侧的 Mn、Fe、Co、Ni、Cu 等金属元素的通量高于暴露型结核相同金属元素的通量;半埋藏型结核底侧的 Fe、Co、Zn 等元素的通量低于暴露型结核相同金属元素的通量。就半埋藏型结核而言,Mn、Cu、Ni 等元素的通量在结核底侧表层明显高于顶侧表层;而 Fe、Co、Zn 等元素的情况恰好相反。这是由于结核顶底侧生长时,介质环境(水或沉积物)不同,它们分别吸取的金属元素量相差较大。结核底部沉积物中的 Mn、Cu、Ni 等元素,通过成岩再活化和孔隙水的通道,不断参与结核的形成,因而埋没于沉积物中结核的 Mn、Cu、Ni 等的通量值高。

多金属结核之所以能够生长,是由于有大洋水和沉积物为其提供成矿物质。结核生长时所吸附的金属量受不同时间所供给物源多少、沉积速率及介质环境等因素影响。因而,在结核生长过程中,各层的金属通量值具有一定差异性。暴露型结核从内向外生长时,Fe、Co 等元素的通量呈增加的趋势;Mn、Ni、Cu 等金属元素的通量则呈跳跃式变化,且三者变化趋势大致相同。半埋藏型结核顶侧和底侧金属元素通量变化显示较大的差异。顶侧从内向外,Fe、Co、Zn 等元素通量值趋于增加,而 Mn、Ni、Cu 等金属元素通量则趋于减小;底侧所有金属元素的通量值都呈跳跃式变化。

3. 结核的成矿作用

(1)物理化学作用。多金属结核的 Mn、Fe 是以高价态形式存在的,成矿溶液中低价的可溶性 Mn、Fe 必须经过氧化作用转化为高价态,才能成为结核中的锰、铁矿物。氧化作用是结核生成的起始作用。Mn^{2+} 氧化成 MnO_2 的反应式为:

$$Mn^{2+} + 0.5O_2 + 2OH^- \longrightarrow MnO_2 + H_2O$$

$$5Mn^{2+} + 2O_2 + 10OH^- \longrightarrow 4MnO_2 \cdot Mn(OH)_2 \cdot 2H_2O + 2H_2O$$

$$4MnO_2 \cdot Mn(OH)_2 \cdot 2H_2O + 0.5O_2 \longrightarrow 5MnO_2 + 3H_2O$$

这个反应取决于溶解氧的分压、溶液的酸碱度以及 Mn^{2+} 和固态锰氧化物的浓度。溶液中的 $Fe(OH)_3$ 胶体颗粒起到物性表面的作用。Mn^{2+} 被氧化成 MnO_2，并受到反应面催化作用的影响，使得 MnO_2 吸附 Mn^{2+} 并导致其氧化，从而发生一个连续的 Mn^{2+} 氧化作用过程。

(2)胶体化学作用。成矿溶液中高价的铁锰氧化物、氢氧化物通常以胶体微粒形式存在。这些胶体微粒在结核生成过程中具有两种功能：①胶体化学沉析。当水中的 $Fe(OH)_3$、MnO_2 等固体颗粒凝聚陈化，颗粒逐渐增大，在未达到其溶度积时，以化合物形式迁移并滞留于溶液中；当颗粒加大到超过其溶度积时则发生自行沉析。同时，由于它们带有电性，不同电性的胶体相互吸引产生共沉淀。②胶体选择性吸附。胶体具有巨大的表面能，能吸附溶液中的带电粒子，不同胶体选择性地吸附一定的阳离子对成矿起重要作用。胶状锰氢氧化物具有很大的比表面积和带有一定的表面负电荷，它是溶解金属组分的有效捕集器。水羟锰矿是 Mn 的主要载体，并可控制矿液中 Co、Ni 的含量，而胶状含水的 MnO_2 对 Co^{2+}、Ni^{2+} 具有较强的吸附作用。可见，成矿溶液中发生有胶体化学作用所产生的金属微粒流围绕核心移动时则可形成结核。

(3)生物化学作用。微体生物在结核的表层至核心均不同程度地存在，并与锰铁矿物和其他杂质矿物等组成不同形态的内部构造，结核内存在摄食金属元素的浮游生物遗体。生物摄食活动翻滚使结核保存在底层水与沉积物的界面附近，底栖有孔虫壳含有机质，能选择性吸附铁锰氧化物，扫描电镜可观察到结核微薄层中存在超微化石等。微体生物与微生物均对结核生长起到了积极作用。

4.结核的成矿模式

许东禹等(1994)根据结核内部构造特征、矿物组合和微体古生物资料，提出了一个动—静—渐进的脉动式结核生长模式，来解释结核的形成过程(图5-3-5)。该模式强调，结核的生长与伴生沉积物的沉积具有一定的对应性，即结核构造层组与沉积缓慢期对应，结核构造层组间的不整合面与沉积间断早期对应。所谓"动"指结核处于间断生长期，在强烈底层流的作用下，成矿环境动荡不定，结核不得"安宁"，或被快速沉积物掩埋而处于停止生长，或者是处于沉积间断早期遭受改造或破坏，即使局部有结核生长，也极为缓慢。所谓"静"指结核处于生长期，在较强底层流作用下，成矿环境稳定、在温度低、氧化还原电位高和弱碱性等条件下，结核得到充分生长和发展，这就是结核处在建造(生长)期。结核就是处在动—静交替的环境中，呈脉动式渐进发展而形成。

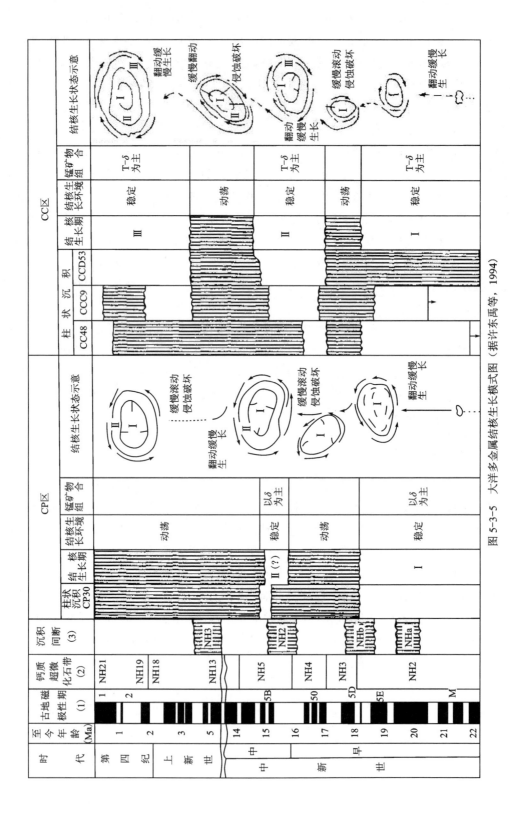

图 5-3-5 大洋多金属结核生长模式图（据许东禹等，1994）

第五章 海洋多金属结核结壳资源

本章小结

(1)海洋多金属结核,又称锰结核,是分布在大洋海床上的一种自生多金属矿产资源,大小相差悬殊,外形呈结核状,一般由核心及围绕它的壳层构成,其矿物成分主要为铁锰氧化物和氢氧化物,富含 Cu、Ni、Co 和多种微量元素,根据其表面结构(表面粗糙程度及微粒集合体形状)可分为光滑型、粗糙型和混合型 3 种类型。多金属结壳是指一种生长在海山基岩上自生的铁锰氧化物和氢氧化物,由于其含钴量较高,又称作富钴结壳,具有一定的内部构造(包括宏观构造和显微构造)。结核的品位、丰度和覆盖率是评价多金属结核矿床是否具有开采价值及矿区资源的重要指标。矿石的品位是指矿石中有用组分百分含量,包括边界品位和工业品位;而结核的品位则指结核中 Cu、Ni、Co 的含量之和。

(2)海洋多金属结核多分布在远离海岸数千千米,水深 4500～5500m 的深海大洋底,总体位于碳酸盐补偿深度(CCD)以下。世界各大洋底部均有多金属结核分布,但分布不均,其中覆盖面积最大的大洋是太平洋,其次为印度洋,大西洋底是三大洋中多金属结核最不发育的洋区。中国海域也发育一定量的多金属结核,但绝大多数都没有达到工业品位。大洋多金属结核在洋底的分布特征与赋存状态的差异是成矿物质的来源、海底深度与地形地貌、海底水流的活动与化学条件、表层沉积物的沉积速率与类型以及水生生物作用等共同作用的结果。

(3)多金属结核的形成与洋底水位地球化学、微生物或微体生物作用等密切相关,总体可分为成矿前物质准备、成矿元素存在形式的转化和浓集以及成矿物源沉析 3 个阶段。其生长可概括为动—静—渐进的脉动式生长模式。

思考题

1. 简述多金属结核的概念及结构特征。
2. 简述多金属结壳的概念及结构特征。
3. 简述构造层组的概念及其地质意义。
4. 简述多金属结核的显微构造类型。
5. 简述多金属结核的地球化学特征。
6. 简述多金属结壳成因类型。
7. 简述多金属结核矿床评价指标。
8. 简述多金属结核矿床分布的影响因素。
9. 简述多金属结壳矿床分布的影响因素。
10. 简述多金属结核中元素的赋存状态。
11. 简述金属通量的含义及其在结核成长过程中的变化特征。

第六章 海洋热液矿产资源

第一节 海洋热液矿产资源概述

一、海洋热液矿产资源的概念、特点与分类

1. 海洋热液矿床的概念

海洋热液矿床是指由海洋热液成矿作用形成的矿床,它富含 Cu、Pb、Zn、Au、Ag、Mn、Fe 等多种金属元素,通常以块状硫化物、多金属软泥和金属沉积物形式产出。烟囱体是海洋热液活动的主要产物(图 6-1-1、图 6-1-2),按成分可分为:主要由金属硫化物组成的黑烟囱和主要由重晶石与二氧化硅组成的白烟囱;按形状可分为筒状烟囱、柱状烟囱和球状烟囱等。多金属软泥是指富含铁、锰、锌、铅、铜、金和银等多金属的海底泥状自生沉积物,又称重金属软泥,是海洋热液矿床的一种富含多金属的泥状松散沉积物。这些沉积物赋存于深成高温热液剧烈活动带,并具有变化的物理参数,能反映早期的成岩作用和不同的化学成分。

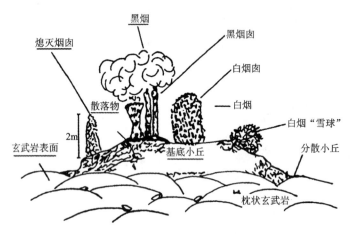

图 6-1-1 海底热液烟囱系统(据莫杰,2004)

现代海洋热液硫化物堆积的过程实际是烟囱生长、倒塌堆积和热液流体在其开放空间内充填与交代的过程。因此,热液烟囱体具有明显的矿物分带现象。黑烟囱内部带以黄铜矿为主,外部带以闪锌矿、方铅矿为主,边缘带以重晶石和非晶质硅为主,有用组分主要为块状金属硫化物(图 6-1-2);白烟囱是一种有共同通道连接的硫化物矿床,富闪锌矿、非晶质硅、重晶

石和硬石膏等矿物;丘堤的形成首先是从烟囱堵塞、风化和崩塌作用开始的,随着这种作用的继续,基底丘堤变得越来越大,孔隙空间充填了蚀变产物和非晶质硅,其结果既阻止了热液流体高速、聚集式喷射,又促进了热液流体在丘堤内的对流循环,硫化物在丘堤内发育。

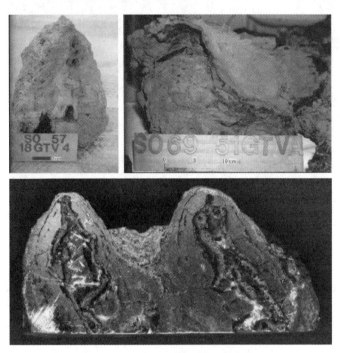

图 6-1-2　海洋热液黑烟囱体及其完整切面

2.海洋热液矿床的特点

(1)分布广泛、规律明显、易于发现。研究表明,海洋热液金属硫化物广泛分布于世界大洋的一些特定海区,即扩张洋中脊、火山、断裂构造活动带内(图 6-1-3)。它与海底火山和热液活动关系密切,在热流值和地球化学特征上表现异常,在底栖生物组合上呈现出特殊的生态环境(图 6-1-4)。

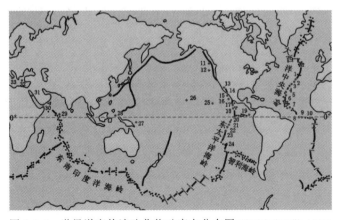

图 6-1-3　世界洋底热液硫化物矿床点分布图(转引自朱而勤,1991)

图 6-1-4　现代海底喷溢口附近的奇异生物群落
A.黑烟囱上的大量磷虾；B、C.管状蠕虫；D.海底奇花

(2)与多金属结核相比，赋存水深较浅。海洋热液硫化物矿床多赋存于水深 1500～3500m 之间，大部分出现在 2500m 水深海底。

(3)富含多种有用矿物和贵金属。统计表明，海洋热液矿床品位富，尤其是 Cu、Zn、Fe、Mn、Au 和 Ag 等元素含量特高(表 6-1-1)，Cu 含量相当于多金属结核中 Cu 含量的 10 倍。

(4)堆积成矿速度快，形成时间短。硫化物矿床形成于地壳活动带上，火山岩浆热源所带来的热液活动，在海底的特定部位构成各种烟囱物的快速堆积。热液矿床自然生长速率较多金属结核快 100 万倍。据调查，东太平洋海隆 12～13°N 的喷溢口处，硫化物堆积速率达 8cm/d；在加拉帕戈斯断裂带，硫化物矿床的形成时间仅有 100 年。

(5)易于开采和冶炼。与大洋多金属结核和结壳相比，虽然多金属结壳的赋存水深与热液硫化物大体相当，但因其基本矿物组分皆为非晶质或隐晶质的铁、锰物质，冶炼工艺较为复杂。相比之下，海洋热液金属硫化物矿床的矿石主要由金属硫化物和氧化物矿物晶体组成，具有便于开采和冶炼的优点。

3.海洋热液矿床的分类

海洋热液成矿作用既可形成块状金属硫化物矿床(黑烟囱型)，也可富集成层状重金属泥矿床(红海型)或富含多种金属的层状铁-锰沉积物。Bonatti(1983)根据热液成矿作用过程和矿床的地质、化学、矿物特征，把海洋热液矿床分为热液排出前形成的矿床、热液排出时形成的矿床、热液排出后形成的矿床和沉积层内的热液矿床 4 类(表 6-1-2，图 6-1-5)。

表 6-1-1 现代海洋热液系统中贱金属和贵金属的含量(据张立生,1999)

环境与分布区		深度(m)	最大矿床的规模	Cu(%)	Zn(×10^{-6})	Pb(×10^{-6})	Ag(×10^{-6})	Au(×10^{-6})	样品数
洋中脊环境	南探险者海岭	1800	250m×200m	3.6	6.1	0.1	132	1.0	66
	努力者海岭	2100	最长 200m	3.0	4.3	<0.1	188	<0.1	31
	中轴海山	1500	小喷口区	0.8	23.2	<0.1	203	2.6	64
	南胡安德富卡海脊	2200	小喷口区	1.4	34.3	0.2	169	0.1	11
	北戈达海岭	2700	小喷口区	残留烟囱 247℃ 硫化物喷口					
	20°N 东太平洋海岭	2600	小喷口区	1.3	19.5	0.1	157		14
	14°N 海山	2500	小矿区	2.8	4.7	<0.1	48	0.5	5
	13°N 海山	2500	800m×200m	含黄铁矿的块状硫化物和铁帽					
	13°N 东太平洋海岭	2600	小喷口区	7.8	8.2	<0.1	49	0.4	33
	11°N 东太平洋海岭	2600	小喷口区	1.9	28.2	<0.1	38	0.2	11
	18°S 到 26°S	2600	小喷口区	6.8	11.4	<0.1	121	0.5	61
	加拉帕戈斯裂谷	2700	100m×100m	4.1	2.1	<0.1	35	0.2	73
	大西洋中脊 TAG 丘体	3600	250m×200m	6.2	11.9	<0.1	78	2.2	40
	大西洋中脊蛇洞	3400	最长 100m	2.0	6.3	<0.1	119	2.2	16
	14°15′N 大西洋中脊	3000	200m×100m	28.6	7.85	0.22	—	—	8
沉积裂谷	红海 Atlantis Ⅱ 海渊	2000	9000×10^{4}t	0.5	2.0	<0.1	39	0.5	
	中间谷地	2400	大矿区	0.4	3.4	<0.1	10	<0.2	39
	瓜马斯盆地	2000	小喷口区	0.2	0.9	0.4	78	<0.2	14
	埃斯卡纳巴海槽	3200	最长 250m	1.0	11.9	2.0	187	<10	7
弧后盆地	马里亚纳海槽	3600	小喷口区	1.2	10.0	7.4	184	0.8	11
	劳海盆地瓦努法海岭	1700	200m×100m	4.2	11.8	0.3	155	2.9	44
	冲绳海槽	1400	300m×100m	3.7	20.1	9.3	1900	4.8	9
	马努斯盆地	2500	最大 150m	1.0	16.6	0.6	51	—	126
	北斐济盆地	2600	小矿区	8.6	4.9	<0.1	—	—	24
	Woodlark 盆地	2500	最长 200m	<0.1	0.4	0.2	295	13	34

表 6-1-2　海洋热液矿床分类简表(据 Bonatti,1983)

热液排出前矿床	网脉-浸染状金属硫化物	
	块状金属硫化物	
	浸染状金属氧化物	
热液排出时矿床	块状金属硫化物(黑烟囱型)	
	金属氧化物或金属氢氧化物	
	金属硅酸盐	
热液排出后矿床	富集型	金属氧化物或金属氢氧化物
		金属硅酸盐
		层状金属硫化物(红海型)
	分散型	金属氧化物或金属氢氧化物
		金属硅酸盐
沉积层内热液矿床	金属硫化物	
	金属硅酸盐	
	金属氧化物或金属氢氧化物	

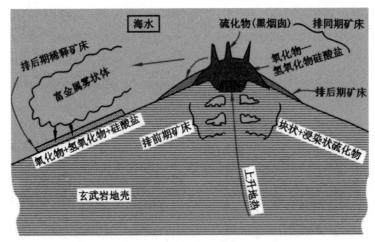

图 6-1-5　海洋热液矿床分类示意图(据 Bonatti,1983)

(1)热液排出前形成的矿床。热液排出海底以前,金属元素可以在增生的玄武岩洋壳中沉淀形成浸染状和网脉状金属硫化物、硅酸盐矿物和碳酸盐矿物。深海钻探岩芯中见到的铜-铁硫化物细脉证明热液从海底回流时,可在玄武岩中成矿。在快速扩张脊下不深的部位(-2km)存在浅岩浆房,当下渗的海水接近岩浆房时水温升高到 400℃ 以上,并从岩浆房顶部的岩石中吸取 H_2S、Si 和 Cu、Zn、Pb、Fe、Au、Ag 等元素。在热液返回海底的回流循环中,由于通道岩壁的吸热作用导致热液的温度下降,或者因通道迂回、流速减低等因素,硫化物可发生沉淀，形成网脉状和浸染状黄铁矿、黄铜矿和闪锌矿等富集于洋壳岩石中，也可由于热液沸腾作用和升华作用在洋壳的上部沉积块状金属硫化矿石。如果在更浅的部位，热液还可能与较冷的下渗海水相混合，形成富含铁、锰氧化物和氢氧化物矿物的沉积。此类矿床目前尚无经济价值，只有成因意义。

(2) 热液排出时形成的矿床。海洋热液通过热泉、间歇泉或喷气孔从海底排出时，因与海水混合，温度迅速下降。由于氧化-还原环境和溶液 pH 值发生改变，使矿液中的金属硫化物和铁锰氧化物沉淀，形成块状硫化物矿床（黑烟囱型）。东太平洋海隆热液喷口区形成的金属硫化物矿床就属于这一类型。从下伏增生洋壳玄武岩中淋滤出多种金属的酸性高温热液与冷的海水相遇，导致了磁黄铁矿、黄铁矿、黄铜矿、纤维锌矿和闪锌矿的快速沉淀，形成块状硫化物矿物的富集。同位素研究表明，硫化物的硫部分来自岩浆，部分来自海水 SO_4^{2-} 的还原硫。高温热液从喷口喷出时由于硫化物或非金属矿物微粒的快速晶出，形成黑、白色的雾状体，即所谓的"黑烟"和"白烟"。热液喷口经常有烟囱和丘堤群分布，主要矿物组合为黄铜矿、斑铜矿、黄铁矿、闪锌矿、纤维锌矿及少量重晶石、硬石膏、滑石和蒙脱石等。在远距喷口的氧化环境，铁、锰则可呈铁-锰氢氧化物或铁硅酸盐的形式形成针铁矿、钙锰矿、水钠锰矿、δMnO_2、铁蒙皂石和滑石等。

(3) 热液排出后形成的矿床。当热液喷涌出海底后，热液中的溶解金属元素即和海水混合稀释，由于元素的溶解度、浓度和在海水中的滞留时间不同而发生"稀释""富集"。滞留时间相对短的金属在喷口附近形成富集型层状硫化物矿床（红海型）、滞留时间较长的金属则在喷口远处的氧化地带形成铁锰氧化物和氢氧化物或金属硅酸盐沉积。红海重金属泥矿床是该类型的典型例子。热卤海水沿红海裂谷轴带的地形低洼处逸出海底，在还原条件下沉淀闪锌矿、黄铁矿和黄铜矿等硫化物矿物，含矿层平均含 Zn 12.2%，CuO 4.5%，并与富铁、锰氧化物、铁硅酸盐、陆源碎屑层呈互层产出。

(4) 沉积层内的热液矿床。海底扩张轴带一般缺乏沉积层，热液在海底下循环上升，直接从洋壳玄武岩进入海水。但是在靠近陆地且陆源沉积速率较高的洋壳增生轴带，扩张轴可以被沉积物掩埋，一旦热液从洋壳岩石中排出，则直接进入沉积物层的内部，金属硫化物可在沉积物柱内富集形成硫化物矿床。加利福尼亚湾的重晶石-金属硫化物矿床可能属这种类型。如果沉积物柱处于氧化环境则形成铁锰氧化物和氢氧化物以及金属硅酸盐沉积。沉积物层内的热液成矿受沉积层内的物理化学条件和沉积物与热液流体的相互作用影响。

另外，有的学者按容矿岩石的特征，将海洋热液矿床分为以火山岩为容矿构造的硫化物矿床和以沉积岩为容矿构造的硫化物矿床。Kotlinski(1997)按照多金属硫化物的地球化学特征将其分为锌-铜型矿床和铜-锌型矿床，前者较后者具有较高的含铜量。

二、海洋热液矿产资源研究概况

1. 国外海洋热液矿床研究概况

海洋热液活动及热液沉积最初发现于红海。1948 年瑞典科学考察船"信天翁"号在红海发现海水的盐度和温度异常，可以说是海底扩张中心热液活动的最早证据，但这次"异常"的发现并没有引起足够的重视。在1963—1966年国际印度洋调查计划执行期间,美国"发现者"号调查船在位于非洲与阿拉伯半岛之间经缓慢扩张形成的红海海渊发现了规模巨大的多金属矿床(约 $1×10^8$ t)和金属热卤水(Swallow and Crease,1965;Miller et al,1966;Hunt et al,1967;Bischoff,1969),震动了整个地学界,激起了人们对现代海洋热液成矿作用研究的极大兴趣。1972—1973年间,美国海洋与大气管理局在执行"跨大西洋综合地质调查计划"(Trans-Atlantic Geotraverse,简称 TAG)过程中,于大西洋中脊26°N发现了海底热泉和低温热液矿床,后将该区称为 TAG 热液区(Scott et al,1974)。1979年,美国"阿尔文"号深潜器(图6-1-6)在执行"RISE"项目的调查时,于东太平洋海隆21°N海区水深3700m的加拉帕戈斯海岭(Galapagos)发现了正在活动的高温热泉和停止活动的块状硫化物矿床,并采集了135kg的热液硫化物沉积样品,掀起了现代海洋热液成矿作用研究的热潮(翟世奎,1994)。

图6-1-6 美国"阿尔文"号深海载人潜器

20世纪80—90年代发现的热液硫化物矿床主要有:在大西洋中脊14°45′N发现的与蛇纹岩有关的热液硫化物矿床;在印度洋中脊靠近27°51′S,63°56′E之间海区附近发现的块状硫化物矿床。1981年,美国地质调查局和华盛顿大学在俄勒冈州的胡安德福卡海脊发现了大规模的铅-锌系热水矿床,而且在智利海域复活节岛附近和华盛顿海域陆续证实有喷出热水的海底金属矿床。1982年,美国科学家在距厄瓜多尔560km的东太平洋海底,发现了具有巨大经济价值的多金属硫化物矿床。俄罗斯"Logachev"号在大西洋中脊13°~18°N之间的裂谷带,圈定了硫化物远景区。俄罗斯海洋研究所在大西洋扩张中脊36°N处发现"彩虹"(Rainbow)热液活动区。

20世纪90年代以来开展的研究工作主要有:1994—2002年,美、日等国在超慢速扩张的西南印度洋中脊完成了包括热液活动调查的16个航次,使其成为地球上研究得最好的慢速扩张洋中脊。1998—2002年,又实施了热液活动的全球分布计划,目的在于建立全球洋中脊系统中尚未探索的热液活动的靶区,并协调探索热液活动国际间的合作。2001年,美、日在北冰洋Gakkel洋脊执行了第一次国际性航次,找到了Gakkel洋脊在"慢速扩张速率下也可以具有强烈的熔融富集"这一假设的实际证据。2001年,印度开展了2个航次的海洋热液硫化物调查。德国在新爱尔兰盆地、Tjoernes断裂带附近的冰岛Grimsey热液活动区进行了调查,并实施对大西洋15°N、2°~11°S区的航次调查。俄罗斯组织科学家对北大西洋中脊的热液硫化物进行了勘探,并对其中9个热液区的硫化物资源量进行了初步评估(Cherkashov et al,2010,2013)。鹦鹉螺公司2005—2012年在Bismarck海域进行了高分辨率海底填图和钻探工作,圈定了Solwara 1和Solwara 12两个硫化物成矿远景区,并评价了资源潜力(Lipton,2008,2012)。Hannington et al(2011a)参考美国的"三步式"资源评价法(Singer,2010),对全球的海底硫化物资源量进行了评估。

当今热液活动研究的主要潮流依然是以更大的规模加速对热液活动及硫化物资源的研究。一些发达国家不惜重金竞相应用以深潜器和深海特大比例尺直接观测采样为主的高新技术,拟定远景研究和开发战略计划,在可能出现的构造部位寻找新的海洋热液场。同时,加快实验室的模拟研究,深化形成模式和机制的探讨,为热液活动及硫化物矿床的勘探开发提供了理论基础。由发达国家牵头,通过国际合作,特别是与调查水域相邻国家的合作,实行跨学科、高技术、新领域的探索(吴世迎,2000)。

2.我国海洋热液矿床研究概况

我国的海洋热液活动调查起步较晚。1988年7—8月,在中德合作SO57航次中,国家海洋局派人乘德国"太阳"号参加了对马里亚纳海槽的热液活动调查。1988年9月至1989年1月,中国科学院海洋所派人乘苏联的"维诺格拉多夫"号参加了为期5个月的太平洋综合调查,在东太平洋海隆附近采得热液沉积样品。1992年6月在国家自然科学基金委员会的资助下,中国科学院海洋所和地球化学所合作乘"科学一号"开展对冲绳海槽的热液调查,揭开了我国现代海洋热液活动调查研究的新篇章。1994年,中国科学院海洋所再次对冲绳海槽热液活动进行了专门调查(翟世奎,1994)。1998年11月,经国家海洋局和中国大洋矿产资源研究开发协会安排,"大洋一号"DY95-8第五航段在马里亚纳海槽开展了大洋热液矿点实验调查,为我国海洋热液活动及硫化物资源的调查研究积累了经验。2003年11月至2004年1月,中国科学院海洋所乘"大洋一号"在东太平洋海隆区拖网采得部分热液硫化物样品。2007年3月,"大洋一号"在印度洋发现黑烟囱,这是世界上首次在西南印度洋中脊和超慢速扩张脊发现并"捕获"海洋热液硫化物活动区及其样品,证实了在超慢速扩张脊上也存在热液喷口活动区的推断。

我国开展现代海洋热液研究30年来取得的研究成果主要有:①提出海底沉积物的Hg异常可作为现代海洋热液效应的一个地球化学"指示剂";②查明热液区沉积物富集的典型元素组合为Mn、Zn、Pb、Au、Ag、Hg等;③依据^{210}Pb研究了热液区混合速率,纠正了日本学者利用^{210}Pb计算沉积速率的错误(赵一阳,1994,1995);④提出了沟-弧-盆体系热液沉积成矿模式(李永植,1996);⑤探讨了现代海底典型热液活动区金属硫化物的物源,并找到了相应的同位素证据(曾志刚等,2000);⑥研究了冲绳海槽JADE区和大西洋TAG区热液沉积硫化物的REE、Sr、Pb、S等同位素地球化学特征,探讨了同位素组成的地质意义(曾志刚等,1999,2000,2001);⑦探讨了冲绳海槽的岩浆作用过程及其与海洋热液活动的关系(翟世奎等,2001);⑧成功研制水下6000m自治机器人及电视抓斗等热液活动探测采样设备;⑨方捷等(2015)、邵珂等(2015a、b)和Ren et al(2016a、b)借鉴近年来在陆地资源评价相对成熟的方法

(肖克炎等,1999,2000;陈郑辉等,2009;陈建平等,2014),对大西洋中脊、印度洋中脊硫化物成矿潜力区进行了圈定(张柏松,2018)。

三、海洋热液矿产资源研究意义

(1)海洋热液矿床分布广泛,伴生金属矿种多,储量大,具有巨大的经济价值。因此,开展这方面的研究具有重要的现实意义。目前,在世界各大洋已发现和勘探的海洋热液硫化物矿床(点)达 200 多个,其中具重要工业价值的矿床有 12 个,而且多分布在专属经济区内(表 6-1-3;李军,2007)。1981 年美国在加拉帕戈斯 2600m 水深海底裂谷发现了一个大型热液矿,分布着许多高 5~20m、宽 20~50m、长 1~2km 由块状硫化物构成的山丘,富含铁、铜、锌、锰、镁、铅和硫等各种矿物。据测定,该区热液矿床总储量高达 $2500 \times 10^4 t$,可开采的有用金属价值近 40 亿美元。另外,在处于红海中央裂谷水深 1900~2000m 的海底,已发现 18 个含有多种金属软泥的盆地,金属总储量达 $8000 \times 10^4 t$。

表 6-1-3 已发现具有重要工业价值的海洋热液矿床(据李军,2007)

矿床	大洋海域	权限	国家
AtlantisⅡ海渊	红海	专属经济区	沙特/苏丹
Middle Valley	东北太平洋	专属经济区	加拿大
勘探者海脊	东北太平洋	专属经济区	加拿大
劳海盆	西南太平洋	专属经济区	汤加
北斐济海盆	西南太平洋	专属经济区	斐济
东 Manus 海盆	西南太平洋	专属经济区	巴布亚新几内亚
中 Manus 海盆	西南太平洋	专属经济区	巴布亚新几内亚
Conical 海山	西南太平洋	专属经济区	巴布亚新几内亚
冲绳海槽	西太平洋	专属经济区	中国/日本
加拉帕戈斯裂陷	东太平洋	专属经济区	厄瓜多尔
东太平洋海岭 13°N	东太平洋	国际海底	
TAG	中部大西洋	国际海底	

(2)海洋热液矿床开采难度小,伴生矿种多。海洋热液矿床开采技术难度较小,一般只有多金属结核矿的一半水深,开采效率较高;矿床分布比较集中,热液矿床自然生长速度比多金属结核快 100 万倍;海洋热液矿床还含有多金属结核矿中所没有的金、银等贵重金属。

此外,开展海洋热液矿床研究也具有重要的理论意义,主要体现在如下方面(莫杰,2004):①海洋热液的形成与海底扩张和板块构造有着内在的联系,通过开展海洋热液活动研究可以为板块构造理论提供新的佐证;②现代海洋热液成矿研究为某些古代海洋热液矿床的研究和评价以及内生、外生成矿作用关系的研究提供了科学依据;③海洋热液活动是岩石圈和海洋间持续进行能量和物质交换的过程,但它对海底物质和能量的输入贡献到底有多大,进而对全球气候变化、海水化学成分的演化及大洋热平衡的影响有多大还不是很清楚,已成为人们日益关心和重视的问题;④在大洋底热液活动区发现了大量的生命活动和生物群体,它们与地表生物截然不同,不靠阳光和氧气,在人们难以想象的极端环境下生存,耐高温,有着特殊的生命机制。海洋热液活动区的这些生物为我们提供了了解古老生命起源和演化发展的一条可能的途径。

第二节 海洋热液矿产资源分布及特征

一、海洋热液矿产资源的分布特征

现代海洋热液矿床分布范围广(表6-2-1,图6-1-3),分布水深较浅,范围集中,品位富。在构造背景上,主要分布于洋中脊、弧后盆地和裂谷盆地等构造环境中。其中,洋中脊环境包括中脊侧翼、轴裂谷、轴海山、转换断层、断块与洋脊交会处及离轴海山;弧后盆地环境包括弧后扩张中心、弧后盆地内火山、岛弧火山及弧后裂谷等。

表6-2-1 现代海洋热液矿床分布

海域	数目(个)	海域		数目(个)	海域		数目(个)
大西洋	44		50°N以北	7		北太平洋	4
太平洋	140		40°~49°N	3		东北太平洋	52
印度洋	12		30°~39°N	5		东南太平洋	12
北冰洋	2	大西洋	20°~29°N	12	太平洋	西北太平洋	24
南极洲	1		10°~19°N	13		西南太平洋	35
地中海	5		赤道大西洋	1		赤道太平洋	7
红海	2		南大西洋	3		中太平洋	6
Afar裂谷	2		小计	44		小计	140

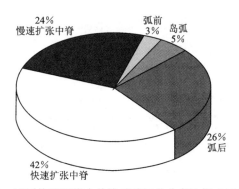

图6-2-1 不同构造环境中热液活动区的分布比例(据李军,2007)

海洋热液硫化物矿床分布与平缓中脊及隆起带的轴部(即火山-热液带)具有密切联系。这些区域通常具高热流值($>100\mathrm{mW/m^2}$)、强烈的火山活动和深成高温热液活动等典型特点。研究表明,大规模的海洋热液硫化物矿床通常与穿越了断裂带与转换断层三角连接带的节点状盆地有关。三角连接带呈不连续分布,具延伸性且断层和裂隙均有断距和错位。典型的三角连接带有:RRT 型(R=脊=扩张轴=洋中脊;T=沟=海沟=沉降带),如连接太平洋板块与柯克斯及纳兹卡板块的加拉帕戈斯三角连接带;RTF 型(F=断层=转换断层),如连接美洲板块与太平洋板块及柯克斯板块的内维纳三角连接带;FFT 型,如连接美洲板块与太平洋板块及哥尔达板块门多契罗三角连接带;RRr 型(r=断臂),如连接红海边界与阿登斯基湾的阿法尔三角连接带。

前已述及,Kotlinski(1997)按照多金属硫化物的地球化学特征将其分为锌-铜型矿床和铜-锌型矿床。锌-铜型硫化物矿床含铜量高,锌、铁、硫含量低,但水银、硒及银(409×10^{-6})的含量高。这一类型的矿物通常赋存于东太平洋隆起的隆起轴两侧的火山锥体上。而铜-锌型硫化物矿床通常赋存于洋中脊隆起轴部的沉积物中,锌含量较铜含量高许多倍,银的含量则各不相同,金和 Ni、Co、Ge、Ga、In 含量也很高,Cd 含量则与富铜型硫化物矿床相似。

二、太平洋区的海洋热液矿产资源

太平洋是已知现代海洋热液活动区分布最为丰富的海区,其最高热流平均值为 $82.3 mW/m^2$,明显高于大西洋($67.6 mW/m^2$)和印度洋($62.1 mW/m^2$),大陆上的热流值更低,为 $59.9 mW/m^2$(图 6-2-2)。

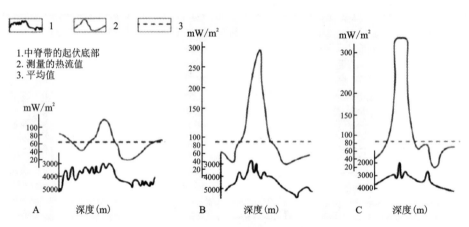

图 6-2-2 大洋中脊处热流值的变化(转引自 Depowski,1997)
A.印度洋;B.大西洋(卡因断层);C.太平洋(加拉帕戈斯断裂南部)

太平洋区的海洋热液活动和热液硫化物资源分布,主要受环太平洋地震带控制,构造区划上分为三大类型。第一类位于西太平洋和西南太平洋,表现为不同发育时代的弧后盆地和相应的次级扩张脊(Burgath et al,1995)。在地理位置上由北而南,以伊豆-小笠原弧(Izu-Ogasawara)、冲绳海槽(Okinawa Trough)、马里亚纳海槽(Mariana Trough)、马努斯海盆(Manus)、北斐济海盆(North Fiji)和劳海盆(Lau)为代表,其中劳海盆、伊豆-小笠原弧和冲绳海槽研究程度最高。第二类位于东太平洋至东南太平洋,主要受东太平洋海隆和构造脊轴及裂谷控制(Rona and Scott,1993)。地理位置上自北而南,以勘探者海脊(Explorer)、胡安德富卡海脊(Juan de Fuca)、戈达海脊(Gorda)、加利福尼亚湾瓜伊马斯海盆(Guaymas)、东太平洋海隆(EPR21°N,EPR13°N,EPR20°S)、加拉帕戈斯裂谷(Galapagos)和智利海脊等为代表,并以胡安德富卡海脊和加拉帕戈斯裂谷研究程度最高。第三类分布在太平洋板块内,是板内热点控制的火山型热液活动,可谓板内"矿化点",以夏威夷群岛、社会群岛为代表,在热液活动规模、矿石金属含量和研究程度上远不及前两大类(图6-2-3)。

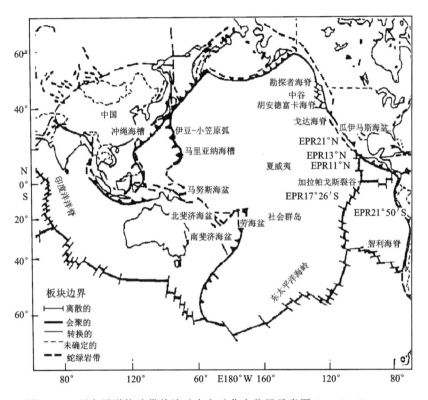

图6-2-3 环太平洋构造带热液矿点和矿化点位置示意图(据吴世迎等,2000)

1.冲绳海槽

冲绳海槽位于西北太平洋硫球岛弧的弧后区,是一个年轻的弧后扩张盆地,具有强烈而频繁的地震活动和火山作用以及减薄的地壳厚度、高热流异常和分布在海底的雁列地堑构造地貌等显著的特征。热液活动区位于海槽中段地质构造活动最为强烈的地方,具体包括南庵西海丘区、伊平屋海洼区和伊是名海洼区(图6-2-4)。南庵西海丘区的热液沉积物包括富硅热液沉积物、富硫酸盐热液沉积物、块状富硫化物热液沉积物(金属矿物含量明显增加,硫化物含量大于40%)和碎屑状富硫化物热液沉积物(以富锌铅多金银为特点,锌含量最高达23%)4种类型。伊平屋海洼划分为夏岛84-1海丘和CLAM区两个小区。前者为低温热液活动区,热液沉积物以Fe-Mn氧化物及硅酸盐矿物为特征,化学分析表明热液堆积体以富Fe、Mn、As、Sb、Mo、W,贫Ca、Co、Ni、Cu、Zn为特征。CLAM区热液沉积物分为皮壳状、墩状和烟囱状3类。热液沉积物的矿物组分以Ca-Mn碳酸盐矿物为主。伊是名海洼区的矿石分为块状硫化物、重晶石型硫酸盐和硬石膏型硫酸盐等。块状硫化物主要由闪锌矿和黄铁矿组成;重晶石型硫酸盐矿石主要由重晶石和非晶质 SiO_2 组成;硬石膏型硫酸盐矿石主要由硬石膏组成,次为硫化物。

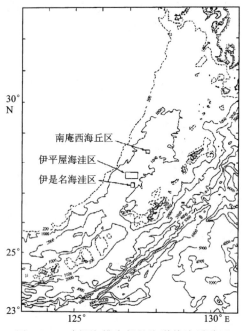

图 6-2-4　冲绳海槽中部的海洋热液活动区

2. 戈达海脊

戈达(Gorda)海脊位于东太平洋隆起区 8～32°N 之间,长约 300km,南北两侧分别以 Mendocino 断裂带和 Blanco 断裂带为界,水深在 2600～3500m 之间(图 6-2-5;Zierenberg et al,1995)。海脊轴热流量最高值超过 $200mW/m^2$,扩张速度中等,为 9～11.4cm/a。热液喷出速度为 3m/s,温度约 380℃。热液沉积物贫铜富锌,锌平均含量为 23%～30%,铜含量为 1.0%,银含量为 $401×10^{-6}$,铅含量为 7.4%(Rona and Clague,1986)。多金属矿物成分主要有闪锌矿、黄铁矿、黄铜矿、石膏与硬石膏。

3. 胡安德福卡海脊

胡安德福卡海脊(Juan de Fuca)位于东北太平洋,长约 525km,南北两侧分别以 Blanco 断裂带和 Sovanco 断裂带为界,海脊半扩张速率在 3cm/a 左右。该海脊最活跃的深成高温热液活动区为 Blanco 转换断层与海脊轴相交处的 RF 型连接带,海洋热液喷出形成"白烟囱"与"黑烟囱"。热液温度总体在 293℃左右,但"白色烟囱"中热液温度低于"黑色烟囱"热液温度,矿物成分的富集程度前者也低于后者。聚集的硫化物矿床以半球状及烟筒状堆积体产出,高达 80m,形成的海洋热液丘状构造在地震剖面上清晰可见(图 6-2-6),每个堆集体的储量约达 $200×10^4 t$。矿体以富 Zn、低 Cu 为特征,其中 Zn 含量为 11%～38.6%,铜含量小于 1.5%,银含量为 $(182～436)×10^{-6}$。

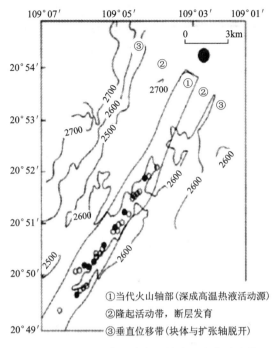

① 当代火山轴部(深成高温热液活动源)
② 隆起活动带,断层发育
③ 垂直位移带(块体与扩张轴脱开)

图 6-2-5 戈达海脊深成高温热液沉积物赋存带

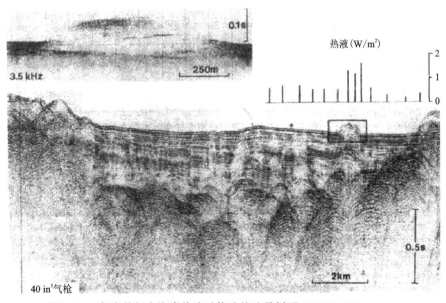

图 6-2-6 胡安德福卡海脊热液丘构造的地震剖面(转引自朱而勤,1991)

三、大西洋区的海洋热液矿产资源

大西洋中脊属于慢扩张的新生洋壳,半扩张速率在 1.0~2.0cm/a 之间,其海洋热液活动主要集中于中脊呈"S"形的构造带上。20 世纪 70—90 年代,各国学者累计发现海洋热液活动矿点25处(Rona and Scott,1993),其中最北的矿点位于冰岛以北的火山脊,最南部已越过赤道大西洋中脊,在更南的南大西洋中脊顶和西翼也分布有海洋热液活动的产物(图6-1-3,图6-2-7)。

　　Kolbeinsey海脊位于冰岛以北约100km处,是大西洋最北端的热液矿点(图6-2-7,6矿点),水深约100m,为新近火山裂谷向海延伸的海底火山型热液喷溢,在玄武岩质角砾岩中含有石膏、重晶石、黄铁矿,也有少量白铁矿和闪锌矿以及微量方黄铜矿、铜蓝和斑铜矿。

　　Lucky Strike热液场位于37°17.6′N,32°16.4′W的大西洋中脊,水深1575～1650m(图6-2-7,11矿点),在3个圆锥形山峰的火山型海山上有正在活动的高温硫化物烟囱,主要矿物成分为黄铁矿、白铁矿、闪锌矿、黄铜矿、重晶石、硬石膏等(Fazar Scientific Team,1993;Wilson et al,1996;Auffret et al,1996)。

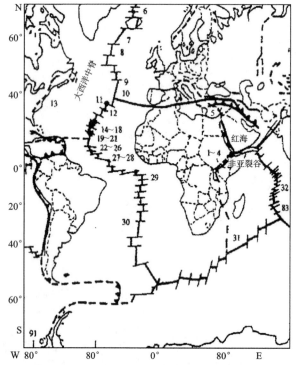

图6-2-7　大西洋中脊的热液"矿点"和"矿化点"(引自吴世迎等,2000)

　　FAMOUS区位于36°57′N,33°04′W的大西洋中脊,水深2700m,因法-美洋中脊水下研究计划(French-American Mid-Ocean Undersea Study)而得名,是断裂带中的小断距转换断层断块体(图6-2-7,12矿点)。残留的热液产物有两种:一种为棕红、黄和绿色的黏土结壳,包含绿脱石的蒙脱石、水云母,少量钡镁锰矿、钠水锰矿和水锰矿;另一种为富Fe-Mn的黑色固结物,矿物组成为钡镁锰矿、钙硬锰矿、非晶质水合Fe氧化物等。

　　Broken Spur喷口场位于29°10.15′N,43°10.28′W的大西洋中脊,水深3050m(图6-2-7,14矿点),沿裂谷轴的新火山脊上有3个"黑烟囱"喷发,流体温度超过350℃,还有两个熄灭的硫化物丘(Murton et al,1994)。矿物成分主要为闪锌矿、黄铁矿、黄铜矿、白铁矿。

　　著名的TAG热液场位于大西洋中脊裂谷以东,面积约25km²,中心位置26°08′N、44°49′W,

水深 3625～3670m(图 6-2-7,15 矿点)，在地形上属于不对称裂谷，谷壁和谷底水深分别为 2300m 和 4000m，是大西洋中脊慢扩张裂谷中主要的活动和非活动火山热液矿化作用区。TAG 热液场包括规模宏大的活动高温硫化物丘、不活动的热液残留带和低温溢口带 3 类主要的热液区。矿物组成以黄铁矿、白铁矿、黄铜矿、闪锌矿为主，蓝辉铜矿、氯铜矿、黄钾铁矾、硬石膏、钠水锰矿、钡镁锰矿和绿脱石等也在不同的热液类型中产出。各类矿物中金属元素含量较高，Cu 为 43.8%～58.3%，Zn 为 11.0%～22.9%，Fe 为 31%～59%，Mn 为 38%～52%(Rona et al,1986,1993；表 6-2-2)。

表 6-2-2 大西洋 TAG 热液场已知的活动和残留热液区(据 Rona et al,1993)

位置	性质	经纬度	水深(m)	直径(m)	地形起伏	轴距(km)	堆积体最大年龄(kaBP)	注释
活动丘	活动	26°08.21′N 44°49.57′W	3635～3670	200	丘体高 35m	2.4	40～50 硫化物	大型硫化物丘，中心有高温黑烟囱，离开中心有白烟囱和补丁状的喷出流
Mir 带	不活动	26°08.70′N 44°48.40′W	3430～3575	400 600	烟囱局部高 35m	4.0	102±7 硫化物; 140±20 锰氧化物	不连续带。不连续硫化物的露头，多金属沉积物和铁-锰氧化物色斑带包括半连续的硫化物露头与数个残留烟囱
Alvin 带	不活动	26°09.54′— 26°10.62′N 44°48.89′— 44°48.50′W 26°09.54′ 44°48.89′W	3410～3600 3512～3540	2km 走向长度 200	似丘状构造高 30m 28m	2.2 2.2	— 41～52.5 硫化物	不连续带。不连续硫化物露头，多金属沉积物和铁-锰氧化物色斑带(包括 3 个独立的似丘状构造) Alivin 带南端残留硫化物丘
低温带	活动- 不活动	26°07.00′— 26°09.00′N 44°48.00′— 44°45.00′W	2300～3100	数个(20m)	无	5.0～8.0	125±25 锰氧化物	具有无定型 Fe 氧化物和绿脱石的补丁状铁-锰氧化物色斑和锰氧化物壳

Snake Pit(有人译为"蛇洞")热液区位于 23°22.1′N,44°57′W 的大西洋中脊火山建造脊顶部，水深 3450m，距离 Kane 转换断层交点以南约 30km(图 6-2-7,19 矿点)。它由 3 个巨大热液丘体、10 余个高温(350℃)黑烟囱和中低温(226℃)硫酸盐烟囱及已熄灭的烟囱体构成(Karson and Brown,1988)。矿体主要为块状 Cu-Fe 硫化物、块状 Zn-Fe 硫化物和块状 Fe 硫化物烟囱体；矿物组成为黄铜矿、黄铁矿、白铁矿、闪锌矿、磁黄铁矿、黄钾铁矾及铜蓝等；金属元素含量较高，Cu 为 22.4%～24.9%，Zn 为 12.7%～18.5%，Fe 为 40%～48.4%，Ag 为 $(113～268)\times10^{-6}$，Au 为 $(0.2～15.5)\times10^{-6}$(Karson et al,1987;Fouquet et al,1993)。

四、印度洋区的海洋热液矿产资源

印度洋区是世界三大洋中海洋热液矿床发现最少的区域。研究表明,在西北印度洋中脊的卡尔斯伯格(Carlsberg)海脊、西南印度洋海脊、东南印度洋海脊和中印度洋海脊的 RRR 型 Rodriguer 三联点以及亚丁湾附近发现了一些海洋热液矿化点(表6-2-3)。金属沉积物类型以块状金属硫化物和富铁锰金属沉积物为主,少量发育层状金属沉积物。块状硫化物主要分布在中印度洋 Rodriguer 三联点和 Vitias 断裂带区域内,呈块状、似烟囱状产于玄武质基岩表面或呈块状、脉状、网脉状和浸染状产于蚀变玄武岩、角砾化玄武岩、蚀变角闪岩和早期热液金属沉积物中。矿物组合以硫化物为主(黄铁矿、黄铜矿和闪锌矿),伴有石膏和少量磁铁矿、赤铁矿、赤铜矿、镍黄铜矿等。富铁锰沉积物主要分布在亚丁湾、卡尔斯伯格海脊、西北印度洋欧文(Owen)断裂带、东南印度洋海脊($10°\sim40°$S)等区域,呈绿色、灰黑色结壳状或块状,主要矿物成分为铁-锰氧化物和氢氧化物,常见针铁矿、钠水锰矿、钡镁锰矿、软锰矿等矿物。

表6-2-3 印度洋区海洋热液矿化点的位置、产状、矿物成分与类型(据吴世迎等,2000)

矿化点	位置	水深(m)	地质地貌	化学和矿物成分	类型
卡尔斯伯格	西北印度洋 ($5°24'$S,$68°35'$E)	3500	裂谷西壁与 Vitias 断裂带交会处	孔雀石、铜蓝、镍黄铜矿、赤铁矿、钛铁矿、磁铁矿、白钛矿	浸染状和脉状、网脉状硫化物(矿化点)
卡尔斯伯格	西北印度洋 ($1°40.62'$S,$57°8.85'$E)	4487	海脊西南深海丘	钠水锰矿、钡镁锰矿、Fe 痕量约 28%	铁锰沉积物(矿化点)
亚丁湾	$12°34'$N,$47°39'$E	2500	裂谷段北缘	钡镁锰矿、钠水锰矿、蒙脱石;Fe($0.8\%\sim24.6\%$),Mn($0.1\%\sim42.5\%$),含微量 Cu、Co、Ni	富锰和富铁结壳(矿化点)
Rodriguer 三联点	中印度洋 ($22°55'$S,$69°10'$E)	3340	海脊裂谷中非火山脊翼部断崖	不详	似硫化物烟囱(矿化点)
西南海脊	西南印度洋 ($36°30.3'$S,$49°29.1'$E)	3489	海脊北翼深海丘	变质钙铁榴石、水铝硫石	热液矿点
中部海脊	中印度洋 ($0°56'$N,$63°08'$E)	$2500\sim3600$	中脊裂谷西南坡	黄铁矿、黄铜矿、磁黄铁矿、铁锰氧化物、蛋白石、蒙脱石	网脉状硫化物(矿化点)
东南海脊	东南印度洋 ($16°$S$\sim40°$S)	$2620\sim4990$	海脊顶部	—	金属沉积物(矿化点)

五、红海裂谷的海洋热液矿产资源

红海是最早发现海洋热液矿产资源的海区。1948年瑞典"信天翁"号海洋科学考察船在该区发现海水温度和盐度异常;20世纪60年代中期证实了Atlantis Ⅱ海渊的热卤水和金属硫化物沉积具有重要的经济意义;20世纪70年代沙特阿拉伯-苏丹合作委员会的"SEDCO445"深海采矿船在红海Atlantis Ⅱ海渊进行了为期3个月的试采,获得金属沉积物/卤水混合物15 000t,并完成了金属回收流程实验,制订出年产Zn 60 000t、Cd 12 000t和Ag 100t的采矿计划。到目前为止,在红海中部和北部海渊已经发现了24处卤水池或含金属软泥的沉淀区(图6-2-8)。

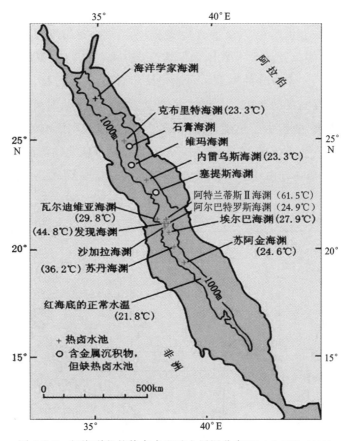

图6-2-8 红海裂谷的热卤水和重金属泥分布(引自朱而勤,1991)

红海是典型的地堑式裂谷盆地,呈北北西向条形展布,长约1800km,最大宽度为270km,总面积约$43.8 \times 10^4 km^2$,最大水深2920m。红海主扩张期始于$6 \sim 5Ma$,扩张速度为$0.5 \sim 1.5cm/a$(Cocherie et al,1994)。重金属卤水和含金属软泥是红海裂谷热液矿床的主要产出类型,其中以Atlantis Ⅱ海渊的含金属软泥最为著名。

Atlantis Ⅱ海渊位于红海中部扩张轴谷带,为一北东-南西向的不规则条状洼地,中心坐标为21°23′N,38°04′E,海渊水深2000~2200m,面积56km²。沉积物之上覆有两层热卤水,下层水温 50～60℃，盐度 25.7‰；上层水位 44～60℃，盐度 13.5‰。含金属软泥为厚 5～30m，富含铜、锌、银等，多种金属的杂色层状、薄层状沉积物，由铁蒙脱石相、铁锰氧化物和氢氧化物相、硫化物相、石膏相和生物碎屑沉积物相组成。铁蒙脱石相位于金属沉积物的上部，主要由铁蒙脱石、针铁矿和锰菱铁矿组成；中部铁锰氧化物和氢氧化物相主要由针铁矿、纤铁矿、水锰矿、纤维锰矿、钡镁锰矿、黄铁矿和铁磷锰矿组成；硫化物相主要矿物成分有黄铁矿、黄铜矿和闪锌矿，Fe、Zn、Cu 含量分别高达 15%、10%、2%。调查表明，红海 Atlantis Ⅱ 海渊顶层 10m 的金属沉积物就有 $5×10^7$t，按其平均含 Fe 为 29%、Zn 为 3.4%、Cu 为 1.3%、Pb 为 0.1%、Ag 为 $54×10^{-6}$ 和 Au 为 $0.05×10^{-6}$ 计算，金属总储量为 Zn$(2.0～2.9)×10^6$t、Cu$(0.4～1.06)×10^6$t、Pb $0.8×10^6$t、Ag 4000～4500t、Au 45～80t，相当于陆上的巨型多金属矿床。另外，与金属沉积物伴生的还有 $38×10^6$t 的卤水。

红海的地堑沉积中新世厚达 5km 的膏盐蒸发岩层、沿裂谷带发育的平行断裂和横向转换断层、拉斑玄武岩基底以及活跃的火山活动，为海洋热液的矿物质来源、循环和金属沉淀提供了有利的成矿环境。正常成分的海水在向地壳深部循环，通过石盐、石膏和页岩层时淋滤的大量金属元素成为高盐度的热卤水，当在裂谷区接近现代玄武岩时卤水升温到 200℃ 以上，并从玄武岩中溶得金属组分，由于温度升高，密度变小，导致卤水沿海底裂谷带上升，溢出海底，与冷海水相遇，先发生黄铜矿、方铅矿、闪锌矿和黄铁矿等硫化物沉淀，随着卤水温度逐渐下降和 pH 值增高，介质条件由还原变为氧化，形成铁硅酸盐和铁、锰氢氧化物沉积（朱而勤，1991），详见图 6-2-9。

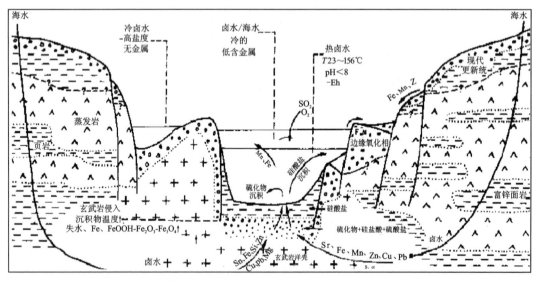

图 6-2-9　红海裂谷 Atlantis Ⅱ 海渊重金属泥的成矿过程（引自朱而勤，1991）

第三节 海洋热液矿产资源的成矿机制

一、现代海洋热液活动区环境特征

(一)现代海洋热液活动区构造环境特征

1.大地构造背景

现代海洋热液活动产出于多种构造环境中,如快速和慢速扩张的洋中脊、与俯冲带相关的弧后环境、轴脊和离轴的火山和海山、靠近大陆边缘的沉降裂谷带以及板内热点等处。因此,按照热液活动产出构造位置的不同,可将现代海洋热液活动区分为岛弧型、洋中脊型、沉积裂谷型和热点型4种大地构造背景类型。

岛弧型热液活动区产于板块消亡边缘,按照产出位置分为弧后型和弧前型。前者主要是分布在西太平洋的弧后盆地和相应的弧后扩张中心,以冲绳海槽、马里亚纳海槽、马努斯海盆、北斐济海盆、劳海盆为代表;后者如伊豆-小笠原弧、Kermadec弧等。

洋中脊型热液活动区产生于板块增生边缘的洋中脊扩张带或转换断层处。洋中脊是一个巨型的活动构造带,地震、火山活动强烈,也是热液活动最为发育的区域。根据洋中脊扩张速率的不同,分为快速扩张的热液活动区(主要受东太平洋海隆和构造轴脊裂谷的控制,以EPR13°N、EPR21°N、Explore海脊、JDF海脊、Gorda海脊和Galapagos扩张中心等为代表)、慢速扩张的大西洋中脊热液活动区(以TAG、Snake Pit、Broken Spur和Lucky Strike热液活动区为代表)和超慢速扩张的印度洋脊热液活动区。

沉积裂谷型热液活动区产于沉积裂谷区,如典型的地堑式裂谷盆地——红海的AtlantisⅡ海渊、Guaymas盆地热液区等。东非裂谷则是较为典型的大陆裂谷,以显著的正断层作用、浅源地震和山脉地形为特征。

热点型热液活动区主要分布在太平洋板块内部,受热点火山作用的控制,以社会群岛和智利海脊等为代表。

2.地球物理特征

(1)地壳热流异常特征。现代海洋热液活动区通常具有较高的海底热流异常,底层水的温盐异常已成为寻找海洋热液活动的一个重要指标。如冲绳海槽热液活动区的发现就是由高热流异常的发现所引起的。1984年日本实施岩石圈计划在冲绳海槽中部的伊平屋测得高达$1600mW/m^2$的高热流异常,从而推断该处可能有热液活动存在;1986年在夏岛-84海丘顶部发现了高温闪光水;1988年在伊平屋地堑西侧发现了热液活动的存在,测得水温为220℃;1989年又在伊是名海洼中发现了正在喷发的黑烟囱,测得水温高达320℃。另外,在Galapagos扩张中心、Baby Bare热液活动区也发现了明显的高热流异常。

(2)地震特征。由于热液活动总与深部岩浆作用、断裂活动等活跃的构造活动密切相关,因此热液活动区一般都存在频繁的、大小不等的地震活动。如在马里亚纳海槽热液活动区附近的扩张脊-转换断裂带-扩张脊的交会处,每天发生 15 次局部地震,震源集中在一条大约 5km 宽、75km 深的地震带上。冲绳海槽伊是名海洼区黑烟囱口处热液活动区,地震颤动也很频繁,在 40 小时的地震记录中,从背景颤动中分辨出 3 种事件:自然地震 50 次;持续时间短、能量小的间断地震 30 次;持续时间在 10~12 分钟的小地震事件多次(栾锡武等,2001)。

(3)地磁异常特征。热液活动区域通常存在最大的地磁异常变化趋势。如冲绳海槽的 3 条磁力测量剖面显示了热液活动与磁异常变化趋势最大处具有一定的对应关系(图 6-3-1)。A 剖面位于中央地堑的西侧,穿过地堑中央山丘,整个剖面地形起伏较大,对应的磁力变化较大,从北到南一致呈下降的趋势,北端最高,中央地堑南侧最低,在此急剧升高后,向南又继续下降。磁异常最大的位置靠近南奄西热液活动区所在的位置(图 6-3-1A)。B 和 C 剖面分别从北到南和从南到北横穿伊平屋海洼中央脊。测线 B 位于伊平屋脊的西侧,山脊形态清楚可见,在山脊处有较大的磁力异常起伏(图 6-3-1B)。测线 C 一样也是在山脊的北侧曲线下降,在山脊南侧曲线上升(图 6-3-1C)。总体看来,冲绳海槽中部热液活动区总磁场强度较大,当测线穿过地堑中央山脊或山丘时,地磁场曲线有较大起伏。研究表明,冲绳海槽轴部中央山脊或山丘由年轻的玄武岩构成,年龄一般为 0.6Ma,这样的中央脊或山丘对磁异常贡献很大,而这些部位正好是最容易发育热液活动的部位。

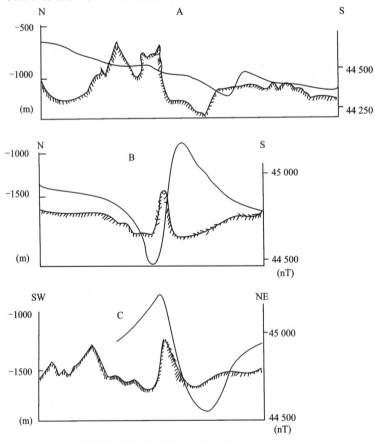

图 6-3-1 冲绳海槽中部热液活动区总磁场强度(据 Kimura et al,1986)
A.中央地堑西侧剖面;B.伊平屋脊西侧剖面;C.伊平屋脊东侧剖面

(二)现代海洋热液活动区地形环境特征

热液活动区的地形是一定构造环境的外在表征,总与大洋扩张脊、弧后扩张中心、离轴海山及板内火山等构造活动和近代岩浆作用强烈的环境相联系。从目前所发现的热液活动区所处的地形地貌来看,热液活动常出现在大洋高地形中的低洼部分,少数出现在低地形的较高部位。所谓高地形指大洋中脊和海底火山,火山喷发或岩浆侵入作用是热液活动出现的重要环境条件之一。而低地形指弧后盆地,构造拉伸扩张作用提供了热液活动需要的通道及物质来源。

总体说来,无论是在快速还是慢速扩张脊上,洋脊高地和火山口都是热液活动比较常见的地形地貌,但热液活动并非发生在洋脊顶部或火山口的最高处,而是在大洋中脊轴部地堑、火山口内壁的基部等地形较低处,有时轴裂谷中也发育类扩张脊型的低丘,热液活动区则位于这些低丘的侧坡或鞍部。而在慢速扩张脊,除火山地形外,裂谷两侧的基部和顶部或裂谷壁和断层的交会处也是热液活动发育的有利部位。此外,离轴海山的顶部和翼部、非转换断层区和三叉点交会区也是热液活动非常发育的潜在位置(Fouquet et al,1998)。

(1)快速扩张的洋中脊环境。快速扩张洋中脊上的热液活动从大的范围看,主要出现在两个主断裂之间的地形高地或是离轴海山上。从小范围看,取决于所处的地质构造背景:若处于火山喷发阶段,则热液活动发育于轴向火山口和熔岩湖处;若处于火山间歇阶段,热液活动发育于地堑断裂处。如在快速扩张的东太平洋海隆上,热液活动断续分布于长达数千千米的隆起带上,热液活动或热液沉积物主要分布在洋底扩张轴附近的轴部地堑、断块或断裂发育的扩张边缘带、轴部火山地形高地的脊部和翼部及地堑与海底高地的交会处。离轴海山也是很重要的热液地形,且较易形成大规模的热液沉积。Galapogas海脊的热液活动也主要出现在中央裂谷断层处。胡安德富卡海脊的热液活动也主要集中在扩张脊轴部有强烈岩浆活动迹象的地段,即扩张轴的高地形。

(2)慢速和超慢速扩张洋中脊环境。慢速扩张脊的典型地貌是两端有断裂带的深断裂,断裂中央发育的狭窄的新火山脊,常被几百个分散的轴火山或是离轴火山所切断。慢速扩张脊上的热液活动主要发育于火山脊的中央地形高地、洋脊裂谷的基部和翼部以及地堑壁顶部。如Snake Pit和Broken Spur热液活动区位于大西洋中脊轴顶新火山建造脊顶的透镜状地堑中;而Lucky Strike热液活动区则发育在裂谷中大的锥形火山顶峰间的洼地内和环绕顶峰的熔岩湖中的断裂内。超慢速扩张的印度洋洋脊上的热液活动区与洋脊、断裂和火山活动带密切相关,多分布在洋脊的顶部、翼部、中脊裂谷洼地、断层崖和海底火山、深海丘等地形上。

(3)火山岛弧环境。在弧后扩张盆地,热液活动主要出现在盆地扩张带中的断裂地堑、海岭和三联点附近的断裂带等地,但也与现代火山口地形有关。弧后盆地整体虽然为负地形,而热液活动主要出现在盆地中地形相对较高处。冲绳海槽的几个热液活动区主要集中于海槽的中央地堑中,且分布在火山口或火山脊的侧坡上,如南奄西热液活动区位于海底火山上,伊平屋热液活动区出现在新近形成的伊平屋火山脊上。马里亚纳海槽轴部的热液活动多出现在沿扩张中轴发育的火山口附近的断裂处和塌陷构造洼地中。劳海盆的热液活动主要集中于火山脊的顶部和翼部,离轴海山的顶部也广泛分布有热液成因的沉积物。岛弧环境下弧后扩张沿着洼地的轴部进行,而现代热液矿化作用出现在海底火山口内或岛弧海山上。

(4)沉积裂谷及热点环境。红海为典型的地堑式裂谷盆地,热液活动出现在盆地的扩张裂谷中轴与转换断层控制的不规则断陷盆地中,或是火山侵入轴带与转换断层相交处。热点环境的热液活动区主要出现在火山地貌单元的侧坡和顶部,地形起伏较小。

综上所述,大洋中脊环境的热液活动通常见于扩张轴部地堑、裂谷两翼斜坡的台形阶地上或断层崖上、中央裂谷中丘状地形的上部或翼部及火山口内壁的基部或顶部等位置。弧后扩张盆地的热液活动主要出现在盆地扩张带的断裂地堑、海岭、山脊侧坡及火山口附近的裂隙系统和塌陷构造洼地等部位。现代海底活动火山区热液活动主要出现在新火山脊顶部和底部的熔岩流前沿或断层处。

二、热液成矿作用中元素迁移富集机制

热液成矿作用的实质就是在其迁移的过程中发生了元素的高效率浓集。因此,它可以被看成是一部巨大的"地质机器",由自然动力而运转,主要功能是输运物质,结果使一些元素富集,另一些元素分散而形成大型的热液矿床,不仅需要高效率的富集机制,还需较长的持续时间。

1. 热液体系中硫的地球化学行为

硫是典型的半金属元素,其存在形式与介质氧化还原电位的高低关系密切。在热液流体中,随着溶液中氧逸度(f_{O_2})的不断增加,硫的变化规律为:

$$S^{2-} \longrightarrow S^{1-} \longrightarrow S^{0} \longrightarrow S^{4+} \longrightarrow S^{6+}$$
$$H_2S \longrightarrow FeS_2 \longrightarrow S \longrightarrow SO_2 \longrightarrow SO_4^{2-}$$

S^{2-}主要在还原条件下,由H_2S电解产生,在强还原环境下稳定,可与许多金属离子结合成硫化物,如黄铜矿($CuFeS_2$)、闪锌矿(ZnS)、磁黄铁矿($Fe_{1-x}S$)、方铅矿(PbS)、辉铜矿(Cu_2S),这些矿物的稳定范围比较广。

S_2^{2-}由两个带1价负电荷的硫离子组成,S-S离子间距为2.1埃(1埃$=10^{-10}$m),当硫离子结成对时,因发生共价键,每个原子需给出一个电子,因此S_2^{2-}较S^{2-}的氧化程度高,形成的硫化物主要为黄铁矿(FeS_2)。

S^0是中性分子状态的硫,在热液中一般不参与溶液中的离子反应。当溶液中大量磁黄铁矿被氧化为磁铁矿时,可产生自然硫S^0,反应方程式为:$2FeS+2O_2=Fe_3O_4+2S$。

S^{4+}多以SO_2形式存在,是较高氧化条件下的产物,如$3FeS+3O_2=Fe_3O_4+3SO_2$,在成矿热水溶液中,SO_2易形成不稳定的亚硫酸根:$H_2O+SO_2 \rightarrow H_2SO_3 \rightarrow H^+ + HSO_4^- \rightarrow 2H^+ + SO_3^{2-}$,$SO_3^{2-}$可以进一步与金属离子结合形成亚硫酸盐。

S^{6+}是S^{4+}更进一步氧化的产物。当溶液中出现SO_4^{2-}时,溶液变为酸性,对围岩发生强烈的侵蚀作用,使K、Na、Ca、Mg、Si、Ba等金属元素离子从围岩中迁移出来,进入溶液与SO_4^{2-}结合形成重晶石($BaSO_4$)、硬石膏($CaSO_4$)等矿物。

$$4SO_{2(溶液中)} + 4H_2O \rightarrow H_2S_{(溶液中)} + 3H_2SO_4$$
$$Ca^{2+} + H_2SO_4 \rightarrow CaSO_{4(固相沉淀)} + 2H^+_{(溶液中)}$$
$$Ba^{2+} + H_2SO_4 \rightarrow BaSO_{4(固相沉淀)} + 2H^+_{(溶液中)}$$

2. 热液体系中铜的地球化学行为

热液体系中的 Cu 主要来自上地幔和已冷却岩浆熔体的淋滤。在热液环境中,铜是典型的亲硫元素,它的亲硫性比铁强,但其亲氧性较铁弱。热液中 Cu 主要以氯的络合物及硫氢络合物如 $[Cu(HS)_3]^-$、$[CuS(HS)_3]^{3-}$、$[CuCl_3]^-$、$[CuCl_3]^{2-}$ 等形式迁移。在热液迁移过程中,随着条件的变化,络合物会分解产生 Cu 的沉淀。随着介质条件不同,特别是 Fe、O、S 的浓度差别,可以使 Cu 沉淀出不同的矿物组合(图 6-3-2)。在温度高,深度大时,H_2S 分解少,硫离子浓度低,活动氧更少,此时 S 居次要地位,所以早期形成单硫铁铜矿物:磁黄铁矿和黄铜矿。后期温度渐低,硫浓度增高,形成黄铁矿和铜蓝。其变化顺序如下:

方黄铜矿	—	黄铜矿	—	斑铜矿	—	辉铜矿	—	铜蓝
$Cu^{2+}Fe_2S_3$		$Cu^{2+}Fe^{2+}S_2$		$2Cu_2^+S \cdot Cu^{2+}FeS_2$		Cu_2^+S		$Cu_2S \cdot CuS_2$
Cu:Fe=1:2		Cu:Fe=1:1		Cu:Fe=5:1		Cu:Fe=1:0		
Cu^{2+}		Cu^{2+}		$Cu^{2+}+Cu^+$		Cu^+		
单硫		单硫		单硫		单硫		对硫

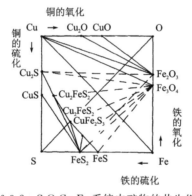

图 6-3-2 S-O-Cu-Fe 系统中矿物的共生组合

随着温度、深度降低,活动氧的作用逐渐代替硫而居主导地位,Fe^{2+} 变 Fe^{3+},并被氧从 Cu、Fe 硫化物中夺去。由斑铜矿和磁铁矿组合最终变为辉铜矿和赤铁矿组合(反应 5),完成了高铁氧化物和低铜氧化物的分离过程。铁与氧的亲和力强于铜与氧的亲和力,而铜与硫的亲和力比铁与硫的亲和力强,因此 Fe^{2+} 氧化成 Fe^{3+} 愈多,则从铜铁硫化物中分出的 Fe 就愈多,形成 Fe 的氧化物也愈多。而 Cu 则留在硫化物中形成贫铁直至无铁的硫化物。所以随着氧化作用的加强,Cu、Fe 因与硫、氧结合的倾向不同而逐渐分离,最终 Cu 以什么形式沉淀析出与 Fe、S 的浓度以及体系氧化还原条件有密切关系。

反应 1:$Fe + 2S = FeS_2$(黄铁矿)

反应 2:$Cu + FeS_2 = CuFeS_2$(黄铜矿)

反应 3：$5CuFeS_2$(黄铜矿)$+11CuSO_4+8H_2O=8Cu_2S$(辉铜矿)$+5FeSO_4+8H_2SO_4$

反应 4：$2Cu_2S \cdot CuFeS_2$(斑铜矿)$+3O_2=3Cu_2S$(辉铜矿)$+Fe_2O_3$(赤铁矿)$+3SO_2$

反应 5：$2Cu_2S$(辉铜矿)$+O_2+2H_2SO_4=2CuS$(铜蓝)$+2CuSO_4+2H_2O$

3. 热液体系中铁的地球化学行为

铁是地壳中克拉克值最大的元素之一，具亲铁、亲硫、亲氧的三重属性。亲铁性表现为在地核中呈 Fe-Ni 互化物产出。亲硫性和亲氧性因外界物理化学条件的不同而各有表现。在氧化、O/S 比值高的介质中铁显示亲氧性，在强氧化的条件下形成赤铁矿，在中等氧化的条件下形成磁铁矿，如果氧化还原电位发生变化，已生成的矿物可以互相转化。在还原和 O/S 比值低的介质中，铁呈 +2 价，显示亲硫性，它与硫结合形成陨硫铁、磁黄铁矿、黄铁矿、白铁矿等几种主要矿物。在硫化物中，Fe^{2+} 可以与 Cu^{2+}、Co^{2+}、Ni^{2+} 进行类质同象置换；Fe^{3+} 可以与 Al^{3+}、Cr^{3+}、V^{3+} 进行类质同象置换。

酸性溶液中铁主要以 Cl、F、B、P 的络合物和简单化合物的形式搬运。卡里宁(1968)利用热力学参数，计算出 Fe-H_2O 体系中，Fe 在 25℃ 和 300℃ 时存在形式的 pH-Eh 图(图 6-3-3)。从该图中可以看出，25℃ 时 Fe^{3+} 只有在溶液中 pH<2.19 时稳定；300℃ 时 Fe^{3+} 稳定区变得更小，并且要求 pH<0.001 才能稳定，说明 Fe^{3+} 在高温热液中极不稳定。特别是热液演化到中、低温阶段时，随着 CO_2 和 S 的逸度增大，铁主要和硫结合形成各种硫化物。

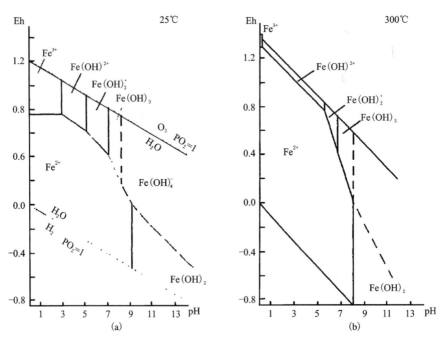

图 6-3-3 Fe-H_2O 体系中铁存在形式的 pH-Eh 图(据卡里宁，1968)

(a)标准状态下；(b)温度 300℃ 时

4. 热液体系中锌的地球化学行为

热液作用中锌可以来自岩浆,岩浆冷却过程中氯等矿化剂可将锌由岩浆中带出形成富锌的热液,而热液对围岩的淋滤改造可以使锌进一步富集。

热液作用中的锌除了主要形成闪锌矿外,由于火成岩脉侵入到热液交代的闪锌矿矿床中,或因晚期热液活动,可形成一些含锌的硅酸盐矿物。热液作用中形成的闪锌矿经常含有较多的金属元素,普遍含有 Fe^{2+},其含量也较其他成分多。因为一些热液含铁矿物(黄铜矿、黄锡矿等)具有与闪锌矿相同的四面体构造,且在四面体构造中 Fe^{2+} 和 Zn^{2+} 的半径相等,故 Fe^{2+} 在闪锌矿中交代 Zn^{2+} 的能力较其他元素强。此外闪锌矿中还常含有 Mn、Co、Ga、Ge、In、Tl、Sn、Ag、Hg、Cd、Sb 等元素。这些杂质元素的种类及含量的多少与闪锌矿的成因关系密切,一般高温条件下形成的闪锌矿含 Co、Fe、Mn、Sn;中温条件下形成的闪锌矿含 Cd、In、Ga;低温形成的闪锌矿含较多量的 Sb、Tl、Ge、Ag、Hg 等。因此,研究闪锌矿中的杂质元素可以大致估计矿床的形成温度。

三、海洋热液类型与成矿机理

(一)海洋热液类型

海洋热液的温度各不相同,其变化可分为高温型、中温型和低温型 3 种。

(1)高温型。即黑烟囱型,是迄今所观测到的温度、活跃度均最高的海洋热液。由于喷出口水中含有硫化物沉淀而变成黑色烟雾状,其溢口温度高于 350℃,但流速较小,一般为 1~5cm/s。如东太平洋海隆水深在 2620~2700m 处,喷口水温可达 380±30℃;加拉帕戈斯断裂带水深在 2600m 处的热液喷口温度可达 350~400℃。

(2)中温型。即白烟囱型,热流体中因含白色沉淀物而变得浑浊,其流速为 10~15cm/s。各种形态烟囱状流出的热液温度一般都在 100~300℃之间,如日本伊豆-小笠原断裂水深在 900m 处,热液溢口温度为 293℃;加利福尼亚北部 Agua Blanca 断裂带水深在 25~30m 处,热液水温为 102℃。在白烟囱溢口附近的水体中可形成 CH_4 或 ^3He 的羽状流。

(3)低温型。热液温度一般 10~20℃,具有清澈透明到稍有浑浊的热液流体,流速在 1~3m/s。如东太平洋海隆东北部热泉温度为 5~20℃;另一水深在 1980~2140m 处,热液溢口水温为 9.9℃;加拉帕戈斯断裂带水深 200~250m 的轴部喷口水温为 7~12℃。

(二)海洋热液成矿机理

1. 海洋热液烟囱物的成因机理

海洋热液烟囱物的成因机理,因涉及外营力和多种作用因素,目前尚处于探索的研究阶段。通常认为,海洋热液硫化物是热液水溶离洋底玄武岩,在热液喷溢口附近产生的硫化物沉淀和堆积。海水沿扩张裂隙下渗在成矿过程中起了重要作用,形成了酸性的、具强溶蚀能力的高温热水,并受深部热力加温,在对流循环的上涌过程中溶离出玄武岩中的大量金属元素,并以热液或蒸汽状态喷出海底进入海水中。在高温体系内,岩石中的硫酸盐被还原成

H_2S 或 HS^-，促使铜、铅、锌等硫化物在热液通道及喷口周围迅速冷却、沉积，逐渐堆积形成块状热液多金属硫化物矿床(图 6-3-4)。

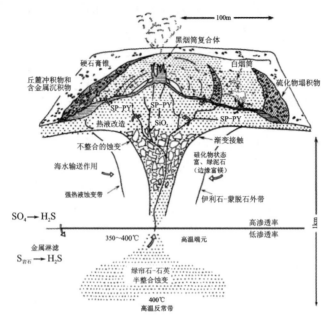

图 6-3-4　海洋热液机构和海底硫化物矿床主要组分示意图(据张立生,1999)
箭头示海水(空心)和热液流体(带点)的流动路线。在海水热液循环过程中，SO_4^{2-} 以硬石膏的形式沉淀出来或还原为 H_2S，热液流体中的还原硫主要从岩石中淋滤出来(SP.闪锌矿、PY.黄铁矿、CP.黄铜矿)

P. A. Rona(1982)根据扩张中心的扩张阶段和相应的海洋循环条件，总结出 3 种成因机理。

(1)层状硫化物，为海盆裂开早期，即慢速扩张时期在封闭的海洋循环条件下，形成的以红海 AtlantisⅡ海渊为代表的热液多金属泥。一般认为这种软泥是通过正常海水在盐岩和石膏等蒸发岩基底中向下淋滤形成高盐卤水后，逐渐向下渗透，随地热温度增加而被加热并进入红海中央裂谷轴部的高温地区，最后从火山岩中淋滤出金属沉淀而形成的。

(2)浸染状和网脉状硫化物，是原始热液在海底高温(高于 350℃)、酸性循环下与通过慢速扩张洋壳断裂渗入的冷的、碱性的正常海水混合后，遭受还原的产物。大西洋中脊和西北印度洋卡尔斯伯格(Carlsberg)海岭就是此种热液的产地。在大西洋中部的海底扩张脊和东太平洋海隆也发现有海洋热液多金属矿；在东中国海的冲绳海槽和西太平洋的马里亚纳海槽中也发现了含铜、铅、锌、铁、金、银等多种金属的海洋热液矿床。

(3)块状硫化物，是高温、酸性的原始热液直接从玄武岩裂隙溢口喷入正常海水中沉淀堆积而成的。它是迄今为止发现最多的类型，以快速扩张的东太平洋海隆轴部热液区最为典型。此外，胡安德福卡海脊、加利福尼亚湾多金属硫化物及土丘沉积物、东印度洋海脊喷出物等都是块状硫化物堆积的实例。这类烟囱物也是含铜、锌、铅、铁、银等金属和贵金属最富的热液产物，因此是最具商业价值的热液硫化物种类。

2. 海洋热液成矿产状与规模的影响因素

(1)集中喷溢。热液的集中喷溢有利于形成较大规模的热液矿床,而以热液羽状流向外扩散的热液流体由于在开放海域与海水的快速混合、稀释,97%的金属总量扩散到海水中,不利于形成大型矿床。在快速扩张洋脊岩浆和热量供给最强烈的区域性地形高地上,上升流带相对狭窄,热液沉积集中,却易受频繁的构造与火山活动的侵扰,沉积规模较小。在离轴的海山和稳定的破火山口系统中,热液沉积体系比较稳定,可形成大型硫化物矿床。在慢速扩张洋脊上,大量的喷发中心出现于新火山脊附近,由于构造活动较弱,单期和多期的热液活动集中于喷发中心和新火山脊透镜状地堑的最宽部位,从而出现大型的、成熟度高的热液硫化物矿床。而区域性裂谷断层为热液流体在新火山脊的高地貌处提供了长期通道,沿主要断层热液流体的集中排放可形成块状硫化物丘(崔汝勇,2001)。

(2)断层或岩石的渗透性。在非渗透性的火山岩层中,如块状熔岩流中,大部分流体只能沿着大型断层流出。这种情况通常发生在洋脊轴部裂隙集中的部位,在快速扩张脊上沿断层面的弥散排放形成小型、成行的不断迁移的烟囱;而在对流系统稳定的慢速扩张脊上极有可能形成大型丘状沉积。对流系统上部有两种情况会导致岩石渗透率增加:①断裂和熔岩的角砾化;②火山岩的可渗透性。构造活动末期的快速扩张脊上,地壳严重破裂,具有高渗透性,这种结构为高温上升热液流和低温下降海水提供了大量的通道,导致热液沉积多且小。在慢速扩张体系,渗透性要弱得多,热液排放比较集中,热液沉积的规模大。

在可渗透火山岩层中,如火山碎屑物质或高孔隙度的火山岩分布区,热液流不够集中。这种情况常见于火山岩的孔隙度和角砾化程度较高的长英质火山岩环境。由于洋脊表面缺少断层,所以热液流体在可渗透的多孔火山岩中与冷海水混合,沿着渗透性岩石中的弥散排放就会形成浸染状硫化物/氧化物沉积,而不形成热液丘状体。

(3)硫化物烟囱体和非渗透性盖层圈闭。当热液系统上部有一个由 SiO_2、碳酸盐层、硫酸盐层、Fe/Mn 结壳或一系列的熔岩流组成的非渗透性岩层时,就会起到物理盖层和化学障的作用。渗透率较低的盖层的圈闭作用使得液体在高温下滞留的时间加长,进行反应的岩石总量增多,提供了热液沉淀的良好空间(吴世迎等,1995)。

丘体本身圈闭:硫化物烟囱生长到一定高度,倒塌形成烟囱碎屑丘堤,随后又有新的烟囱体在丘堤上生成,再倒塌,再生成,旧系统被密封起来,热液活动仅被局限在硫化物丘体内,出现有限混合,并沉淀出大量金属。

洋脊上覆沉积物圈闭:有无沉积物覆盖,基底是沉积岩还是火成岩,都会影响热液活动区喷出流体和热液沉积物的地球化学特征,如喷口流体的温度、pH 值和 H_2S 含量等。沉积物中的有机质也会对热液沉积物起还原作用。如有沉积物覆盖的 Guaymas 海盆热液活动区内上升的热液端元流体与沉积物相互反应,金属强烈亏损,在沉积物层中形成很厚的硫化物矿体。

不渗透层圈闭:盖层可能是硅质层、碳酸盐层或硫酸盐层,也可能是一系列的熔岩流。高渗透性岩石(火山角砾岩和构造角砾岩)上不可渗透岩盖(硅质)的存在,也有利于在洋壳内形成大型沉积矿床。如在中大西洋洋脊上的 Lucky Strike,一层 SiO_2 成为上升流的障碍层

(Fouquet et al,1998)。Lau 弧后盆地中,热液流体弥散排放形成 Fe/Mn 或 Si 壳,Fe/Mn 壳层成为具有高渗透性的火山碎屑角砾岩的盖层,其下方不断形成大规模硫化物矿床(Fouquet et al,1993;崔汝勇,2001)。

(4)沸腾作用与水深。高温热液流体在浅水中可能发生沸腾作用,使盐度升高、金属元素富集、H_2S 亏损,在洋壳中形成网脉状矿化带,而在表面只形成低温贫金属矿化带。若在深水环境中发生相分离,富气流体金属含量很低,表层沉积物以重晶石与硬石膏为主,而剩余的高密度卤水则在海底表面形成丰度很高的金属沉积。Binns et al(1993)认为 Woodlark 弧后盆地中存在的大型硫化物网脉状矿床,或者与沸腾作用有关,或者与地质圈闭下限制性混合作用引起的硫化物沉淀有关。

(三)热液烟囱体生长历史

现代海洋热液硫化物烟囱体的生长历史相当复杂,它包含多阶段的矿物沉淀、加热、冷却、喷口封闭和发育新的喷口等一系列过程(Graham,1988)。目前对烟囱体的生长模式主要有 3 种划分依据:一是根据烟囱体的矿物组合;二是根据烟囱体内硫同位素的特征;三是根据矿物的年代学进行烟囱体生长顺序的研究(刘长华等,2006)。研究表明,热液烟囱体的生长总体分为硫酸盐和硫化物两个主要的生长阶段(Haymon,1983;Tivey,1986,1999)。另外,热液硫化物的形成有两个同时发生的作用机制:热液流体和冷海水的混合溶液沉淀以及烟囱壁早期矿物的交代和重结晶,这两个作用机制贯穿烟囱体的整个生长过程(Goldfard,1983;Hekinian,1983;Tivey,1986)。

(1)硫酸盐生长阶段。最初烟囱体的生长始于硬石膏和少量硫化物的快速沉淀。喷发出来的酸性热液流体(富含 Ca^{2+})与相对碱性的冷海水(富含 SO_4^{2-} 及 Ca^{2+})接触,海水被加热,当混合流体温度大于 130℃时,流体中 $CaSO_4$ 过饱和,快速沉淀硬石膏晶体。同时,伴随硬石膏沉淀的还有少量细粒磁黄铁矿、黄铜矿、黄铁矿、纤锌矿等硫化物。因此,在烟囱体的硫酸盐生长阶段,硬石膏和少量硫化物的快速沉淀形成一个渗透性的烟囱壁(Goldfard,1983;Hekinian,1983;Tivey,1986)。硬石膏组成了烟囱壁的主体,作为基质胶结其他的矿物,使烟囱体分别向上和向外两个方位生长。此生长阶段的主要特点是喷出的热液流体因烟囱体的未成形,可以直接与周围大量的海水相混合。硬石膏烟囱壁的功能相当于热液和海水间的局部屏障,限制它们之间的混合。雏形烟囱体内的磁黄铁矿不稳定,会被后期黄铁矿、白铁矿等硫化物交代。由硬石膏组成的硫酸盐型烟囱体是该生长阶段的代表烟囱体。

(2)硫化物生长阶段。硬石膏胶结的烟囱体达到一定规模后,喷出的高温热液流体要经过一段烟囱壁的降温后再与大量的海水混合,到了烟囱体生长的硫化物阶段。此时,Cu-Fe-Zn 硫化物开始在烟囱内各个方向沉淀并交代硬石膏。这个沉淀过程可细分为早、中、晚 3 个阶段。

硫化物生长早期阶段,热液流体通过烟囱壁孔隙或溶解烟囱壁硬石膏向外流动,少量的冷海水也通过烟囱壁孔隙向内部流动,二者在烟囱壁外部接触,淬火沉淀出树枝状向外生长的纤锌矿、黄铁矿和白铁矿。同时,烟囱体向上生长,烟囱体高度增加。随着硫化物不断在烟囱壁外侧沉淀,烟囱体外部孔隙度减小,流体在烟囱壁的混合速度减缓,热液流体在外部内侧将早期矿物溶解,进而重结晶形成在更高温度下稳定的矿物组合。烟囱体外部内侧,常见部分早期他形或树枝状的黄铁矿、纤锌矿被改造,生成粗颗粒的自形黄铁矿和六方纤锌矿。纤锌矿型烟囱体为此生长阶段的代表烟囱体,其外部沉淀出方铅矿,随后进入烟囱体生长的衰减期阶段。

硫化物生长的中期阶段,烟囱体的生长不只是向外和向上生长,由于硫化物替换内壁的硬石膏形成的沉淀使得烟囱体也向内生长,烟囱体的流体通道逐渐变得狭窄。烟囱壁中的裂隙和空洞逐渐被阻塞,从而阻止了海水向烟囱壁内部入侵。由于缺乏充分的对流冷却,成矿流体温度升高,还原性增强,沿通道内壁热液流体直接沉淀和交代 ZnS、FeS_2 沉淀黄铜矿,形成一圈致密的黄铜矿带。通道内硫逸度、氧逸度和 pH 更低,沉淀出方黄铜矿或固溶体,形成黄铜矿型烟囱体。磁黄铁矿自始至终都可以从高还原性的热液流体中沉淀,富 Fe 流体在通道内壁沉淀出磁黄铁矿层,形成磁黄铁矿型烟囱体。随后,黄铜矿型烟囱体、磁黄铁矿型烟囱体进入衰减期阶段。

硫化物生长的晚期阶段,即烟囱体的衰减期阶段。流体流速减缓,热液矿物在通道内部的沉淀超过了矿物的溶解速率,沿烟囱体内壁淬火生成刀片状、树枝状含黄铜矿包体的纤锌矿。部分矿物与流体作用发生氧化,在黄铜矿带生成斑铜矿和铜蓝等硫化物。此阶段后期,烟囱体外壁温度下降到小于100℃,硬石膏逐渐被海水溶解,无定形硅作为最后充填烟囱壁裂隙、空洞的矿物固结着烟囱壁。

(四)热液烟囱体生长的影响因素

海洋热液烟囱体的生长受到热液本身、时间尺度及周围环境等多种因素的制约。其中,影响烟囱体生长的主要因素有流体成分和流速、温度、氧化还原条件和 pH 等(Graham,1988;Hannington,1995;Janecky,1984;Tivey,1995)。生物作用对烟囱体的生长可能也具有一定的贡献。

(1)流体成分和流速。流体成分是控制烟囱体类型的前提条件,不同成分的热液流体形成的烟囱体类型也具有明显的差异。流体流速对烟囱体的分带位置及其形貌有重要影响。当流体流速很快时,烟囱体呈放射状向外生长,还原性高温流体侵入烟囱壁内,造成一些高温矿物(例如黄铜矿)沉淀在烟囱体中部,烟囱体的流体通道具有明显空洞。当热液流体流速减弱时,矿物沉淀速率大于矿物溶解速率,促使矿物沉淀在通道内,可见一些中低温矿物出现在烟囱体内部(例如白铁矿、方铅矿等)。当烟囱体成熟度很高时,烟囱体的流体通道会被多金属软泥充填堵塞,但烟囱体会发育更多的侧向通道供热液流体流动,形成复合烟囱体。

(2)温度。温度是控制烟囱体沉淀类型的直接因素。例如,流体中 Cu 元素在小于300℃时不具活动性,对于流体成分相同(富 Cu、Fe、Zn 金属元素)的两个热液喷口,中低温喷口的 Cu-硫化物可能沉淀在烟囱体下的块状硫化物矿床中,只能形成纤锌矿型烟囱体;高温喷口的 Cu-硫化物则能沉淀在烟囱体内部,形成黄铜矿型烟囱体(吴雪枚,2007)。温度梯度变化主要影响烟囱体的矿物分带。在不考虑流体流速影响的情况下,从烟囱体外壁向通道中央,随含矿热液温度逐渐增加,形成明显的温度梯度,依次沉淀低温、中温、高温矿物带(Rona,1993)。例如,黄铜矿型烟囱体外壁沉淀白铁矿、胶黄铁矿、重晶石、无定形硅等低温矿物组合

(<200℃);往内沉淀中温黄铁矿、闪锌矿/纤锌矿带(200～300℃);烟囱体内壁沉淀高温黄铜矿/方黄铜矿带;随着烟囱体成熟度的提高,烟囱体向内生长,流体通道内部沉淀晚期刀片状、树枝状纤锌矿(Graham,1988)。

(3)氧化还原条件。热液流体氧化还原条件的变化也是影响烟囱体矿物分带的重要原因。磁黄铁矿的沉淀只是热液流体的简单冷却,其生成和保存要求充分还原性环境,故磁黄铁矿常出现在黑烟中和烟囱体内壁。黄铁矿的形成则需要多硫核素(H_2S_2)的参与,而流体中 H_2S_2 的含量远远低于 H_2S 的含量,黄铁矿沉淀所需的 H_2S_2 要经过 H_2S 的氧化和海水中 SO_4^{2-} 的还原产生(Ohmoto,1988)。因此,黄铁矿主要存在于烟囱体中部或外部。胶黄铁矿、草莓状黄铁矿和白铁矿薄层形成所需的 H_2S_2 还可通过细菌与管状虫的新陈代谢作用来实现,因此这些矿物大多沉淀在烟囱体外壁。

(4)pH值。pH的改变对烟囱体中早期矿物的改造起着重要作用。胡安德福卡海脊 Endeavour 段喷口流体的 pH 通常为 3.4～5.6(Seyfried,2003)。热液流体的 pH 越小,Fe、Cu、Zn 等元素的溶解度就越大,早期生成的硫酸盐、中低温硫化物等容易被酸性流体溶解,然后重结晶生成在高温、酸性条件下的稳定矿物,例如磁黄铁矿、方黄铜矿等。

(5)生物作用。生物活动对硫化物烟囱体外壁矿物的沉淀具有一定的作用。烟囱体外壁通常存在大量的管状蠕虫(图 6-3-5),其壁上及内部充填了白铁矿、胶黄铁矿、闪锌矿和无定形硅等矿物。在适宜温度(<200℃)和 pH(>4.5)条件下,生物优先沉淀白铁矿、胶黄铁矿、闪锌矿等矿物(Goldhaber,1987;Murowchick,1986)。当然,生物群落的构建可能需要一定的时间,因为在生长仅15天的硫酸盐型烟囱体上没有发现生物生长的痕迹。

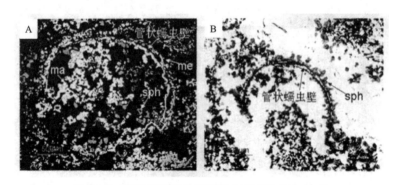

图 6-3-5　烟囱体外壁的管状蠕虫壁(据吴雪枚,2007)
A.管状蠕虫壁及内部沉淀的白铁矿、胶黄铁矿和闪锌矿,反射光照片;
B.管状蠕虫壁上沉淀的闪锌矿,单偏光透射光照片

四、海洋热液矿产资源的成矿模式

1.热液对流循环系统

研究发现,洋壳内的热液活动非常普遍。热流值最高、热液活动最强烈的地区明显受大地构造与火山活动的控制,大洋中脊与地幔热点区是海底金属硫化物的沉淀场所。海水对流循环模式能有效地解释大洋中脊与洋壳生长等相伴的高热流异常及洋中脊的金属硫化物矿

床,并逐渐成为各种构造背景下块状硫化物矿床成矿模式的基本内容(图 6-3-6)。

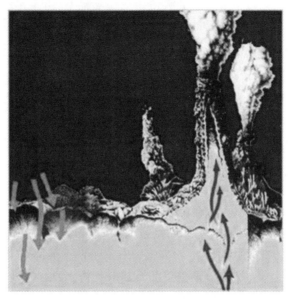

图 6-3-6　海水对流循环系统模式图

2. 流体来源

流体来源是与热液循环系统密切相连的一个问题。由于块状硫化物矿床形成于海底环境,因此不论是简单的对流循环模式还是双扩散对流模式,海水都是流体最为重要的组分,但海水是否是唯一的流体来源却是争论的焦点。

Ohmoto 等在研究日本黑矿时发现矿石中流体包裹体的 δD 和 $\delta^{18}O$ 值、盐度与正常海水非常相近,因而认为成矿流体来自海水。海水在深部循环通过火山岩时获得了金属元素和硫等成分。后来的研究发现,成矿流体的 $\delta^{18}O$ 普遍是高正值,特别是前寒武纪块状硫化物矿床成矿流体的 $\delta^{18}O$ 高达 5‰~9‰(如加拿大 Kidd Creek 矿床)。现代海洋热液流体中也有类似情况,如冲绳海槽成矿流体 $\delta^{18}O$ 为 8‰~9‰。对于这种高 $\delta^{18}O$ 值,有人认为是岩浆水的参与,但 Ohmoto 等认为用海水与火山岩间的反应也能解释。对现代海洋热液流体的对比研究表明,太平洋、大西洋与印度洋各处热液喷口的流体组成,与性质均非常一致,再次证明了海水在流体组成中占据主导地位。

3. 成矿物质来源

Ohmoto 等认为还原海水硫酸盐和岩浆硫是硫的两种主要来源;岩浆硫可直接来源于岩浆喷气或从火山岩淋滤出来。但各热液活动区硫酸盐矿物的硫同位素组成主要为 19‰~24‰,海水在其中起主导作用,而硫化物的硫同位素组成多集中于 1‰~9‰之间,不同热液区乃至同一热液矿床中有较大的差异,且硫化物与硫酸盐间的同位素分馏程度也不同,可见各矿床中硫源各异,获取方式也根据具体地质条件而异。例如有机质丰富的地层应多考虑生物还原作用,而有膏盐层的地区应考虑其物质溶解对硫源的贡献。综上所述,现代海洋热液沉积物中硫化物的硫源可大致分 3 种类型:以火成岩来源硫为主,并有海水来源硫部分的加入;以沉积物来源硫为主,并有海水来源硫和有机还原硫的加入;以火山岩来源硫和沉积物来源硫的混合硫为主,并有海水来源硫的部分加入。

对于成矿金属的来源主要有两种看法:含矿围岩及其下伏基底物质的淋滤,以及深部岩浆房挥发分的直接释放。一般认为,在有沉积物覆盖的洋中脊,热液沉积物的形成除了与深部岩浆活动有关外,沉积物也为海洋热液成矿提供了部分甚至是主要的物质来源,而在无沉积物覆盖的洋中脊,洋脊玄武岩是成矿金属的主要供应者。在弧后盆地环境,有关热液沉积物来源的问题可能更为复杂。

4. 生命活动与金属富集

嗜热硫还原性细菌与生物群落的存在可能对金属硫化物矿床的形成具有一定的作用,生命活动可能会促进海水硫酸盐还原与热液流体中金属元素的积聚。研究证实,低温条件下的细菌作用能使硫化物很大程度地富集。尽管高温热液条件下细菌作用可能会有差异,但微生物成矿作用仍然可能发生,如冲绳海槽中重晶石相对比海水富集重硫,表明海水硫酸盐发生过部分还原,很可能与硫杆菌属细菌的作用有关。

"黑烟囱"中的生命群落与陆地-浅海光合作用为基础的生命体系有根本区别,它们形成以嗜热硫还原细菌为基础生产力的食物链,构成一个自养自给的共生系统,目前认为海洋热液是其营养物质的初始来源。DNA 研究表明,这些在热液活动的极端条件(通常为高温、高压及一定酸性条件)下生存的微生物很可能是已知最古老生命的孑遗,有助于了解地球生命的演化与起源。"生命起源于黑烟囱"是一个很有吸引力也极具挑战性的假说。

综上所述,现代海洋的热液成矿作用可以概括为如图 6-3-7 所示的模式。

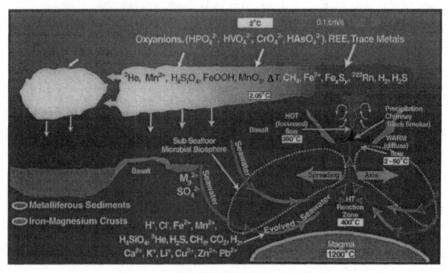

图 6-3-7 现代海洋热液循环与成矿模式

本章小结

(1) 海洋热液矿床是指由海洋热液成矿作用形成的矿床,它富含 Cu、Pb、Zn、Au、Ag、Mn、Fe 等多种金属元素,通常以块状硫化物、多金属软泥和金属沉积物形式产出。现代海洋热液硫化物堆积的过程实际是烟囱生长、倒塌堆积和热液流体在其开放空间内充填与交代的过程,因此,热液烟囱体具有明显的矿物分带现象。海洋热液矿产资源的特点:分布广泛、规律明显、易于发现;与多金属结核相比,赋存水深较浅;富含多种有用矿物和贵金属;堆积成矿速度快、形成时间短;易于开采和冶炼等。海洋热液活动及热液沉积最初发现于红海,我国的海洋热液活动调查起步较晚。当今热液活动研究依然是更大规模地加速对热液活动及硫化物资源的研究。

(2) 海洋热液矿床资源分布特征:现代海洋热液矿床分布范围广,分布水深较浅,范围集中,品位富;在构造背景上,主要分布于洋中脊、弧后盆地和裂谷盆地等构造环境中。其中,洋中脊环境包括中脊侧翼、轴裂谷、轴海山、转换断层、断块与洋脊交会处及离轴海山;弧后盆地环境包括弧后扩张中心、弧后盆地内火山、岛弧火山及弧后裂谷等。

(3) 现代海洋热液活动产出于多种构造环境中,如快速和慢速扩张的洋中脊、与俯冲带相关的弧后环境、轴脊和离轴的火山和海山、靠近大陆边缘的沉降裂谷带以及板内热点等处,并存在明显的地壳热流异常、地震活动频繁和地磁异常的特征。海洋热液的温度各不相同,其变化可分为高温型、中温型和低温型3种。热液烟囱体分为硫酸盐和硫化物两个主要的生长阶段,其生长受到流体成分和流速、温度、氧化还原条件及 pH 等因素影响和制约。

思考题

1. 简述海洋热液矿床的概念。
2. 简述海洋热液矿床的特点。
3. 简述 Bonatti 的海洋热液矿床分类。
4. 试分析海洋热液矿床分布的一般特征。
5. 简述太平洋区海洋热液矿床的分布特征。
6. 简述现代海洋热液活动区的大地构造背景。
7. 试分析海洋热液沉积矿床产状与规模的影响因素。
8. 简述热液烟囱体的生长历史及其影响因素。
9. 试分析海底硫化物矿床中成矿物质的可能来源。

第七章　海洋油气资源

石油和天然气作为重要的能源资源,对人类社会生活各个方面具有重要的意义。海底油气勘探和开发已有近半个世纪的发展历史,而我国海洋油气勘探起步较晚。中国拥有 $300 \times 10^4 km^2$ 的蓝色国土,大陆架面积约 $140 \times 10^4 km^2$。中国内地近海含油气盆地有 10 个,它们自北而南分别是渤海盆地、黄海盆地、东海陆架盆地、台西盆地、台西南盆地、珠江口盆地、琼东南盆地、北部湾盆地、莺歌海盆地和中建南盆地。中国南沙海域也存在万安、曾母、文莱-沙巴、巴拉望、北康、南薇西、南薇东和礼乐 8 个以新生代为主的沉积盆地,这些沉积盆地蕴藏着丰富的油气资源。因此,海洋油气资源是我国海洋重要的能源矿产资源。

第一节　海洋油气资源概述

一、海洋油气资源的概念、特点及分类

(一)海洋油气资源的概念

海洋油气资源是指由地质作用形成的具有经济意义的海底烃类矿物聚集体,主要指海洋石油和天然气,除此之外,还包括海底页岩气、煤层气等。随着全球油气需求的快速增长和陆上油气资源危机问题的日渐突出,海洋油气资源无论对整个石油工业,还是对未来经济的发展,都有非常重要的意义。世界海洋蕴藏着极其丰富的油气资源,其石油资源量约占全球石油资源总量的 34%。

(二)海洋油气资源的特点

1.分布特点

世界海洋油气与陆上油气资源一样,分布极不均衡。海洋油气资源主要分布在大陆架,约占全球海洋油气资源的 60%,但大陆坡的深水、超深水域的油气资源潜力可观,约占 30%。在全球海洋油气探明储量中,目前浅海仍占主导地位,但随着石油勘探技术的进步将逐渐进军深海(水深小于 500m 为浅海,大于 500m 为深海,1500m 以上为超深海)。巴西近海、美国墨西哥湾、安哥拉和尼日利亚近海是备受关注的世界四大深海油区,几乎集中了世界全部深海探井和新发现的储量。

2. 勘探开发特点

海洋油气勘探开发是一项高风险、高技术、高投入的系统工程,主要有以下几点。

一是海洋油气的勘探开发有限期性。海洋油气勘探开发首先要经过海洋地质研究和海洋物理勘探,以确定海底地质构造,油气生成条件,油气藏的深度、面积等,其后再进行钻井井位确定,编制可行性研究报告。相对于陆上油气开发,海洋油气勘探开发的进度要更快,采油速度更高,且需达到最佳的经济效益。

二是海洋油气开发具有高风险性。首先,海洋油气的勘探开发环境复杂。海上环境恶劣、地质条件复杂、极端天气频现,随着水深的增加,开发难度也逐渐加大。海水受风、浪、流的影响还会对海上钻井平台产生冲击。其次,海洋油气勘探开发的投资回报风险高。海洋油气勘探开发的投资巨大,其建设成本和生产成本都需大量资金投入,每口勘探井的成本比陆地上高3~10倍,若海上勘探井并无开采油气价值,高投入将得不到任何回报。

三是海洋油气勘探开发的复杂性。海洋中海水汹涌,随着水深的增加,勘探开发的难度也不断增大,许多陆地勘探技术和方法都受到限制,必须使用最先进的科学技术。如海上钻勘探井和开发井须采用专门的钻井平台,海上采油与集输也要采用高技术性能的采油、集输工艺与装备,如各类生产平台和海底采油装置等(张蕾,2017)。

(三)海洋油气资源的分类

1. 石油

石油又称原油,是从地下深处开采的棕黑色可燃黏稠液体,主要是各种烷烃、环烷烃、芳香烃的混合物。它是古代海洋或湖泊中的生物经漫长的演化形成的混合物,与煤一样属于化石。

(1)成分。

元素组成:主要元素(C 84%~87%,H 10%~14%,O+N+S 1%~4%)、微量元素。

馏分组成:轻馏分(石油气、汽油),中馏分(煤油、柴油、重瓦斯油),重馏分(润滑油、渣油)。

化合物组成:饱和烃、芳烃、角质、沥青质。

石油没有固定的化学成分和物理常数。

(2)物理性质。

颜色:透射光下,浅黄色、褐黄色、褐色、浅红色、棕色、黑绿色和黑色。颜色与胶质和沥青的含量有关,含量愈高,颜色愈深。

密度:$0.75\sim0.93\text{g/cm}^3$,随分子量和胶质、沥青含量的增大而增大。

黏度:取决于化学组成、温度和压力。

溶解性:可溶解于多种有机溶剂,在水中溶解度很低,但随水中CO_2和烃气的含量增加,溶解度明显增加。

凝固性:无明确凝固点,凝固温度与含蜡量和烷烃碳原子数呈正相关。

导电性:基本是绝缘体。
荧光性:紫外光照射下发荧光,颜色随非饱和烃含量及其分子量增加而加深。芳烃呈天蓝色,胶质呈黄色,沥青质呈褐色。

2. 天然气

天然气是指天然蕴藏于地层中的烃类和非烃类体的混合物,主要存在于油田气、煤泥火山气和生物生成气中。天然气又可分为伴生气和非伴生气两种。伴随原油共生,与原油同时被采出的油田气叫伴生气;非伴生气包括纯气田天然气和凝析气田天然气两种,在地层中都以气态存在。

烃类组成:甲烷、重烃气。
类型划分:干气(甲烷>95%),湿气(甲烷<95%)。

3. 天然气液

天然气在分离器、油田地面设备或气体工厂中回收的那部分烃类液体,包括乙烷、丙烷、丁烷、戊烷、天然汽油和凝析油,也可能含少量的非烃类。

海洋油气资源除上述几种油气外,还包括如海洋页岩气、煤层气等非常规油气。

二、海洋油气资源研究概况

1. 世界海洋油气资源研究概况

海洋油气开发的历史可以追溯到19世纪末,1896年在美国加利福尼亚州的圣巴巴腊海峡,石油公司为开发由陆地延伸至海里的油田,从防波堤上向水深仅有几米的海里搭建了一座木质栈桥,安上钻机打井,首次从海中采出石油,这也是世界上第一口海上油井。1920年,委内瑞拉在马拉开波湖利用木制平台钻井,发现了一个大油田。1922年,苏联在里海巴库油田附近用栈桥进行海上钻探成功。但是,上述油区都是陆上油气田向海底或湖底的延伸部分,严格地说,还算不上真正的海底油田,而且那时的钻井架大部分是用栈桥同岸连在一起的。

业界普遍认为,真正的海洋油气开发是从1947年Kerr-McGee石油公司将井架安装在水深为4.6m的美国路易斯安那州离岸的墨西哥湾水域中树立的11.6m×21m的钢质平台进行水上油气开采开始的。此后,世界海洋油气生产无论其产量或占世界油气总产量的份额都呈增长趋势。1955年,全世界只有10个国家从事海上油气开采作业,20世纪60年代增至20余个。此后,海洋油气开发进入一个快速增长的时期,开展海洋油气开发的国家增加到100多个,海洋油气产量占世界油气总产量的比重也在不断地增加。20世纪40年代的海洋油气勘探首先集中在墨西哥湾、马拉开波湖等地区;50—60年代则在波斯湾、里海等海区初具规模;70年代是海洋油气勘探最为活跃的时期,成果最显著的是北海含油气区。20世纪70年代到本世纪初,在世界海洋石油产量中,北海海域石油产量及其增长速率一直居各海域之首,2000年产量达到峰值的3.2×10^8t,随后逐渐下降;波斯湾石油产量缓慢增长,年产量保持在$(2.1\sim2.3)\times10^8$ t之间;而墨西哥湾、巴西、西非等海域石油产量增长较快,年均增长超过5.0%,其中墨西哥湾已经超过北海,成为世界最大的产油海域(吴家鸣,2013)。

2. 我国海洋油气资源研究概况

中国近海油气勘探始于20世纪50年代。从50年代开始,我国就组织人员对濒海海域进行过综合地质地球物理普查。1960年4月,广东省石油局在一条租来的方驳船上架起一个30m高的三条腿铁架,用冲击钻在莺歌海开钻了中国海上第一井:水深15m、井深26m的"英冲一井"。1960年7月,从该井中采出了150kg低硫、低蜡的原油,这是中国人第一次在海上捞出了原油。"英冲一井"成为我国海上油气的第一口发现井。1966年12月15日,我国自制的第一座桩基式钻井平台在渤海1井开钻,井深2441m。1967年6月14日试油,日产原油35.2t,天然气1941m³,这是我国第一口海上油气探井。20世纪70年代,由原石油工业部和地质部系统在渤海、黄海、东海、南海北部等海域展开了油气勘探,基本完成了中国近海各海域的区域地质概查。这期间的油气勘探活动基本在浅水区域进行勘探,采用简易平台采油,初创了中国海洋石油工业。中国海洋油气勘探开发,经历了由浅海向深海的发展历程。2006年在珠江口盆地南部深海区钻探LW3-1构造,找到了大气田,表明中国深海有丰富的油气资源,是增储上产的重要领域(王毓俊,2014)。

近10年来,我国新增石油产量的53%来自海洋,2010年更是达到85%,海上油气的勘探和开发已经成为近年来我国原油产量增长的主要成分(吴家鸣,2013)。

三、海洋油气资源研究意义

全球海洋油气资源潜力十分巨大。据国际能源署(IEA)统计,2017年全球海洋油气技术可采储量分别为10 970亿桶和311×10^{12} m³,分别占全球油气技术可采总量的32.81%和57.06%。从探明程度上看,海洋石油和天然气的储量探明率仅分别为23.70%和30.55%,尚处于勘探早期阶段。从水深分布来看,浅水(<400m)、深水(400~2000m)、超深水(>2000m)的石油探明率分别为28.05%、13.84%和7.69%;天然气分别为38.55%、27.85%和7.55%(图7-1-1)。

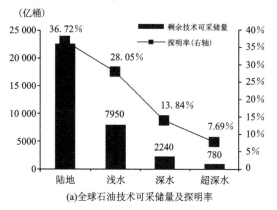
(a)全球石油技术可采储量及探明率

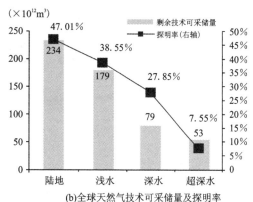
(b)全球天然气技术可采储量及探明率

图7-1-1 2017年全球油气技术可采储量及探明率(IEA)

从开发利用情况来看,当前,海洋油气的累计产量仅占技术可采储量的29.8%和17.7%,低于陆上油气的39.4%和36.8%。其中,深水和超深水的石油累计产量仅占其技术可采储量的12%和2%;天然气累计产量仅占5%和0.4%(图7-1-2)。未来,海洋油气具有极大的资源潜力,是全球重要的油气接替区。

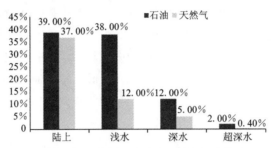

图7-1-2 全球油气累计产量在技术可采储量中的占比(IEA)

随着陆上的油气勘探日趋成熟,新发现的油气藏规模越来越小,新增储量对世界油气储量增长的贡献也越来越低。相比之下,深水、超深水资源潜力丰富,探明率较低,更容易发现大型油气藏。据IHS统计,近10年全球新的油气发现有74%的分布在海域,其中深水占23%,超深水占36%。从新发现油气的储量规模来看,海洋油气的储量规模远高于陆地,其中超深水油气平均储量为3.52亿桶油当量,是陆上规模的16倍(图7-1-3)。另外,据伍德麦肯兹(Wood Mackenzie)统计,2013年以来,全球大于2亿桶的91个可采储量油气发现中,有52个位于深水、超深水区,占新增储量的47%(吴林强,2019)。

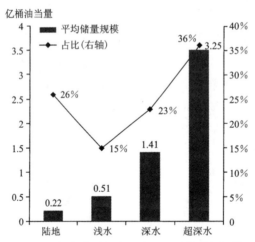

图7-1-3 近10年全球油气发现占比及平均储量规模(IHS)

第二节 海洋油气资源分布与特征

一、全球海洋油气资源分布与特征

从区域来看,全球海上油气资源勘探开发形成三湾、两海、两湖的格局。"三湾"即波斯湾、墨西哥湾和几内亚湾;"两海"即北海和南海;"两湖"即里海和马拉开波湖。其中,波斯湾的沙特、卡塔尔和阿联酋,里海沿岸的哈萨克斯坦、阿塞拜疆和伊朗,北海沿岸的英国和挪威,还有美国、墨西哥、委内瑞拉、尼日利亚等,都是世界上重要的海上油气勘探开发国(江怀友,2008)。其中,巴西近海、美国墨西哥湾、安哥拉和尼日利亚近海是备受关注的世界四大深海油区,几乎集中了世界90%的深海探井和新发现的储量。

目前深水油气勘探效益较好的地区多位于被动大陆边缘盆地或与被动大陆边缘相关的裂谷盆地,且往往是浅水区及陆上勘探的延伸。油气储层常为白垩系或第三系,且多为第三系深水浊积砂岩。深水油气勘探常以发现大中型油气田为目标和寻找大中型圈闭,深水区开发和发现的多为油藏。海洋油气资源主要分布在大陆架,约占全球海洋油气资源的60%。在探明储量中,目前浅海仍占主导地位,但随着石油勘探技术的进步,海洋油气勘探逐渐转向深海。目前,海洋石油钻探最大水深已经超过3000m,油田开发的作业水深达到3000m,铺设海底管道的水深达到2150m(吴家鸣,2013)。

二、我国海洋油气资源分布与特征

中国海域面积约$475\times10^4 km^2$,属中国管辖的经济区海域面积达$300\times10^4 km^2$,其中有广大的深水区,包括南海中央海盆四周的深水区和东海冲绳海槽深水区。其中南海中央海盆的四周分布着台西南、笔架南、中建南、万安、排波、南薇、曾母、北康、巴拉望等多个盆地,这些盆地部分或全部位于深水区。中国南海北部、南部和西部陆坡深水区发育多个含油气盆地,具有多种类型的生储盖组合,油气成藏条件较好。在中国南海北部陆坡区的珠江口盆地深水区以及南海南部海域的曾母、文莱-沙巴等盆地深水区已经找到了大量的油气田(牛华伟等,2012)。

中国近海海域油气资源丰富,近海海域主要含油气盆地有10个(图7-2-1),它们自北而南分别是渤海盆地、黄海盆地、东海陆架盆地、台西盆地、台西南盆地、珠江口盆地、琼东南盆地、北部湾盆地、莺歌海盆地和中建南盆地(金庆焕,2001)。中国近海海域沉积盆地大部分为中、新生代沉积盆地,发育于大陆边缘,按照盆地成因类型和构造演化历史大体可分为4类盆地:①伸展和张扭(张裂)盆地,如珠江口盆地、北部湾盆地、琼东南盆地、南黄海盆地、北黄海盆地和渤海湾盆地。这些盆地发育在大陆边缘上,经过大陆岩石圈的张裂活动以及其后的沉降作用而生成的沉积盆地。②转换伸展(或走滑拉张)盆地,如莺歌海盆地、万安盆地和中建南盆地。这些盆地发育在莺歌海-南海西缘走滑断裂带附近,由区域走滑活动而产生的盆地。③前陆盆地,如曾母盆地。它是发生在造山带前,由于岩石圈弯曲而产生的沉积盆地。④叠合盆地,如台西南盆地、台湾海峡盆地和东海陆架盆地。这些盆地是由早、晚期不同类型原型盆地叠加而成。

1.渤海湾地区

渤海是由山东半岛和辽东半岛环抱的半封闭内海,渤海海域部分位于渤海湾盆地东部,俗称渤海盆地,渤海海域含油气区面积$5.6\times10^4 km^2$。该区具有巨大的油气勘探前景,与其毗邻的陆地地区东北部的辽河油田、北部的冀东油田、西部的大港油田、西南部的胜利油田均

图 7-2-1 中国近海含油气盆地及主要油气田示意图(据金庆焕,2001)

发现丰富的油气资源。2012 年渤海湾盆地的石油年产量 7541.7×10^4 t,保障程度(盆地年产量/全国年产量)为 36.8%,稳居全国第一;天然气年产量为 1077×10^8 m³,保障程度为 4.64%,远落后于中西部大型盆地。

渤海含油气区共可划分 4 个区域性生储盖组合:①前古近系为储层,古近系为生油层和盖层,形成新生古储型生储盖组合;②始新统内部的自生自储型生储盖组合;③渐新统形成自生自储或下生上储型生储盖组合;④古近系为生油层,中新统为储盖层的下生上储型生储盖组合。后两个组合分布广,又称上组合。勘探发现,渤海含油气区具有多种类型的油气藏,包括背斜-断块油气藏和地层岩性油气藏。油气的分布受富生油凹陷控制,目前已在渤海含油气区发现十几个富生油凹陷,而凹陷周围及内部的各种圈闭则是油气的主要聚集场所。20 世纪末相继在渤海海域发现 CFD11-1、QHD32-6、PL19-3、BZ25-1 等亿吨级油气田(龚再升等,1997)。近年勘探进一步证实,被富生烃凹陷所包围的低凸起及围翼是渤海海域新近系勘探的有利地区和浅层勘探的主战场(邓运华,2000;龚再升等,2001)。

2.南海大陆边缘

南海海域位于欧亚板块、太平洋板块和印-澳板块的交会地带,南海洋盆演化过程中由于其边界条件差异,形成了北部离散型陆缘、西部走滑伸展型陆缘及南部伸展-挠曲复合型陆缘,相应地在南海大陆边缘形成了不同类型的新生代盆地。南海北部新生代离散型陆缘盆地包括珠江口盆地、琼东南盆地、北部湾盆地,其中北部湾盆地为典型陆内裂谷盆地,后两者为被动大陆边缘盆地。南海西部走滑-伸展型陆缘盆地,包括莺歌海盆地、中建南盆地和万安盆地。南海南部伸展-挠曲复合陆缘盆地包括曾母盆地、北康盆地、南薇西盆地、礼乐盆地和西北巴拉望盆地等。

南海南部和北部陆缘盆地主要发育陆相湖泊泥岩、海陆交互相煤系地层及浅海相泥岩类烃源岩。尽管这类烃源岩在南海陆缘盆地广泛发育,其中湖相烃源岩主要发育于北部陆缘盆地(表7-2-1)。但南部陆缘盆地所形成的海陆交互相煤系及海相烃源岩面积大、厚度大(表7-2-2)。除珠江口盆地部分油田为碳酸盐岩储层外,北部离散型陆缘盆地和走滑-伸展型莺歌海盆地储集层多为砂岩储层,而万安盆地和南部伸展-挠曲复合型陆缘盆地大都以碳酸盐岩储层为主,且以中新世发育的碳酸盐岩储集层为主(解习农等,2011)。

表 7-2-1 南海北部大陆边缘盆地油气成藏组合类型及其特征对比表(解习农等,2011)

类型	盆地	北部陆缘盆地				
		珠江口盆地	琼东南盆地	北部湾盆地	莺歌海盆地	中建南盆地
后扩张快速沉降期海相成藏组合	烃源岩	不发育	渐新统含煤岩系 始新统湖相泥岩	不发育	中新统海相泥岩	不发育
	储集岩		中央峡谷浊积水道砂		滨岸砂、陆架砂、浊积砂	
	盖层		深海相泥岩		浅海—半深海相泥岩	
	圈闭形成		上新世		晚中新世—第四纪	
	关键时刻		上新世末—第四纪		第四纪	
	可靠性		证实		证实	
后扩张缓慢沉降期海相成藏组合	烃源岩	渐新统含煤岩系 始新统湖相泥岩	渐新统含煤岩系 始新统湖相泥岩	始新统泥页岩 渐新统沼泽相泥岩	中新统海相泥岩	渐新统含煤岩系 中新统海相泥岩
	储集岩	礁灰岩、浅海砂岩	礁灰岩、浅海砂岩	浅海砂岩	滨岸砂、陆架砂、浊积砂	礁灰岩
	盖层	滨浅海相泥岩	滨浅海相泥岩	滨浅海相泥岩	海相泥岩	滨浅海相泥岩
	圈闭形成	中—晚中新世	中—晚中新世	晚中新世—上新世	晚中新世—上新世	中—晚中新世
	关键时刻	晚中新世	晚中新世	晚中新世	上新世—第四纪	上新世
	可靠性	证实	礁灰岩推测,砂岩证实	证实	证实	推测

续表 7-2-1

类型		盆地	北部陆缘盆地				
			珠江口盆地	琼东南盆地	北部湾盆地	莺歌海盆地	中建南盆地
同扩张主裂陷期海陆交互成藏组合	烃源岩		渐新统含煤岩系 始新统湖相泥岩	渐新统含煤岩系 始新统湖相泥岩	始新统泥页岩	不发育	古新统—中始新统湖相泥岩，上始新统—渐新统海陆过渡泥岩
	储集岩		扇三角洲、滨岸砂	扇三角洲、滨岸砂	涠洲组滨海相砂岩		河流-滨岸砂岩、三角洲砂岩
	盖层		海相泥岩、海陆交互相泥岩	海相泥岩、海陆交互相泥岩	海相泥岩、海陆交互相泥岩		海相泥岩、海陆交互相泥岩
	圈闭形成		早中新世	早—中中新世	中中新世		早—中中新世
	关键时刻		中中新世	晚中新世—上新世末	晚中新世		晚中新世
	可靠性		证实	证实	证实		推测
前扩张初始裂陷期湖相成藏组合	烃源岩		始新统湖相泥岩	始新统湖相泥岩	始新统湖相泥岩	不发育	不发育
	储集岩		扇三角洲、冲积扇	扇三角洲、冲积扇	古—始新统砂岩		
	盖层		湖相泥岩	湖相泥岩	湖相泥岩		
	圈闭形成		晚渐新世	晚渐新世	晚渐新世		
	关键时刻		晚渐新世	晚渐新世	晚渐新世		
	可靠性		证实	证实	证实		

表 7-2-2　南海南部大陆边缘盆地油气成藏组合类型及其特征对比表（解习农等，2011）

类型		盆地	南部陆缘盆地				
			万安盆地	曾母盆地	北康盆地	南薇西盆地	礼乐盆地
后扩张快速沉降期海相成藏组合	烃源岩		不发育	不发育	不发育	不发育	不发育
	储集岩						
	盖层						
	圈闭形成						
	关键时刻						
	可靠性						
后扩张缓慢沉降期海相成藏组合	烃源岩		渐新统含煤岩系 中新统海相泥岩	渐新统含煤岩系 中新统海陆交互相泥岩	始新统湖相泥岩 渐新统海陆交互相泥岩	不发育	中始新世海相泥岩
	储集岩		礁灰岩	台地碳酸盐岩、礁灰岩	台地碳酸盐岩、礁灰岩		台地碳酸盐岩、礁灰岩
	盖层		滨浅海相泥岩	滨浅海相泥岩	滨浅海相泥岩		滨浅海相泥岩
	圈闭形成		中—晚中新世	中—晚中新世	中—晚中新世		中—晚中新世
	关键时刻		上新世	上新世	上新世		上新世
	可靠性		证实	证实	推测		推测

续表 7-2-2

类型	盆地	南部陆缘盆地				
		万安盆地	曾母盆地	北康盆地	南薇西盆地	礼乐盆地
同扩张主裂陷期海陆交互成藏组合	烃源岩	渐新统含煤岩系	渐新统含煤岩系	古新统湖相泥岩、渐新统海陆交互相泥岩	始新统湖相相泥岩、渐新统海陆交互相泥岩	中始新世海相泥岩
	储集岩	扇三角洲、滨岸砂三角洲	扇三角洲、滨岸砂三角洲	三角洲砂岩、礁灰岩	近岸河湖砂岩浅海相砂岩	滨浅海相砂岩
	盖层	海相泥岩、海陆交互相泥岩	海相泥岩、海陆交互相泥岩	海相泥岩	海相泥岩	海相泥岩
	圈闭形成	早—中中新世	早—中中新世	早—中中新世	早—中中新世	早—中中新世
	关键时刻	晚中新世	晚中新世	晚中新世	晚中新世	晚中新世
	可靠性	证实/推测	推测/证实	推测	推测	证实
前扩张初始裂陷期湖相成藏组合	烃源岩	不发育	不发育	不发育	不发育	中生界泥岩、中始新世海相泥岩
	储集岩					三角洲砂,河湖砂,滨海砂
	盖层					中始新世海相泥岩
	圈闭形成					中中新世
	关键时刻					中中新世末
	可靠性					证实

始新统湖相烃源岩含油气系统主要分布于南海北部内裂谷带断陷陆架区,坳陷区深层碎屑岩具较好的油气勘探前景;下渐新统海陆过渡相烃源岩含油气系统主要分布于南海北部外裂谷带陆坡区,是目前南海油气勘探的主战场;上渐新统海陆过渡相烃源岩含油气系统主要分布于南海南部陆架区,生物礁碳酸盐岩在该区勘探中要尤为重视;中—上中新统海陆过渡相烃源岩含油气系统主要分布于南海南缘前陆碰撞带,深水区朵体具有较好的勘探潜力;中新统陆源海相烃源岩含油气系统主要分布于南海陆坡深水区,预测该区域具有较好的成藏条件(张强等,2018)。

3. 东海陆架盆地

东海陆架盆地位于我国浙闽大陆之东,琉球群岛之西,北起长江口北嘴至济州岛连线,南至广东省南澳岛与台湾鹅鼻的连线,总面积 $77\times10^4\mathrm{km}^2$。通过综合地球物理调查资料,在北起对马海峡南端,南抵台湾海峡的陆架范围内圈出一个沉积巨厚的东海陆架盆地,其西北以浙闽隆起区构成与南黄海盆地之间的屏障,东南隔陆架边缘的钓鱼岛隆褶带与冲绳海槽盆地相望,面积约 $26.7\times10^4\mathrm{km}^2$。

该盆地新生界沉积厚达 12km。经勘探证实,西湖凹陷始新统以平湖组滨海、浅海沉积为主要生油岩。储层为始新统及渐新统砂岩。西部的丽水凹陷下古新统湖相沉积、上古新统浅海海湾沉积具有生油气条件(主要生气)。东海陆架盆地东部的西湖凹陷-钓北凹陷至台西盆地是中国近海又一个重要的富天然气区。目前已在东海陆架盆地发现平湖、宝云亭、武云亭、春晓、残雪和"丽水36-1"6个中小型气田,其中平湖油气田已建成投产,并于1998年向上海供气。

4. 黄海盆地

黄海北部及南部以山东半岛的成山角与朝鲜自翎岛连线为界,分为北黄海和南黄海,它们分别属于华北地台和扬子地台的东延,两者在区域构造上以千里岩隆起南侧的大断裂为界。北黄海面积为 $8\times10^4 km^2$,南黄海面积约为 $17\times10^4 km^2$。

北黄海盆地勘探程度很低,可能存在4套烃源岩:上侏罗统、下白垩统、始新统和渐新统。下白垩统泥质沉积有机碳含量较低,平均为0.9%,以Ⅲ型干酪根为主,具有一定生气潜力。始新统富含有机质的湖相泥岩有机碳可达7%,为Ⅰ型和Ⅲ型干酪根,但由于在海上钻井尚未发现该地层,其分布范围可能较局限。渐新统出现含褐煤的煤系地层沉积。相比而言,上侏罗统为盆地内最有潜力的生油岩系,其有机碳变化范围为0.41%~6.87%,平均为1.6%,以湖成的Ⅰ型干酪根为主。根据地震资料揭示上侏罗统在盆地内分布面积较大,且有一定的厚度,应为北黄海盆地主要生油岩系(蔡峰,1998)。北黄海盆地主要储集岩是碎屑岩,尤其是砂岩,在上侏罗统、下白垩统和新生界内均发育较厚的河流和三角洲相砂岩段。目前已有的油气显示出现在渐新统、下白垩统、上侏罗统和上奥陶统,其中上奥陶统油气显示来自高裂缝性原生灰岩(蔡峰,1998)。下白垩统上部泥质岩段为盆地内良好的区域性盖层,其他中生界和新生界遍布的泥岩为局部盖层。

同样,南黄海盆地勘探程度也较低。根据目前勘探所掌握的资料来看,南黄海海区有3套生油岩系:白垩系泰州组、古近系阜宁组和上古生界。南黄海的古近系、中生界和古生界都具备形成油气藏的条件。根据盆地构造和充填特点,其南北两个坳陷是新生界含油气远景区,中部隆起和勿南沙隆起是古生界及中生界含油气远景区(蔡峰,1998)。

第三节 海洋油气资源成藏机制

海洋油气资源研究的主要内容就是研究含油气盆地中油气的生、储、盖、运、聚、保的时空配置关系及其演化规律。近年来,油气资源的重大进展在于含油气系统(Hydrocarbon system)理论的提出,就是将油气形成的所有要素作为一个统一的整体进行研究,从而更为有效地揭示了油气从源岩到圈闭的运聚过程以及分布规律,其中油气运聚通道必须与其有利构造发育带有效配置,方可构成"源(烃源系统)—汇(运聚供给通道)—聚(圈闭聚集保存系统)"三位一体紧密结合的有效油气运聚成藏体系,进而形成商业性油气聚集和高产油气藏。Magoon and Dow(1994)将含油气系统定义为由成熟烃源岩、与其相关的油气以及这些油气从聚集到保存需要的所有基本要素和成藏作用所共同组成。烃源岩、储集层、盖层和圈闭构成了油气形成的基本静态要素,它是油气形成的根本,其作用要素包括圈闭的形成、油气的生成、运移和聚集。

一、油气成藏静态要素

(一)烃源岩

沉积地层中的有机质为油气生成提供了母源物质基础。有机质的数量、类型及其在地质条件下的热演化程度决定了大量烃类产物是否形成以及石油和天然气的基本性质。因此,研究沉积岩中有机质的各种特征,对于正确评价油气潜量及远景具有重要意义。

1.烃源岩的概念

烃源岩系指具有生烃能力的沉积岩层。Tissot(1978)将烃源岩定义为"已经产生或可能产生石油的岩石"。Hunt(1979)则将烃源岩定义为"在天然条件下曾经产生并排出的烃类并以形成工业性油气聚集的细粒沉积"。由于实际生烃能力决定于有机质的成熟度,因而本书把能生成并已提供工业价值烃类聚集的沉积岩层称之为烃源岩。烃源岩分为油源岩和气源岩。油源岩是指能提供工业价值油藏的烃源岩,或称为生油岩、生油母岩。气源岩指能提供工业价值气态烃类聚集的烃源岩,或称为生气岩、生气母岩。

烃源岩的岩石类型主要为低能带富含有机质的海相或深水、较深水湖相泥质岩和碳酸盐岩类。煤层和油页岩是富集型有机质聚集的重要烃源岩。

2.沉积有机质赋存方式

沉积有机质是通过沉积作用进入沉积物中,并被埋藏保存下来的生物残留物质。它主要是生物的遗体也包括其生命过程的排泄物和分泌物。从生物物质的发源地来说,沉积有机质一方面来源于水盆地本身的所谓原地有机质,另一方面来自由河流从周围陆地携带的异地有机质,其中有少量的是来自剥蚀更老的沉积层中有机质,即再沉积的物质。

沉积有机质在地层中的赋存状态,决定于生物残体产生和堆积的环境:①分散型有机质。分散状态的有机质以吸附状或碎屑状散布于沉积物中,这种赋存形式的有机质是与泥砂一起沉积并被保存下来。不同岩性其内分散有机质含量相差很大,由于泥岩的吸附能力最强,其有机质含量最大(可达20%)。其次为碳酸盐岩,砂质结构的岩石吸附能力最低,因而砂岩和砾岩中有机质含量最少。呈碎屑结构的有机质主要为植物残体或碎屑,是通过异地搬运而存在于沉积物中。不同沉积环境条件下的分散型有机质,由于生物种类不同,它们的性质差异很大。Hunt(1962)对世界各地60个盆地中200个地层单元的1000多块岩样分析结果,有机碳平均含量泥岩为2.1%,碳酸盐岩为0.29%,砂岩为0.05%。②富集型有机质。一般以煤层或油页岩形式出现。前者赋存于煤系地层中,它形成于特定的陆相泥炭沼泽环境中,温暖潮湿的古气候、有利的潜水面和较稳定的构造背景,使得有机质沉积并富集下来形成煤层,构成煤成气有机母质的来源。总体来看,绝大多数沉积有机质呈分散状态与泥质沉积物相伴生,一般含量小于10%。

3.烃源岩中有机质保存

油气起源于生物物质,从生物物质到烃源岩的演化过程经历了一个漫长而又复杂的过程,这个转化过程是从生物有机质进入到沉积有机质时开始的。目前,我们从岩石中所获得的有机质为经过复杂转化后的残余有机质,甚至是经过风化后的风化残余有机质。

从生物物质到烃源岩中残余有机质的演变过程经历了两个阶段,即从生物物质到沉积有机质的形成阶段和从沉积有机质到残余有机质的烃源岩形成阶段。前者代表盆地中生物物质死亡后沉积到海底或湖底并在水-沉积物界面经历水底的氧化还原作用过程,直至有机质被沉积物所覆盖的过程,也就是从生物物质演变成沉积有机质的过程。后者包括从沉积有机质在未成熟阶段经历生物化学作用形成埋藏有机质过程和在成熟—过成熟阶段经历热解作用形成烃类过程。沉积有机质在埋藏过程中经历了地质条件下的生物、化学和物理作用,使其发生了与介质环境相适应的变化以及有机、无机相互作用,根据有机质的成烃演化进程及其产物特点可划分为3个演化阶段,即成岩作用、深成作用和准变质作用阶段。因此,沉积盆地内保存的残余有机质从生物物质到烃源岩的演化过程经历了从生物物质到沉积有机质的埋藏过程、从沉积有机质到埋藏有机质的早期成岩过程(成岩作用阶段)、从埋藏有机质到残余有机质的晚期成岩过程(深成作用和准变质作用阶段)(图7-3-1)。

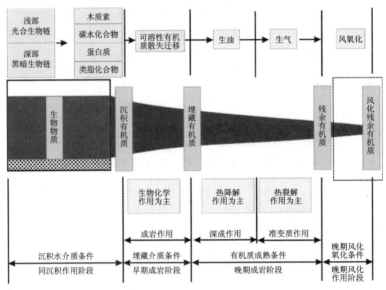

图 7-3-1 烃源岩中生物有机质演化过程及成岩阶段划分

4.有机质类型

由于各种有机质的组成不同,其生烃能力及其产物的性质亦不相同。有机质类型划分方案主要有两类,即有机质光学分类和有机质化学分类。

1)有机质光学分类

有机质光学分类是以镜下对有机质显微组分鉴定为基础,按照原始母质的生物种类和组成所作的分类。一般划分为3种类型:①腐泥型有机质,赋存于海相和湖相泥质碳酸盐沉积岩中,属于还原环境下的沉积。其原始母质为低等生物(如菌、藻类及浮游生物等)的类脂化合物和碳水化合物等组分。腐泥型有机质是生成石油和油型气的原始母质。②腐殖型有机质,形成和赋存于陆相弱还原和氧化环境的沉积岩系中。其原始母质主要是陆生高等植物的木质纤维素及低等植物的碳水化合物组分。腐殖型有机质是含煤岩系有机质的主要类型,它是形成煤成气的主体母质。③混合型有机质,指混合沉积的腐泥-腐殖型有机质。

以上3种类型有机质仅在其热演化早期才有可能较为准确地识别和划分。随着成岩过程的加深,它们之间的差异明显减小,仅从镜下鉴定则难以区分。在总体上,低等植物(如菌、藻、浮游生物及水生动物等)的组织富含蛋白质和类脂物质,H/C比值大,而高等植物组织(如木质素和纤维素)富含碳水化合物,H/C比值小。

2)有机质化学分类

沉积岩中的有机质经过有机分离可以将有机成分划分为两部分,即可溶有机质——沥青和不溶有机质——干酪根(Kerogen)。沥青溶于有机溶剂,是烃类和非烃类物质的混合物。就化学性质而言,沥青接近石油,是有机质向油气转化的中间产物。干酪根为不溶于有机溶剂的固体残余物,含量在90%～95%以上。一般认为干酪根是地球上有机碳的重要形式。据统计,沉积岩中的干酪根总量为300×10^{12}t,是可燃矿产总储量的1000倍,是分散沥青的50倍。图7-3-2表示了古代沉积物中有机质的分散组分及相对含量。

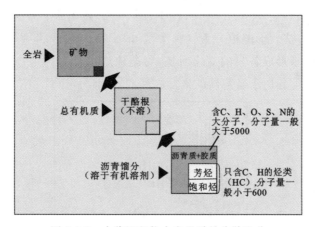

图7-3-2 古代沉积物中有机质的分散组分

干酪根是一种常温、常压下不溶于有机溶剂的固体有机质,是有机碎屑物质的聚合物。呈细软粉末状,颜色棕色至黑色。干酪根的成分和结构极为复杂,是一种非均质的高分子物质。在电子显微镜下显示由各种形状的有机碎屑物组成。经特殊方法处理,可获得多种脂肪酸、氨基酸、复基糖、腐殖质及其他杂环有机物。干酪根化学性质稳定,但在加热情况下,可产生各种烃类和可溶性沥青。因此,一般认为干酪根是生成石油和天然气的主要原始物质。

干酪根由C、H、O、S、N元素组成,其含量决定于原始有机质的成因类型及其转化程度(表7-3-1)。一般而言,C为65%～85%,H为4%～8%,O、S的含量甚微。各元素含量比例平均为C:H:O:N=87:7:10:2。其中C、H、O是干酪根的主要成分,据有关测试资料,三者之和可达93.8%。

表7-3-1 有机质元素分析

分析元素	腐殖型有机质(%)	腐泥型有机质(%)
C	60~82	60~82
H	3.0~4.8	5.0~9.0
S	0.6~2	1.1~3.0
N	0.7~2	1.5~3.5
O	12~34	8~32
H/C原子比	0.5~0.89	0.9~1.3

许多研究已证实沉积岩的油气产率及其产物的基本性质取决于干酪根组成及类型。不同类型干酪根的潜量(即可以产生烃类的最大值)差别较大。因此,确定干酪根类型对区别和评价源岩具有重要意义。

根据干酪根镜下的形态结构,可将其分为藻质、无定形体、草本体、木质体和煤质5类,此外,还有细分散状有机碎屑。这种光学分类不能真正反映成因上的特点。干酪根化学分类包括Tissot分类法以及利用热解分析、色谱分析、红外分析等确定干酪根类型的方法。Tissot根据元素分析及演化路径在Van Krevelen图上(图7-3-3)建立的干酪根分类是目前国内外普遍采用且十分有效的方法。干酪根分为3种类型,即Ⅰ型、Ⅱ型和Ⅲ型。随有机质成熟作用增强,每种类型的干酪根形成各自的演化轨迹,每条轨迹都具有H/C或O/C比值从高值向低值逐渐变化的特点,即趋向于富集碳的坐标原点。

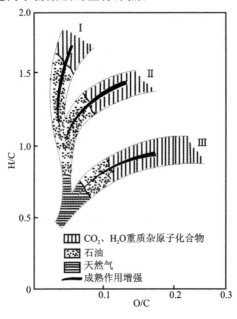

图7-3-3 干酪根的类型及其演化图(据Tissot,1974)

Ⅰ型干酪根(腐泥型干酪根)：H/C 比值高，多大于 1.2～1.68；O/C 比值低，为 0.04～0.1。以富含链式结构为特征，特别含类脂化合物和蛋白质分解产物，只含少量多环芳香烃和含氧官能团。主要来源于低等植物和水生动物，这种干酪根生成液态烃的潜力大，是成油的主要物质。

Ⅲ型干酪根(腐殖型干酪根)：H/C 比值最低，小于 1.0；O/C 比值高。主要含多环芳香烃和含氧官能团，另有些脂肪族被连接在多环网格结构上。主要来源于富含木质素和碳水化合物的高等植物，生成液态石油烃的潜力低，是生成气态的主要母源物质。

Ⅱ型干酪根(混合型干酪根)：为Ⅰ型和Ⅲ型干酪根的过渡类型。含有较高的氢，富含不同长度的脂肪族链及饱和烷烃，也含有多环芳香及原子官能团。主要来源于漂浮植物及浮游动物，可能含部分陆源碎屑有机质，其生油或生气能力取决于它与Ⅰ型或Ⅲ型干酪根的接近程度。表 7-3-2 显示了沉积岩有机质分类及其各种参数关系。

表 7-3-2 沉积岩中的有机质分类

	腐泥型			腐殖型	
干酪根(据透射光)	藻质	无定形	草本	木质	煤质
煤显微组分	脂质(壳质)组			镜质组	惰质组
微观结构(据反射光)	藻质体	无定形	孢粉、角质体、树脂体	结构镜质体、无结构腐殖体	丝质体、微粒体、菌质体
干酪根(据演化途径)	Ⅰ型、Ⅱ型		Ⅱ型	Ⅲ型	Ⅲ型
H/C O/C	1.7～0.3 0.1～0.02		1.4～0.3 0.2～0.02	1.0～0.3 0.4～0.02	0.45～0.3 0.3～0.02
有机质来源	海生、湖生		陆生	陆生	陆生和再循环
化石燃料	以油、油页岩、泥煤和烛煤为主		油气	以气和腐殖煤为主	无油、少量气

5. 有机质丰度

烃源岩中的有机质，实际上是排烃后残留下来的有机质。根据热模拟实验及许多学者研究，一般认为烃源岩中仅有 5%～10% 的有机质转变为烃类(成熟阶段)，其中运移出去的烃类一般不超过 10%。按上述数值计算，运移出去的烃类不到烃源岩有机质的 1%。在过成熟阶段生成气态烃可达 30% 左右，运移出去的烃类按 70% 计，剩余残余有机质含量基本上可以代表原始有机质丰度。

有机质碳含量是评价源岩有机质丰度的重要指标，也是油气资源评价中广泛使用的指标。所谓有机碳是指各类有机质中所含的碳元素，不包括碳酸盐岩中的碳。由于碳是有机质中最稳定的元素，而且在有机质中占的比例最高(约占 75%)，因此，源岩中有机碳含量可反映有机质的丰富程度。一般来说，有机碳含量高，则表示有机质丰度高，生烃能力大。

不同岩性的烃源岩，有机质丰度相差很大(表 7-3-3)。因此评价母岩有机质丰度的标准也不一致。

表 7-3-3　泥质岩和碳酸盐岩的生油级别评价（据陈建平等，1996）

源岩评价 \ TOC含量(%) \ 源岩类型	泥质岩	碳酸盐岩
差生油岩	<0.5	<0.12
中等生油岩	0.5～1.0	0.12～0.25
好生油岩	1.0～2.0	0.25～0.5
非常好生油岩	2.0～4.0	0.5～1.0
极好生油岩	>4.0	1.0～2.0

6.有机质成熟度

如前所述，沉积有机质随地温增高发生热演化并生成石油和天然气，这样一个转变过程也就是有机质的成熟过程。所谓有机质成熟度，是指在有机质所经历的埋藏时间内，由于增温作用所引起的各种变化，它是表征有机质成烃有效性和产物性质的重要参数。当有机质达到或超过一定温度和时间相互作用的门限值时，有机质才进入成熟并开始在热力作用下大量生成烃类。而有机质未成熟，仅能生成生物气，不能生成大量烃类。沉积有机质随埋深的增大，其成熟度逐渐增高，并生成相应的不同的烃类产物（图 7-3-4）。

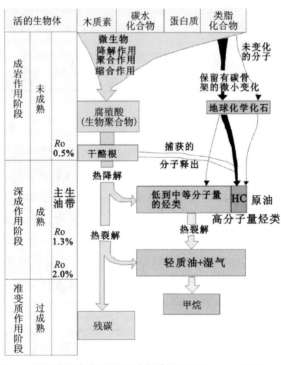

图 7-3-4　有机质热演化阶段及成烃作用（据 Tissot and Welte，1984）

评价有机质成熟度的方法有多种,其中常用且较为有效的方法有镜质体反射率法(Ro)、孢粉和干酪根的颜色法、干酪根元素分析、有机质热解分析等。

(1)镜质体反射率(Ro)。镜质体反射率是研究煤化程度的良好指标,也是研究有机质生烃阶段的良好指标。不同类型的有机质在相同的演化阶段,其反射率亦不一致。另外,不同有机组分亦不相同,一般类脂质的反射率低,镜质组居中,惰性组最高。所以,在作反射率测定时,必须选用镜质体样品,以便使镜质反射率所反映的成熟度具有一致衡量标准。

(2)孢粉干酪根颜色和热变指数。在有机质热演化过程中,随着其化学组成逐渐向碳化方向转变,有机质稳定组分,即孢子、花粉的颜色由浅变深,可产生浅黄色—金黄色—棕色—黑色的系列变化。据此,Staplin(1969,1974)提出了"热变指数(TAI)",将镜下有机碎片(孢子、花粉、藻类、干酪根等)的颜色分为5个级别,以确定有机质演化程度及其主要产物(表7-3-4)。石油、湿气和凝析气生成阶段的热指数介于2.5%～3.7%之间。

表 7-3-4　热变指数及其演化特征(据 Staplin,1969)

热变指数	颜色	演化产物
1级——未热变质	黄色(新鲜)	干气
2级——微热变质	橘色	干气或湿气
3级——中等热变质	棕色或褐色	石油或湿气
4级——强热变质	黑色(岩石也有变质)	凝析气或干气
5级——严重热变质		干气

(3)干酪根元素分析。成熟度较低的干酪根,具有较高的 H/C 和 O/C 比值。随着成熟度的提高,首先 O/C 比值明显降低,继而 H/C 值明显减小,到过成熟阶段的变化都较小。表7-3-5 反映了不同类型干酪根各演化阶段 H/C 比值的大致界限。图 7-3-5 列出了干酪根分析中各成熟指标的对应关系。

表 7-3-5　不同演化阶段干酪根的 H/C 比值

有机质类型 演化阶段	无定形型	草本型	木质-煤质型
未成熟	>1.5	>1.3	>0.85
成熟	1.5～0.8	1.3～0.75	0.85～0.65
过成熟	<0.7	<0.7	<0.6

(二)储集层

凡具有连通孔隙、能使流体储存并在其中渗滤的岩石(层)称为储集岩(层)。

不同类型的岩石多少有一定的空隙,岩石中空隙包括孔隙、孔洞和裂隙三大类。岩石中的空隙有些彼此连通,有些彼此不连通。孤立的或彼此不连通的空隙是无意义的。因此,凡具连通空隙,不仅能使流体储存,而且能使流体在其中渗滤的岩层称为储集层。如果储集层中储存了油气称为含油气层,业已开采的油气层称为产层。世界上绝大多数油气藏的含油气层是沉积岩,只有少数含油气层的是岩浆岩和变质岩。

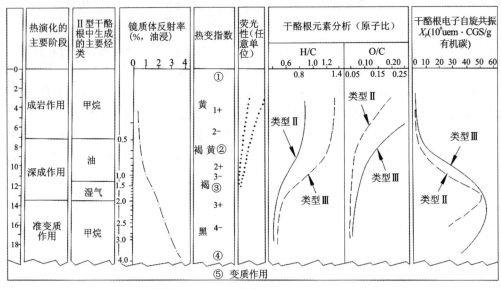

图 7-3-5　干酪根分析中各成熟指标的对应关系(据 Tissot et al,1978)

1. 储集层物理性质

(1)孔隙性。储集层的孔隙是指岩石中未被固体物质所填充的空间。岩石孔隙发育程度用孔隙度来表示。孔隙度(ϕ)系指岩石孔隙体积(V_p)与岩石体积(V_b)比值,即:

$$\phi = \frac{V_p}{V_b} \times 100\%$$

岩石的孔隙按其大小(即孔径和裂隙的宽度)可以分为以下 3 种。

超毛细管孔隙:孔径大于 0.5mm,或裂隙宽度大于 0.25mm。其中流体在重力作用下能自由流动,可以出现很高的流速。岩石中的大裂隙、溶洞及未胶结的或胶结疏松的砂岩层孔隙大部分属此类。

毛细管孔隙:孔隙直径介于 0.5~0.000 2mm 之间,裂隙宽度介于 0.25~0.000 1mm 之间。流体在这种孔隙或裂缝中,由于毛细管力的作用,不能自由运动。只有当外力能克服毛细管阻力时,才能流动,碎屑岩多半具有这类孔隙。

微毛细管孔隙:孔径小于 0.000 2mm。裂缝宽度小于 0.000 1mm。这类孔隙直径太小,孔隙中分子间的引力往往很大,要使流体运移,需要非常高的压力梯度。这种孔隙对油气储集作用不大。只有彼此连通的超毛细管孔隙和毛细管孔隙,才是有效的储集空间。

孔隙度通常分为两类:总孔隙度和有效孔隙度。

总孔隙度(ϕ_t)是指岩石中全部孔隙体积(V_t)与岩石体积(V_b)之比值,即:

$$\phi_t = \frac{V_t}{V_b} \times 100\%$$

有效孔隙度(ϕ_e)是指岩石中能储集油气的连通孔隙体积(V_e)和岩石体积(V_b)之比值,即:

$$\phi_e = \frac{V_e}{V_b} \times 100\%$$

同一储集层的总孔隙度总是大于有效孔隙度,储集层的有效孔隙度一般在5%~30%之间,大多为10%~20%。为了粗略地评价储集的性能,通常按有效孔隙率的大小把储集层分为5级(表7-3-6)。

表7-3-6 按有效孔隙率划分储集层级别(据潘钟祥,1986)

级别	孔隙度(%)	评价	
A级	>20	极好	大容积储集层
B级	20~15	好	
C级	15~10	中	中容积储集层
D级	10~5	较好	
E级	<5	差	小容积储集层

(2)渗透性。储集层的渗透性是指在一定的压差下,岩石允许流体通过其连通孔隙的性质。换言之,渗透性是衡量岩石的流体传导性,因此渗透性是评价储集层好坏的主要参数。岩石渗透性的好坏用渗透率来表示,当单相流体通过孔隙且呈层状流动时,服从于达西直线渗滤定律:

$$\kappa = \frac{2Q_0 + \nabla P_0 \; \nabla X \; \nabla u L}{(P_1^2 - P_2^2) \; \nabla F \; \nabla t}$$

式中:Q_0为t秒内通过岩样的(在1个大气压下)气体体积(m^3);P_0为1个大气压;u为气体黏度(cP);L为岩样长度(cm);P_1和P_2分别为岩样前、后的压力(MP);t为气体通过岩样的时间;F为岩样的横截面积(cm^2)。

渗透率的单位为达西(μm^2),规定黏度为1cP的1cm^3的流体,通过横截面为1cm^2的孔隙介质,在压力差为1个大气压时,1s内流体流过的距离恰为1cm时,该孔隙介质的渗透率为1μm^2。

以上我们讨论的是单相流体通过岩石孔隙的情况,流体与岩石不发生任何物化反应,流体的流动符合达西直线渗滤定律,求得的K值为岩石的绝对渗透率。如果储集层内有两相(气-水)或三相(油-气-水)流体存在时,各相之间或与岩石之间发生物化作用,从而影响各相流体的流动。为表示岩石对每一种相态流体的渗透性,提出有效渗透率或相对渗透率概念,即在多相流体存在时岩石对其中每种物态流体的渗透率。有效渗透率不仅与岩石的性质有关,还与其中流体的性质和它们的数量比例有关,但总是小于岩石的绝对渗透率。

储集层的渗透率在垂向上或横向上都有很大的变化,一般变化在$(5\sim1000)\times10^{-3}\mu m^2$之间。捷奥多罗维奇按渗透率大小将储集层分为5级(表7-3-7)。

表 7-3-7　储集层渗透性分类

级别	渗透率（$\times 10^{-3}\mu m^2$）	评价
Ⅰ	>1000	极好
Ⅱ	1000～100	好
Ⅲ	100～10	中等
Ⅳ	10～1	微弱
Ⅴ	<1	非渗透

(3)孔隙结构。孔隙结构是指孔隙的形状、大小、分布及其连通性。岩石的孔隙系统由孔隙和喉道两部分组成，孔隙为系统中的膨大部分，它们被较细的喉道所沟通(图 7-3-6)。实际上，喉道的粗细特征显著影响着岩石的渗透率。

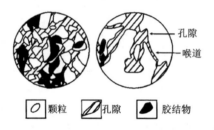

图 7-3-6　储集层岩石中孔隙与喉道分布示意图

当两种或两种以上互不相溶的流体处于岩石孔隙系统中或通过岩石孔隙时，必然产生毛细现象，这样在两相液体界面及液相与固相(岩石)界面上存在作用力。所有作用力的合力称为毛细管压力。圆柱形毛细管压力 P_c 可用下式表示：

$$P_c = 2\sigma\cos\Theta/r$$

式中：σ 为液体的界面张力系数；Θ 为润湿角；r 为毛细管内径。

目前主要采用压汞法来测定岩样中的毛细管阻力。根据所加压力与注入岩石的汞量，给出压力与汞饱和度关系曲线，即毛细管压力曲线或压汞曲线(图 7-3-7)，现按上式计算出岩石等效半径分布图(图 7-3-8)，运用这两张图就可以把岩石的孔隙结构进行分类。

分类时一般采用下列参数。

排驱压力：在压汞试验中，当压力上升到某一值时，水银开始大量地注入岩石，这个压力值称为排驱压力，在毛细管压力曲线上为压力最小的拐点 A。岩石排驱压力越小，说明大孔喉较多，孔隙结构较好。反之，孔隙结构就较差。

孔喉半径集中范围与百分数：利用孔喉等效半径分布图，选取集中的孔喉半径范围，计算出各自百分比含量。孔隙半径的集中程度反映了孔喉半径的分选性，因此孔喉半径越大，越集中，说明岩石孔隙结构越好。

束缚孔隙：在很大压力下，汞不能进入的岩石孔隙部分称束缚孔隙(一般指小于 $0.04\mu m$ 的孔隙部分)。束缚孔隙一般被水所占据，岩石束缚孔隙越多，含油气饱和度就降低，油气的相对渗透率就越小。因此，束缚孔隙越多，孔隙结构越差。

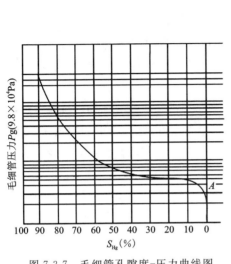 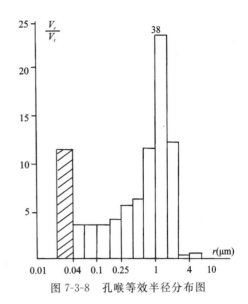

图 7-3-7 毛细管孔隙度-压力曲线图　　　　图 7-3-8 孔喉等效半径分布图

由此可见,排驱压力越低、孔喉半径越大、分选性越好;束缚孔隙的百分比含量越低,说明岩石的孔隙结构好,有利于油气的储存和渗透。反之,孔隙结构差,不利于油气的储存和渗透。

2. 储集层类型及基本特征

目前世界上绝大部分的油气储集于沉积岩储集层中,其中又以碎屑岩和碳酸盐岩最为重要,煤层中也储集大量煤层甲烷气,只有少部分储集于其他沉积岩、岩浆岩和变质岩中。因此,通常按岩石类型把储集层分为碎屑岩储集层、碳酸盐岩储集层和其他岩类储集层,其他岩类储集层的岩石类型主要是硅质岩、岩浆岩及变质岩等。这一大类岩石的共同特点是岩石孔隙度低、孔径小、渗透性极差,因此,基本上不能作为储集层。只有在各种各样的地质作用下,如构造变动或断裂作用,长期风化剥蚀作用等改造下,才使这类岩石的某些部分裂缝特别发育,成为具有一定孔隙度和渗透性的裂缝性储集层,如古潜山型油气藏。

1) 碎屑岩储集层特征

碎屑岩储集层是目前世界上主要含油气区的重要储集层之一,主要包括各种砂岩、砂砾岩、砾岩以及未胶结或胶结松散的砂岩。其中以中、细砂岩和粉砂岩储集层分布最大,储集性能最好。碎屑岩储集层的孔隙类型以原生的粒间孔隙为主,次生孔隙次之。前者是指碎屑颗粒支撑的碎屑岩,在碎屑颗粒之间不被杂基充填的原始孔隙。后者是指在成岩后生作用阶段发生变化所形成的孔隙,包括碎屑颗粒溶蚀(溶蚀孔隙)或胶结物重结晶(晶间孔隙)所形成孔隙。此外,碎屑岩在成岩以后,受后期构造运动所形成一些裂缝、节理,在碎屑岩储集空间类型中仅居次要位置。

影响碎屑岩粒间孔隙和次生孔隙的主要因素包括岩石的矿物成分、沉积环境及成岩后生作用。

(1) 碎屑岩的矿物成分。碎屑岩以石英和长石为主,石英和长石对储集物性的影响有明显差异：①长石的亲水性和亲油性比石英强，当碎屑颗粒被油水润湿时，长石表面所形成的液体泊膜比石英厚，从而减少孔隙流动面积，降低渗透率；②长石和石英的抗风化能力不同，石英颗粒表面比长石更光滑，更易于油气通过。而在长石颗粒表面常有次生高岭土和绢云母，它们一方面对油气有吸附作用，另一方面吸水膨胀堵塞原来的孔隙，因此长石砂岩比石英砂岩储油物性差。

(2)沉积环境。它不仅控制碎屑岩岩性（或粒径），还控制颗粒的分选性、磨圆度及胶结程度。细粒沉积物中孔喉小，毛细管压力大，流体渗滤阻力大，因此细粒沉积物的渗透率比粗粒小，磨圆度好的砂岩具更大的孔隙度。同样，分选越差的砂岩，杂基含量越多，不仅降低孔隙度，也降低渗透率。

(3)成岩后生作用。对砂岩孔隙的形成、保存和破坏同样起着重要的作用，碎屑岩的成岩后生作用是很复杂的，对岩石储集物性影响较大的主要是压实作用、溶解作用和胶结作用等。

根据成岩后生作用深度的变化划分3个相带。

早期成岩阶段：有机质成熟度为未成熟阶段，岩石以机械压实作用为主，此外还有早期长石高岭化和石英次生加大开始。原生粒间孔隙发育，并随深度增加快速地减少。

中期成岩阶段：有机质成熟度为成熟阶段，伊蒙混层和高岭石增多，稍晚出现伊利石沉淀，硅质增生增强，溶解作用最明显。该阶段原生和次生孔隙同时存在，常形成次生孔隙发育带。

晚期成岩阶段：有机质成熟度为过成熟阶段，伊蒙混层和高岭石减少，伊利石继续增加，石英次生加大最强烈，溶解作用微弱，胶结作用强烈，孔隙类型为残余孔隙。

2)碳酸盐岩储集层特征

碳酸盐岩既是重要的烃源岩，又是重要的储集层。作为储集层的主要岩石类型为石灰岩、白云岩、礁灰岩等，其储集空间通常包括孔隙、溶洞和裂缝3类。一般说来，孔隙和溶洞是主要储集空间，而裂缝是主要渗滤通道。

碳酸盐岩原生孔隙包括粒间孔隙、生物骨架孔隙、生物体腔孔隙、遮蔽孔隙、鸟眼孔隙和生物潜穴孔隙等，其中前两种是碳酸盐岩主要孔隙类型，后四种储集意义不大。

碳酸盐岩次生孔隙包括晶间孔隙和溶蚀孔隙。所谓晶间孔隙是指碳酸盐矿物晶体间的孔隙，主要由成岩期或成岩期后，由于白云化作用、重结晶作用所形成，其中以白云石化作用所形成的晶间孔最为重要。所谓溶蚀孔隙是指碳酸盐矿物或伴生的其他易溶矿物被水溶解后形成的孔隙，其特点是形状不规则，但有时又承袭了被溶颗粒的外形，或在孔壁上出现不溶残渣。一般在近岸浅水地带沉积物暴露水面时或在不整合面下的岩溶带，溶蚀作用最为活跃，溶蚀孔隙发育。

碳酸盐岩储集层除发育构造裂隙外，还发育非构造裂缝。非构造裂隙据其成因可分为成岩裂缝、风化裂缝和压溶裂缝。成岩裂缝指沉积物在石化过程中，被压实、失水收缩或重结晶等作用形成的裂缝，此类裂缝一般受层理限制，不穿层，多数平行层面，裂缝面弯曲，形状不规则，时有分支现象。风化裂缝（或称溶蚀裂缝）指古风化壳由于地表水的淋滤和地下水的渗滤溶蚀所形成改造的裂缝。此类裂缝大小不均，形态奇特，裂隙边缘具有明显的氧化晕圈。压溶裂缝指碳酸盐岩在上覆地层静压力作用下，地下水沿裂缝或层理面有选择性溶解而形成头盖骨接缝似的缝合物。缝合线中常残留有许多泥质和沥青。

影响碳酸盐岩储层物性的主要因素包括沉积环境、溶蚀作用和成岩后生作用。

(1)沉积环境。它决定粒间孔隙和生物骨架孔隙,在水动力能量低的环境下形成微晶或隐晶石灰岩,粒间孔隙很微小;而水动力能量比较强的或有利于造礁生物繁殖的沉积环境,如台地前缘斜坡相、生物礁相、浅滩相和潮坪相等,均为粒间孔隙和生物骨架孔隙发育地带。

(2)溶蚀作用。此作用在碳酸盐岩中是比较常见的,常形成巨大的溶岩洞穴、地下河等景观,这与地下水的活动和碳酸盐岩的原生孔隙和裂缝的发育程度有密切联系。

(3)碳酸盐岩成岩后生作用。它包括重结晶作用、白云石化作用、方解石化作用、硅化作用、硫酸盐化作及以上所提到的溶蚀作用等。这种次生变化有些有助于孔隙喉道增大和孔隙体积增加,而另一些会破坏孔隙,使孔隙喉道的大小和连通性变差。因此,不仅原始沉积环境对碳酸盐岩孔隙的形成有着重要的影响,其后的各种次生变化作用也有着重要的影响。

(三)盖层

盖层是指位于储集层之上能够阻止储集层中的油气向上溢散的岩层,油气藏盖层的好坏直接影响着油气在储集层中的聚集效率和保存时间。

1.盖层的类型

不同学者从不同角度将盖层分为不同的类型,较常见的分类包括根据盖层分布范围和岩性分类。

(1)按产状和作用将盖层分为3类:①区域盖层,稳定覆盖在油气田上方的区域性非渗透性盖层,具有厚度大、分布面积广、横向稳定性好等特点;②圈闭盖层(局部盖层),直接位于圈闭之上的非渗透性盖层,对圈闭中的油气起着直接封盖的作用;③隔层,存在于圈闭之内,对油气有封隔作用,影响着油气藏中的油气以及压力分布规律。

(2)按盖层的岩石特征分为3类:①蒸发岩类盖层,由石膏、硬石膏、盐岩、含膏或含盐的软泥岩组成,它是最为重要的最佳盖层。②泥页岩类盖层,是油气田中最常见的、分布最广、数量最多的一类盖层。常见的有泥岩和页岩,在特殊情况下致密砂岩和粉砂岩也可作为盖层。③碳酸盐岩类盖层,主要包括泥灰岩、泥质灰岩和致密灰岩等。据 Klemme(1977)对世界上 334 个大油气田的统计表明,泥页岩类盖层占 65%(储量)、蒸发岩为盖层的有 33%,盖层为致密灰岩者仅占 2%。

2.盖层的封闭机制

根据盖层阻止油气运移的方式可把盖层的封闭机理划分为以下几种。

(1)物性封闭。它是指依靠盖层岩石的毛细管压力对油气运移的阻止作用。当盖层孔隙直径小于或等于烃类分子直径所产生的封闭称之为直接封闭,此种封闭是最完全的封闭。油气要通过盖层进行运移,必须首先克服毛细管压力的阻力排替其中的水。要使油气通过孔径较小的盖层,所需的排驱压力要比储层大得多。当油气达不到足以通过盖层所需要的排驱压力时,就在盖层之下的储集层内聚集起来,直到聚集油气的高度足够大,向上浮力的值达到所需的排驱压力值时,油气才能穿过盖层。表 7-3-8 列出不同粒级沉积物中水排替石油所需的压力值(Hubbert,1953)。对于泥质岩来说,由于压实作用,岩石孔喉半径、孔隙度和渗透率都会随埋深增加而变小。因此,排替压力一般情况下是随深度增加而增加,盖层的封闭能力也随着增加。

表 7-3-8　不同粒级沉积物中水排替石油所需的压力值表(据 Hubbert,1953)

沉积物	颗粒直径(mm)	排替压力(MPa)
极细黏土	10^{-4}	4
黏土	<1/256	>0.1
粉砂	1/256～1/16	1/160～0.1
砂	1/16～2	1/5000～1/160
砾	2～4	1/10 000～1/5000

(2)异常高压封闭。近年来油气勘探证实一些油气封闭与异常高流体压力有关。异常高压是指孔隙流体压力大于其对应深度的静水压力。由于盖层异常高压而封闭储集层内油气的机理称之为异常高压封闭。超压盖层的存在不仅阻止油气的运移,也阻止溶解了一定量油气的水的流动。显然,超压盖层的封闭能力取决于超压的大小。超压越高,其封闭能力越强。

(3)烃浓度封闭。它是指具有一定生烃能力的地层,以较高的烃浓度阻滞下伏油气向上扩散运移。这种封闭主要是对以扩散方式向上运移的油气起作用。

(四)圈闭

1.圈闭的概述

1)圈闭的概念

圈闭是油气聚集的场所,所谓圈闭是指储集岩被非渗透性岩层和其他遮挡因素单独或联合封闭而成的,能够聚集和保存油气的场所。圈闭形成基本要素包括储集条件和封闭条件两方面,其中封闭条件是取决定性的因素,它既包括对储集层上方和上倾方向封闭,也包括下倾方向和底层的非渗透性岩层或油水的封闭。储集层上方和上倾方向的封闭是圈闭形成的必要条件。

当形成的圈闭为油气所占据时就变成了油藏。显然,形成油气藏的圈闭必须具有以下条件:①具有四周被非渗透遮挡包围的储集层,且在储集层上倾方向具较好的盖层;②圈闭形成时间应早于油气生成时间;③圈闭应位于油气运移的路线上,或者离气源岩很近。

由于圈闭与油气藏有着不可分割的联系,因此圈闭类型与油气藏类型是一一对应的。目前使用较多的圈闭分类方案是成因分类法,即划分构造、地层、水动力三大类圈闭,相应地油气藏类型亦可划分为构造圈闭油气藏、地层圈闭油气藏和水动力圈闭油气藏。实际上,自然界较少以单因素形成圈闭,更多的是以多种因素形成复合圈闭。因此,圈闭类型和油气藏类型可划分四大类,即构造、地层、水动力和复合圈闭,此外还可进一步划分为若干亚类(表 7-3-9)。

以下简要介绍这四种类型的圈闭及其气藏。

表 7-3-9 圈闭成因分类表

大类	构造圈闭	地层圈闭	水动力圈闭	复合圈闭
亚类	背斜	岩性	构造鼻和阶地型	构造-地层型
	断层	不整合	单斜型	水动力-构造型
	裂缝	礁型	纯水动力型	地层-水动力型
	刺穿	沥青封闭		构造-地层-水动力型
	多因素结合	多因素结合		

2) 圈闭的度量

圈闭的大小是由圈闭的有效容积确定的，而圈闭的有效容积取决于闭合面积、闭合度及储集层的有效厚度和有效孔隙度等参数。

(1) 闭合高和闭合面积的确定。当流体充满圈闭后，过剩的流体会溢出，开始溢出的点称为圈闭的溢出点(图 7-3-9)。那么，通过溢出点的等势面与储集层顶面及其他封闭面的交线所圈出的面积称为闭合面积；而闭合高则指圈闭顶面到溢出点的等势面垂直的最大高度。

在静水条件下，等势面呈水平方向，与构造等高线平行，通过溢出点等势面与通过溢出点的等高面是一致的。那么，圈闭的闭合面积就是通过溢出点的构造等高线所圈定的封闭区面积，闭合高为圈闭最高点到溢出点的高差(图 7-3-9)。

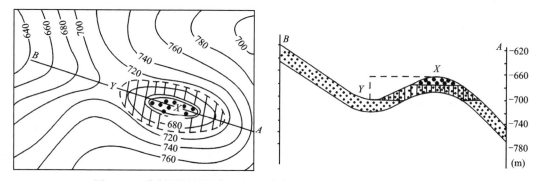

图 7-3-9 背斜圈闭的闭合面积、闭合高和油气分布图(据陈荣书等,1988)

在水动力的作用下，等势面发生倾斜或弯曲，相同构造条件下的圈闭最高点和溢出点等势面将会相应地改变，因而闭合高和闭合面积亦将有所不同(图 7-3-10)。

(2) 有效孔隙度和储集层有效厚度的确定。有效孔隙度根据实验室、测井资料的统计分析求得平均值，或圈闭范围内的趋势值(等值线图)；储集层有效厚度按照有孔隙度、渗透率分级的标准，扣除储集层中非渗透性夹层后剩余的厚度。

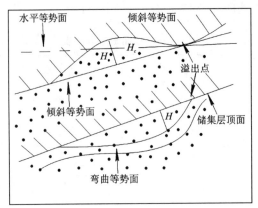

图 7-3-10 水动力作用下和静水条件下闭合度变化对比图
$H.$ 等势面水平时闭合高；$H_c.$ 等势面倾斜或弯曲时闭合高

(3)圈闭最大有效容积的确定。圈闭最大有效容积与圈闭的闭合面积、储集层的有效厚度及有效孔隙度成正比,即:

$$V = S \cdot H \cdot \phi$$

式中:V 为圈闭最大有效容积(m^2);S 为圈闭的闭合面积(m^2);H 为储集层有效厚度(m);ϕ 为储集层的有效孔隙度(%)。

3)油气藏度量

所谓气藏是指聚集于单一圈闭中的天然气,即在一个气藏内具有统一的压力系统和气水界面。当气藏达到工业开采所需的经济技术指标时,称工业气藏。

气藏通常仅占据圈闭的一部分,其极限则充满整个圈闭。气藏的大小通常以气储量来表示,其中主要涉及气柱高度和含气面积两个参数。

气柱高度指气藏顶点到气水界面垂直距离。通常把气水界面与储集层顶、底面的交线称为含气边界,其中与顶面的变线称外含气边界,与底面的交线称内含气边界。相应地,含气边界所圈定的面积称含气面积。

2.构造圈闭油气藏

构造圈闭是由于构造运动导致储集层顶面局部变形或变位而形成的圈闭,包括由于储集层上拱或断裂抬升、倾斜,或泥岩、膏盐岩类底辟构造,所形成的背斜圈闭、断层圈闭和刺穿圈闭。

1)背斜圈闭

背斜圈闭是指储集层顶面拱起,上方被非渗透性盖层所封闭,而储集层下方和下倾方向被水体或非渗透性岩层联合封闭而成。圈闭的闭合区就是通过溢出点的构造等高线所圈定的闭合区。

背斜构造的成因是多种多样的,按其成因可分为以下几种。

(1)同沉积背斜或同沉积隆起。即在沉积过程中由于差异沉降作用而形成的背斜。有时这些同沉积隆起与古潜山或基岩隆起有关。这类圈闭两翼地层倾角平缓,闭合度较小,但闭合面积较大,有时可形成规模较大的隆起带,如西西伯利亚盆地乌连戈伊气田。

(2)挤压背斜。由侧向挤压力作用所形成的背斜,这类背斜常见于褶皱区,两翼地层倾角较陡,其单个背斜的闭合高较大,闭合面积较小,如柴达木盐湖气田。

(3)差异压实背斜。即生物礁块或砂岩上方及周围地区因沉积差异压实作用所形成的背斜,其圈闭容积与沉积体规模大小有关。

(4)底辟背斜。由于地下深部的柔性物质(包括盐、泥膏盐、软泥等)不断上拱并刺穿沉积岩层,使刺穿岩层上方形成同生背斜。

(5)逆牵引背斜。同生断层可使其上盘在向下滑动的过程中,因逆牵引而形成"滚动背斜",这些滚动背斜圈闭,由于它们距烃源岩近,又是与沉积同时形成,故可形成富集高产的油气藏。

背斜圈闭是最常见、最有效的圈闭类型。背斜圈闭规模大小不一,大者可达数千平方千米,小者不到 $1km^2$。背斜圈闭可以是完整的,也可以在不同程度上被断层所复杂化(图 7-3-11)。

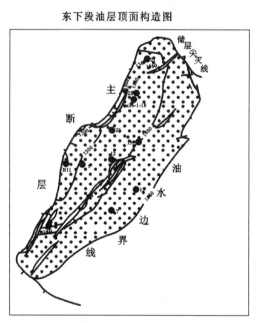
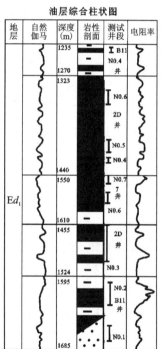
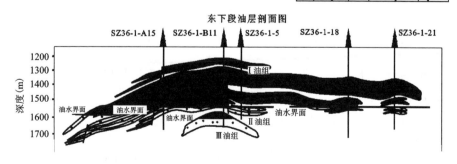

图 7-3-11　渤海湾盆地绥中 36-1 油田综合图(据龚再升等,1997)

2)断层圈闭

由于断层对储集层上倾方向或其旁侧各个方向封闭(地垒式、阶梯式)形成的圈闭。断层能否形成圈闭很大程度上取决于断层上下盘相接岩层的封闭性,如果储集层上倾方向完全与非渗透性岩层相接,两者之间的排替压力差极大,能形成完全封闭;如果储集层上倾方向的上方一部分与非渗透性岩层相接时,可以形成部分封闭;当储集层上倾方向与渗透性岩层相接时,就不能起封闭作用。

由于地层被一系列断层切割而变得复杂化,油藏受断层切隔,往往导致各断块含油层位不同,厚度也不一致,如渤海湾盆地绥中36-1油田(图7-3-12)。

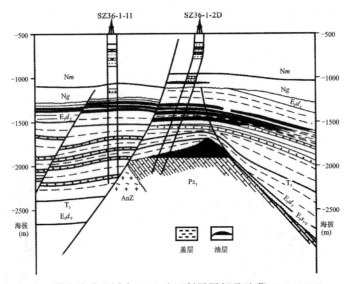

图 7-3-12　渤海湾盆地绥中36-1油田断层圈闭及油藏(据龚再升等,1997)

3)刺穿圈闭

地层深处的岩体或膏盐侵入或底辟作用使储集层的上倾方向被岩体或膏盐封闭而形成的圈闭。

按刺穿岩体性质的不同,可以分为盐体刺穿、泥火山刺穿和岩浆岩刺穿。其中,盐体刺穿比较常见,在墨西哥、德国、美国和苏联等国都见到相当数量的这种类型的油气藏。我国南海的一些地方也发育泥底辟型气藏,如莺歌海盆地东方1-1气田形成就与泥-流体底辟体有关(图7-3-13)。

3. 地层圈闭油气藏

地层圈闭是指储集层因岩性横向变化或由于纵向沉积连续性中断而形成的圈闭。地层圈闭主要是由于沉积条件改变,储集层岩性岩相变化,或者储集层上下不整合接触的结果。

根据圈闭的成因,地层圈闭可以分为3类:岩性圈闭、不整合圈闭和礁型圈闭。

1)岩性圈闭

岩性圈闭是由于岩性的变化所形成的圈闭,包括上倾尖灭型和透镜体型(图7-3-14)。

(1)上倾尖灭型岩性圈闭,发育于碎屑岩或碳酸盐岩地层中,如在岸线附近发育向陆方向

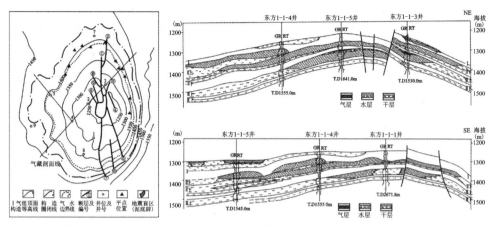

图 7-3-13 莺歌海盆地泥-流体底辟带东方 1-1 气田某气组顶界构造图和剖面图（据龚再升等,1997）

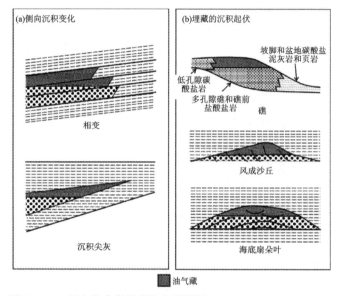

图 7-3-14 原生的或者沉积的地层圈闭（据 Magoon and Dow,1998）
(a)沉积过程中沉积岩类型侧向变化形成的圈闭,顶部由侧向相变形成的储层和盖层排列关系,底部由于多孔的渗透性岩性尖灭导致的储集层终止;(b)由埋藏的沉积起伏形成的圈闭

上倾尖灭的碎屑岩,或者在构造运动配合下形成的岩性上倾尖灭。

(2)透镜体型岩性圈闭,在碎屑岩系地层中比较常见。已探明的透镜体型油气藏,有河道砂、分流河道砂、河口坝砂、障壁坝砂和浊积砂等。

在每个例子中,形成过程中形成了圈闭的几何形态,但需要有年轻的非渗透沉积埋藏以形成所需要的顶部盖层。

2)不整合圈闭

不整合圈闭是指储集层上倾方向直接与不整合面相切而形成的圈闭。根据储集层与不整合的关系,可以将不整合圈闭划分为不整合面上和不整合面下两大类。

不整合面上的不整合圈闭就是不整合面位于储集层之下,并与其上倾方向相切,造成对储集层的封闭作用,储集层下倾方向被高势水体所封闭(图 7-3-15)。Rittcnhouse(1972)将不整合面上圈闭划分为 4 种类型,即湖或海崖圈闭、谷侧圈闭、丘翼圈闭、构造翼部圈闭。

不整合面下的不整合圈闭就是不整合面位于储集层之上,由于构造运动的影响,使储集层上倾方向形成圈闭。

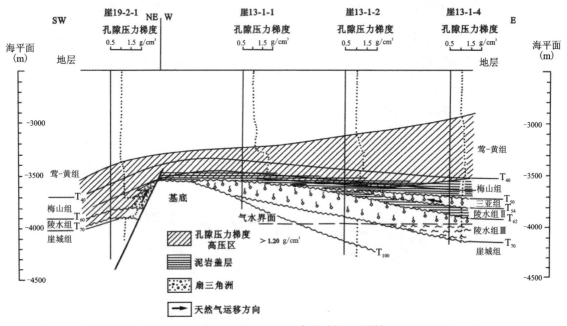

图 7-3-15　琼东南盆地崖 13-1 气田与不整合有关的地层圈闭(据龚再升等,1997)

3) 礁型圈闭

礁型圈闭指具有良好孔隙、渗透性的礁体上方和周围被非渗透性岩层封闭而形成的圈闭。这类圈闭含油气丰富,可形成高产油气田。礁型油气藏在加拿大、美国、墨西哥、苏联和我国均有发现,如珠江口盆地东沙隆起流花油田(图 7-3-16)。

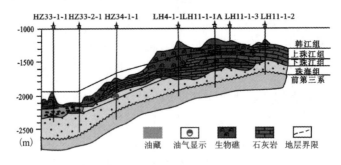

图 7-3-16　珠江口盆地东沙隆起礁型圈闭(据龚再升,2004)

4. 水动力圈闭油气藏

水动力圈闭是指储集层中的水自上倾方向向下流动造成水头梯度或梯度明显变化带,使流体等势面发生倾斜或弯曲而形成的圈闭。这类圈闭不像地层圈闭和构造圈闭那样容易发现,但近几年来逐渐引起人们的重视。

水动力圈闭主要划分为两大类:构造鼻或阶地型水动力圈闭和单斜型水动力圈闭。

(1)构造鼻或阶地型水动力圈闭。在静水条件下,这种构造鼻或阶地型圈闭不能形成,只有在向储集层下倾方向的流水作用下,气水界面发生顺水流方向倾斜或弯曲,在构造鼻或阶地的倾角变化处形成闭合的圈闭(图 7-3-17)。鄂尔多斯盆地东缘吴堡气藏及俄罗斯索柯洛夫气田下白垩统阿尔比砂岩中气藏均是这类气藏的实例。

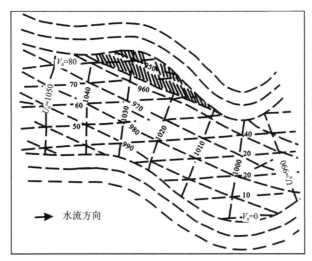

图 7-3-17 鼻状构造水动力圈闭形成机理示意图(据 Hubert,1953)

(2)单斜型水动力圈闭。对于单斜地层来说,倾斜方向的渗透性常有变化,这样水在沿储集层向下倾方向流动时,在渗透性较低、等势面变陡的地段造成闭合圈闭(图 7-3-17)。

从以上两种水动力圈闭类型来看,水动力使得气水界面发生倾斜或弯曲是形成水动力圈闭的主要营力和原因,圈闭的具体位置取决于水头坡度、水头梯度变化及岩性变化。一般来说,在储集层弯曲处或岩性变化带存在向下倾方向流水时,容易形成水动力圈闭。此外,在断层、不整合等渗透性变化或遮挡带,亦容易造成流速变化形成水动力圈闭。

在流体作用下使储集层中某些原来不存在圈闭的地方,出现新圈闭,这是油气勘探中一个值得引起重视的问题。

以上所述 2 种圈闭类型很少以单一因素形式出现,大多数情况下都是以两种或三种因素构成的圈闭,即所谓的复合圈闭。根据其组合型式,分为地层-构造圈闭、构造-水动力圈闭或地层-水动力圈闭。由于其圈闭方式与上述 2 种圈闭类型相同,这里不再赘述。

二、油气成藏动力过程

石油、天然气因某种自然动力的驱使,在地壳中发生位置的转移,使分散的油气在储集层的适当部位富集起来形成油气藏,期间涉及的油气运移可看作油气成藏的动力过程。根据时间顺序和介质条件的变化,可将油气运移分成两个阶段:初次运移和二次运移。

1. 初次运移的动力过程

油气主要在压实作用、热力作用、黏土矿物脱水增压作用、生烃的增压作用、扩散作用以及构造动力的综合作用下进行初次运移,同时还可能受到分子间吸着力和毛细管力的阻力作用。

(1)压实作用。压实作用是油气从源层排出的主要动力,包括正常压实和欠压实作用。随着沉积物不断埋深,其物理化学和矿物学发生一系列变化,包括孔隙度减小、密度增大、黏土矿物和有机质的转化、孔隙流体含量和成分的变化,其中孔隙度变化最明显,是压实过程中多项变化的综合反映。

正常压实:在上覆沉积负荷作用下,沉积物不断排出孔隙流体,如果流体能够畅通地排出,孔隙度能随上覆负荷增加而相应减小,孔隙流体压力基本保持静水压力,则称为正常压实或压实平衡状态。

欠压实:如果由于某种原因孔隙流体的排出受到阻碍,孔隙度不能随上覆负荷的增加而相应减小,孔隙流体压力常具有高于静水压力的异常值,这种压实状态就称为欠压实或压实不平衡。

(2)热力作用(增压)。即流体热增压作用,是指地下流体由于温度升高引起体积膨胀,增加封闭地层系统的孔隙流体压力的作用。水热增压作用促使流体运动的方向是从地温高的地区向地温低的地区运动,即从深处向浅处,从沉积盆地的中心向边缘运移。

(3)黏土矿物脱水增压作用。蒙脱石脱水作用,是指蒙脱石向伊利石转变的成岩过程中释放层间水的作用。蒙脱石为膨胀性黏土,结构水多。随埋深增加,当温度达到100℃左右,在钾云母加入的基础上,蒙脱石逐渐脱去层间有机质分子和结构水,导致粒间孔隙流体体积剧增,而产生或加剧异常高压促使烃源岩产生裂缝,有利于排烃,同时蒙脱石转变为伊利石。由于烃源岩中比运载层中含有更多的蒙脱石,蒙脱石脱水作用将促使流体从烃源岩向邻近运载层运移。

(4)生烃的增压作用。在生油门限深度以下,干酪根热降解而生成烃类。在大量生烃的同时,有大量 CO_2、CH_4 等气体生成。当生油层埋藏深度增加,干酪根大量降解生成液态烃和气态烃。生烃从两个方面导致岩石的孔隙流体压力大大增加:一是生烃造成体积膨胀,从而导致增压;二是干酪根生成油气时,密度降低、比容增大、体积增大,从而导致增压。

(5)扩散作用。生油层含烃浓度比周围岩石大,烃的扩散方向由生油层指向围岩,与油气运移方向一致,因此是初次运移的一种动力。扩散作用在物质转移方面的效率比较低,但它受客观条件诸如温度、压力、地层物性以及有机质成熟度等的影响较少。只要有浓度差存在,扩散作用无时无刻不在发生,甚至在欠压实和异常高压状态下也能毫无阻碍地进行。当地层深埋变得异常致密、流体的渗流很微弱或停止时,扩散作用几乎是流体运移的唯一方式。

(6)构造动力综合作用。构造动力是指静岩动力状态之上所附加的一种动力状态,包括伸展动力、挤压动力和旋转动力以及它们的复合动力。根据构造动力的作用过程,可将构造动力分为连续状态的长期构造动力过程和不连续状态的瞬间构造动力过程。瞬间不连续的构造动力过程对盆地中流体运动的作用十分明显。

2. 二次运移的动力过程

油气进入多孔介质后,主要在浮力、水动力、毛细管力、构造应力等综合作用下进行二次运移。阻力包括毛细管力、吸附力和水动力,动力包括浮力、水动力、构造应力、扩散力和分子渗透力。

(1)浮力。在地层水环境中,由于油水存在密度差,游离相的油、气将受到浮力的作用。油气在运移过程中首先必须克服毛细管阻力。只有当油气浮力大于毛细管阻力时,油气才能移动。

(2)水动力。沉积盆地的水动力主要有两种:由压实作用产生的压实水动力(压实驱动)和由重力作用产生的重力水动力(重力驱动)。

压实驱动的水动力主要来自于盆地内沉积物的压实排水,出现在盆地早期的持续沉降和差异压实阶段及过程中,其流动方向是由盆地中心向盆地边缘呈"离心流"状、由深处向浅处。重力驱动主要产生于盆地演化的成熟阶段;在重力水动力驱动下,水流方向主要是由盆地边缘的高势区流向盆地中心的低势区。到盆地演化的晚期,盆地地下水基本上处于静水状态,称"滞流盆地"。

(3)构造应力。构造应力促使岩层变形或变位,造成褶皱和断裂,地层发生倾斜,形成裂缝,并驱使地层中的流体发生运移。

(4)毛细管力。油气在运移过程中首先必须克服毛细管阻力。毛细管阻力与浮力相对抗,直到圭形的油珠的曲率半径在上端与下端相等,才能在浮力作用下向上运移。

三、油气成藏基本条件

在任一沉积盆地中,油气藏形成包括多种因素,其中最主要的因素包括:①生排烃条件——必须有充足的油气源,包括生烃的地质背景条件,有机质丰度、类型和成熟度的问题;②油气输导条件,成藏的储集条件、盖层条件;③油气聚集条件——必须存在有效圈闭和储盖组合;④油气藏保存和破坏条件,主要涉及到油气藏破坏以及油气再分布。

(一)生排烃条件

油气藏形成的前提条件就是必须具有充足的油气源,它取决于有机质数量、质量和成熟度。通常将盆地中分布成熟烃源岩或成烃灶的深坳陷区称之为成烃坳陷。优质成烃坳陷拥有巨大的成熟烃源岩体积,有机质丰度高,能提供充足的油气源,足以形成具有工业价值的油气聚集。成烃坳陷有时也是良好的油气聚集区,是盆地中油气高潜力区,也是含油气带或靶区比较集中的地区。多数盆地内油气多聚集于成烃坳陷及其周缘地区。

1.控制有机质生烃的主要因素

沉积有机质作为沉积物的一部分,同矿物质一样,在埋藏过程中,必然要经历地质条件下的生物、化学和物理的作用,使其发生与介质环境相适应的变化以及有机、无机的相互作用。油气就是烃源岩在一定温度和压力条件下,经历生物、化学和物理的作用生成并排出的产物,其组成和性质受到烃源岩类型、丰度等的明显控制。

(1)有机质类型对生烃的影响。不同类型的干酪根具有不同的化学结构和元素组成,其分解的产物也不相同。Ⅰ型和Ⅱ型干酪根分别为藻质型和腐泥型有机质,主要来源于水盆地中浮游生物和细菌,相对富氢和富含脂肪族结构,富氢贫氧,具有较大的生烃潜能,在生油主带之内的热降解产物以液态烃为主。而Ⅲ型干酪根是由陆生植物组成的腐殖型有机质,富含多芳香核和含氧基团,贫氢富氧,生油能力较低,即使是在生油主带之内,Ⅲ型干酪根的热降解产物仍以气态烃为主。

由于生物来源和沉积环境的差异,相同化学类型的干酪根生成的油气亦可能具有不同的组成和性质。在海相沉积盆地中,由于海水中富含硫酸根离子,在沉积和早期成岩阶段,这些硫酸根离子被还原形成硫化氢。硫化氢在向上逸散的过程中被氧化形成自然硫,而自然硫可使有机质成环和芳构化。因此,海相干酪根具有相对较高的硫含量并富含环状结构,多生成石蜡-环烷型或芳香-中间型石油。而在湖相盆地中,水生浮游植物来源的干酪根富含直链结构,生成的石油具有较低的含硫量,且多为石蜡型甚至高蜡型石油。

(2)有机质丰度对生烃的影响。沉积岩中有机质丰度变化较大,可由几乎纯的有机矿层堆积至几乎不含有机质的红层沉积组成。干酪根类型相同但有机质丰度不同的烃源岩生成并排出的产物可能存在较大的差异。富氢干酪根(包括Ⅰ型和Ⅱ型)在生油主带(镜质体反射率 $Ro=0.5\%\sim1.35\%$)之内的主要产物是液态烃。如果有机质丰度较高,在生油主带之内可达到连续烃相运移的含烃饱和度门限,形成正常原油;如果有机质丰度较低,在生油主带之内生成的烃类不能达到油气初次运移的含烃饱和度门限,烃类被滞留在烃源岩内,直到在更高的温度条件下,长链烃类发生裂解,最终从烃源岩中排出的是轻质油(或凝析油)甚至天然气。

(3)有机质成熟度对生烃的影响。有机质的成烃演化进程和所得到的烃类产物也表现出明显的阶段性,即沉积有机质的成烃演化阶段。目前比较普遍采用的阶段划分方案为成岩作用阶段、深成作用阶段、准变质作用阶段。相应地可将有机质成烃演化阶段划分为未成熟阶段、成熟阶段、过成熟阶段。

成岩作用阶段或未成熟阶段:此阶段从沉积有机质被埋藏开始到门限深度为止,$Ro<0.5\%$。成岩作用早期,有机质要经历细菌分解和水解,使原来的脂肪、蛋白质、碳水化合物和木质素等生物聚合物转化为分子量较低脂肪酸、氨基酸、糖、酚等生物化学单体,同时还产生CO_2、CH_4、NH_3等简单分子。随着埋深的增加,细菌作用趋于终止,生物化学单体缩聚成复杂的高分子腐殖酸类进而演化为地质聚合物,即干酪根。成岩作用阶段尤其是早期生成的烃类产物,是生物甲烷和少量高分子烃。在有机质成岩作用晚期,地下水对碳酸盐、铝硅酸盐和硅酸盐矿物的溶解能力增加,有助于形成溶蚀的次生孔隙。

深成作用阶段或成熟阶段:可称油和湿气阶段,有机质演化门限值开始至石油和湿气结束为止,此阶段油带 Ro 为 $0.5\%\sim1.3\%$,又叫低—中成熟阶段(低熟油带$Ro=0.5\%\sim0.7\%$,中熟油带$Ro=0.7\%\sim1.3\%$),干酪根通过热降解作用主要产生成熟的液态石油。以中—低分子量的烃类为主,生物烃被稀释,生物烃的奇碳优势渐失,环烷和芳香烃的碳数和环数减少。轻质油和湿气带又叫高成熟阶段,在较高的温度下,干酪根和已形成的石油发生热裂解，液态烃急剧减少，$C_1 \sim C_8$的轻烃迅速增加，还可形成凝析气。

准变质作用阶段或过成熟阶段：该阶段埋深大、温度高，$Ro>2.0\%$。由于成熟阶段干酪根上的较长烷基链已消耗殆尽，生油潜力枯竭，只能在热裂解作用下生成高温甲烷，而且先前生成的轻质油和湿气也将裂解为热力学上最稳定的甲烷。干酪根释出甲烷后其本身进一步缩聚为富碳的残余物。该阶段也称热裂解干气阶段。

(4) 细菌作用对有机质生烃的影响。细菌在自然界有很强的生存适应性和繁殖能力。在含油气系统中，细菌对有机质的成岩作用和石油及天然气的生成以及降解过程起重要作用。在沉积物中，细菌活动的总趋势一般随埋深增加而减弱。在垂向上不同类型的细菌出现连续分带现象，即从浅到深为喜氧菌、厌氧硫酸盐还原菌带和厌氧碳酸盐还原产甲烷菌带。

细菌通过酶素可使许多不稳定的原始生化组分被分解和消化。在通氧条件下主要游离产物为H_2O、CO_2以及NH_3、硫酸盐和磷酸盐离子；在厌氧条件下主要游离产物为CH_4、H_2S、H_2O以及NH_3和磷酸盐离子。实验和野外资料研究表明，有机质经细菌作用后还可直接产生沥青物质。此外，细菌本身也是良好的生烃原始材料，有的细菌还可以在自身细胞中合成少许固态高分子烃类。由于生存条件的限制，细菌的生物化学作用主要出现在成岩作用的早—中期。

(5) 有机-无机水岩作用或催化剂对有机质生烃的影响。传统的生油理论认为，有机质热裂解生成烃类的反应是受时间、温度及原始干酪根成分和结构特征影响的不可逆的动力学过程。然而，近些年来，地球化学家们认识到地下化学环境深刻影响着油气的形成及其组成演化，特别是水和矿物等无机化合物在有机质成熟过程中可能充当了反应物和催化剂。因为很多有机转化产物直接参与了沉积物孔渗性能的改善或破坏，沉积盆地中的有机-无机反应对于油气的运移和捕获过程可能具有直接的指示意义(Seewald,2003)。也有人根据酸性黏土在原油精炼过程中的催化性，提出矿物催化剂影响生油的观点。然而，黏土在生油过程中参与酸性催化反应的能力取决于地质环境中的物理、化学条件。需要指出的是沉积岩中丰富的水可能抑制黏土的这种催化能力，而且黏土的催化能力仅对正碳离子反应机制发挥作用。因此，虽然在缺水的地下环境可能会出现黏土催化作用，但事实上石油中枝状烷烃相对较低的含量已说明这并非主要的生油过程。

油气初次运移过程中也存在广泛的化学分馏作用。与排出的石油富含饱和烃相比，源岩中残留的沥青却饱含丰富的极性化合物，如胶质和沥青质，而饱和烃则消耗殆尽(Tissot and Welte,1984)。极性化合物在矿物表面和干酪根内的选择性吸附作用可能导致排出的石油及残留的沥青在成分上存在较大差异，但是目前的实验手段还无法再现极性化合物的这种自然选择性吸附现象(Huizinga et al,1987)。Lewan(1985)根据含水热解实验排出的油气和自然过程排出的油气具有相似的成分，推测水的参与可能导致沥青溶解能力的改变，并形成一个不混溶的过饱和相，随后从源岩中排出。因此，水是源岩生、排烃过程中各种化学作用的一个必要的参与者。理论的试验的研究已经表明沉积盆地中的水、矿物和具有催化性的活跃过渡金属深刻影响了油气的生成与聚集(Seewald,2003)。

(6) 压力对有机质生烃的影响。传统的油气生成模式没有考虑压力的作用。关于压力在有机质热演化和生烃过程中的作用，不同学者曾提出3种相互矛盾的观点：①压力对有机质热演化和生烃作用无明显影响(Monthiux et al,1986;Hunt,1979;Tissot and Welte,1984);②压力的增大促进有机质热演化特别是烃类的热裂解(Braun and Burnham,1990);③压力的增大抑制有机质热演化和生烃作用(McTavish,1978,1998;Domine and Enguehard,1992;Connan et al,1992;Price and Wenger,1992;Price,1993;Dalla Torre et al,1997;Hao Fang et al,1995,1998;Quick and Tabet,2003;郝芳,2005)。一些模拟实验揭示压力可以抑制有机质热演化(Price and Wenger,1992;Dalla et al,1997),而另一些模拟实验表明压力对镜质体反射率等热演化参数无明显的影响(Huang,1996)。在实例观测中,一方面在很多盆地,如北海盆地(McTavish,1978,1998;Carr,1999,2000)、美国 Unita 盆地(Fouch et al,1994)、加拿大 Sable 盆地(Carr,1999)、我国莺歌海盆地(Hao Fang et al,1995,1998)及准噶尔盆地(周中毅,1997;潘长春等,1997;查明等,2002)中证明了超压对有机质热演化的抑制作用;另一方面在很多盆地,如我国琼东南盆地(Hao Fang et al,1995)、美国绿河盆地(Law,2002)和澳大利亚西北陆架区(He Sheng et al,2002)中证明超压对镜质体反射率等有机质热演化参数未产生可识别的影响。郝芳(2005)认为不同热演化反应对超压的差异响应,也就是说超压对有机质热演化和油气生成具有差异抑制作用。比如超压仅抑制了烃类的热演化和富氢干酪根组分的热降解,而对贫氢干酪根组分的热演化不产生重要的影响;超压抑制了烃类的热裂解,而对干酪根的热降解未产生明显影响;超压抑制有机质热演化发育于烃源岩早期超压和封闭流体系统之中,而晚期形成超压对有机质热演化均不产生可识别的影响。

2. 生烃潜力评价指标

对于成烃凹陷的油源丰富程度除与生油岩的体积有关外,还与有机质数量、类型和成熟度以及生油岩排烃能力有关。以下一些参数是用来评价盆地成烃潜量,排、聚系数,确定盆地总资源量。

(1)生烃量和成烃潜量。所谓成烃潜量是指该类烃源岩最大的生烃量。该参数主要是通过热解获得的,取决于烃源岩中有机质类型和丰度。生烃量是指该盆地中某一层或多层烃源岩在盆地演化过程中到目前为止已生成的烃量,它主要取决于烃源岩的体积、单位体积烃源岩中有机质丰度和类型以及烃源岩的成熟度。

(2)产烃率和产烃丰度。所谓产烃率是指演化到某一阶段的单位质量(t)有机质所生成的烃类的质量或体积。对液态油一般用 kg/t,对天然气一般用 m^3/t。在计算产烃率时,还有一个常用参数为单位体积源岩的产烃率。该参数主要取决于烃源岩有机质丰度、类型及成熟度。

所谓产烃丰度是指单位面积(km^2)内烃源岩产烃量。这个参数主要取决于该面积之下烃源岩的厚度、有机质丰度、类型及成熟度。

在这些参数中产烃率是最重要的基础参数,它主要依靠热模拟实验获得。有了这个资料,结合地质实测或统计分析和实验数据获得的其他地质参数,可获得单位体积源岩的产烃率和单位面积内油气产率(或油气丰度)。利用这些参数可确定盆地内成烃坳陷和非成烃坳陷的产烃率,为油气评价和进一步勘探提供依据。

(3)排烃和排烃率。近 20 年来,排烃研究的结果表明:排烃是与成烃速率、成烃量和烃源岩含油饱和度有着直接联系的。良好的烃源岩(有机质丰度高、类型好)能在较低成熟度条件下生成较多烃类(Ⅰ、Ⅱ$_2$型),排烃开始早且具有较高的排烃率。而较差烃源岩(有机质丰度中—低,类型差)的生烃速率低,生烃量少,在低—中成熟度时难以达到排烃所需的临界含油饱和度,即使达到较高成熟度时也难以液态烃形式排出,或仅有少量(可忽略不仅)的液态烃排出。因此,Ⅲ型干酪根在一般情况下只能成为气源岩,而不是油源岩。

针对排烃率的多种估计,一般认为:液态烃排烃率低,就个别层段样品分析,最高可达40%～50%(在临近储层的排烃带,或完全排烃的烃源岩),一般在20%～25%以下;对连续厚度大于50～60m,特别是100m 以上欠压实烃源岩,排烃效率难以超过10%～15%。总之,在多数情况下,烃源岩排烃率难以超过15%。排烃(油)率很大程度上取决于有机质类型和丰度。类型好、丰度高,排油率也高;Ⅲ型且丰度中等以下很难排油。气态烃的排气率可达70%～90%(Welter et al,1985)。

(4)排液态烃(油)的临界含油饱和度。众多油气地质学家反复强调,石油排出时烃源岩的含油饱和度必须达到一定临界值,过去常称临界析出因子(Momper,1996,1978),并以烃源岩抽提物含量进行表示。现今比较常用的临界含油饱和度指在油、水两相共存条件下,液态烃达到一定的相渗透率,能与水一起运移、排出所必须达到的含油饱和度。

临界含油饱和度的取值,至今尚无统一的认识。早在1940年,Botset 就提出油水共存的砂岩孔隙中,含油饱和度只有达到20%或更高,油才能有效运移。后续研究大多将20%～25%作为石油有效流动的下限,20世纪70年代以来将这一界限引入烃源岩排烃研究,并以此作为烃源岩排油的临界含油饱和度。Dickey(1975)认为大多数页岩,特别是富含有机质页岩,具有亲油性(油湿),而且页岩孔隙水大多为结构水。因此,在富集烃类的大孔隙-裂隙系统中,可以流动的流体中实际的含油饱和度比以烃源岩总孔隙流体的平均含油饱和度要高得多。据此,Dickey(1975)认为石油连续油相运移的临界含油饱和度可能低于10%,最低限为1%。

目前,一般认为成熟烃源岩的平均残余含油饱和度,可视为临界含油饱和度。根据世界各地和我国东部主要含油气盆地烃源岩残余含油饱和度(S_{ro})的研究,成熟烃源岩的 S_{ro} 以1%～3%居多,一般不超过10%,油页岩最高可达30%～50%。因此,不同地区甚至同一地区不同有机相带的 S_{ro} 值是有差别的,要具体研究,谨慎确定。

(5)聚集系数。聚集系数也称运移系数,是指生油量和地质储量的比值。到目前为止,尚无确切的方法进行计算,大多数以勘探和研究程度较高的盆地为实例,计算相应的生油量和已探明的地质储量,获得相应的聚集系数(即运移系数)。

McDowell(1975)曾分别计算了洛杉矶、二叠纪、西西伯利亚、波斯湾4个盆地的生油量和地质储量,得出相应的运聚系数值,如表7-3-10所示。

表 7-3-10　4 个典型盆地运聚系数简表

典型盆地	生油量	地质储量($\times 10^8$ bbl)	运聚系数
洛杉矶	910	320	0.352
二叠纪	25 000	750	0.030
西西伯利亚	240 000	5000	0.021
波斯湾	210 000	4000	0.019

注：该表据 McDowell(1975)论文所列数据编制，其中西西伯利亚生油量，特别是地质储量估算可能偏高。

由于前述盆地的研究和勘探程度不等，数据的精度不一，不能将这些数据绝对化。但是可以看出，不同盆地的运聚系数差别可能很大。就多数盆地而言，3%有一定的代表性。在各种优越条件配合下，高的可达10%左右，而达到35%是极为罕见的。

天然气与石油相比，具有高的排烃率，但运聚系数普遍偏低。因为天然气易排出，但更易分散(溶于水和被岩石吸附)和损失(向储层以外及大气中散失)。因此，天然气聚集(运聚)系数一般取 0.5%～2% 居多，而且大多偏向取偏低值 0.5%～1%，少数取 1%～2%，在特殊有利条件下取 2%～5%。

对某一地区(特别是勘探程度不高地区)取运聚系数时，主要与已知地区进行地质类比，然后确定具体数值，且要根据勘探进展适时加以调整。

(二)油气聚集条件

油气田勘探实践证明，良好的油气输导条件和有利的生储盖组合是形成丰富的油气聚集的必不可少的条件之一。20世纪90年代以来，含油气系统及成藏动力学理论风靡全球，并成为当今石油地质学领域研究的热点问题。长期以来，传统石油地质学家一直把研究重点放在生、储、盖、运、保等单因素上，而含油气系统及成藏动力学理论则是把各项石油地质条件构成统一系统，追溯油气生、排、运、聚的全过程。含油气盆地含烃热流体的运动及其运聚成藏的全过程都是在三维的输导系统中进行，因此识别及研究由沉积体、间断面、断裂网络等要素构成的输导体系是成藏动力学研究的前提和基础。

1. 油气输导通道

盆地流体流动的通道由不同输导体在三维空间上组成的。这些输导体包括骨架砂体、不整合界面、断层和裂缝。输导体的输导能力取决于岩石的孔渗性及不整合界面、断裂和裂隙的渗透能力。

(1)骨架砂体。沉积盆地不同岩性的输导能力差异很大，在相同深度砂岩的输导能力大大好于泥岩。因此，骨架砂体构成盆地流体的良好输导通道。骨架砂体如河道骨架砂体、三角洲骨架砂体等具有良好的孔渗性能，是沉积盆地内发育的重要输导体系。当烃类从生油岩进入骨架砂体后，烃类流体就以两相流体的形式沿骨架砂岩输导体系向低势区的圈闭运移和聚集。

(2)不整合界面。不整合界面的存在意味着一定时间的间断和暴露,因此不整合界面往往可见较强烈的风氧化作用,这大大改善了界面附近的孔渗条件,另一方面不整合界面之上往往发育砂砾岩层,比如层序界面。在层序界面上除存在冲刷不整合面以外,还有下切水道充填复合体,它们可以作为油气运移的输导体系。如下白垩统 Denver 盆地北部 Muddy 砂岩的压力资料和成岩资料研究表明:层序界面上发育的下切水道复合体作为沉积物开始埋藏以来流体流动的输导体系。发育于层序界面之上的低位扇体往往成为油气聚集的有利地区,当烃类沿层序界面流动时当遇到断层或泥岩等的封堵时可形成低位扇油气藏。

(3)断层和裂缝。断层及其裂缝是沉积盆地内最重要的流体输导体之一,也是油气运移聚集的最主要的输导体或封隔体。断层和裂隙的输导能力取决于:①断层两侧的岩性;②断层面上泥岩的涂抹和断层带角砾的胶结程度;③断层力学性质的转换;④地应力和流体压力的幕式变化等。

断层为盆地流体垂向运移的主要输导通道。Hooper(1991)认为流体沿断裂运移是个周期流动过程,它与断裂活动期次和性质密切相关。在断陷盆地、生长断层及其裂缝对油气的运移和聚集有着非常重要的意义。据 Steven et al(1999)对 Louisiana 远滨南部 Eugene 岛 330 区块分析表明,生长断层在烃从深层向浅层运移的过程中起着非常重要的作用。断层活动期与油气生成和运移期相同,那么该断层有利油气沿断层和裂隙运移。进一步研究表明,虽然沿断层走向聚集的流量不同,但生长断层是流体(烃)上升的主要输导体系。Roberts and Nunn(1996)利用数值模拟证实,深部流体沿断裂可导致断裂两侧明显热异常。Xie et al(2001)通过莺歌海盆地中央底辟带热流体活动异常分析,证实了深部地层中热流体沿垂向断裂向上流动,在地震剖面上形成了模糊带。在 DF1-1 构造,当深部热流体沿断裂流动,由于上部富泥段的封堵,导致沿断裂带两侧温度和压力异常,且越毗邻断裂热异常幅度越明显(图 7-3-18)。

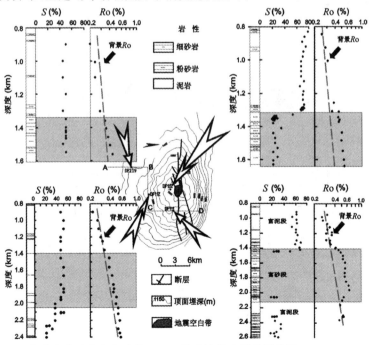

图 7-3-18 莺歌海盆地中央底辟带 DF1-1 构造浅部地层热异常图(据中国海洋石油总公司)

在含油气盆地中,普遍存在超压体系和压力封存箱。由于强超压导致流体压裂现象在许多快速沉降和快速充填盆地见到,如北海盆地(Cartwright,1994)、莺歌海盆地(Xie et al,1999)。研究表明,在超压体系内盆地流体流动几乎为零,只有当流体压裂开启时才导致流体的快速流动。莺歌海盆地存在巨厚的泥岩层,这些流体压裂广泛发育于异常超压盆地的富泥段,如莺歌海盆地莺歌海组一段,地震剖面上显示了明显的不连续性,不仅导致盆地流体的幕式活动(Wang and Xie,1998),而且导致超压烃源岩内幕式排烃作用(解习农等,2000)。

盆地内流体输导体的三维配置是十分复杂的,而且各种输导体的输导能力也随盆地演化而发生变化。同样,油气运聚也很复杂,作为烃源岩和储集岩之间的输导通道常常是由于多种输导体组合形成的复合的输导网络。构造脊指由于岩层产状发生改变而形成的正向构造的脊线,如背斜的脊线、鼻状构造的脊线等。当油从源岩进入储层,油气就在浮力、水动力和毛细管力的作用下,顺储层顶面沿地层的上倾方向向构造脊运移。因此,构造脊就成为油气的主要输导通道,或称油气运移的"高速公路",并非所有构造脊都是油气或流体的输导通道,如构造脊部位主要由泥岩所组成则不能作为输导通道,因此还需要输导层的配合。为了更好地描述油气运移中主要输导通道,这里使用"输导脊"概念,即由岩性或构造与岩性配合形成正向构造的脊线,沿脊线具有良好的输导能力。

2. 生、储、盖组合

生、储、盖组合是指烃源层、储集层和盖层的组合型式。有利生、储、盖组合强调了烃源层中生成的丰富的油气能有效地运移到良好的储集层中,同时盖层的质量和厚度又能保证运移至储集层中油气不会逸散,这是形成大油气藏的必备条件。

根据生、储、盖三者在时间和空间上的相互配置关系,可将生、储、盖组合划分为4种类型(图 7-3-19)。

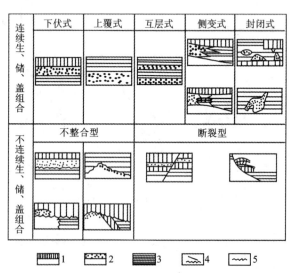

图 7-3-19 生、储、盖组合类型
1.盖层;2.储层;3.烃源岩;4.断层;5.不整合

(1) 正常式生、储、盖组合。它指在地层剖面上生油层位于组合下部，储集层位于中部，盖层位于上部。这种组合类型又根据时间上的连续或间断细分为连续式和间断式两种。油气从生油层向储集层以垂向运移为主。正常式生、储、盖组合是我国许多油田最主要的组合方式。

(2) 侧变式生、储、盖组合。由于岩性、岩相在空间上的变化而导致生、储、盖层在横向上组合而成。这种组合多发育在生油凹陷斜坡带或古隆起斜坡上，由于岩性、岩相横向发生变化，使生油层和储集层同属一层，二者以岩性的横向变化方式相接触，油气以侧向同层运移为主。

(3) 顶生式生、储、盖组合。生油层与盖层同属一层，而储集层位于其下的组合类型。例如华北任丘油田，古近系沙河街组泥岩既是生油层又是盖层，直接覆盖在具有孔隙、溶洞、裂缝的中—上元古界白云岩储集层之上。

(4) 自生自储自盖式生储盖组合。石灰岩中局部裂缝发育段储油、泥岩中的砂岩透镜体储油和一些泥岩中的裂缝发育段储油都属于这种组合类型，其最大特点是生油层、储集层和盖层都属于同一层。

根据生油层和储集层的时代关系，可将生、储、盖组合划分为新生古储、古生新储和自生自储3种型式。较新地层中生成的油气储集在相对较老的地层中，为新生古储；较老地层中生成的油气运移到较新地层中聚集，属古生新储；而自生自储指生油层与储集层都属于同一层位。以上3种型式的盖层都比储集层新。根据生、储、盖组合之间的连续性可将其分为两大类，即连续沉积的生、储、盖组合和被不整合面所分隔的不连续生、储、盖组合。

(三) 油气聚集条件

油气在储集层中从高势区向低势区运移的过程中遇到圈闭时，进入其中的油气就不能继续运移，而聚集起来形成油气藏。油气在圈闭中积聚形成油气藏的过程称为油气聚集。

1. 油气聚集样式

(1) 单一圈闭内的油气聚集。单一圈闭中最简单、最常见的是背斜圈闭。其基本特点是当油气在盆地内生成以后，便沿上倾方向向周围高处的圈闭中运移，首先在最高部位聚集起来，较晚进入的油气依次由较高部位向较低部位聚集，一直到充满整个圈闭为止。由于油气水的密度不同，在圈闭中会发生重力分异。天然气的密度最小，黏度也小，在孔隙介质中最易流动，所以运移的结果是天然气占据该圈闭最高位置的构造环，而石油则占据该圈闭下倾方向较低的位置。图7-3-20示意了背斜圈闭油气聚集作用过程。当圈闭中聚油作用结束后，若再有油经过时，就通过溢出点向上倾方向溢出；但天然气有所不同，由于较油更轻，可以继续进入圈闭，并替代原被石油所占据的那部分储集空间，这一过程一直进行到圈闭的整个容积完全被天然气所占据为止。

(2) 系列圈闭中的油气差异聚集。圈闭常成带、成群分布，即存在系列圈闭（是指溢出点自下倾方向向上倾方向递升的若干圈闭）。同一系列中的各个圈闭由于存在与烃源岩相对位置、圈闭形成条件和历史差异性，各区圈闭聚集烃类的过程也不相同。

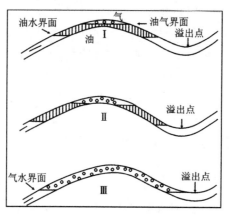

图 7-3-20　油气在单一背斜圈闭中的聚集图(据 Gussow,1951)

1953 年加拿大石油地质学家 Gussow 在研究阿尔伯达盆地时提出了油气差异聚集原理。假如在静水压力条件下,同一渗透层相连圈闭的溢出点海拔依次递增,而且没有局部支流运移和溶解气体的影响,就会出现如图 7-3-21 所示的油气差异聚集情况。(a)第一阶段,油气从盆地中油源区沿区域性上倾方向运移,首先进入圈闭 1,这时圈闭 1 尚未装满。(b)第二阶段,油气继续供应,圈闭 1 中之油水界面下降至溢出点,石油开始从圈闭 1 中溢出而进入圈闭 2,但天然气仍在圈闭 1 中形成气顶。(c)第三阶段,油气仍在继续供给,使圈闭 1 完全充满天然气,油气则通过溢出点向圈闭 2 运移,此时在圈闭 1 中已形成纯气藏;圈闭 2 则形成有气顶的油藏;如此继续聚集,如果油气供给比较充足,则通过(d)(e)阶段,最终的结果可能是圈闭 1、圈闭 2 为纯气藏,圈闭 3 为带气顶的油气藏,圈闭 4、圈闭 5 可能为纯油藏。当油气供应来源特别充足或者不充足的时候,则油气在 5 个圈闭中的聚集情况会有所变化,但所遵循的原理是不变的。

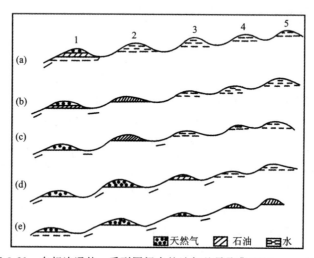

图 7-3-21　在相连通的一系列圈闭中的油气差异聚集(据 Gussow,1954)

总之,在根据差异聚集原理分析油气藏的形成与分布规律时,必须要全面考虑所有的地质条件及其影响因素,具体情况具体分析,才能得出正确的认识。

2.有效圈闭形成

所谓有效圈闭是曾经聚集并保存具有工业价值油气藏的圈闭。根据这一定义,有效圈闭必须具备下列基本特征。

(1)大容量。单个圈闭容积的大小主要取决于该圈闭的闭合面积、闭合高、储集层的有效厚度和有效孔隙率等参数。一个大容积圈闭通常具有较大的闭合面积,较厚的储集层,较高的孔隙率,但闭合度的变化范围可能较大。

在一个油气田的含油面积范围内圈闭的有效容积,可以是由单一层状储集层圈闭的容积,也可以是由相互连通的储集体形成巨大的容积,还可以是由多个圈闭(可以是同一类型、也可以是不同类型)在垂向上叠合,或连片叠合而形成的。要成为大油气藏(田),必须拥有巨大的圈闭容积,这是一个先决条件,但是并非所有大容积圈闭都能有效地聚积油气。对聚集条件不同的圈闭进行对比分析表明,一个有效圈闭除大容积外,还应具备距烃源区近、形成时间早、闭合度高和保存条件好等基本条件。

(2)距烃源区近。所谓距烃源区近是指圈闭不仅在空间位置上距源区近,更重要的是与烃源层之间有良好的通道(即输导层),圈闭位于油气运移的路线上。只有距烃源区近的圈闭,才具有优先聚集油气的能力。

(3)形成时间早。所谓形成时间早是指圈闭形成的时间下限应与大规模生烃、排烃期同步。因此,与大规模生烃、排烃期同步或更早些形成的圈闭都属于形成时间早。因此,判断圈闭形成时间是否有利于圈闭油气,一方面要确定圈闭本身的形成时间,另一方面要将圈闭形成时间与区域性大规模生烃、排烃期进行对比。

关于确定圈闭形成相对时间的方法,Levorsen 曾拟定一个示意剖面图(图 7-3-22)。

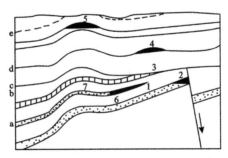

图 7-3-22　确定圈闭形成时间顺序的示意剖面图(据 Levorsen,1954)

a~e.地层时代符号;1~7.圈闭号(1.a 上覆泥岩沉积后形成的尖灭型岩性圈闭;2.b,c 之间造成不整合的构造变动形成的断层圈闭;3.c 沉积后形成的不整合面下的不整合圈闭;4.上盖层沉积后形成的透镜型岩性圈闭;5~7.背斜圈闭,是在 e 沉积后经褶皱形成的)

对于构造圈闭,特别是背斜圈闭形成时间的确定,目前常用编制构造发育图来确定它的开始、发育和定型的主要时期。

(4)圈闭的闭合度高。当油水界面倾斜时,如果两端的高程差大于静水状态时的闭合度(h_c),或油水界面倾角大于储集层顶面的倾角,这个在静水状态存在的圈闭在流水作用下已不再存在,因此也不可能有效地聚集油气。再者,如果圈闭的闭合度小于油水过渡带的厚度,即使圈闭内有油气聚集,也不可能产生纯油,只能同时产出油水,因此也不能算作有效圈闭。

将圈闭的闭合度(h_c)作为控制烃柱的最大高度(H_{CHM})是以盖层能圈闭的烃柱高度(h_{CRS})大于或远大于闭合度,以及油水过渡带厚度($h_{o/w}$)趋近于零为前提的。实际上,任一圈闭能控制的烃柱最大高度,存在下列两种情况:①$h_{CRS} > h_c$ 时,$H_{CHM} = h_c - h_{o/w}$;②$h_{CRS} < h_c$ 时,$H_{CHM} = h_{CRS} - h_{o/w}$。

(5)保存条件。任一圈闭的储集层上方都有封闭性良好的盖层。没有盖层或其他的封闭性遭到不同程度的破坏,都会影响圈闭的有效性,这一点对天然气尤为重要。没有良好的封闭条件,很难聚集并保存大型油气藏。

综上所述,能形成巨大油气藏的有效圈闭必须具备:大(容积)、近(距源区近、在运移路线上)、早(形成时间)、高(闭合度)及保(封闭性好)这5个基本条件。

(四)油气藏保存条件及破坏特征

圈闭中聚集的油气,其四周被非渗透性岩层、高油气势区单独或联合封闭处于稳定的低势区,具有较高的稳定态。在油气藏内油气水按密度分异,与承压地层水之间建立了相对的平衡状态。油气藏中地层水和烃类流体存在于缺氧、低温环境中,它们之间仅有弱的相互作用,烃类流体具有化学上稳定性。但是,油气藏这种建立的物理、化学上的稳定性和平衡状态是相对的、有条件的。一旦这些条件发生变化,油气藏的稳定性和油气水的平衡状态就会遭破坏。油气藏中烃类流体可能逸散并发生氧化,也可能在新的环境下油气分布发生某种改变,建立新的平衡,形成新的油气藏。尽管这两者是相互联系的,有时很难区分,但在多数情况下两者仍有明显差别,前者是单纯性破坏,后者偏于再分布。

引起油气藏破坏与油气再分布的因素很多,如圈闭的盖层和储层被侵蚀或封闭性变差、容积改变、断开、埋深变化;储层压力及流体动力学环境的改变;因热变质、化学和生物降解而引起的油气蚀变等,而且许多因素都是相互联系的。下面将分别论述圈闭破坏、改变所引起的油气藏破坏和油气再分布以及烃类流体蚀变作用。

1. 原油的保存和降解

油气藏中烃类流体的损失和蚀变,均可引起油气藏破坏。就烃类流体而言,除前已提及的直接向地表逸散和油气再分布外,石油的氧化变质、热演化变质作用及天然气的次生变化和破坏作用等最为重要。

(1)石油的氧化变质作用。石油的氧化变质作用是指油气藏中的石油在低温压条件下,因蒸发、氧化和微生物降解(也称之为物理、化学和微生物降解),轻组分大量消耗,重组分特别是含硫氧氮杂原子的重组分不断增加,成为稠油和沥青类矿物的演化过程。其结果是使油气藏丧失或大大降低其工业价值。

石油的氧化变质作用依其强度大致可分为:①油储(藏)内的降解作用;②地表充气条件下的变质作用。这里着重讨论油储内原油的降解作用。

微生物降解作用对油所起的破坏较为明显。据估计世界上约有原油总储量的10%被微生物所消耗,另有10%左右的原油因微生物降解而变差。但是,在某些情况下,微生物降解作用对地下油气的保存起有益作用。例如当油层一部分裸露地表或近地表的氧化带时,微生物降解作用和氧化作用形成沥青塞(封闭)可以使其下石油得以保存;又如在油水界面上存在的"沥青垫"也是微生物降解和氧化作用的产物,但它的存在又可对其上覆的石油起一定的保护作用。

微生物降解重质油与正常原油有明显差别:正烷烃含量显著减少;植烷/正十八烷、姥鲛烷/正十七烷比值明显增大;含硫、氧、氮重杂原子化合物含量显著增加,旋光性明显增强;各组分的碳同位素类型曲线形态非线性化成为曲线。

氧化和水洗作用是使原油降解的另一类作用。氧化作用主要是游离氧气、溶解氧气和氧化物与烃类作用,使烃变为醇、酮和有机酸的反应;而水洗作用主要是指水中溶解氧气、氧化物和微生物与原油中烃类的作用。因此,微生物降解、氧化和水洗作用通常相互联系、不可分割,但各有侧重。

(2)原油热演化变质作用。所谓原油热演化变质作用是指油气藏中原油在热力作用下向降低自由能、具有更高化学稳定性的方向变化,其结果是使原油中高分子组成通过聚合形成沥青类矿物(即储层沥青),而较大部分烃类向低碳数烷烃和甲烷方向演化。在热演化变质作用的早期,破坏作用不明显,少量储层沥青析出,有助于改善石油的品质。但在更高阶段,特别是达到甲烷化阶段,则可对油气藏起明显的破坏作用,大大降低其工业价值。

油气藏中石油的热演化与自然界的物质一样,都具有方向性。而这种方向性首先是由该物质的能量变化的方向性所决定的。任何物质的物理化学变化,都是在一定条件下朝自由能不断降低的方向发展,变化的产物应具有更高的稳定性。

油气藏中原油的热演化变质作用,是在缺氧的封闭系统中进行的,因而系统中的化学反应保持物质平衡状态。

上述基本原则决定了热演化变质作用的方向和产物。对于烃类来说,不同碳原子数或同一碳原子数但结构不同的烃类,具有不同的自由能。烃类热演化变质作用的变化方向,应该是:①芳烃向环烷,再向烷烃直至甲烷方向进行;②缩合反应。其中,甲烷化演化方向是加氢反应。以苯为例:

$$\text{苯} \xrightarrow{+3H_2} \text{环己烷} \xrightarrow{+H_2} C-C-C-C-C-C$$

在油气藏并不存在游离氢源,氢都是与烃或烃类衍生物结合在一起的。要使该反应得以实现,除了芳烃的环烷化反应,环烷的烷烃化以及高碳数链烷裂解为低碳数链烷的反应(这些都是加氢反应)外,必然还同时存在环烷的芳构化反应和芳烃缩合反应(这些都是放氢反应)。两者在该系统中保持平衡。因此,该系统中的化学反应不是简单的、单一方向的反应,而是复杂的、多向的反应,但反应的总趋势是向降低自由能方向进行。

芳烃缩合反应的产物——多环稠合的含N、S、O化合物,在液态烃中的溶解度急剧降低,最后将变为固体析出,成为储层沥青而离开这个系统。而烷烃化和甲烷化的结果将使液态原油变轻,成为轻质凝析油直至甲烷气。

根据上述分析,油藏中石油的变化可以归纳为如图 7-3-23 所示。

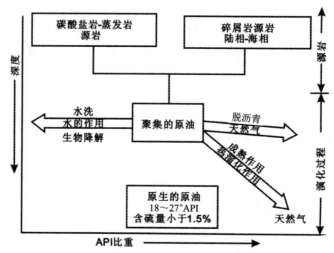

图 7-3-23　油藏中石油化学成分变化模式图(据 Barker,1979)

(3)天然气的次生变化和破坏。地下储气层或油气藏中产出的天然气,可能由于各种原因使天然气成分和同位素组成发生不同程度的改变,也可能因扩散和渗透而遭受不同程度的破坏,大致可归纳如下。

氧化和微生物降解作用:当地壳运动使气藏埋深变浅,与大气降水有某种联系时,氧气和微生物就可通过多种途径进入气藏,在游离氧和微生物作用下,气藏就有可能逐渐被破坏。由于游离氧和甲烷起化学反应过程中,^{13}C 被优先氧化为 CO_2,使得残留 CH_4 变轻。因此,较重的 CO_2 和较轻的 CH_4 就成为遭受轻度氧化的天然气藏中天然气同位素组成的基本特征。

微生物蚀变是比较复杂的生物化学过程,不同菌种对优先选择消耗对象也是有差别的。据 James(1984)的研究,多数情况下细菌蚀变初期优先消耗丙烷,湿气中丙烷含量最先减少,残留的 $\delta^{13}C_3$ 值明显增大,使受细菌蚀变的和正常天然气的 $C_1\sim C_4$ 同位素组成有明显差别。随着蚀变深入,湿气其他成分也被消耗,出现湿气干气化。这种天然气仅根据化学成分,极易与过熟干气相混,但它的 $\delta^{13}C_1$ 值一般仍低于 40‰。此外,常见有低 $\delta^{13}C_{CO_2}$ 值。

渗透和扩散作用:如果盖层封闭性欠佳导致渗漏,这是气藏遭受破坏的重要原因之一。但需要强调的是扩散作用无论在运移或油气藏破坏中的作用,可能被夸大,仅仅由于扩散作用而使气藏遭到完全破坏是很难的。

2.油气藏破坏特征

圈闭可能因多种地质作用造成不同程度的破坏,从而使油气藏中烃类流体逸散、被氧化。地下油气藏遭受某种程度破坏的结果常在地表形成油气显示,为油气勘探提供线索和依据。这种单纯性油气逸散造成的油气藏破坏,一般仅使油气数量损失,但并不明显改变油气分布。

3.导致油气再分布的地质作用

促使油气再分布的地质作用很多,但以断裂最为重要。

(1)断裂对油气再分布的作用。断裂能使储集层断开并发生相对位移。它能改变油气藏中原有的压力平衡状态,促使油气向新的低势区输导。除向地表溢出外,更为重要而常见的作用是使油气在不同储层间进行再分布。它可以在统一油气藏内重新分配,使油气更多向高断块集中,而低断块则相应减少。各断块的原始油水界面和压力系统仍是单一的。

断裂活动可以使单一富集的油层分解为若干个油气藏(图7-3-24)。这种再分布的结果,导致油气聚集规模和经济价值均相应地降低。断裂活动也可以使多油层向主力油层富集。

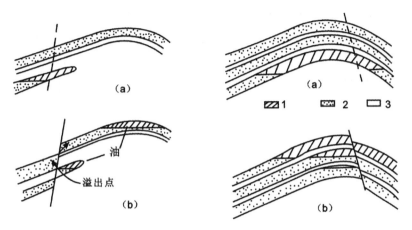

图 7-3-24　两种不同类型的断层对油气再分布示意图(据 Hobson,1956)
1.油;2.矿岩层;3.泥岩(隔层)

(2)其他地质因素对油气再分布的作用。储集(油)层不均衡掀起作用,可以使原有圈闭的高点位移,容积减少。如果油气藏中油气已充满或接近充满圈闭时,将使油气溢出,向上倾方向运移,并在运移路线上最先经过的圈闭中聚集成新的油气藏。

储集(油)层因构造运动上升变浅时,油层压力相应地下降。油内溶解气将析出形成游离气顶,并将石油挤出圈闭。溢出的石油向上倾方向运移,在遇有适合的圈闭时,形成新的油藏。若油层上倾方向直通地表,则将逸散、氧化形成稠油或沥青类。

水动力作用不仅造成油水界面倾斜,而且明显改变圈闭的大小和位置。它可以使原有圈闭容积减少,甚至消失;也可以在原先不存在圈闭之处形成新的圈闭。因此,在水动力作用下,可以使原有油气藏中的油气发生再分布。

本章小结

(1)海洋油气资源是指由地质作用形成的具有经济意义的海底烃类矿物聚集体,主要指海洋石油和天然气。海洋油气资源主要分布在大陆架,海洋油气勘探开发是一项高风险、高技术、高投入的系统工程。全球海洋油气资源开发的历史可以追溯到19世纪末。中国近海油气勘探始于20世纪50年代,经历了由浅海向深海的发展历程。

(2)从区域来看,全球海上油气资源勘探开发形成三湾、两海、两湖的格局。"三湾"即波斯湾、墨西哥湾和几内亚湾;"两海"即北海和南海;"两湖"即里海和马拉开波湖。中国近海海域油气资源丰富,近海海域主要的含油气盆地有10个,自北而南分别是渤海盆地、黄海盆地、东海陆架盆地、台西盆地、台西南盆地、珠江口盆地、琼东南盆地、北部湾盆地、莺歌海盆地和中建南盆地。

(3)烃源岩、储集层、盖层和圈闭构成了油气形成的基本要素,它是油气形成的根本。烃源岩指在天然条件下曾经产生且排出过烃类并已形成工业性油气聚集的岩石;储集层指凡具有连通孔隙、能使流体储存并在其中渗滤的岩层;盖层指位于储集层的上方,能够阻止油气向上溢散的岩层;圈闭指地壳内能聚集和保存油气的场所(地质体)或天然容器。

(4)在任一沉积盆地中油气藏形成包括多种因素,其中最为主要的因素包括:①生排烃条件——必须有充足的油气源,包括生烃的地质背景条件、有机质丰度、类型和成熟度的问题;②油气输导条件、成藏的储集条件、盖层条件;③油气聚集条件——必须存在有效圈闭和储盖组合;④油气藏保存和破坏条件,主要涉及到油气藏破坏以及油气再分布。

思考题

1. 简述烃源岩的概念、有机质的类型及其划分标准。
2. 简述圈闭的概念及圈闭的度量。
3. 简述油气运移的概念、分类及其动力、阻力。
4. 简述油气藏类型及其划分依据。
5. 简述油气藏形成的基本条件。
6. 简述生储盖组合分类。
7. 简述有效圈闭基本条件。

第八章 海洋天然气水合物资源

第一节 海洋天然气水合物概述

一、海洋天然气水合物的概念

天然气水合物(gas hydrate)也叫气体水合物、笼形气体水合物,是一种由水分子与CH_4、C_2H_6、C_3H_8等轻烃以及N_2、CO_2、H_2S等小分子气体在低温和一定压力下形成的冰状固态化合物(图 8-1-1、图 8-1-2)。因自然界产出的天然气水合物中的气体分子多以甲烷(CH_4)为主(>90%),所以天然气水合物也常被称为甲烷水合物。此外,较为纯净的甲烷水合物可以直接在空气中点燃,外形酷似冰状,故又俗称"可燃冰"。

图 8-1-1 ODP 第 164 航次在美国大西洋岸外布莱克海台钻获得块状天然气水合物的岩芯样品

自然界的天然气水合物主要分布于深海海底沉积物和陆地永久冻土带中,具有能量密度高(标准温压条件下,$1m^3$天然气水合物可释放$164m^3$气体和$0.8m^3$水)、分布广、储量大(世界海洋天然气水合物中的甲烷资源量估计为$2×10^{16}m^3$,大约是传统化石能源资源量的 2 倍,可以供人类用 350 年以上)和燃烧无污染的特点,被认为是 21 世纪油气和煤资源枯竭后的理想替代能源,受到了世界各国科学家和政府部门的重视。天然气水合物的有关研究是当代地球科学和能源工业发展的一大热点,涉及到新一代能源的勘探开发、温室效应、全球碳循环和气候变化、古海洋和海洋地质灾害、天然气输送管道堵塞等,并有可能对地质学、环境科学和能源工业的发展产生深刻的影响。

图 8-1-2　2006 年俄罗斯、韩、日、中 4 国在鄂霍次克海取得的网脉状分布的天然气水合物

二、海洋天然气水合物的组成、结构和性质

1. 天然气水合物的组成、结构

天然气水合物是笼形气体水合物,组成笼子的晶格是水分子通过氢键形成的,其中的气体分子(CH_4、C_2H_6、H_2S、CO_2、C_2H_2 等)在一定的压力和温度下充填晶格结构的孔隙。水合物中水与气体之间以范德华力而相互作用。

按照笼子的晶格结构,天然气水合物通常可分为 I 型、II 型和 H 型 3 种结构(图 8-1-3)。在 20 世纪 50 年代初确立了两种最为常见的水合物晶体结构,即结构 I 型和结构 II 型。80 年代人们通过核磁共振和粉末衍射实验发现 H 型水合物晶体结构。至今已确认的 100 多种能形成水合物的物质所对应的水合物晶体结构,绝大多数也属于这 3 种类型。

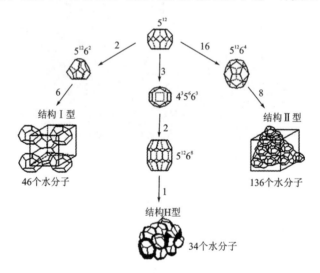

图 8-1-3　天然气水合物 3 种类型(I 型、II 型和 H 型)的晶格图(据 Sloan,2007)

结构 I 型水合物晶体单位晶格由 46 个水分子组成。在它们中间有 8 个能容纳气体分子的空腔,其中 2 个为小空腔,6 个为大空腔。小空腔为正五边形十二面体(5^{12}),大空腔是由 2 个对置的六边形和在它们中间排列的 12 个五边形构成的十四面体($5^{12}6^2$)。结构 II 型水合物单晶结构由 136 个水分子组成。在它们中间有 24 个能容纳气体分子的空腔,其中 16 个为小

空腔,8个为大空腔。大、小空腔都是五边形十二面体(5^{12})结构。大空腔由12个五边形和4个六边形构成的球形六面体($5^{12}6^4$),直径略大一点。结构H型水合物晶体的基本单位晶格是六面体结构,由34个水分子组成。其基本单位晶格中有3种不同的空腔:3个5^{12}空腔、2个$4^35^66^3$空腔和1个$5^{12}6^8$空腔。$4^35^66^3$空腔为由20个水分子构成的呈扁球形的十二面体,$5^{12}6^8$空腔为由36个水分子构成的呈椭球形的二十面体。3种晶体结构中,每个笼形空隙最多只能容纳一个客体分子,客体分子与主体分子间以范德华力相互作用,这种作用力是水合物结构形成和稳定存在的关键。

能够进入晶格结构的孔隙与水一起在低温高压下形成水合物的气体,主要是那些分子半径较小的气体分子。天然气水合物的化学组成主要为甲烷分子和水分子,除此之外,还含有少量的C_2H_6、C_3H_8、CO_2、H_2S、N_2等。构成Ⅰ型和Ⅱ型水合物,必须是分子半径大小合适$[(4\sim7)\times10^{-10} m]$的气体,如$Kr$、$N_2$、$O_2$、$CH_4$、$H_2S$、$CO_2$、$C_2H_6$等;高碳分子(如辛烷等)可以与甲烷等小气体分子一起形成H型水合物。

2. 天然气水合物的性质

天然气水合物的物理性质见表8-1-1和表8-1-2。天然气水合物具有多孔性,硬度和剪切模量小于冰的,密度与冰的密度大致相等,热传导率和电阻率远小于冰的热传导率和电阻率。含天然气水合物的沉积物中纵波传播的速度比含水或含气的沉积物大得多。

表8-1-1　天然气水合物声学性质表(引自Anderson,1992)

参数	饱和水的天然气水合物	含天然气水合物的沉积物	纯天然气水合物	含气体的沉积物
纵波波速(km/s)	1.6~2.5	2.05~4.5	3.25~3.6	0.16~1.45
纵波传输时间(s/ft)	190~122	149~68	94~85	191~210
横波波速(km/s)	0.38~0.39	0.14~1.56	1.65	—
横波传输时间(s/ft)	800~780	2180~195	185	—
密度(g/cm³)	1.26~2.42	1.15~2.4	—	—

注:1ft=0.304 8m。

表8-1-2　甲烷水合物和冰的性质对比表(引自Sloan and Makagon,1997)

性质	甲烷水合物	海底砂质沉积物的甲烷水合物	冰
摩氏硬度	2~4	7	4
剪切强度(MPa)		12.2	7
剪切模量	2.4		3.9
密度(g/cm³)	0.91	>1	0.917

续表 8-1-2

性质	甲烷水合物	海底砂质沉积物的甲烷水合物	冰
声学速率(m/s)	3300	3800	3500
273K 时热容(kJ/cm^3)	2.3	≈2	2.3
热导率(W/m·K)	0.5	0.5	2.23
电阻率(kΩ·m)	5	100	500

三、海洋天然气水合物的研究历史与意义

1. 天然气水合物的研究历史

天然气水合物的发现和研究历史可划分为4个阶段。

第一阶段从1810年到1934年,为实验室发现和合成气体水合物的阶段。1810年英国皇家学会学者 Humphry Davy 在实验室首次人工合成了氯气水合物,并于次年著书立说提出天然气水合物(gas hydrate)的概念;在这之后的120多年中,各国化学家对天然气水合物的化学组分和物质结构产生了浓厚的兴趣。早期研究主要集中在人工合成水合物试验研究以及对实验数据的理论概括与总结。Villar(1888,1890)理论总结了几种重要的人工合成水合物(H_2S、CH_4、C_2H_6、C_2H_4、C_2H_2、N_2O、C_3H_8)的实验结果,勾绘了许多不同种类的平衡相图,并首先利用水合物形成的相变热计算了水合物中的水/气比值。与 Villar 合作的 De Forcrand(1897,1902)率先用 Clausius-Clapeyron 方程确定了15种混合水合物的组成。

第二阶段从1935年到1960年,为发现输气管道里水合物堵塞,以预防管道水合物为主要目的。在这个阶段研究主题是工业条件下水合物的预报和清除、水合物生成阻化剂的研究和应用。20世纪30—40年代是水合物研究史上的一个重要时期,美国化学家 Hammer Schmidt(1934)发现了油气运输管道中水合物堵塞物,论述了预测油气运输管道中水合物堵塞物形成的主要原则,创立了控制水合物的基本方法。从那时起,了解水合物的形成条件和寻找抑制水合物生成的方法一直是石油与天然气工业的重要课题。Kata(1945)提出水合物是一种固溶体的概念,发表了一个给定温度和气体重量就可以估计水合物形成压力的适用于天然气抽取、运输、加工过程的整个温压范围的通用相图。Wilcox、Carson 和 Kata(1941)提出了基于气-固相平衡常数的、能够确定由混合物形成水合物的温度和压力的解析方法,一直被沿用到现在。Von Stackelberg and Müller(1951,1954)、Claussen(1951)、Pauling and Marshall(1952)等采用 X 射线衍射法确定了 Ⅰ 型和 Ⅱ 型水合物的结构。

Van der Waals and Platteeuw(1959)应用统计热力学处理方法,结合 Langmuir 气体等温吸附理论,推导出一个计算水合物相化学势的理论模型,奠定了水合物相平衡理论模型的基础。

第三阶段从1961年到2001年,这个阶段人们发现了自然界存在天然气水合物并开始把天然气水合物作为一种能源进行全面调查研究。Strizhev(1946)、Cherskiy(1961)基于对苏

联北部 Yakutiya 地区一些地质剖面的热力学性质分析及部分永久冻结带钻探热力学数据的处理，预言苏联北部天然气气田存在气体水合物。莫斯科 Gubkin 油气研究院的 Makogon(1965,1966)在天然的和人工的岩芯中进行了水合物形成与溶解实验，进一步阐述了天然孔隙岩层中存在水合物的可能性。1967 年苏联在西西伯利亚、Yakutiya 等地区以及 1968 年美国在其南极考察站通过钻孔岩芯取样先后获得了天然气水合物，从而证实了天然条件下水合物的存在。Makogon 在 1970 年第十一届国际天然气大会上关于水合物的演讲，引起了业界的广泛兴趣，从而掀起了全球天然气水合物研究的热潮。1979 年，DSDP 第 66 航次和第 67 航次在墨西哥湾实施深海钻探，从海底获得 91.24m 的天然气水合物岩芯，首次验证了海底天然气水合物矿藏的存在。20 世纪 80 年代以来，许多国家都在天然气水合物调查研究方面给予高度重视，并从能源储备战略角度考虑，90 年代，ODP 第 164 航次在美国东部海域布莱克海台实施了一系列深海钻探，取得了大量的水合物岩芯，首次证明海底水合物矿藏具有潜在的商业开发价值。20 世纪 80 年代以来，地震方法在海洋天然气水合物勘查领域得到了广泛的运用，随着深海钻探计划（DSDP）、大洋钻探计划（ODP）、综合大洋钻探计划和综合大洋发现计划（IODP）的实施，全球已钻了超过 100 口天然气水合物勘探井（图 8-1-4）。重要的天然气水合物钻探包括：美国东海岸布莱克海台大洋钻探计划 ODP 第 164 航次（1995 年），美国西海岸水合物脊大洋钻探计划 ODP 第 204 航次（2002 年），美国西海岸天然气水合物综合大洋钻探计划 IODP 第 311 航次（2005 年），美国墨西哥湾工业联合项目 JIP-Ⅰ、JIP-Ⅱ 航次（2005 年、2009 年），日本南海海槽天然气水合物钻探航次（1999—2000 年、2004 年），日本南海南部马来西亚南沙海槽盆地 Gumusut-Kakap 钻探航次（2006 年），印度大陆边缘国家天然气水合物计划 NGHP-01、NGHP-02 航次（2006 年、2015 年），韩国东海郁龙盆地天然气水合物钻探 UBGH-01、UBGH-02 航次（2007 年、2010 年），中国南海北部广州海洋地质调查局 GMGS-1、GMGS-2、GMGS-3、GMGS-4、GMGS-5 航次（2007 年、2013 年、2015 年、2016 年、2018 年）等。

第四阶段从 2002 年到现在，该阶段为天然气水合物钻井试验开采、开发的新阶段，2002 年初由加拿大地质调查局（GSC）、德国地学研究中心（GFZ）、日本石油公团（JNOC）、美国地质调查局（USGS）、美国能源部（USDOE）和印度油气部（MOPNG）等国际组织联合实施了"Mallik 2002 天然气水合物探测井计划"，该计划研究内容包括水合物地质、地震、测井、地热、地化、微生物及工程地质、钻井、开采技术等。天然气水合物开采实验项目还包括：美国阿拉斯加北坡水合物开采试验项目（2007 年、2011—2012 年），MH-21 日本南海海槽开采试验项目（2012—2013 年、2017—2018 年），中国南海北部神狐海域开采试验项目（2017 年），印度大陆边缘水合物开采试验项目（2017—2018 年）。

2. 海洋天然气水合物资源的研究意义

天然气水合物作为一种资源潜力巨大的非常规能源，被认为是 21 世纪理想的替代能源。海洋天然气水合物通常埋藏于水深 500～3000m 的海底以下 0～1100m 处，矿层厚数十厘米至上百米，分布面积数万平方千米到数十万平方千米。每立方米的天然气水合物在标准状态下可释放 160～180m^3 的天然气（Sloan,1998），单个海域甲烷气体资源量可达数万立方米至几百万亿立方米。据估算，全球天然气水合物蕴藏的天然气资源总量约为 2.1×10^{16} m^3

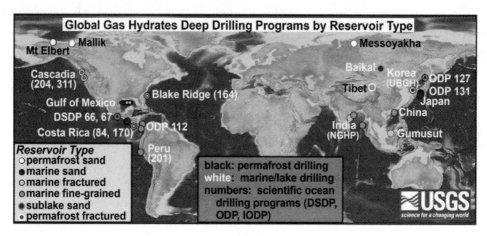

图 8-1-4　全球天然气水合物钻探站位分布图(据美国地质调查局,2019)

(Kvenvolden,1999),相当于全球已探明传统化石燃料碳总量的两倍,最新的估计高达 $1.2\times 10^{17}\,m^3$(Klauda and Sandler,2005),有巨大的能源开发前景。世界各国尤其是发达国家及能源短缺国家的高度重视,如美国、日本、德国、印度、加拿大等都制订了各自的天然气水合物研究开发计划,正在加紧调查、开发和利用研究。美国政府顾问马克斯预言:"天然气水合物将可能改变现在的地缘政治模式,美国、日本、印度等国家可能实现能源自给,这一事件强烈影响着国际事务及对外政策……一旦天然气水合物被开发利用,现存的世界能源市场将彻底改变"(U.S.DOE,1999)。

我国政府和科技界也非常重视天然气水合物的勘探开发及相关的科学研究,《国家中长期科技发展规划纲要(2006—2020 年)》中天然气水合物研究被列为前沿技术之一。2002 年我国开始实施国家专项进行海洋天然气水合物资源调查评价,在南海北部陆坡西沙海槽、东沙海域、神狐海域和琼东南海域开展了以地质、地震、地球化学等为主的多手段综合调查,系统地发现了深层-浅层-表层的地球物理、地球化学、地质和生物等多层次多信息异常标志,在南海北部圈定了分布面积约 32 750km^2 的有利远景区,初步评价认为南海北部水合物天然气资源量约 $185\times 10^8\,t$ 油当量。2007 年以来在南海北部陆坡神狐等海域成功实施了 5 个天然气水合物钻探航次,取得了大量含天然气水合物的沉积物样品。神狐海域含水合物沉积层位于海底之下 153~225m,厚度 10~25m,天然气水合物种最大饱和度分别为 25%、44% 和 48%,气体中甲烷含量分别为 99.8%、99.7% 和 99.4%,确定钻探区水合物分布面积约为 15km^2,赋存的水合物天然气储量为 $160\times 10^8\,m^3$,显示出南海的水合物资源具有继续勘查和开发利用的广阔前景,对保障我国能源安全及促进国家经济的可持续发展具有重要的政治和经济战略意义。

第二节　海洋天然气水合物资源分布与特征

世界上已发现的海底天然气水合物主要分布区有大西洋海域的墨西哥湾、加勒比海、南美东部陆缘、非洲西部陆缘和美国东海岸的布莱克海台等,西太平洋海域的白令海、鄂霍茨克海、千岛海沟、日本海、四国海槽、日本南海海槽、冲绳海槽、中国南海、苏拉威西海和新西兰北部海域等，东太平洋海域的中美海槽、加州滨外、秘鲁海槽等，印度洋的阿曼海湾，南极的罗斯海和威德尔海，北极的巴伦支海和波弗特海，以及大陆内的黑海与里海等。

天然气水合物通常赋存于水深大于300m的海域，当压力和温度处于甲烷水合物稳定范围内时，在有充足甲烷气体和水的条件下，可自然形成甲烷水合物。水合物稳定域出现的深度范围及其侧向展布范围取决于局部条件。海洋沉积物中埋藏的近90%的有机碳通常出现在靠近大陆的相对浅水的环境中。在海平面远低于现在的时期，有机碳可沉积在距今大陆边缘更远的地区，即现今的大陆坡。因此，目前大部分的海洋甲烷水合物发现于大陆边缘和大陆坡的沉积物中，其通常与其他烃类，如石油和天然气共同赋存。

一、不同构造环境下海洋天然气水合物资源分布特征

天然气水合物在主动大陆边缘和被动大陆边缘均有大量发现。从构造背景来看，天然气水合物主要分布在主动大陆边缘和被动大陆边缘的加积楔顶端、陆坡盆地、弧前盆地、滨外海底海山，乃至内陆海或湖区，尤其以主动陆缘俯冲带增生楔区和被动陆缘、陆隆台地断褶区天然气水合物十分发育(张光学，2005)。前者如南余德兰海沟、秘鲁海沟、中美洲海槽、俄勒冈滨外、日本南海海槽、中国台湾西南近海等。后者有著名的布莱克海台、墨西哥湾路易斯安那陆坡、加勒比海南部陆坡、亚马逊海底扇、阿根廷盆地、印度西部陆坡、尼日利亚滨外三角洲前缘等，这些地区天然气水合物的分布与海底扇、海底滑塌体、台地断褶区、断裂构造、底辟构造、泥火山、"麻坑"地貌等特殊地质构造环境密切相关，具有水合物成矿的有利地质构造环境。

1. 主动大陆边缘的天然气水合物分布特征

主动大陆边缘沉积物厚度通常小于被动边缘，构造活动强烈，不利于水合物的形成与赋存。但在主动大陆边缘增生楔上和弧前盆地沉积物厚度大，断层和褶皱发育，有利于流体的运移、聚集，形成水合物厚层堆积，常常是水合物大规模发育的有利区域。在主动大陆边缘中，由于板块的俯冲运动，随着俯冲带附近沉积物不断加厚，浅部富含陆源和海相有机碳的沉积物被迅速埋藏，并被输送到能生成热解烃的增生楔内部，为形成丰富的天然气创造了有利的条件；另一方面由于构造的挤压作用，在俯冲带形成一系列叠瓦断层，同时由于增生楔内部压力的释放，使得深部气体不断沿断层向上运移，在浅部地层中聚集形成天然气水合物。目前全球许多地区已在增生楔中直接钻遇水合物或在地震剖面中识别出BSR。

增生楔是一种特殊的水合物成矿环境。俯冲带有大量沉积物输入，物源充足，其中含陆源和洋源有机碳的海相沉积物被迅速埋藏，并被送到能生成热解烃的地带，且有机碎屑主要属陆源成因，偏于生气；增生环境中构造变动活跃，以逆掩推覆构造样式为主，有利于气体长距离运移；热结构剖面呈梯度变化，提供烃气热灶环境。具备流体的起源、烃气运移和捕集的有利环境，这些都是该地区水合物形成的有利因素(图8-2-1)。但是，上述所及也有其不利的一面，增生楔内的沉积物输入量、热结构、流体流动方式及构造形式的变化对进入生气窗的沉积物数量及所生烃类的数量和类型有重大的影响。不同构造部位能量通量、甲烷通量、流体通量有所不同，进而控制了水合物矿层产出具有横向上的不同(图8-2-2)。

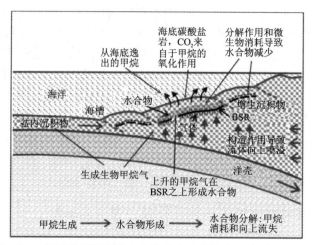

图 8-2-1 活动陆缘增生楔水合物成矿地质模式(据 Hydman,1992)

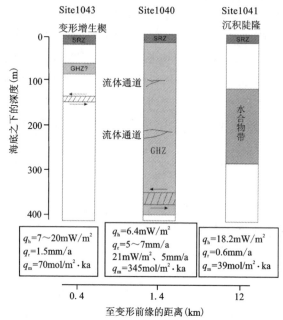

图 8-2-2 哥斯达尼加活动大陆边缘不同构造部位能量通量、甲烷通量、
流体通量与水合物矿层产出对比图(据 Ruppel et al,1999)

2.被动大陆边缘的天然气水合物分布特征

被动大陆边缘是指构造上长期处于相对稳定状态的大陆边缘,具有宽阔的陆架、较缓的陆坡和平坦的陆裙等地貌单元,通常围绕大西洋和印度洋分布,目前占大陆边缘的 60%,多沿劳亚古陆和冈瓦纳大陆裂谷内侧或克拉通内部形成。在这些地区的陆架-陆坡区(变薄的下沉陆壳)或陆坡-陆隆区(变薄的下沉洋壳)边缘处,以重力驱动的拉伸构造作用发育了一系列平行于海岸线的离散大陆边缘盆地。在这类大陆边缘的陆坡、岛坡、海山、内陆海、边缘海盆地和海底扩张盆地等的表层沉积物或沉积岩中赋存有天然气水合物,是天然气水合物富集成

藏的理想场所(蔡峰等,2011)。断裂褶皱系、底辟构造、海底重力流、滑塌体等地质构造环境与天然气水合物的形成分布密切相关(张光学等,2005),典型的海区有布莱克海台、北卡罗莱纳洋脊、墨西哥湾、挪威西部巴伦支海、印度西部陆缘、非洲西部岸外等。被动大陆边缘内巨厚沉积层塑性物质流动、陆缘外侧火山活动及张裂作用,均可构成天然气水合物成矿的特殊环境。在布莱克海台、北卡罗莱纳洋脊以及里海等海区水合物的形成分布均与底辟作用关系甚密。

被动大陆边缘天然气水合物资源以布莱克海脊最为人们所熟悉。在布莱克海脊,水合物赋存于182～420m的范围中,水合物带之上存在一个180多米厚的硫酸盐还原带,水合物层之下存在游离气层或溶解气层(图8-2-3)。水合物的产状明显受沉积物岩性、断层活动、流体和甲烷通量所控制(图8-2-4)。

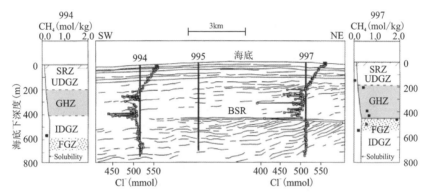

图 8-2-3　ODP 第 164 航次布莱克海脊钻孔位置及水合物矿床特征图(据 Dickens,2001)
SRZ:Sulfate Reduction Zone,硫酸盐还原带;UDGZ:Upper Dissolved Gas Zone,上部溶解气带;GHZ:Gas Hydrate Zone,水合物带;IDGZ:Intermediate Dissolved Gas Zone,层间溶解气带;FGZ:Free Gas Zone,游离气带;LDGZ:Lower Dissolved Gas Zone,下伏游离气带

被动大陆边缘海底泥火山附近常常富集和分布天然气水合物,比较典型的是 Håkon Mosby 泥火山(缩写 HMMV),该泥火山位于挪威-巴伦支海-斯瓦尔巴特群岛西缘。该区基底为洋壳,上覆宽阔的扇体,扇体上发育滑塌峡谷。新生代地层厚度巨大,其中,更新世及晚上新世主要为碎屑沉积。HMMV 地区地热探针测量结果表明:泥火山中心地温梯度可达 30℃/cm;沉积层底部的地温梯度随着据泥火山距离增大而减小。研究进一步发现:泥火山内部的上升流体是控制该区地热的关键因素。Ginsburg et al(1999)根据 Khutorskoy 提供的程序,对 HMMV 地区的一些参数进行推测(泥火山的热源深度为 3km,该深度的区域温度为 90℃,热流扩散至海底),绘制了 HMMV 温度场结构模型(图8-2-5),该模型较好地解释了 HMMV 地区取样结果:中心最热的地带不发育水合物,该地带的直径约为 200m,该区带的外侧为一含少量水合物的沉积区。沉积区往外,为水合物高值区(平均为 10%～20%),位于该区内的 45 站位,观察到了块状水合物样品,长度从 0～225cm 均有发现。距离泥火山中心较远的地方,沉积物中水合物含量一般在 0～10%之间(平均为 5%)(图8-2-6)。HMMV 上的甲烷气柱同时受到热对流及扰动扩散作用的影响,从而形成明显的复式结构:底部为较低的穿隆状甲烷气柱,该气柱温度较低;在泥火山中心的地温梯度高值区,则形成一蘑菇状的富甲

烷热柱。流体上升的速率和海底沉积物的温度及地温梯度呈正相关关系。在 HMMV 地区，流体上升速率从火山中心位置向周边地区递减，使得与温度较高的中心区毗邻的周边区域比较容易形成出露海底的水合物，尽管该处为所有水合物稳定域中地温梯度最高的地方，且稳定域的厚度最小。出露海底的水合物的内侧为无水合物区。无水合物区的规模由上升流体的速率决定，如果流体上升的速率随时间的推移而逐渐减少，无水合物区的范围也可能逐渐减小乃至消失，此时，出露海底的水合物区也会随之变化；当流体上升的速率进一步减小时，出露海底的水合物区也会消失，水合物稳定域的上界可能会逐渐下移(图 8-2-4)。

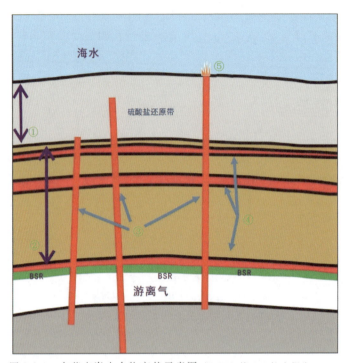

图 8-2-4　布莱克脊水合物产状示意图(据 ODP 第 164 航次报告，1995)
①水合物层之上存在甲烷的不饱和带，也是硫酸盐还原带；②BSR 与硫酸盐还原带之间的水合物呈分散的浸染状；③断裂中充填的水合物呈致密块状；④高渗带沉积物 15% 为水合物胶结；⑤气体沿断裂运移至海底，部分在断裂和海底形成水合物，部分为生物群落消耗

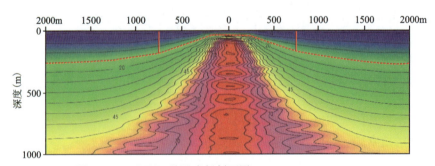

图 8-2-5　HMMV 处温度场剖面图(据 Ginsburg et al,1999)
(注：图中等值线单位为℃,上方一条红色等值线为水合物稳定域的基底,两条红色竖线为水合物边界限,水合物在红色竖线的外侧发育,内侧没有水合物)

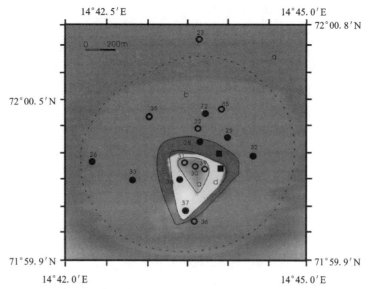

图 8-2-6　HMMV 地区水合物含量变化及钻孔站位分布图(据 Ginsburg et al,1999)
a. 无水合物区;b~d. 水合物发育区(b.0~10%;c.10%~20%;d. 少量);虚线所示为水合物
外围边界;空心圆表示未发现水合物站位;实心圆为发现水合物站位;实心正方形为海底即
见到水合物的站位

二、海洋天然气水合物资源富集区的沉积特征

天然气水合物矿藏是一种非常规的天然气矿藏,它的发育和赋存是由包括构造和沉积作用在内的多种地质学和热力学条件共同影响与控制的,其形成与分布除了需要特定的温压条件外,更需要合适的沉积条件,以提供充足的气体来源和良好的储集条件。首先,要有充足的气源供给,尽管天然气的来源有多种,但生物成因气和石油热解气则是其主要来源,因而需要可提供形成天然气水合物所必需的天然气母质——有机质。其次,需要有一定的孔隙空间和水介质,以供形成天然气水合物所需的水与储集空间,其储集空间的形成则是由沉积体的类型所决定。从目前的研究结果来看,天然气水合物形成的沉积主导因素主要有沉积环境及沉积相、沉积速率、岩性、粒度、有机碳含量和特殊矿物等方面。

从世界上发现的天然气水合物分布区来看,沉积速率较高、沉积厚度较大、砂泥比适中的三角洲、扇三角洲以及滑塌扇、浊积扇、斜坡扇和等深流等各种重力流沉积是天然气水合物发育较为有利的相带。如加拿大西北部麦肯齐三角洲地区的天然气水合物主要形成于三角洲前缘(Collett and Dallimore,1999)。各类扇体是阵发性、快速沉积事件的产物,是由浅海陆架边缘沉积物因重力失稳垮塌堆积而成,因此与浅海沉积具有同样高的有机质丰度。有机质的大量存在,可以消耗掉水体中的氧,使新氧得不到补充,从而出现还原环境,既有利于有机质的堆积,又有利于有机质的保存,为天然气水合物的形成提供充足的生物气源。此外,这些沉积体由于快速堆积,往往处于欠压实状态,存在局部的异常高压,有利于水合物聚集成藏。等深流沉积是海洋沉积物沉积后又被活跃的深水流充分改造过的沉积,含有大量的气体,一般都具有独特的沉积特性和高的沉积速率,其沉积物中的异地黏土岩具有丰富的有机质,可作为生物成因气的源岩,也是水合物形成较为有利的相带。布莱克海台的水合物就形成于高沉积速率下活跃的等深流沉积物中。

Dillon等通过对美国大西洋边缘气水合物的研究,认为沉积速率是控制水合物聚集的最主要因素,一般沉积速率高的地方沉积厚度也较大,为天然气水合物的形成提供了物质基础。含天然气水合物地层的沉积速率一般超过30m/Ma。东太平洋海域中美海槽赋存天然气水合物的新生代沉积层的沉积速率高达1055m/Ma;西太平洋美国大陆边缘中的4个水合物聚集区内,有3个与快速沉积区有关。其中布莱克海岭晚渐新世至全新世沉积物的沉积速率达160~190m/Ma(Mountain and Tucholke,1985)。究其原因,大多数海洋天然气水合物为生物甲烷气,在快速沉积的半深海沉积区聚集了大量的有机碎屑物,由于迅速埋藏在海底未遭受氧化作用而保存下来,并在沉积物中经细菌作用转变为大量的甲烷。并且,高的沉积速率容易形成欠压区,从而构成良好的输导体系(Dillon et al,1998),也有利于水合物的聚积与成藏,因此,具有较高沉积速率的沉积层有利于天然气水合物的形成。

天然气水合物形成的关键是要有充足的甲烷供应。目前,世界上已发现的海洋天然气水合物,除个别地区含有热解成因的烃类外,大部分主要为生物成因甲烷。在海洋环境中,硫酸盐还原带下甲烷的产生主要是通过二氧化碳还原方式(Rice and Claypool,1981;Whiticar et al,1986),还原反应所需的CO_2和H_2由细菌分解有机质产生。因此,有机碳含量是生物成因天然气水合物形成的重要控制因素(Kvenvolden,1993;Waseda and Nishita,1998)。

世界上主要天然气水合物发现海域海底沉积物有机碳的分析研究表明,天然气水合物发现地表层沉积物的有机碳含量一般较高($TOC \geq 1\%$)(Gorntiz and Fung,1994),有机碳含量低于0.5%则难以形成天然气水合物(Waseda and Nishita,1998)。例如,均属于秘鲁-智利沟弧体系的秘鲁外海地区与智利滨外地区,两地有机碳含量相差很大,在沉积物有机碳含量高的秘鲁外海所有钻孔均采集到水合物样品,而在沉积物有机碳含量较低的智利滨外地区所有钻孔中均未发现水合物,二者形成强烈对比,说明有机碳含量对水合物的形成有重要影响。

三、不同储集类型的天然气水合物的资源价值

天然气水合物钻探获得的样品研究表明天然气水合物产层的物理性质存在很大的差异(Sloan,2008)。水合物主要以4种形态存在于沉积物中:①粗粒沉积物的孔隙空间;②呈球状分散在细粒沉积物;③充填在裂隙中;④块状的固态水合物。大部分野外勘探表明,高富集的水合物主要受裂隙或粗粒的沉积物控制,水合物填充在裂隙中或者分散在富砂岩储层中(Collett,1993;Dallimore and Collett,2005;Collett et al,2008;Hutchinson et al,2008;Park et al,2008;Yang et al,2008;Fujii et al,2009;Tsuji et al,2010)。从天然气水合物资源量金字塔形分布模型来看,4种不同类型的水合物资源量相对大小和可供开发的潜力存在差异(图8-2-7)(Boswell and Collett,2006)。最有开发前景的产层位于金字塔顶端以砂岩为主的储层,技术上最具有挑战性的产层位于底部泥质沉积物。

海洋环境中砂岩储层水合物仅次于极地砂岩储层,具有良好的资源前景。已发现的海洋砂岩储层的水合物饱和度为中等到高浓度的水合物矿藏。美国能源矿产研究所认为墨西哥湾地区砂岩储层中的天然气水合物矿藏含有大约$190 \times 10^{12} m^3$天然气(Frye,2008)。研究表明,天然气水合物稳定域内浅层沉积物中储层质量好的砂岩中水合物资源量大于以前评价的资源量。

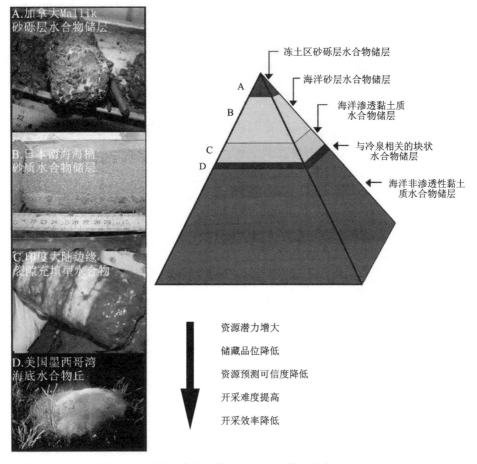

图 8-2-7　不同储层的天然气水合物的资源量呈金字塔形分布（据 Boswell and Collett，2006）

填充在裂隙系统中的水合物也是具有较大开发前景的一类水合物矿藏。与未固结的和低渗透率泥岩相比，砂岩系统中颗粒支撑的储层骨架具有较高的渗透率和较大的孔隙度，砂岩储层是未来进行气体开采的远景区，主要是由于砂层更能有效地传递压力和温度到水合物层，且释放的气体能够方便地聚集在井内。泥岩或泥岩裂隙中富集的甲烷水合物的开采会遇到更多的问题，将来需要在现有生产基础之上的技术来开采以裂隙为主的天然气水合物矿藏。

海洋浅层沉积物一般是未固结沉积物，由两部分组成：一部分是沉积物骨架；另一部分是孔隙。沉积物骨架包括碎屑颗粒和胶结物质。空隙包括沉积物的孔隙、裂隙和溶孔、溶洞。天然气水合物系统研究表明足够孔隙空间是形成天然气水合物的一个重要条件。最近，日本南海海槽、墨西哥湾 Alaminos 峡谷 818、KC151、ODP311 和 ODP204 等天然气水合物钻探表明，砂岩储层天然气水合物饱和度相对较高，达到中等以上饱和度。早在 1999 年，Clennell et al 就指出天然气水合物最容易在粗粒沉积物（>63μm）中形成，并且水合物饱和度变化与砂岩含量变化有关。Torres et al(2008)指出天然气水合物之所以优先聚集在粗粒沉积物中，是因为这些沉积物中较低的毛细管压力有利于气体运移和水合物结晶。

第三节 海洋天然气水合物的形成机制

一、海洋天然气水合物的形成条件

1. 海底天然气水合物的形成和保存条件

天然气水合物形成需要合适的温度、压力与足量的甲烷等气体。海底条件下甲烷可能有3种存在形式：溶解态、游离态、水合物态。甲烷究竟以哪种形式存在，取决于体系的温度压力，当环境温度压力变化时，会向着更稳定的存在形式或组合演化。天然气水合物的形成要求相对的低温、高压环境。只有在特定区间的足够低的温度或足够高的压力环境中，天然气水合物才能形成并稳定地存在，这一温压区间即"天然气水合物稳定域（GHSZ）"（图8-3-1）。

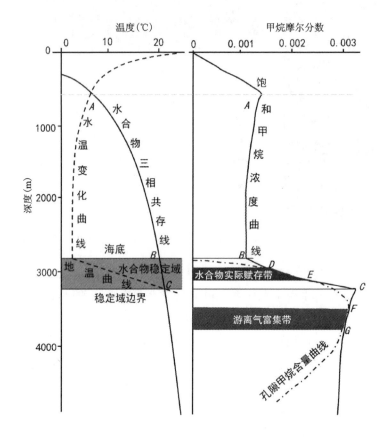

图8-3-1 海底水合物赋存层位与温度-溶解甲烷饱和条件图解（据吕万军，2004）
A.水温线与水合物三相平衡线的交点；B.海底；C.稳定域底界；D、E.稳定域中孔隙流体溶解甲烷浓度与饱和浓度曲线的上下交点，实际也是水合物实际赋存层位的顶部、底部；F、G.稳定域之下孔隙流体溶解甲烷浓度与饱和浓度曲线的上下交点，实际也是游离气赋存层位的顶部、底部

海底水合物实际赋存部位受稳定域和甲烷含量这两个成矿要素的控制。"稳定域＋孔隙流体的甲烷饱和"是水合物存在的充分必要条件：①水合物稳定域的存在。水-气-水合物这

一体系的平衡态组成取决于该体系的温度、压力、初始状态时的气相、液相的物质组成。气体的组成、孔隙流体的盐度、孔隙半径的大小对水合物稳定的温压条件都有不同程度的影响。②孔隙流体中甲烷量达到和维持饱和浓度。几乎所有的海底都有适合天然气水合物的温度和压力,因而通常用稳定域来圈定水合物资源的范围显得过大,实际上形成水合物需要另一个重要的条件——溶解甲烷的浓度必须饱和,水合物才能够形成和存在。当流体中甲烷含量超过这一浓度时甲烷便会发生水合从而形成水合物,当流体中甲烷含量小于这一浓度时,水合物便会向水中溶解以增加溶解甲烷量。水合物存在时水中甲烷的饱和浓度是维持水合物存在所必需的甲烷含量,ODP 常用孔隙水的甲烷含量来判断沉积物中水合物的有无,从而海底水合物的形成、稳定与演化受海底沉积物中的温度、压力和孔隙流体中溶解甲烷的饱和程度三者联合控制(图 8-3-1)。

首先,水合物的形成需要适宜的温度压力条件。天然气水合物受其特殊的性质和形成时所需条件的限制,只分布于特定的地理位置和地质构造单元内。天然气水合物形成的温压条件与气体的组成成分有密切的关系。CO_2、H_2S、C_3H_8 等气体的混入,会增加海底甲烷水合物的稳定性,而 N_2 的加入,则在相同温度下增加甲烷水合物的稳定所需要的压力。孔隙流体中盐度的增加,也会增加甲烷水合物的稳定所需要的压力。

海水-沉积物中溶解甲烷的饱和浓度与温度-压力以及平衡的相态有关,在稳定域内随着深度的增加而增加,在水合物稳定域底部达到最大,然后随深度加深逐渐变小(图 8-3-1)。当沉积物中水合物存在时,对应深度上甲烷实际浓度线与饱和浓度曲线重合。当甲烷超过平衡浓度时,过剩的甲烷将转化为水合物;当流体中甲烷欠饱和,则将引起水合物的溶解。

海底沉积物中甲烷的供应与沉积物所处的物理化学条件以及很多过程有关,有机质转化为甲烷、甲烷在空间上的迁移聚集、甲烷-硫酸盐界面甲烷的氧化等,这些动态的过程都时刻影响着水合物-甲烷-孔隙流体体系。

自然界天然气水合物温压稳定域的范围取决于局部地表温度与地温梯度。地温梯度与天然气水合物相边界的上下交点构成了水合物稳定域的上下边界,这样就使得特定地区天然气水合物只能形成并赋存于与局部地温条件密切相关的特定温压区间内。从图 8-3-1 可以看出,地温梯度、海底温度、水深等因素共同决定了水合物的存在及其稳定域的厚度。地温梯度越小,海底温度越低,水深越大,水合物稳定域厚度越大,反之越小。但这几种因素对水合物稳定域厚度的影响程度却不同,水深影响较小,地温梯度影响较大,海底温度影响最大。因此地温梯度、海底温度、水深等参数的精确度直接决定了水合物稳定域厚度计算的精度。

水-气-水合物这一体系的平衡态组成取决于该体系的温度、压力、初始状态时的气相、液相的物质组成。气体的组成、孔隙流体的盐度、孔隙半径的大小对水合物稳定的温压条件都有不同程度的影响。不同组分气体的加入也会改变天然气水合物的相平衡曲线。当天然气水合物中含有重烃(乙烷、丙烷)时,天然气水合物的相平衡曲线相对于纯甲烷曲线会向右偏移,也就是说天然气水合物能够在较高的温度和较低的压力下存在,甲烷含量越少,曲线偏移越明显(王淑红,2005)。溶解的盐进入到水合物系统后,也可以降低水合物形成的温度。在天然气水合物形成过程中孔隙水中盐与气的接触以 0.06℃每千单位盐的比率降低结晶温度(Holder et al,1984)。

水合物样品主要分布在水深 1000~3500m 以下，在秘鲁智利海槽和中美海槽分别于水深4000m 及 5000m 的深度钻获得了水合物样品。从所获水合物所处的温压条件来看（图 8-3-2），很大一部分实际样品的温压范围处在海水中水合物相边界的附近，如 ODP 第 204 航次在卡斯卡迪亚边缘钻获得的几个样品；也有部分样品距离相边界较远，如秘鲁智利海槽中获得的样品。

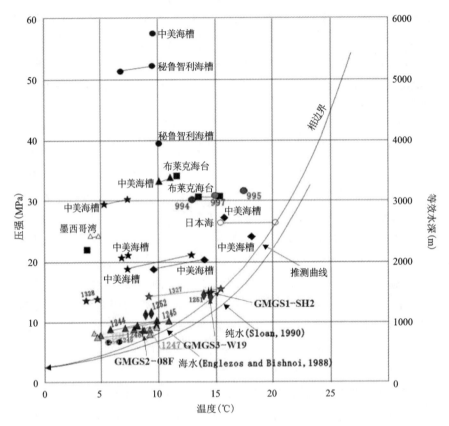

图 8-3-2　海底实际钻获得的水合物与水合物相边界关系图（据 Booth et al，1998 修改）
GMGS1-SH2 站位：南海 2007 年第 1 次钻探，神狐海域；GMGS2-08F 站位：南海 2013 年第 2
次钻探，东北部陆坡；GMGS3-W19 站位：南海 2013 年第 3 次钻探，神狐海域；994、995、997
站位：ODP 第 164 航次，布莱克海台；1327、1328 站位：IODP 第 311 航次，卡斯卡迪亚边缘；
1244~1252 站位：ODP 第 204 航次，水合物脊

2. 气源条件

天然气水合物是由 CH_4、C_2H_6、C_3H_8、C_4H_{10}、CO_2、H_2S 等小分子气体和水在低温高压下生成的一种非化学计量型笼形化合物，形成海底天然气水合物的烃类气体通常以甲烷为主。稳定碳同位素指示着海洋天然气水合物主要源于微生物成因气（表 8-3-1），少数海域发现的水合物中的天然气源于热解气。微生物成因甲烷主要由二氧化碳还原（$CO_2+4H_2\rightarrow CH_4+2H_2O$）以及醋酸根发酵（$CH_3COOH+4H_2\rightarrow CH_4+CO_2$）作用形成（Paull et al，2000）。$CO_2$ 还原作用产生的甲烷量依赖于溶解 H_2 的供应量，醋酸根发酵产生的甲烷量则受到醋酸根量的限制，而这些最终均取决于沉积物有机质的含量。在微生物作用生成甲烷的过程中，会出

现较大的碳同位素分馏(一般为60‰～70‰)。热成因甲烷则是由干酪根在温度超过120℃时经热降解作用形成,在此过程中,碳同位素较少出现分馏,因此,其碳同位素组成与沉积物有机质碳同位素组成比较接近。

表8-3-1 天然气水合物和含水合物沉积碳同位素及甲烷浓度

地区	样品种类	甲烷浓度(%)	碳同位素(‰)	数据资料来源
ODP第112航次	沉积物	>99	−79～−55	Kvenvolden and Kastner, 1990
ODP第112航次	沉积物	>99	−79～−55	Kvenvolden and Kastner, 1990
ODP第112航次	水合物	>99	−65.0～−59.6	Kvenvolden and Kastner, 1990
Eel河盆地	水合物	>99	−69.1～−57.6	Brooks et al, 1991
黑海	水合物	>99	−63.3～61.8	Ginsburg et al, 1990
DSDP第96航次	沉积物	>99	−73.7～−70.1	Pflaum et al, 1986
DSDP第96航次	水合物	>99	−71.3	Pflaum et al, 1986
Garden海岸	水合物	>99	−70.4	Brooks et al, 1986
Green峡谷	水合物	>99	−69.2、−66.5	Brooks et al, 1986
Green峡谷	水合物	62、74、78	−44.6、−56.5、−43.2	Brooks et al, 1986
密西西比峡谷	水合物	97	−48.2	Brooks et al, 1986
里海	水合物	59～96	−55.7～−44.8	Ginsburg et al, 1992
DSDP第84航次	沉积物	>99	−71.4～−39.5	Kvenvolden and McDonald, 1985
DSDP第84航次	水合物	>99	−43.6～−36.1	Kvenvolden et al, 1984
DSDP第84航次	气水合物	>99	−46.2～−40.7	Brooks et al, 1985
布莱克海岭	沉积物	>99	−80～−70	Claypool et al, 1973
DSDP第11航次	沉积物	>99	−93.8～−65.4	Kvenvolden and Barnard, 1983
DSDP第76航次	气水合物	>99	−68.0	Galimov and Kvenvolden, 1983
ODP第164航次	气水合物	>99	−69.7～−65.9	Matsumoto et al, 2004
Mallik地区	冻土沉积物	>99	−48.7～−39.6	Uchida et al, 1999
日本南海海槽	气水合物	>99	−66.4～−70.5	Waseda and Uchida, 2004
加拿大Barkley峡谷	水合物	85.10	43.4	Pohlman et al, 2005
日本上越盆地	气水合物	>99	−40.0～−30.0	Matsumoto et al, 2011
郁陵盆地	气水合物	>99	−67.9～−62	Kim et al, 2011
印度KG盆地	水合物	>99	69.1	Stern and Lorenson, 2014
南海神狐SH2	水合物	>99	63.2	Liu et al, 2015
南海GMGS2-08F	水合物	>99	71.2	Liu et al, 2015

研究显示,大量微生物成因和热分解成因烃类气体的存在是控制天然气水合物形成与分布的一项重要因素(Collett,1993,2002;Kvenvolden,1993;Collett et al,2008)。碳同位素分析显示,很多大洋水合物中的甲烷是微生物成因的。但是,从采集的水合物样品中天然气的分子和同位素地球化学分析却表明,来源于墨西哥湾、北阿拉斯加、加拿大马更些(Mackenzie)三角洲、里海和黑海水合物中的天然气是热成因的(Collett,2002,2005;Dallimore and Collett,1995)。微生物成因气是由微生物分解有机质产生的,产生微生物气主要有两种途径:二氧化碳还原和发酵作用。尽管发酵是现代环境气体产生的途径,二氧化碳还原是形成古代气体聚集最主要的方式。需要还原产生甲烷的二氧化碳主要来自氧化作用和原地有机质热分解。这样,需要大量的有机质来形成微生物成因的甲烷。

Finley and Krason(1989)指出,对于布莱克海台的地质条件,如果所有的有机质转化为甲烷,平均1%有机碳含量的海洋沉积物可以产生足够的气体,形成孔隙度为50%,孔隙空间中水合物的饱和度达28%。但有机碳向甲烷的转化率达到100%是不可能的(Kvenvolden and Claypool,1988)。美国地质调查局1995年评估水合物资源时假设了一个较低的转化率50%(Collett,1995),水合物形成的最小有机碳含量为0.5%。由于大部分沉积层中有机碳含量相对较低,仅靠水合物稳定域内微生物成因气不适合形成丰富的水合物矿藏。Katzman et al(1994)指出海洋沉积层中的气体循环和深部气源向上运移形成高富集的天然气水合物成藏非常重要。微生物气体可以由稳定域底部和相同深度上持续产生的循环天然气体聚集得到,布莱克海台最为典型(Paull et al,1996)。

热解成因气是在有机质发生热解变化时产生。在早期的热成熟阶段,热解甲烷跟其他的烃类以及非烃类气体一块产生,常常与原油联系在一起。在热成熟阶段,甲烷通过干酪根、沥青和原油中的碳键单链形成。随着温度的升高,不同的烃类在各自最佳的温度窗内形成(图8-3-3)。甲烷最佳形成温度为150℃(Tissot and Welte,1987;Wiese and Kvenvolden,1993)。如上所述,世界上采集大部分的天然气水合物样品中的气体来自微生物成因气,但里海、墨西哥湾、北阿拉斯加、加拿大马更些三角洲、堪斯比亚和北海等海区重新认识到高富集天然气水合物矿藏形成时热解气源的重要性(Dallimore and Collett,2005)。

用于区分生物成因和热解成因气体的主要判断指标是甲烷的$\delta^{13}C$与烃类成分等。微生物成因气以CH_4占主导,仅含有少量的乙烷C_2和微量丙烷C_3,R值较高[$R=C_1/(C_2+C_3)$],平均大于1000,且显著贫^{13}C和D($\delta^{13}C<-55‰;\delta D<-200‰$)(Whiticar,1999);与石油有关的热解气含有相当数量的C_{2+}烃类气体和甲烷,R值比较低,一般小于100,且甲烷相对富^{13}C和D($\delta^{13}C>-50‰;\delta D>-200‰$)(Schoell,1983;Clayton,1991)。Milkov(2005)对全球各天然气水合物研究区的统计结果显示(图8-3-4),大多数为微生物气体来源,如布莱克海岭、南海海槽、水合物脊等海区的天然气水合物,少数水合物发育区是热解烃类气(如里海、墨西哥湾和加拿大的Mallik地区等)或混合成因气(如中美海槽)。热解成因气均对应于高气体通量,而微生物成因气既可产生高通量气体,也可能仅产生低通量气体。非烃气体很少,CO_2一般小于1%,但墨西哥湾和中美洲海槽部分水合物中CO_2含量较高(可达23%),H_2S在大多数样品中不存在或微量存在(Milkov,2005)。

图 8-3-3 有机质从地表到深部变质带的演化过程图(据 Tissot and Welte,1987)

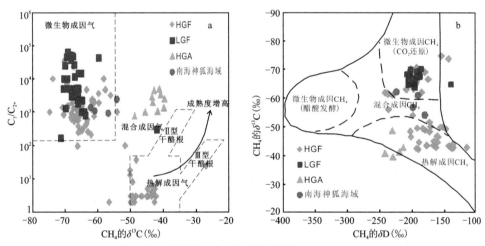

图 8-3-4 全球各天然气水合物研究区烃类气体组成特征图(据 Milkov,2005 修改)
a. 甲烷 $\delta^{13}C$ 与 C_1/C_{2+} 比值之间的关系;b. 甲烷 $\delta^{13}C$ 与 δD 之间的关系;其中 HGF:High Gas Flux,表示海底高气体通量区域,即构造型水合物聚集区域;LGF:Low Gas Flux,表示海底低气体通量区域,包括成岩型水合物聚集区域和复合型水合物聚集区域;HGA:Hydrate Gas Accumulations,表示水合物中的气体

3. 气体运移通道

大量烃类气体的持续供应(微生物成因气或热解成因气)是控制水合物形成和分布的重要因素。目前学者们提出海底沉积物中水合物聚集的3种可能模式(吕万军,2004):①稳定域内原地生物作用产出的甲烷直接形成水合物;②水合物由游离态甲烷(可以是生物成因、热成因或混合成因)形成,既可以是迁移过来的游离气进入稳定域形成水合物,也可以是稳定域底部的水合物由于沉降作用而分解形成的游离气再形成水合物;③水合物由溶解于孔隙流体中的甲烷(可以是生物成因、热成因或混合成因)向上迁移在稳定域中因溶解度降低沉淀出水合物(图8-3-5)。

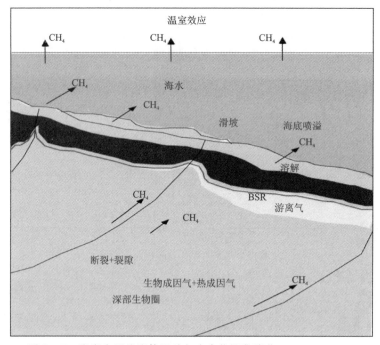

图8-3-5 海底含甲烷流体运移与水合物聚集演化(据松本良,2002)

海底水合物稳定域内的原地有机质通常不足以形成大规模的水合物矿层,水合物的富集往往需要稳定域以下的地层持续不断的烃类物质的供应。地质因素控制着沉积物中流体的运移,制约着气体的输运和水合物的形成。如果没有有效的运移通道,很难聚集大量的水合物。地质参数,如沉积物的渗透性、断层和裂隙发育程度大等,控制着气体向潜在的能形成水合物的地段输送。2005年印度在NGHP-01-10站位发现的130m厚的世界级的富水合物层完全受背斜核部的裂隙所控制(图8-3-6),水合物或呈颗粒状充填、或呈细粒分散于粗粒沉积物的孔隙中,或为黏土质沉积物的裂隙充填物,也充分说明有效流体输运通道对水合物大量聚集成矿非常重要。无论是流体运移通道,还是储层的构造裂缝,都与地质构造密切相关。人们认识到水合物在自然界分布的不均一性,海底活动断裂、底辟、泥火山、气烟囱等能够沟通气源和稳定域的气体输运通道控制着天然气水合物的形成与富集。

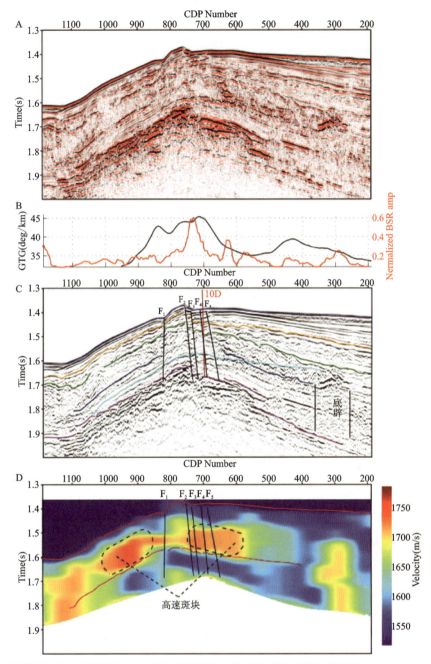

图 8-3-6　印度 KG 盆地 NGHP-01-10 站位附近的高分辨率多道地震剖面分析图(据 Dewangan et al,2011)

A.时移地震数据;B.红线表示 BSR 的归一化振幅,黑线表示 BSR 导出的地温梯度;C.用不同颜色标记不同层位的地震剖面解释,浅蓝色表示解释的 BSR;D.对多道地震资料进行常规表面分析后得到的速度模型,在速度模型中突出海底和 BSR 层解释了以北北西—南南东方向为主、靠近 NGHP-01-10 站位的大型断裂系统(>5km),在天然气水合物稳定区内观察到几个高速斑块,基线速度从 1600m/s 增大到 1750~1800m/s,表示天然气水合物的存在,而 BSR 之下从基线速度下降到 1400m/s 则表明存在游离气体。认为 NGHP-01-10 站位附近,甚至整个 KG 盆地的天然气水合物,主要受断层控制

二、天然气水合物的成矿方式

苏联学者 Ginsburg 把自然界天然气水合物的形成归纳为以下几种方式(图 8-3-7):低温冷冻型、海侵型、自生-成岩型、沉积型以及各种渗滤型(压渗型、地热型、气流型),其中以渗滤型最为普遍,也最为重要。它是海底天然气水合物形成的主要方式。

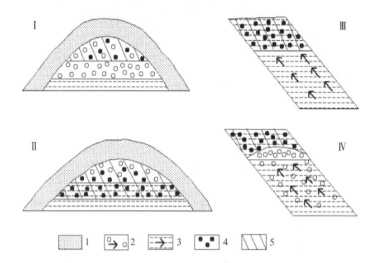

图 8-3-7 水合物成藏模式图(静态系统Ⅰ、Ⅱ和动态系统Ⅲ、Ⅳ)(据 Ginsburg et al,1990)
1.气层屏蔽层;2.游离气及运移方向;3.水及其渗流方向;4.水合物;5.水合物形成区;Ⅰ.水合物生成带高于气水接触面,且缺乏足够数量的水,仅有部分气体形成水合物;Ⅱ.水合物生成带低于气水接触面,生成水合物的气体的数量不断增加;Ⅲ.水合物生成带位于产气层之上,且沿产气层有含游离气和溶解气的层间水向上渗流,水合物开始成藏;Ⅳ.在水合物生成带中水合物丰度不断增高情况下,水合物层变得不透水和不透气,并在其下形成常规气藏

(1)低温冷冻型通常发生在大陆区域,它是由于地下业已存在的气体矿床或饱和气体的水在上升过程中受到冷冻发生相交而堆积形成天然气水合物的方式。这样形成的天然气水合物通常与地表多年冻土层相伴生。在其形成过程中,外因(地表冷冻作用)起了主要作用。例如,南极和北极地区的天然气水合物大多属低温冷冻型成因。

(2)海侵型是由于气体矿床沉没或下沉,岩层压力增大到天然气水合物形成所需的压力,使得部分气体转变为天然气水合物的模式。但这种模式只不过是可能形成天然气水合物的理论模式,到目前为止,还未发现由这种模式所形成的天然气水合物实例。

(3)沉积型通常发生在大陆坡或深海槽底部。因重力作用,大陆架上含有游离气体的沉积物或滑塌体不断向下迁移并堆积于大陆坡或深海槽底部,随着堆积物中气体的不断聚集,压力的逐渐升高,最终形成埋藏型的天然气水合物。如危地马拉滨外中美洲海海槽陆坡上的天然气水合物,即属于这种成因类型。

(4)自生-成岩型是与生物化学作用密切相关的。它是由于生物化学作用而产生的甲烷气体溶解于沉积物的孔隙水中,随着孔隙水中甲烷浓度的不断增高而形成天然气水合物的一种方式。这种成因的天然气水合物通常与富含有机质的沉积层共生。

(5)渗滤型是指含碳氢气体的流体通过渗滤作用不断聚集于天然气水合物形成带而形成天然气水合物的一种方式。它主要是以碳氢气体与天然气水合物平衡时的溶解度以及溶解度和温度的关系为理论基础。国外有学者把它分为主动式渗滤和被动式渗滤两种类型。主动式渗滤的特点是流体主动运移，造成海底气体渗漏。被动式渗滤是沉积物的挤压力引起孔隙水发生运动。

国内学者根据天然气水合物成藏气体的疏导方式，认为海洋环境水合物可分为扩散型、渗漏型和复合型3种成因模式（梁金强等，2016；苏丕波等，2017）。

1. 扩散型成因模式

扩散型水合物充填在沉积物孔隙中，储集介质为富含生物碎屑的黏土和粉砂，矿藏呈层状分布在稳定域底部。因此，它也可称之为孔隙充填型水合物（pore-filling gas hydrates）。扩散型水合物甲烷主要来源于稳定带下部，甲烷通量较小，在孔隙水中的以溶解态存在。气体通过沉积物孔隙、微裂缝及层间断层运移，并在浓度差、压力、毛细管力等驱动下以扩散方式运移，当孔隙水中溶解的甲烷浓度超过水-水合物二相体系热力学平衡饱和溶解度时，溶解甲烷析出形成水合物，在稳定域底部聚集成藏。随着沉积埋藏及地层温度和压力变化，底部水合物发生分解，在稳定带之下聚集形成游离气带。世界钻探发现的该类典型富集区有美国东部陆缘布莱克海台、美国西部陆缘南卡斯凯迪亚水合物脊、中国南海北部陆坡神狐海域、日本南海海槽等。

2007年、2015年和2016年相继在神狐海域实施3次水合物钻探，测井48口、取芯井17口，在低渗透黏土质粉砂储层中获取了高饱和度扩散型水合物，圈定了10个高品位矿体，水合物层厚度最大达80m，最大饱和度达75%。天然气水合物实物样品地球化学分析表明，其钻探区水合物富集层分解气甲烷含量介于62.11%～99.89%之间，平均含量达到98.1%。甲烷碳同位素$\delta^{13}C_1$值为$-62.2‰\sim-54.1‰$，甲烷氢同位素δD值为$-225‰\sim-180‰$，表明天然气水合物的烃类气气源主要是微生物通过CO_2还原的生物化学作用而形成的生物甲烷气。水合物气源分析表明，水合物气源供给除主要来自水溶扩散型的生物气外，尚有来自深部的热解气。神狐海域水合物主要以分散的层状分布在稳定域底部。

2. 渗漏型成因模式

渗漏成因水合物呈块状、脉状、结核状形式充填在沉积物裂隙或裂缝中，在稳定域不同部位形成矿体。因此，它也可称之为裂缝充填型水合物（fracture filling gas hydrates）。渗漏型水合物甲烷来源于地层深部，高通量甲烷以游离态渗漏方式沿断层或裂缝体系向浅部地层运移，可到达稳定带的不同部位形成气烟囱，在气烟囱顶端和翼部形成渗漏型水合物。除了形成水合物之外，大部分甲烷通过微生物活动沉淀为碳酸盐岩，部分进入海水中。气体渗漏到海底可在海底形成"麻坑"、丘状体等地貌标志，并发育自养型双壳类、蠕虫类等生物群和多种微生物共生组合,通过这种自养生物群的新陈代谢过程,形成碳酸盐岩。因此,深水区海底自养生物群及冷泉碳酸盐岩是渗漏型水合物形成环境的重要标志。世界钻探发现的同类成因的水合物富集区有美国西部陆缘的北卡斯凯迪亚水合物脊、墨西哥湾、印度 KG 盆地、韩国郁陵盆地等。

在南海东北部陆坡多个钻孔发现了典型的甲烷渗漏成因的水合物矿藏(梁金强等,2017),呈块状、脉状、结核状赋存形态。以 W08 孔为例,水合物主要富集在 9~23m 和 65~98m 两个层段,其显著识别特征是在地震剖面出现明显的气体渗漏通道,甲烷沿断层或裂缝体系向浅部地层运移,在气烟囱顶部和侧翼呈现强反射同相轴组合特征指示水合物层。测井电阻率、声波速度明显增大,密度明显减小,声波速度一般在 1600~2800m/s 之间,电阻率一般超过 $10\Omega \cdot m$。曲线呈指形或齿形交替变化。在水合物层顶部(58~61m),出现一高电阻率、高声波速度及高密度层,取芯后证实为碳酸盐岩层,其上气孔明显,反映出甲烷渗漏的特征。

2015 年广州海洋地质调查局通过"海马"号遥控探测潜水器,在南海北部陆坡西部调查区发现了海底正在渗漏的活动性"冷泉",利用大型重力活塞取样器获得块状天然气水合物实物样品。水合物样品分解气体中存在甲烷、乙烷和丙烷,甲烷的碳同位素 $\delta^{13}C_1$ 为 $-57.0‰ \sim -51.0‰$,乙烷的碳同位素 $\delta^{13}C_2$ 为 $-26.7‰ \sim -14.0‰$,丙烷的碳同位素 $\delta^{13}C_3$ 为 $-24.4‰$,呈现出原油裂解气 $\delta^{13}C_1 < \delta^{13}C_2 < \delta^{13}C_3$ 特征。推测海马冷泉区的水合物可能为生物成因气和油型裂解气混合来源。从海马冷泉区地震资料显示有比较明显的气烟囱发育,因此推测该区域由于发育有巨厚层沉积物,而沉积物生烃过程中形成的超压导致游离甲烷气向上运移形成气烟囱运移通道,部分甲烷以气泡形式渗漏到底层海水中,而大量高通量的甲烷气则在海底浅表层沉积物中形成渗漏型块状水合物(苏丕波等,2017)。

3. 复合型成因模式

复合型成因模式兼具扩散型和渗漏型水合物成藏特征。气体运移受气烟囱和断层体系控制,气体向上运移过程中,在稳定域底部聚集形成扩散型水合物藏,部分气体向上渗漏,在稳定域上部的裂缝或裂隙中聚集,形成水合物矿体,共同构成复式成藏系统。

2013 年在南海北部陆坡东北部海域实施的天然气水合物钻探 W16 站位水合物矿藏为复合型的典型代表。该站位水深 869m 处发育有两个矿层:浅部矿层为 13~28m,主要赋存类型为脉状、颗粒状;深部矿层为 191~204m,主要赋存类型为分散状。通过 W16 站位的地震属性剖面来看,该站位不同层位分别形成底部稳定域的扩散型和上部渗漏型水合物矿体。在稳定带下部,低通量甲烷气体在浓度差、压力、毛细管力等驱动下以扩散方式运移,并通过沉积物孔隙、微裂缝向上运移,在稳定域底部聚集成藏,形成扩散型水合物。同时,高通量甲烷以游离态渗漏方式向上渗漏,部分在稳定域内转化为水合物,部分沿稳定域上部的裂缝或裂隙中运移、聚集,在浅部形成渗漏型水合物矿体。郭依群等(2017)指出,南海北部神狐海域 GMGS-3 钻探结果与 2007 年 GMGS-1 钻探的结果有很大差别,不但获得了生物成因气天然气水合物,在 W17 井还发现了热成因型天然气水合物,且厚度和饱和度远大于 GMGS-1 发现的水合物层。这就说明了在神狐海域不止一种"自源扩散型"天然气水合物成藏模式,可能还存在"他源渗漏型"成藏模式,而在 W11 发现了生物气和热成因气的混合气(郭依群等,2017)。神狐海域水合物样品的 C_1/C_2 值表明,单一的生物成因气往往并未形成厚层的水合物(如 W11 井、W17 井),厚层混合气成矿的水合物 C_1/C_2 值大部分偏小(Yang et al,2015;郭依群等,2017)。

三、海底水合物矿体富集分布样式

天然气水合物的聚集分布与其成矿过程密切相关,海底天然气水合物矿体富集分布可分为成岩型、构造型和复合型 3 类模式(Milkov,2004)。

1. 成岩型水合物聚集分布模式

成岩型水合物的形成与分布主要受沉积因素控制,其成矿气体以生物成因气为主,既有原地细菌生成的,也有经过孔隙流体运移来的。在富碳沉积区,甲烷气主要在水合物稳定域中生成,水合物形成与沉积作用同时发生,水合物可在垂向上的任何位置形成,并在相对渗透层中富集。

当甲烷水合物带变厚和变深时,其底界最终沉入造成水合物不稳定的温度区间,在此区间内可生成游离气,但如果有合适的运移通道,这些气体将会运移回到上覆水合物稳定区(图 8-3-8)。

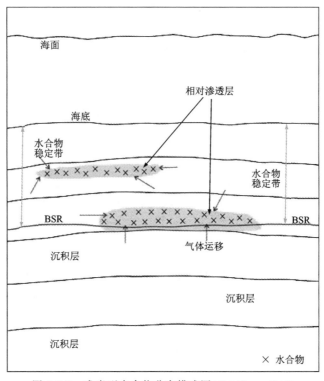

图 8-3-8 成岩型水合物分布模式图(据 Milkov,2004)

沉积物早期成岩氧化还原反应存在明显的垂直分带性,其中甲烷的生成在这种反应中占有重要位置。甲烷生成从海底之下一定深度开始,这一深度就是孔隙水硫酸盐离子浓度降低的地方(与海水相比浓度约降低80%),一般为海底下0.2~200m,有时可深达600m,深度大小主要取决于沉降速率和沉积物中有机质的含量。三角洲、深水碎屑环境、浅海环境以及部分非海相环境(特别是煤沼),都有利于生物成因甲烷气的生成和聚集的沉积环境。

成岩型水合物的生成实际上早于全新世,即主要形成于全新世以前的富含有机质的沉积层里,在硫酸盐还原带以下,并且水合物大多呈分散状,丰度较低(一般小于1%)。成岩型水合物成矿实例:布莱克海台、墨西哥湾的小型盆地、日本南海海槽。

2.构造型水合物聚集分布模式

构造型水合物主要受构造因素控制,由热成因气、生物成因气或者混合气从较深部位沿断裂、泥火山或其他构造通道快速运移至水合物稳定域而形成,水合物主要分布在构造活动带周围,丰度较高。

(1)断裂-褶皱构造。在被动陆缘的盆地边缘、海隆或海台脊部,在水合物稳定域之下经常伴生有多条正断层,正是这些断层为深部气源向浅部运移提供了通道,而浅部的褶皱构造可适时圈闭住运移到浅部的气体,形成构造型水合物及其BSR。由于浅部沉积层扭曲变形及断裂作用,BSR显示出轻微上隆并被断层错断复杂化,部分气体可通过断层再向上迁移进入水体形成"羽状流",在海底形成"梅花坑"地貌,发育各种化能自养生物群落(图8-3-9)。构造型水合物矿藏通常以断裂系统控制的渗流模式形成,一般发生于断裂发育、流体活跃的断褶带,流体以垂向运移方式为主,成矿气体主要为中深层热解气。

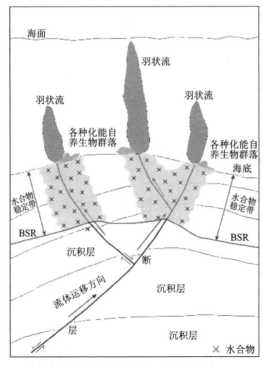

图8-3-9 断裂-褶皱构造水合物分布地质模式图(据Milkov,2004)

在断褶带,以断裂为主的运移通道体系和与不整合面有关的运移通道体系起主导作用,气体运移方式以随流-热对流型为主,气体沿断层和不整合面由下部气源高压区向上部低压区侧向运移或垂向与侧向联合运移而形成上升流,当富含烃类气体的上升流进入水合物稳定域时,即可形成天然气水合物。布莱克海台、印度西部陆坡、阿拉斯加北部波弗特海、挪威西北巴伦支海熊岛盆地都已发现断裂-褶皱构造水合物。

(2)底辟构造或泥火山。在地质应力驱使下,深部或层间的塑性物质(泥、盐)垂向流动,致使沉积盖层上拱而形成底辟构造,当塑性流刺穿海底时,即形成泥火山。海底泥火山和泥底辟是海底流体逸出的表现,当含有过饱和气体的流体从深部向上运移到海底浅部时,由于受到快速的过冷却作用而在泥火山周围形成了天然气水合物。因此,深水海底流体逸出处往往是气体(溶解气或游离气)作为现代水合物聚集稳定存在的特殊自然反应。全球海洋中具有这种流体逸出迹象的海底不少于 70 处,它们都是天然气水合物存在的有利远景区。

被动陆缘内巨厚沉积层塑性物质及高压流体、陆缘外侧火山活动及张裂作用,引致该地区底辟构造发育,如美国东部大陆边缘南卡罗来纳盐底辟构造、布莱克洋脊泥底辟构造、非洲西海岸刚果扇北部盐底辟构造、尼日尔陆坡三角洲小规模底辟构造。而黑海、里海、鄂霍次克海、挪威海、格陵兰南部海域和贝加尔湖等,都已发现存在天然气水合物的海底泥火山。

底辟构造或泥火山形成的水合物往往呈环带状分布在底辟构造或海底泥火山周围,有的直接出露于海底,在底辟周围可见清晰的 BSR 显示,在泥火山口周围常发育着大量的局限化能自养生物群落(图 8-3-10)。底辟构造或泥火山水合物成矿实例:南卡罗来纳近海盐底辟构造、非洲西海岸尼日利亚滨外。

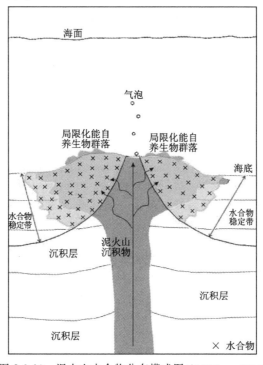

图 8-3-10 泥火山水合物分布模式图(据 Milkov,2004)

3.复合型水合物聚集分布模式

复合型水合物矿藏同时受到成岩作用和构造作用控制,其成矿气体既有由活动断裂或底辟构造快速供应的流体(天然气和水),又有通过孔隙流体运移,从侧向或水平运移来的浅层生物气,流体通过成岩-渗流混合成矿作用,在渗透性相对高的沉积物中所形成。因此,复合型水合物主要分布在构造活动带周围的相对渗透层中(图 8-3-11)。复合型水合物成矿实例:水合物脊、布莱克海台、日本南海海槽等。

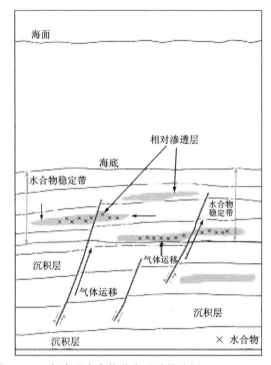

图 8-3-11　复合型水合物分布地质模式图(据 Milkov,2004)

本章小结

(1)海洋天然气水合物资源概述:天然气水合物是一种由水分子与 CH_4、C_2H_6、C_3H_8 等轻烃以及 N_2、CO_2 及 H_2S 等小分子气体在低温和一定压力下形成的冰状固态化合物。天然气水合物通常可分为 I 型、II 型和 H 型 3 种结构。每立方米的天然气水合物在标准状态下可释放大约 $160m^3$ 的天然气,全球天然气水合物蕴藏的天然气资源总量约为已探明传统化石燃料碳总量的两倍,具有巨大的能源开发前景。

(2)海洋天然气水合物分布与特征:天然气水合物通常赋存于水深大于 300m 的海域,在主动大陆边缘和被动大陆边缘均有大量发现。不同构造部位能量通量、甲烷通量、流体通量有所不同,控制了水合物矿层产出。水合物带之上通常存在一个硫酸盐还原带,水合物层之下通常存在游离气层或溶解气层。

(3)海洋天然气水合物的成矿机制:天然气水合物形成需要合适的温度、压力与足量的甲烷等气体,海底水合物实际赋存部位受稳定域和甲烷含量这两个成矿要素的控制,"稳定域+孔隙流体的甲烷饱和"是水合物存在的充分必要条件,充足的烃类气体的持续供应(微生物成因气或热解成因气)是控制水合物形成和聚集的重要因素。根据天然气水合物成藏气体的疏导方式,水合物可分为扩散型、渗漏型和复合型3种成因模式,天然气水合物矿体分布可分为成岩型、构造型和复合型3类模式。

思考题

1. 简述海洋天然气水合物的概念及基本特征。
2. 简述海洋天然气水合物的形成和保存条件。
3. 试分析控制海洋天然气水合物垂向分布的因素。
4. 简述海洋天然气水合物的成矿机理。
5. 简述海洋天然气水合物勘探方法。

第九章 海洋矿产资源勘查、评价与开发

第一节 海洋矿产资源勘查与评价

一、海洋矿产资源勘查

海洋矿产资源，广义上包括海底矿产资源和海水中的矿产资源两大部分，狭义上仅指海底矿产资源，即目前赋存于海底表层沉积物和海底岩层中的矿物资源。按其平面分布区域可分成滨海矿产、大陆架矿产和深海矿产3类；按其垂直分布可分为表层矿产和底岩矿产两类；按海洋环境与矿种可分为海底砂矿、海底磷矿、大洋多金属结核和富钴结壳、海底多金属软泥、海底硫化物矿、海底油气藏、天然气水合物等多种类型。不同类型的海洋矿产资源，其勘查与评价的术语所指代的具体含义和基本任务也存在一定的差别。

(一)阶段划分与目标任务

所谓矿产资源勘查，就是在区域地质调查和成矿预测的基础上，根据国民经济和社会发展的需要，运用地质科学理论，采用多种勘查技术手段和方法，对有关矿产资源进行系统地地质调查研究工作。因此，这个过程是不可能一次完成的，需要分阶段、分时期和采用不同的方法，依次进行。我国最新颁布的国家标准《固体矿产勘查工作规范》(GB/T 33444—2016)，将固体矿产资源的勘查阶段总体上划分为预查、普查、详查和勘探4个阶段。现行的国家标准《石油天然气资源/储量分类》(GB/T 19492—2004)，把一个完整的石油天然气勘探开发过程分为区域普查、圈闭预探、油气藏评价、产能建设和油气生产5个阶段。

预查是通过对区内资料的综合研究、类比，以及初步野外观测和极少量的工程验证，初步了解区内矿产资源远景，做出资源潜力预测，对是否具有进一步地质工作价值做出评价，提出可供普查的矿化潜力较大地区。普查，又称找矿，是通过对矿化潜力较大地区、物化探异常区，采用各种勘查方法、手段和取样工程，以及可行性评价概略研究，初步评价已知矿化区，圈出详查区范围。详查，也称初步勘探，是对详查区采用各种勘查方法和手段，进行系统的工作和取样，并通过预可行性研究，做出是否具有工业价值的评价，圈出勘探区范围，为勘探提供依据。勘探是对已知具有工业价值的矿区或经详查圈出的勘探区，通过应用各种勘查手段和有效方法，加密各种采样工程以及可行性研究，为矿山建设提供依据。

需要说明的是，矿产资源勘查是一项系统工程，既是矿产资源开发的先行步骤与基础，又

贯穿于矿产资源开发的始终,应遵循因地制宜、循序渐进、全面研究、综合评价和经济合理5项基本原则;其次,矿产资源勘查阶段的划分具有人为性,勘查阶段之间只具有定性的界限,缺少具体严格的定量指标,其在于如何从实质上合理解释这个综合的地质调查研究过程。

1. 海洋油气资源勘查

根据现行的国家标准《石油天然气资源/储量分类》(GB/T 19492—2004),石油天然气勘查主要包括区域普查、圈闭预探、油气藏评价3个阶段。区域普查阶段,是对盆地、坳陷、凹陷及周缘地区,进行区域地质调查,选择性地进行非地震物化探和地震概查、普查,以及进行区域探井钻探,了解烃源岩和储盖层组合等基本石油地质情况,圈定有利含油气区带。圈闭预探阶段,是对有利含油气区带,进行地震普查、详查及其他必要的物探、化探,查明圈闭及其分布,优选有利于含油气的圈闭,进行预探井钻探,基本查明构造、储层、盖层等情况,发现油气藏(田)并初步了解油气藏(田)特征。油气藏评价阶段,是在预探阶段发现油气后,为了科学有序、经济有效地投入正式开发,对油气藏(田)进行地震详查、精查或三维地震勘探,进行评价井钻探,查明构造形态、断层分布、储层分布、储层物性变化等地质特征,查明油气藏类型、储集类型、驱动类型、流体性质及分布和产能,了解开采技术条件和开发经济价值,完成开发方案设计。

梅廉夫等(2010)将油气勘查对象、油气资源评价目标与油气勘查阶段相统一,将其划分为普查和勘探两个大的阶段,进一步划分出盆地、区带、圈闭和油气藏四级,即油气普查包括盆地概查和区带详查两级,油气勘探包括圈闭预探和油气藏评价勘探两级。

侯贵卿等(1994)根据海洋油气勘查的特点,并遵循从全局着眼、局部入手、表里结合的勘查原则,将海洋油气资源勘查总体分为普查、详查、初探和详探4个阶段。普查阶段,是圈定整个沉积盆地的范围、沉积岩层的厚度与分布,大致了解盆地的地质构造,为进一步寻找油气田指出方向。详查阶段,是在油气聚集远景区内进行更详细的调查,寻找有利于油气聚集的地质构造,并圈定远景区内的地质构造带的范围和形态;通过少量钻孔确定是否有油气藏存在,进一步明确最有潜力的含油气地带的范围,预测可能存在的油气藏类型,以便选定最有利的储集区和储油气构造。初探阶段,是对油气储层的岩性、构造类型、油气田边界及钻井条件作出初步评价,并提出详探方案。详探阶段,是通过合理地加密探井数,更详细地掌握含油气地区的地质构造、岩层分布变化规律;探明油气藏的边界、油气藏的驱动形式,油气层的物理性质、厚度、压力、生产能力;圈出可供开采的储量面积,测试产能,为制订油气田的合理开发方案提供依据。

2. 海洋天然气水合物资源勘查

根据中国地质调查局颁布的《海洋天然气水合物地质勘查规范》(DD 2012—08),海洋天然气水合物资源勘查划分为预查、普查、详查和勘探4个阶段。

预查阶段:是在具备天然气水合成矿条件的海域,通过路线剖面或较稀测网的高分辨率多道地震探测,并结合已有地质资料,圈出天然气水合物资源区域成矿远景区,并进行区域远景资源评价。主要任务是:①了解勘查区区域构造特征,初步划分和建立地震层序;②初步了解天然气水合物稳定带厚度及其分布范围,圈出可供天然气水合物资源普查的远景区域;③估算资源量。

普查阶段:是对天然气水合物资源成矿远景区按一定测网进行地质、地球物理和地球化学勘查,结合已有资料,划分天然气水合物资源成矿有利区带,进行成矿区带资源评价。主要任务是:①初步查明勘查区构造特征,建立地层层序;②初步查明勘查区海底地形特征,浅表层沉积物类型及其地球化学特征;③初步查明与天然气水合物相关的地球物理、地质和地球化学异常分布特征及范围,圈定可供天然气水合物资源详查的成矿区带;④估算资源量。

详查阶段:是在详查区开展加密测网的地质、地球化学和地球物理探测,局部开展三维高分辨率多道地震探测,优选出天然气水合物成矿区块和预探目标区,确定井位,实施天然气水合物资源的钻探验证,进行成矿区块资源评价。主要任务是:①查明天然气水合物含矿层的沉积物类型、含矿层年代、厚度、含矿率;②初步查明天然气水合物矿床类型、矿体特征、矿体产状,确定天然气水合物资源勘探区;③初步查明含矿层及外围沉积物工程力学特征;④利用钻井获取天然气水合物资源量计算参数,计算资源量。

勘探阶段:是对天然气水合物勘探区开展三维高分辨率多道地震探测,进行加密钻井取样,确定天然气水合物资源试采区,进行天然气水合物资源矿床评价。主要任务是:①查明天然气水合物矿床类型、矿体特征、矿体范围、资源量估算参数;②查明含矿层及外围沉积物工程力学特征和环境特征;③利用钻井样品的实验数据及测井数据等实测资料计算资源量。

3. 大洋多金属结核资源勘查

根据国家标准《大洋多金属结核矿产勘查规程》(GB/T 17229—1998),大洋多金属结核矿产的地质调查工作划分为概查、勘查Ⅰ、勘查Ⅱ和勘查Ⅲ 4个阶段。

概查阶段:其对象为国际海域,其目的是证实多金属结核富集有利地段,作为勘查工作的依据,最后筛选 $30 \times 10^4 \text{km}^2$ 矿区,并估算出多金属结核概查资源量。该阶段研究程度为:①概略了解多金属结核的类型、产状、丰度、品位、覆盖率与分布特征;②详细研究矿石物质组分,概略了解其选冶性能;③概略了解影响开采的海底地形、水文与气象条件;④进行矿床概略技术经济评价;⑤测线和测站距均达到 $28 \text{km} \times 28 \text{km}$。

勘查Ⅰ阶段:其对象为已获得国际海底管理委员会批准申请区中的开辟区($15 \times 10^4 \text{km}^2$),其目的是证实具潜在商业价值的矿区中圈出富矿区作为勘查Ⅱ阶段工作的依据,并估算出多金属结核勘查Ⅰ阶段的资源量。该阶段研究程度为:①大致查明多金属结核矿床的边界;②大致查清多金属结核的类型、产状、丰度、品位、覆盖率与分布特征;③对矿石进行初步加工性能的试验;④大致查明影响矿床开采的海底地形、水文、气象条件;⑤大致查明多金属结核成矿地质条件及其在区域上宏观分布规律;⑥进行矿床初步经济评价;⑦测站距达到 $14 \text{km} \times 14 \text{km}$,地球物理测线距达到 $7 \text{km} \times 7 \text{km}$。

勘查Ⅱ阶段:其对象为上述阶段已圈出矿区,其目的是筛选富矿块,为矿区设计提供科学依据,并估算出多金属结核相应阶段的资源量。该阶段研究程度为:①初步查明多金属结核矿床边界;②初步查明多金属结核的类型、产状、丰度、品位、覆盖率与分布特征;③对矿石进行详细的冶炼性能试验;④初步查明影响开采的海底地形、障碍物、水文气象特征;⑤初步查明结核的生长阶段、形成环境及其成矿规律;⑥对矿床进行详细技术经济评价;⑦点、线、面结合,投入充足的工作量;⑧开展环境调查,进行生态地质剖面测量和海底搅动试验;⑨用深海声纳测量研究结核丰度与地形之间的关系,剔除障碍物,并在声纳剖面上研究 30～150m 厚度沉积物上部透声层的内部构造和矿块地质条件;⑩通过射像剖面调查,区分和圈定矿块,并研究其内部结构、结核埋藏条件、地质采样条件,确定含矿系数等;⑪Sea Beam 系统测量,绘制详细的地形地貌图。

勘查Ⅲ阶段:其对象是经Ⅱ阶段圈出的富矿块,其目的是圈定矿址,部分矿址需达到开采的要求。该阶段研究程度为:①基本查清多金属结核富矿块或矿址的边界;②基本查明富矿块或矿址中多金属结核类型、产状、丰度、品位、覆盖率与分布特征;③圈出富矿块或矿址中不同类型结核,并分别对其进行详细的冶炼性能和可行性的加工试验;④基本查明矿块或矿址局部地形地貌、障碍物、水文气象特征;⑤基本研究结核的质量、各种类型结核中物质成分及矿物组成;⑥基本查明结核成矿地质环境条件、矿床特征、分类及其局部分布规律;⑦论证结核冶炼加工的流程,扩大生产规模的工艺试验;⑧完善采矿技术,并进行对试验开采时大洋环境污染的研究,论证开采时环境的保护措施;⑨对矿床进行详细的可行性技术经济评价;⑩以线、面结合,投入现场勘查工作,以控制矿块或矿址变化为原则。

4. 大洋富钴结壳资源勘查

根据国家标准《大洋富钴结壳资源勘查规范》(GB/T 35572—2017),大洋富钴结壳资源的勘查阶段总体上划分为资源调查、一般勘探和详细勘探 3 个阶段。

资源调查阶段:是在勘探工作计划申请之前或勘探合同签订后开展的勘查工作阶段。该阶段的勘查目的是:根据已有资料并投入一定工作量发现勘探目标,进而圈定矿化区,进行资源潜力评估(勘探目标)及估算推断的(矿化区)资源量;大致查明矿石选冶加工试验与开采技术条件,为一般勘探提供依据,并圈定一般勘探工作区。

一般勘探阶段:是在勘探合同已签订,且资源调查工作全部完成之后开展的勘查工作阶段。该阶段的勘查目的是:圈定矿体,估算标示的资源量;基本查明矿石选冶加工试验与开采技术条件,为预可行性研究提供依据,并圈定详细勘探区。

详细勘探阶段:是在一般勘探完成之后开展的勘查工作阶段。该阶段的勘查目的是进一步详细圈定矿体,估算测定的资源量,详细查明矿石选冶加工试验与开采技术条件,为可行性研究提供依据。

(二)常用技术方法

海洋矿产资源勘查方法大多借鉴陆上技术,经过改进后用于海上作业,可分为直接法和间接法两大类。

1. 直接勘查法

直接勘查法是指勘查人员下水或借助仪器设备直接从海底获取实际资料的方法。主要有:①潜水员潜水作业,一般限于近岸浅水区;②深潜器法,由载人深潜器下潜到数千米水深的海底进行现场观测、采样和照相;③表层采样法,用拖网、蛤式抓斗、箱式取样器和无缆取样器等拖采海底岩石碎块、扰动和未扰动的表层沉积物样品;④柱状取样法,用重力取样管和振动活塞取样管等采取长达十多米的沉积物岩芯;⑤钻探,使用钻探船、海上平台或水下钻探技术获取海底岩石样品;⑥水下电视和海底照相。

2. 间接勘查法

间接勘查法是指使用地球物理和地球化学仪器获取地质矿产资料信息的方法。主要包括:①声学法用测深仪、多声束测声仪和旁侧扫描声纳测量水深、海底地形和地貌特征,用海上人工地震法探测海底沉积层、岩石的分布和构造;②磁力法用海空或海底磁力仪测量海底的磁场变化,获取海底岩石及其分布的资料;③重力法测量海底重力场,获取海底密度变化资料,推断海底赋存的岩石类型和断裂构造分布;④热流测量法用海底热流计测量地热流异常值,确定构造位置,寻找海底热液矿床;⑤地球化学法通过对采回样品分析和在海底现场测量沉积物及海水中的地球化学组分,根据与成矿密切相关的地球化学分散晕资料圈定和追索矿体。

在海洋矿产资源勘查中,要按不同的矿床类型和不同的勘探阶段选用不同的勘探方法,但一般采用多种方法综合勘查,效果较好。

二、海洋矿产资源评价

矿产勘查开发工作决策中的评价工作,主要有可行性评价和技术经济评价两个方面。可行性评价的发展和应用在西方国家始于20世纪50年代,在我国始于1999年《固体矿产资源/储量分类》(GB/T 17766—1999)国家标准的发布,在此之前,相类似的工作由技术经济评价完成。比较而言,可行性评价和技术经济评价在具体研究内容范围、作用以及从业人员要求方面都有所不同。

(一)可行性评价

1. 阶段划分

根据国家标准《固体矿产资源/储量分类》(GB/T 17766—1999),海洋矿产勘查可行性评价总体可分为概略研究评价、预可行性研究评价和可行性研究评价3个阶段。

概略研究评价是指对矿床开发经济意义的概略评价,一般由完成普查工作的地质勘查单位承担,其目的是为矿床能否转入详查并计算其具有内蕴经济意义的资源量,从技术经济方面提供决策依据。概略研究评价工作的开展应具备下列基本条件:①对矿床的地质普查工作已经完成;②对矿石初步可选性已做试验并编写了正式的试验报告;③对矿区外部建设条件做了初步调查研究;④对该矿产资源的供求现状,以及部分有关的区内经济统计资料等做了初步调查。概略研究评价在进行经济分析时,通常采用类比或扩大指标的方法,进行静态的经济评价,其经济评价指标可采用总利润、投资利润率、投资收益率和投资回收期等。

预可行性研究评价是指对矿床开发经济意义的初步评价,一般由设计、研究部门或有一定资质的中介咨询机构完成,其目的是为矿床能否转入勘探,以及矿山建设总体规划的编制,从技术经济方面提供决策依据。预可行性研究评价的开展需具备下列条件:①对矿床的详查工作已结束;②对矿石的加工性能已提交正式的小型连续选(冶)试验报告或扩大性试验报告;③基本查明矿区水文及工程地质情况;④对矿区外部建设条件可提供较为详细的调查资料;⑤了解开发对地质勘探工作的要求;⑥研究国内外该矿产资源的形势、供求现状及价格情况。预可行性研究评价在进行经济分析时,可直接选用经过调查了解后的参数,进行动态的经济评价,其经济评价指标为内部收益率和净现值动态的投资回收期等。

可行性研究评价是指对矿床开发经济意义的详细评价,一般由设计、研究部门或有一定资质的中介咨询机构完成,其评价结果可作为矿山开发投资及设计的依据。可行性研究评价的开展需具备下列条件:①对矿床的勘探工作已结束;②对矿区的可采技术条件已详细查明;③对矿石的选(冶)加工性能已提交了扩大性试验,或半工业性试验,甚至工业试验报告;④详细了解了矿区外部建设条件;⑤对国内外该矿产资源的形势、供求现状及价格情况进行了充分的研究;⑥对开发该矿产投资的筹措已有了一定的把握。可行性研究评价在进行经济分析时,要根据矿山建设的方案认真地确定评价参数,并进行动态的企业经济评价,其经济评价指标为内部收益率、净现值、动态的投资回收期,对大型规模以上的矿区开发的可行性研究还应做国民经济评价。

2. 影响因素

影响矿产勘查可行性评价的因素可概括为矿床地质因素、社会经济地理因素、经济因素及矿产开发利用技术经济因素等。

矿床地质因素是矿床自身所固有的特征,因此又称为矿床自然因素,包括矿床规模、矿体空间特征、矿石质量特征、开采技术条件等方面的因素。

社会经济地理因素是矿床技术经济评价所要分析的重要方面,包括社会需求因素、交通位置与经济地理、生态与环境因素、气候与地形地貌、能源与供电供水等因素。因此,也被称为矿床外部技术经济条件,或外部建设条件。

经济因素主要有产品价格、产品成本、投资、利率及贴现率等经济指标和参数。

矿产开发利用技术经济因素是反映矿山开发、生产的一般社会技术经济能力的综合,主要包括生产方式、方法的采用,生产能力的确定及技术经济指标的选择等方面。

(二)技术经济评价

1. 概念与意义

技术经济评价是矿产勘查工作中的一项基本的、经常的和重要的科技工作。它是根据矿产勘查各阶段所获得的资料,选取合理的技术经济参数,预估矿床未来一定时期内,进行工业开发利用的经济价值和经济社会效益的工作。它包含了以下几层含义:①它是在技术可行的基础上的一项经济效益评价,需要遵循经济效益原则,讲求全面分析、综合评价、注重实效;②它的评价对象是矿床的储量,必须根据矿产资源特点着眼于矿产储量未来工业开发中所预期获得的经济效益;③它以地质评价为基础,根据矿床工业开发利用的技术条件和经济条件而做出,其结论必须符合地质上可行、技术上可行、经济上合理、社会上必需相统一的原则;④它具有一定的时效性。

技术经济评价的意义主要体现在以下几个方面:①避免盲目提高勘探程度,减少储量积压;②避免未经技术经济论证工作,人为地低估矿床的经济价值而终止地质工作;③为择优勘探和择优建设提供了科学依据;④有利于矿床综合开发、合理利用资源,提高矿床经济价值;⑤随着技术的进步和外部建设条件的变化,可使呆矿变为可开发利用的资源;⑥为制订矿山建设规划提供信息;⑦是评价勘查工作经济效益的基础。

2. 方法与步骤

技术经济评价的方法主要有类比法、数理统计法和计算法3种。

(1)类比法。该方法的实质是将拟评价的矿床与正在开采的或正在设计建设中的且主要特点与其相类似的矿床进行比较分析,采用类比矿床开采或设计阶段实际的或估算的各项技术经济指标,确定矿床未来开发利用的大致经济价值和经济效益。该方法的优点是比较简单;缺点是结果粗略,可靠性低。

(2)数理统计法。该方法是对一些具有类似技术经济特点的矿床,分析它们的各种技术经济指标之间的关系,运用数理统计中的相关分析法,求得相关系数,并根据地质评价和勘探阶段获得的基本数据,确定矿床未来开发利用后可能获得的经济价值和经济效益的方法。

(3)计算法。该方法依据地质勘查工作中所获得的矿床的地质、地理、经济和采选冶技术经济条件等大量的资料和数据,利用适当的公式,计算矿床未来开发利用后可能获得的经济价值和社会效益的方法。它是一种定量评价的方法,结果比较准确可靠,尽管计算工作比较复杂,但仍是目前国内外最为常用的经济评价方法。

技术经济评价是一项涉及范围广又比较复杂的工作,通常按照如下几个步骤进行:①确定目标;②收集和整理资料;③拟定采选方案,确定技术经济指标;④企业(微观)经济评价;⑤国民(宏观)经济评价;⑥不确定性分析;⑦综合评价和论证;⑧编写评价报告(图9-1-1)。

(三)矿产资源/储量

矿产资源是指由地质作用形成于地壳内或地表的自然富集物,根据其产出形式、数量和质量可以预期最终开采是技术上可行、经济上合理的,即具有现实和潜在经济价值的物质。根据特定的地质依据和地质知识可以计算和估算矿产资源的位置、数量、质量/品位、地质特征。对矿产资源所估算的数量称为矿产资源量。按照地质可靠程度,可分为查明矿产资源和潜在矿产资源:前者指经勘查工作已发现的矿产资源总和;后者指根据地质依据和物探、化探异常预测而未经查证的那部分矿产资源。

矿产储量是矿产资源量中查明资源的一部分,经勘查证实存在,其产出形式、数量/规模、质量能为当前工业生产技术条件所开发利用,国家政策法规允许开发的原地矿产资源量。查明资源的其余部分则为暂难利用的探明资源量。

因此,矿产资源量是矿产储量、暂难利用的探明资源量和潜在资源量的总和。根据现行

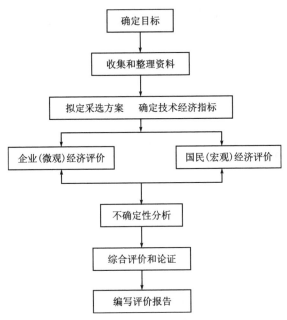

图 9-1-1 技术经济评价的基本程序(据翟裕生等,2011)

的国家标准《固体矿产资源/储量分类》(GB/T 17766—1999),对矿产进行勘查所获得的不同地质可靠程度和经相应的可行性评价所获得的不同经济意义,把固体矿产资源分为储量、基础储量和资源量三大类和 16 种类型(图 9-1-2,表 9-1-1)。其中储量是指基础储量中的经济可采部分;在预可行性研究、可行性研究或编制年度采掘计划时,经过对经济、开采、选冶、环境、法律、市场、社会和政府等诸因素的研究及相应修改,结果表明在当时是经济可采或已经开采的部分;用扣除了设计、采矿损失的可实际开采数量表述;依据地质可靠程度和可行性评价阶段不同,又可分为可采储量(111)和预可采储量(121 和 122)。

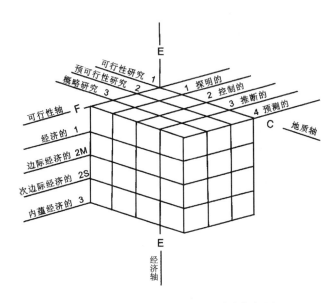

图 9-1-2 固体矿产资源/储量分类框架图

表 9-1-1　固体矿产资源/储量分类表

分类类型 经济意义 \ 地质可靠程度	查明矿产资源			潜在矿产资源
	探明的	控制的	推断的	预测的
经济的	可采储量(111)			
	基础储量(111b)			
	预可采储量(121)	预可采储量(122)		
	基础储量(121b)	基础储量(122b)		
边际经济的	基础储量(2M11)			
	基础储量(2M21)	基础储量(2M22)		
次边际经济的	资源量(2S11)			
	资源量(2S12)	源量(2S22)		
内蕴经济的	资源量(331)	资源量(332)	资源量(333)	资源量(334?)

注：表中所用编码(111～334?)，第 1 位数表示经济意义：1.经济的，2M.边际经济的，2S.次边际经济的，3.内蕴经济的，?.经济意义未定的；第 2 位数表示可行性评价阶段：1.可行性研究，2.预可行性研究，3.概略研究；第 3 位数表示地质可靠程度：1.探明的，2.控制的，3.推断的，4.预测的，b.未扣除设计、采矿损失的可采储量

根据现行的国家标准《石油天然气资源/储量分类》(GB/T 19492—2004)，对油气藏(田)的勘探开发程度、地质可靠程度和产能证实程度对石油天然气资源/储量而进行的分类，总体划分为资源量、地质储量和可采储量三大类共 22 种类型(图 9-1-3)。

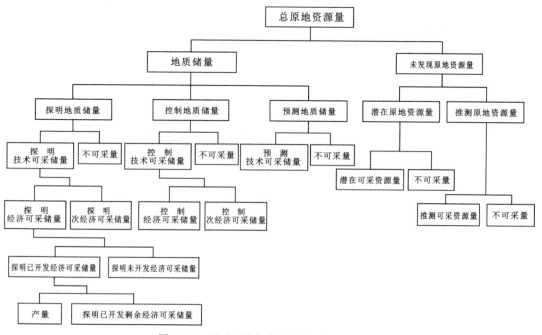

图 9-1-3　石油天然气资源/储量分类框架图

第二节 海洋矿产资源开发

一、海洋矿产资源开发概述

(一)海洋矿产资源开发特点

海洋矿产资源开发是指在海洋环境下从海洋中获取有用矿物资源的过程,作为一个独立的自然地理单元,海洋环境与陆地环境存在巨大差别,决定了海洋矿产资源开发具有与陆地矿产资源开发所不同的特点,具体表现在以下几个方面:

(1)海洋矿产资源开发是属于高投资、高风险、高技术的"三高"工程。这是由于海洋环境条件恶劣,矿产开发难度大、技术要求高的缘故。因此,为了在开发和利用海洋矿产资源的竞争中取得主动,一些发达国家不断进行技术创新,投入大量的人力、财力用于海洋高技术的开发研究,取得了很好的成就。

(2)海洋矿产资源开发是涉及诸多行业和学科的高技术密集型的系统工程,如地学、机械、电子、通讯、冶金、化工、物理、化学、流体力学等学科和造船业、远洋运输业等行业是海洋矿产资源开发的支持学科和行业。反过来,海洋矿产资源开发的发展,势必会促进这些行业和学科的进一步发展。

(3)海洋矿产资源开发更应注意对海洋环境和生态的保护。海洋矿产资源开发过程中,要注意保护海洋环境,避免污染和破坏海洋生态平衡,即注意开发和保护之间的矛盾,需要更加精细的管理,以求获得最佳的经济、环境和社会效益的统一。

(4)海洋矿产资源开发的高技术要求,使得新技术研发到应用的周期较长。如日本从1975—1997年投资10亿美元,研究大洋多金属结核的勘探和开发技术,进入试采阶段;美国与日本几乎同期开始进行大洋矿区的勘探和采矿技术的研究,累计投资15亿美元;印度、英国、意大利等也经过了长期的研究。

(5)海洋矿产资源开发具有国际性的特点。海底矿产资源可能是跨国界或共享的,涉及各有关国家之间的利益,因此需要国际之间的协调和合作。

综上所述,海洋矿产资源开发是一项周期较长的高技术密集型系统工程,受诸多因素的影响和制约,概括起来主要有:①开采设备特殊和组成复杂;②开采工作受海洋环境和气候影响较大;③开采作业的监控和海图测绘难度大;④开采区环境保护困难;⑤开采设备定位技术复杂;⑥人员和设备的给养供应不便。

(二)海洋矿产资源开发现状

1. 海洋油气资源

1896年,美国加利福尼亚岸外的萨摩兰特油田用木栈桥和木质平台开发石油,标志着海洋油气资源开发的起始;1947年美国在墨西哥湾首次应用钢制石油采矿平台开发海洋油气资源;之后海洋油气资源开发活动日益活跃。

目前,全球已发现海洋油气田2000多个,海洋油气储量占全部油气储量的30%～40%,海洋油气产量占全部油气产量的30%以上,海洋油气已经成为世界油气生产增长的主要来源。从区域来看,全球海洋石油勘探开发总体形成"三湾、两海、两湖"的格局。"三湾"即波斯湾、墨西哥湾和几内亚湾;"两海"即北海和南海;"两湖"即里海和马拉开波湖。其中,波斯湾的沙特、卡塔尔和阿联酋,里海沿岸的俄罗斯、哈萨克斯坦、阿塞拜疆和伊朗,北海沿岸的英国和挪威,还有美国、墨西哥、委内瑞拉、尼日利亚等,都是世界重要的海洋油气资源开发国。

(1)墨西哥湾:1990年美国仅有4%的石油和不足1%的天然气产量来自墨西哥湾深水区域;2000年以后,来自深水的石油产量超过了浅水;目前美国石油产量的30%,天然气产量的23%来自墨西哥湾。

(2)北海:北海海域石油储量20×10^8t,天然气储量5×10^{12}m³;挪威拥有北海石油产量的57%,英国占30%;北海海域石油产量及其增长速率,一直居各海域之首,2000年产量达到峰值,随后逐渐下降。

(3)波斯湾:波斯湾石油资源丰富,蕴藏量大而集中,多为大油田,平均每个油田储量达3.5×10^8t以上;目前波斯湾海域石油年产量保持在$(2.1\sim2.3)\times10^8$t;波斯湾地区石油出口量占世界石油出口量的60%以上,是世界最大的石油输出地。

(4)西非海域:西非大西洋边缘发育60多个盆地,石油储量1057亿桶,占非洲总储量的43%,已成为全球一个新的能源热点地区。近些年,在安哥拉、刚果(布)、刚果(金)、赤道几内亚和尼日利亚的500～2000m水深海域内,相继发现了重要油田。

(5)巴西海域:2006年巴西拥有石油储量122亿桶,紧随委内瑞拉之后,位居南美洲第二,主要分布在巴西东南部海域坎坡斯和桑托斯盆地;65%以上的海域勘探区块的水深超过400m;目前,巴西拥有原创领先的深水油气勘探开发一体化技术,已成为全球深水油气勘探开发的佼佼者。

(6)中国南海:目前南海大陆架已知的主要含油气盆地有10余个,面积约85×10^4km²;南海地区的探明石油储量约为70亿桶,日产量达250万桶;天然气储量可能相当于石油储量的两倍以上。

2.海底砂矿资源

海底重矿物砂矿资源种类多,分布广,全球有30多个国家勘探和开发该类资源,开采的矿种达20余种,主要有金刚石、砂金、砂铂、铬铁矿、砂锡矿、钛铁矿、锆石、金红石、独居石等。

(1)金刚石砂矿:其开发以西南非洲和莫桑比克最为著名,其中西南非洲开采区离岸距离在8km以内,水深9～30m,莫桑比克海峡内金刚石采区水深总体小于60m,主要以水力采矿船进行开采。

(2)砂锡矿:其开发主要集中在东南亚的泰国、印度尼西亚、马来西亚等的海域,主要采用抓斗式、链斗式和水力式(吸扬式)采矿船开采;英国在红河口附近的海滩和海滨也成功地进行了砂锡矿的开采。

(3)砂金矿:其开采主要集中于美国阿拉斯加、加拿大新斯科舍岛和白令海峡的陆架区。美国阿拉斯加诺顿海湾的诺姆砂金矿是世界上开采滨海砂金矿最早的地区。白令海峡西南海域的砂金矿开采区水深数十米到百余米,离岸距离在 8km 以内。

(4)磁铁矿:主要产于日本、菲律宾西岸、澳大利亚、新西兰北海、俄罗斯、斐济群岛、阿拉斯加、智利西海岸等地区的浅海海域。其中日本海底磁铁矿砂矿富集程度高,且规模较大。如北海道喷火湾西岸的磁铁矿、砂矿储量约 $14×10^8$ t,铁含量达 60%;九州南岸磁铁矿、砂矿储量超过 $4000×10^4$ t,铁含量达 56%。

(5)锆石、金红石、钛铁矿、独居石:是世界上分布最广、开采最多的海底砂矿。大洋洲浅海海域是世界上该类矿种储量最大和开采规模较大的产区。据统计,世界上 95% 的金红石、70% 的锆石、25% 的钛铁矿都产自大洋洲浅海海域。澳大利亚是目前全球产金红石最多的国家。

我国已经探明滨海重矿物砂矿储量为 $16.4×10^8$ t,保有储量为 $116.2×10^8$ t;已建成滨海重矿物砂矿矿山 10 余个,采点 100 余个,采选厂规模一般为中小型,以土法和半机械化开采为主,工业矿物回收率较低。

作为建筑砂和工业用砂的石英砂与砾石砂矿是世界上各沿海国分布最广、开发最多的一种矿产资源。美国每年从浅海区内开采的建筑和工业材料砂超过 $5×10^8$ t;荷兰每年从海洋中开采的工业用砂量超过 $1×10^8$ t。瑞典从海洋中采出的砂石量约占全国用砂量的 2%;英国占 16%;日本占 36%;丹麦占 25%。

3. 海洋天然气水合物资源

天然气水合物的开发试验项目始于 2002 年,主要有加拿大和阿拉斯加的永久冻土带的研究以及日本近海专用井的生产技术现场试验。此后,很多国家陆续开展天然气水合物开采试验项目,如加拿大麦肯齐三角洲水合物开采试验项目(1998,2002,2007—2008);美国阿拉斯加北坡水合物开采试验项目(2007,2011—2012);日本南海海槽开采试验项目(2012—2013,2017—2018);中国南海北部神狐海域开采试验项目(2017);印度大陆边缘水合物开采试验项目(2017—2018)等(表 9-2-1)。

表 9-2-1 海底天然气水合物试采结果统计(据吴西顺等,2017)

试验场	位置	年份	方法	生产周期	累计产气量(m^3)
Mt. Elbert Well	阿拉斯加北斜坡	2007	降压法	11h	—
		1997	热激法	5d	516
Mallik Site	加拿大麦肯齐三角洲	2002	降压法	12.5h	830
		2007—2008	降压法	139h	13 000
Ignik Sikumi	阿拉斯加北斜坡	2011—2012	二氧化碳置换	约6周	24 085
Daini Atsumi Knoll	日本南海海槽	2013	降压法	6d	120 000
神狐海域	中国南海	2017	降压法	60d*	超过 300 000*

注:* 为截至 2017 年 7 月 9 日的数据。

2002年，日本石油天然气金属矿物资源机构、加拿大地质调查局、美国地质调查局、美国能源部、德国地球科学研究中心、印度石油和天然气部、印度天然气管理有限公司和国际大陆科学钻探计划等，5个国家的8个机构在加拿大的麦肯齐三角洲进行了陆域天然气水合物试采。5天在冻土带含天然气水合物沉积层通过注热法产出463m^3天然气。在2007年和2008年的冬天使用降压法进行了试采。

2012年2月15日—4月10日，美国能源部、美国康菲国际石油公司、日本石油天然气金属矿物资源机构与挪威卑尔根大学合作，将二氧化碳注入法和降压法相结合应用于阿拉斯加的水合物试采项目并获得成功，产气2.4×$10^4 m^3$，但效率很低。

2013年3月12日—3月18日，日本首次在日本南海海槽进行海洋水合物试采，采用简单降压法，6天产气约11.9×$10^4 m^3$，因出砂事故被迫中断。2017年5月4日进行第2次试采，成功从水深1000m、埋深350m的含甲烷水合物储层中产气，5月15日，因出砂故障中断产气试验，12天的产气量仅3.5×$10^4 m^3$；2017年6月6日，完成第2口生产井的切换作业，并于6月5日确认产气，6月28日因计划结束期限已到，停止采气，24天产气20×$10^4 m^3$。

中国天然气水合物勘查开发起步较晚，从2011年开始正式启动国家重大专项"天然气水合物勘查与试采工程"（包括"973""863"专项）。2017年5月18日，中国在南海神狐海域首次实现海域天然气水合物试采成功，实现连续187个小时的稳定产气，累计产气30.9×$10^4 m^3$，平均日产气量达5151m^3，甲烷含量最高达99.5%。

4. 大洋矿产资源

大洋矿产资源主要有多金属结核、富钴结壳、多金属热液硫化物和多金属软泥等。由于这类矿产资源多赋存于水深巨大的大洋底部，尚未实现真正意义的商业开采，工作重点主要是开发技术与方法的研发和试验。美国、日本、德国、法国、加拿大、俄罗斯、挪威和印度等都相继设立了国家级的研究机构，专门从事多金属结核等大洋矿产资源开发技术与方法的研发和试验工作。大量的试验表明，大洋多金属结核的开采技术已获得初步成功，为商业化开采奠定了良好的基础。富钴结壳和多金属热液硫化物，尽管赋存水深较多金属结核浅得多，但是赋存位置地形地貌复杂，开采难度更大，目前都处于开发技术与方法的摸索阶段，到商业化开采还有很长的距离。

二、海洋矿产资源开发技术方法

（一）开发技术方法分类

与陆地矿产资源的开发技术方法相比，海洋矿产资源的开发技术方法明显少了很多，但不同类型、赋存方式的海洋矿产资源的开发技术方法也有很大的差别。文先保（1996）根据海洋矿产资源的存在状态、赋存位置和海水深度等将其划分为不同的类型（表9-2-2），并提出了两级四类的海洋矿产资源开采方法：即浅海底基岩矿床开采法、浅海底表层矿床开采法、深海底基岩矿床开采法和深海底表层矿床开采法等（图9-2-1）。

表 9-2-2　海洋矿产资源分类（据文先保，1996 修改）

海水中溶解矿物	海底表层矿床		海底基岩矿床	
	滨浅海	深海	滨浅海	深海
①金属及盐类； ②含金属浓盐液	①非金属矿物； ②金属重矿物砂矿； ③稀有和贵金属矿物	①天然气水合物； ②多金属结核； ③多金属结壳； ④多金属软泥	①海底煤资源； ②海底油气资源； ③金属盐类； ④金属硫化物	①海底油气资源； ②金属硫化物； ③海底热液矿床

（二）海底砂矿资源开发

海底砂矿资源覆水深度较小，沉积层松散，可采用类似陆地砂矿开采的采矿船来开采。其开采方法通常按采用的采矿设备类型进行分类：①链斗式采矿船开采法；②流体式采矿船开采法，包括吸扬式和气升式两种；③钢索式采矿船开采法，包括抓斗式和拖斗式两种。

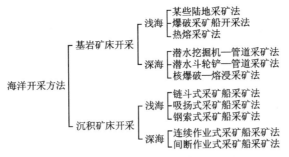

图 9-2-1　海洋矿产资源开采方法分类图（据文先保，1996）

链斗式采矿船开采法受其挖掘深度限制，只适合开采水深较浅（覆水深度小于 50m）的砂矿体。链斗式采矿船主要由平底船、挖掘装置、洗选装置、动力设备、供水排水设备、尾矿及砾石排弃装置，以及上部结构物等组成。该采矿系统具有以下主要特点：①挖掘力大；②适合开采低品位的砂矿；③没有大量矿砂的长距离运输；④可利用采矿船自身进行剥离；⑤采挖深度受限制，一般不超过 50m。其生产工艺过程包括挖掘与提升矿砂、矿砂洗选、精矿运输 3 个阶段。

吸扬式采矿船是一种由砂泵（或泥浆泵）产生的吸力，从海底吸取并提运矿砂的漂浮式采矿设备，具有结构简单、重量较轻、平稳性好的特点。吸扬式采矿船的组成部件与链斗式采矿船的最大差别在于其采掘提运装置，主要由矿砂吸取装置、水力运输管道和砂泵等设备组成。

气升式采矿船的工作原理是将压缩空气从潜没在海水中的管道（吸管）底部注入其中，与吸管中的海水逐渐混合，形成带有气泡的水气混合两相流，并利用其与海水的密度差而产生的压差，将矿砂吸入管道并提升至海面的采矿船上。该采矿系统具有构造简单、没有水下运转部件、工作可靠性高、开采深度较大、采矿船工作平稳性好的优点，但因其吸取力小，只适合开采较松散的砂矿。

钢索式（或钢绳式）采矿船是由悬系于钢索（绳）上的采掘工具（抓斗、拖斗）构成的采矿船,主要用于建筑砂石、磷钙土等的开采。其工作原理是先将采矿装置(抓斗或拖斗)投入海中被采矿床表面,以抓挖或拖刮的方式采挖砂矿,然后由船上的提升绞车将装满矿砂的抓斗或拖斗提升到采矿船上洗选或运输到驳船上,再将矿砂运往岸上处理。

(三)天然气水合物资源开发

目前提出的天然气水合物开采方法可归结为原位分解法和地层采掘法两大类:前者包括降压法、热激发法、注抑制剂法、置换法以及这些方法之间的联合开采方法(表9-2-3);后者主要有深水浅层非成岩天然气水合物固态流化开采方法和机械-热联合开采法(李守定等,2019)。

表 9-2-3 海底矿产资源开采技术方法(据李伟等,2003)

编号	海底矿产	可采用的开采方法	使用现状	最终产品
1	石油、天然气	石油钻井平台、钻探装置、海底采油系统	早已进入工业化生产,是非常成熟的开采技术。我国自主开发研制的一批技术装置达到或接近国际先进水平	提取石油、天然气
2	多金属结核矿	①连续铲斗提升采矿系统;②管道提升采矿系统;③穿梭潜水集矿机系统;④海底自动采矿系统	基本完成小试,进入中试阶段。管道提升采矿系统被认为是非常有前途的开采方法。国内首先对这种方法进行研究取得了初步成果	提炼出具有战略意义的多种金属
3	其他矿产	各种采掘装置和大深度挖泥机	基本成熟的方法,进入工业化生产。但我国以土法采选为主,技术落后、生产效率低	提取铁砂、金砂、锡砂及其他矿物

1.原位分解法

(1)降压法:是一种通过降低天然气水合物地层压力至相平衡压力之下从而引起水合物相变分解的开采方法。降压过程主要通过抽取地层流体或开采水合物层下伏游离气等实现。降压法开采的有效性取决于两个方面:压力降能否在地层中有效传播和保持;地层中是否有充足的热量供给来维持水合物分解。降压法在开采工艺上与常规油气开采相近,具有开采成本较低、工艺简单的优点。从目前的几次水合物试采效果来看,只有降压法是相对经济有效的开采方法,可视为天然气水合物开采的主导方法。

(2)热激发法:又称注热法或加热法,是直接对天然气水合物储层进行供热或加热,使水合物温度超过其相平衡温度,从而促使其分解的开采方法,可概括为热流体循环型、井下加热型、单井热吞吐法3种类型。在热激发开采中,输入地层的热量主要有3个去向:①提供储层温度升高所需的显热;②提供水合物分解的相变潜热;③开采过程中的热量散失。试采经验表明,单独使用热激发法开采水合物采收率高,但能量效率较低,不能实现大规模生产。

(3)注抑制剂法:是通过向天然气水合物储层中注入某些化学试剂来抑制水合物的形成或使水合物更容易分解来进行天然气水合物开采。抑制剂包括热力学抑制剂和动力学抑制剂两种类型。相比之下,动力学抑制剂用量小、环境友好、成本也较低,是目前的研究重点。注抑制剂法的优势在于可显著降低开采初期的能量输入,无需大幅降压或升温,其缺点在于成本高、效率低、环境污染等。然而,抑制剂在地层中的扩散速度较慢,难以获得可观的产量,因此并不适合作为水合物开采的主导手段,可起到较好的辅助作用。

(4)置换法:是在一定的温压条件下,通过向天然气水合物储层中注入CO_2或者其他比甲烷更容易形成水合物的气体,将水合物中的甲烷置换出来,从而实现开采甲烷气体的方法。CO_2置换法施工过程较降压法等更为复杂,还必须有充足的CO_2气源,开采过程中费用投入较大,一般情况下置换率也不高,置换速度较慢。因此CO_2置换法不宜作为主动开采方法,但适合作为开采后对地层的恢复措施。

(5)联合开采法:在联合开采法中,降压-注热法被认为最有前景,通过注热解决了降压法开采中热量供应不足这一核心问题。尽管从原理上降压-注热法具有很好的效果和可行性,也有一些学者提出了较好的设计方案,但目前还没有成熟的技术装备和试验条件,完备的技术理论体系还有待进一步研究和实际验证。

2. 地层采掘法

(1)固态流化开采法:其核心思想是将深水浅层非成岩天然气水合物矿体通过机械破碎流化转移到密闭的气、液、固多相举升管道内,利用举升过程中海水温度升高、静水压力降低的自然条件使水合物逐步气化,实现深水浅层天然气水合物安全开采(周守为等,2017)。固态流化法是一种新的开发思路,因为水合物气化是在可控的管道内进行,所以较好地解决了水合物开采中的安全、环保问题。但是破碎采掘方式、环保安全防护方法,以及如何提高采掘效率、扩大采掘范围、减小对地层的扰动等,都需要深入研究和解决。

(2)机械-热联合开采法:其基本思路是通过机械设备挖掘水合物地层并将水合物粉碎成小颗粒,然后与一定温度的海水掺混,沿管道输送一定距离后在分解仓或管道内分解完毕,将沉积物土颗粒分离回填,气体通过开采管道收集(张旭辉等,2016)。该方法采用机械采掘,不受分解范围的限制,可以在更大的空间对水合物地层进行开采,水合物采收率也更高,能获得可观的日产量。但如何真正有效地对地层进行回填和恢复,减小对地层的扰动,采用怎样的机械采掘方法等,是需要解决的关键问题。

(四)大洋多金属结核资源开发

(1)连续铲斗提升采矿系统:由采矿船、铲斗、高强度尼龙缆索等组成。长15km的尼龙缆索上以一定的间距(25~50m)悬挂的系列铲斗,通过尼龙缆索从海面船只(一船或多船)到海底的连续回转来进行采矿作业。该系统具有开采和提升两个功能。这类采矿技术具有系统简单、成本较低的优点。但若在一条船上操作,尼龙缆索环路的两端易缠结,影响开采效率,两只船则涉及到配合移动和成本等问题,所以影响了其进一步的发展。

(2)管道提升采矿系统:是目前各国(包括中国)研究开发的重点。该系统基本工作原理是利用液体提升固体悬浮物,即从采矿船上吊下输送管到海底,集矿装置把收集到的多金属结核矿石送到提升管道口,再利用液流的循环(利用气举或射流原理)将矿石通过管道输送到地表。船体可在开采时做有一定限度的纵向或横向移动。该采矿系统适用于大规模有效开采海底多金属结核矿。

(3)穿梭潜水集矿机系统是由长、宽、高分别为 24m、12m、7.5m 的穿梭潜水集矿机在海底采集多金属结核矿石,当采集到一定数量后上升至海面,把采集到的矿山卸到海面平台上,然后用废石料作为压载物再下沉到海底继续开采,如此循环作业。该系统具有灵活机动、采矿效率高的特点,但由于仪器和设备较多,控制操作比较复杂,影响作业的可靠性。

(4)海底自动采矿系统:是连续铲斗提升采矿系统和穿梭潜水集矿机系统的结合体,即是加设了提升管道的"穿梭集矿系统",或是由遥控潜水采矿机代替连续铲斗采矿系统。

(五)海底热液硫化物资源开发

海底热液块状硫化物多赋存于深海底,没有海底沉积物覆盖,基本可尝试采用类似陆地露天开采法进行开采,主要有潜水单斗挖掘机-管道提升开采法和潜水单斗轮挖掘机-管道提升开采系统。

潜水单斗挖掘机-管道提升开采法是采用类似陆地露天开采矿石的采掘工艺采掘矿石,然后用水力提升采矿船开采法的管道提升法,将已破碎的矿石运到洋面采矿船上的一种开采方法。该系统目前尚处在试验阶段,主要由潜水穿孔机、潜水单斗挖掘机、破碎机及储矿仓、提升装置及管道、钻孔船、运输船、自动监控及操作装置等组成,其中最关键的设备是潜水单斗挖掘机和潜水穿孔机。该方法基本的采矿程序包括钻孔爆破、采装矿石(集矿)、破碎矿石、提升矿石和矿石运输等几个步骤。

潜水单斗轮挖掘机-管道提升开采系统主要由采矿船、提升装置及提升管道、中继车、穿孔车、斗轮铲和自动监控装置等组成,其中最关键的设备是斗轮铲(斗轮挖掘机)和穿孔车。该系统的采矿流程与潜水单斗挖掘机-管道提升开采法的采矿过程相似,只是在穿孔爆破和矿石采集方面有所不同。该方法的特点是穿孔爆破、矿石采集和提运等生产环节连续进行,且整个生产环节均由操作人员在船上遥控。因此,该方法的效率较前一种方法的效率高,但只适用于开采较软的矿体。

(六)多金属软泥资源开发

红海多金属软泥矿的开采系统是由德国普罗伊萨克公司研制而成的,主要由采矿船、提升系统、矿泥吸取装置、自动监控系统及浮选装置等组成。其开采程序主要包括:①采矿船定位;②下放提升管道;③矿泥吸取和提运;④浮选和精矿运输等步骤。该采矿系统的试验证明,其技术是可行的,但最大的问题是其排放的尾矿对海洋环境污染严重。因为该开采系统所排放的尾矿中的粒径小于 $2\mu m$ 的微泥粒不仅量大,而且被排入海中,要悬浮多年才能沉入海底,严重污染海洋环境且持续时间长,波及范围大。

本章小结

(1)不同类型的海洋矿产资源,其勘查与评价的术语所指代的具体含义和基本任务存在一定的差别。固体矿产资源的勘查阶段总体上划分为预查、普查、详查和勘探4个阶段;石油天然气勘探开发过程分为区域普查、圈闭预探、油气藏评价、产能建设和油气生产5个阶段。海洋矿产资源勘查方法,大多借鉴陆上技术,经过改进后用于海上作业,可分为直接法和间接法两大类。矿产勘查开发工作决策中的评价工作,主要有可行性评价和技术经济评价两种。矿产资源是指由地质作用形成于地壳内或地表的自然富集物,根据其产出形式、数量和质量可以预期最终开采是技术上可行、经济上合理的,即具有现实和潜在经济价值的物质。

(2)海洋矿产资源开发,是指在海洋环境下从海洋中获取有用矿物资源的过程。作为一个独立的自然地理单元,海洋环境与陆地环境存在巨大的差别,决定了海洋矿产资源开发具有与陆地矿产资源开发所不同的特点。不同类型海洋矿产资源的开发现状存在很大的差别。与陆地矿产资源的开发技术方法相比,海洋矿产资源的开发技术方法明显少了很多,但不同类型、赋存方式的海洋矿产资源的开发技术方法也有很大的差别。

思考题

1. 简述海洋矿产资源的勘查阶段划分与目标任务。
2. 简述海洋矿产资源勘查的常用技术方法。
3. 简述矿产资源可行性评价的阶段划分及影响因素。
4. 简述矿产资源技术经济评价的概念、方法与流程。
5. 简述海洋矿产资源开发的特点与现状。
6. 简述海洋矿产资源开发的技术方法。

主要参考文献

鲍才旺,曾瑞坚,梁德华,等.海底地形地貌海流与多金属结核分布的关系[M].武汉:中国地质大学出版社,1997.

鲍根德,李全兴.南海铁锰结核(壳)的稀土元素地球化学[J].海洋与湖沼,1993,24(3):304-313.

边立曾,林承毅,张富生,等.深海锰结核的描述方法及术语[J].南京大学学报,1996,32(2):287-294.

边立曾,林承毅,张富生,等.深海锰结核——核形石的新类型[J].地质学报,1996,70(3):232-236.

蔡乾忠.中国海域油气地质学[M].北京:海洋出版社,2005.

曹雪晴,谭启新,张勇,等.中国近海建筑砂矿床特征[J].岩石矿物学杂志,2007,26(2):164-170.

陈多福,张跃中,徐文新.天然气输送管线中水合物形成的边界条件[J].矿物岩石地球化学通报,2003(3):197-201.

陈冠球.多金属结核主要元素的地球化学行为[M].北京:地质出版社,1994.

陈建林,等.锰质核形石——大洋多金属结核[M].北京:海洋出版社,2002.

陈俊仁.南海北部湾铁锰结核特征[J].海洋通报,1984,3(3):46-50.

陈荣书.石油及天然气地质学[M].武汉:中国地质大学出版社,1994.

陈毓川.矿床的成矿系列研究现状与趋势[J].地质与勘探,1997,33(1):21-25.

陈忠,杨慧宁,颜文,等.中国海域固体矿产资源分布及其区划——砂矿资源和铁锰(微)结核-结壳[J].海洋地质与第四纪地质,2006,26(5):101-108.

崔汝勇.大洋中大型热液硫化物矿床的形成条件[J].海洋地质动态,2001,17:1-4.

戴宝章,赵葵东,蒋少涌.现代海底热液活动与块状硫化物矿床成因研究进展[J].矿物岩石地球化学通报,2004,23(3):246-254.

邓希光.大洋中脊热液硫化物矿床分布及矿物组成[J].南海地质研究,2007,1:54-64.

杜国银,吴巧生.矿产地质基础[M].北京:地质出版社,1998.

方长青,尹素芳,孙立功,等.山东省近海砂矿资源类型划分及开发前景[J].山东地质,2002,18(6):26-32.

龚再升,李思田,等.南海北部大陆边缘盆地分析与油气聚集[M].北京:科学出版社,1997.

主要参考文献

郭世勤,吴必豪,卢海龙,等.多金属结核和沉积物的地球化学研究[M].北京:地质出版社,1994.

韩彧,黄娟,赵雯.墨西哥湾盆地深水区油气分布特征及勘探潜力[J].石油实验地质,2015,21(4):473-478.

何高文,邓希光,杨胜雄.中印度洋海盆多金属结核地质特征[J].海洋地质与第四纪地质,2011,(2),21-30.

何高文,赵祖斌,朱克超,等.西太平洋富钴结壳资源[M].北京:地质出版社,2001.

侯贵卿,王炳玉,等.海域油气勘查方案优化研究[M].北京:地质出版社,1994.

侯增谦,韩发,夏林圻,等.现代与古代海底热水成矿作用——以若干火山成因块状硫化物矿床为例[M].北京:地质出版社,2003.

黄永祥,杨慧宁.海底沉积物类型及其地球化学环境对多金属结核形成与分布的控制作用[M].武汉:中国地质大学出版社,1997.

季敏,翟世奎.现代海底典型热液活动区地形环境特征分析[J].海洋学报,2005,27(6):46-55.

江怀友,赵文智,裴怪楠,等.世界海洋油气资源现状和勘探特点及方法[J].中国石油勘探,2008,13(3),9+37-44.

江怀友,赵文智,闫存章,等.世界海洋油气资源与勘探模式概述[J].海相油气地质,2008,13(3),5-10.

蒋国盛,王达,汤凤林,等.天然气水合物的勘探与开发[M].武汉:中国地质大学出版社,2002.

解习农,李思田,刘晓峰.异常压力盆地流体动力学[M].武汉:中国地质大学出版社,2006.

解习农,张成,任建业,等.南海南北大陆边缘盆地构造演化差异性对油气成藏条件控制[J].地球物理学报,2011,54(12),3280-3291.

金庆焕,张光学,杨木壮.天然气水合物资源概论[M].北京:科学出版社,2016.

金庆焕.苏联对中太平洋铁锰结核研究的概况——太平洋中部铁锰结核一书的评价[J].海洋地质动态,1987,10:1-3.

金庆焕.海底矿产[M].北京:清华大学出版社;广州:暨南大学出版社,2001.

李军.现代海底热液块状硫化物矿床的资源潜力评价[J].海洋地质动态,2007,23(6):23-30.

李守定,孙一鸣,陈卫昌,等.天然气水合物开采方法及海域试采分析[J].工程地质学报,2019,27(1):55-68.

李伟,陈晨.海洋矿产开采技术[J].中国矿业,2003,12(1):44-51.

李永植.论现代岛弧、海沟及弧后盆地系统的热液沉积成矿作用[J].海洋通报,1996,15(2):77-85.

刘长华,曾志刚,殷学博.现代海底热液硫化物烟囱体的生长模式研究现状[J].海洋科学,2006,30(5):71-73.

刘晖,卢正权,梅燕雄,等.海底磷块岩形成环境与资源分布[J].海洋地质与第四纪地质,2014,34(3):49-55.

刘永刚,姚会强,于淼,等.国际海底矿产资源勘查与研究进展[J].海洋信息,2014,10-17.

吕万军.天然气水合物形成条件与成藏过程——理论、实验与模拟[R].中国科学院广州地球化学研究所博士后研究工作报告,2004.

吕正文.中太平洋海山区富钴结壳分布特征及其资源远景初步评价[C].中国大洋矿产资源研究开发学术研讨会论文集,2001,248-254.

栾锡武.大洋富钴结壳成因机制的探讨——水成因证据[J].海洋学研究,2006,24(2):8-19.

栾锡武,翟世奎,于晓群.冲绳海槽中部热液活动区构造地球物理特征分析[J].沉积学报,2001,19(1):43-47.

梅廉夫,叶加仁,周江羽,等.油气勘查与评价[M].武汉:中国地质大学出版社,2010.

莫杰.海洋地学前缘[M].北京:海洋出版社,2004.

牛华伟,郑军,曾广东.深水油气勘探开发、进展及启示[J].海洋石油,2012,32(4):1-6.

潘家华,刘淑琴,罗照华,等.太平洋海山磷酸盐的产状、特征及成因意义[J].矿床地质,2007,26(2):195-203.

潘家华,刘淑琴,杨忆,等.太平洋海山磷酸盐的锶同位素成分及形成年代[J].矿床地质,2002,21(4):350-356.

舒良树.普通地质学[M].北京:地质出版社,2010.

孙岩,韩昌甫.我国滨海砂矿资源的分布及开发[J].海洋地质与第四纪地质,1999,19(1):117-121.

谭启新,孙岩.中国滨海砂矿[M].北京:科学出版社,1988.

谭启新.中国的海洋砂矿[J].中国地质,1998,251:23-26.

陶晓风,吴德超.普通地质学[M].北京:地质出版社,2007.

汪蕴璞,林锦璇,王翠霞,等.太平洋中部水文地球化学特征[M].北京:地质出版社,1994.

汪蕴璞.洋底水岩系统界面水及其成矿机理[M].北京:北京科学技术出版社,1991.

王崇友,金若谷,李家英.微体生物与多金属结核的生物成矿作用[M].北京:地质出版社,1994.

王圣洁,刘锡清,戴勤奋,等.中国海砂资源分布特征及找矿方向[J].海洋地质与第四纪地质,2003,23(3):83-89.

王圣洁,刘锡清.滨浅海沉积砂、砾石资源的利用潜力[J].海洋地质动态,1997,180(11):1-3.

王淑玲,孙张涛.全球天然气水合物勘查试采研究现状及发展趋势[J].海洋地质前沿,2018,34(7):24-32.

王曙光.海洋开发战略研究[M].北京:海洋出版社,2004.

王毅民.深海矿产资源研究开发中的分析技术[J].岩矿测试,1992,11(1/2):179.

王毓俊.我国深海油气勘探开发现状及展望[C].LNG绿色船舶和LNG船舶与海洋工程技术创新发展交流会,2014.

文先保.海洋开采[M].北京:冶金工业出版社,1996.

吴家鸣.世界及我国海洋油气产业发展及现状[J].广东造船,2013,32(1),29-32.

吴林强,张涛,徐晶晶,等.全球海洋油气勘探开发特征及趋势分析[J].国际石油经济,2019,(3):29-36.

吴琳,汪珊,张宏达,等.海洋软泥水成矿金属组分存在形式及其溶解-沉淀的定量研究[J].海洋地质与第四纪地质,2004,24(2):49-53.

吴世迎,陈穗田,张德玉,等.马里亚纳海槽海底热液烟囱物研究[M].北京:海洋出版社,1995.

吴世迎,高爱国,王揆祥,等.世界海底热液硫化物资源[M].北京:海洋出版社,2000.

吴世迎.海底热液硫化物资源研究现状与展望[J].科学对社会的影响,2001,(1):1-14.

吴西顺,黄文斌,刘文超,等.全球天然气水合物资源潜力评价及勘查试采进展[J].海洋地质前沿,2017,33(7):63-78.

吴雪枚.Juan de Fuca 洋脊 Endeavour 段热液烟囱体的生长历史和热液演化的流体包裹体证据[D].中科院广州地球化学研究所博士学位论文,2007.

武光海,周怀阳,陈汉林.大洋富钴结壳研究现状与进展[J].高校地质学报,2001,7(4).

武光海,周怀阳,凌洪飞,等.富钴结壳中的磷酸盐岩及其古环境指示意义[J].矿物学报,2005,25(1):39-44.

辛仁臣,刘豪,关翔宇,等.海洋资源[M].北京:化学工业出版社,2013.

徐兆凯,李安春,蒋富清.大洋铁锰结壳成矿环境研究进展[J].海洋科学集刊,2006,47:73-81.

许东禹,金庆焕,梁德华.太平洋中部多金属结核及其形成环境[M].北京:地质出版社,1994.

许东禹.俄罗斯大洋固体矿产资源调查研究进展[J].海洋地质动态,2002,18(10):21-28.

薛春纪,祁思敬,隗合明,等.基础矿床学[M].北京:地质出版社,2006.

杨子赓.海洋地质学[M].济南:山东省教育出版社,2004.

姚凤良,孙丰月.矿床学教程[M].北京:地质出版社,2006.

叶松青,李守义.矿产勘查学(第三版)[M].北京:地质出版社,2011.

于淼,邓希光,姚会强,等.世界海底多金属结核调查与研究进展[J].中国地质,2018,45(1):29-38.

袁见齐,朱上庆,翟裕生.矿床学[M].北京:地质出版社,1985.

曾志刚,秦蕴珊,翟世奎.现代海底热液多金属硫化物的成矿物源:同位素证据[J].矿物岩石地球化学通报,2000,19(4):428-430.

曾志刚,秦蕴珊,翟世奎.大西洋洋中脊海底表面热液沉积物的铅同位素组成及其地质意义[J].青岛海洋大学学报,2001,31(1):103-109.

曾志刚,秦蕴珊,赵一阳,等.大西洋中脊TAG热液活动区海底热液沉积物的硫同位素组成及其地质意义[J].海洋与湖沼,2000,31(5):518-520.

曾志刚,翟世奎,赵一阳,等.大西洋中脊 TAG 热液活动区热液沉积物的稀土元素地球化学特征[M].海洋地质与第四纪地质,1999,19(3):60-68.

翟世奎,陈丽蓉,张海启.冲绳海槽的岩浆作用与海底热液活动[M].青岛:海洋出版社,2001.

翟世奎.海底岩石圈内流体作用的研究[C]//海洋科学中若干前沿领域发展趋势的分析与探讨[M].北京:海洋出版社,1994.

翟裕生,姚书振,蔡克勤.矿床学(第三版)[M].北京:地质出版社,2011.

翟裕生.矿床的环境质量——一个新的地学研究领域[J].现代地质,1998,12(4):462-466.

翟裕生.论成矿系统[M].地学前缘,1999,6(1):13-26.

张功成,屈红军,张凤廉,等.全球深水油气重大新发现及启示[J].石油学报,2019,40(1):1-34.

张海生,赵鹏大,陈守余,等.中太平洋海山多金属结壳的成矿特征[J].地球科学——中国地质大学学报,2001,26(2):205-209.

张宏达,汪珊,武强,等.大洋多金属结核的成矿作用和模式[J].海洋地质与第四纪地质,2006,26(2):95-102.

张宏达,汪珊,杨振京,等.海洋底层水成矿金属组分存在形式和沉淀矿物的定量研究[J].地理与地理信息科学,2003,19(2):56-59.

张厚福,方朝亮,高先志,等.石油地质学[M].北京:石油工业出版社,1999.

张蕾,贾宁.海洋油气资源的勘探与开发[J].石化技术,2017(3):116-117.

张立生.现代海底的成矿作用与矿产资源[J].四川地质学报,1999,19(4):281-291.

张丽洁,姚德.海山铁锰结壳基岩岩石学特征及其生长关系[J].海洋地质与第四纪地质,2002,22(2):49-56.

张强,贺晓苏,王彬,等.南海沉积盆地含油气系统分布特征及勘探潜力评价[J].中国海上油气,2018,30(1):40-49.

张仲英,陈华堂,刘瑞华,等.华南第四纪滨海砂矿[M].北京:地质出版社,1992.

赵宏樵.中太平洋富钴结壳稀土元素的地球化学特征[J].东海海洋,2003,21(1):19-26.

赵鹏大,池顺都,李志德,等.矿产勘查理论与方法[M].武汉:中国地质大学出版社,2006.

赵一阳.冲绳海槽海底沉积物汞异常——现代海底热水效应的"指示剂"[J].地球化学,1994,23(2):132-139.

赵一阳.现代海底热水活动调查研究在中国[J].海洋科学,1995,4:53-54.

中国国土资源报.聚焦我国海洋油气调查[J].国土资源,2017(6):14-19,1671-1904.

朱而勤,王琦.中国沿岸海域的铁锰结核[J].地质论评,1985,31(5):404-409.

朱而勤.近代海洋地质学[M].青岛:青岛海洋大学出版社,1991.

朱克超,李扬,梁宏峰,等.多金属结核矿床分类及矿床特征[M].北京:地质出版社,2000.

朱晓东,等. 海洋资源概论[M]. 北京:高等教育出版社,2005.

Adams S, Lambert D. Earth Science: an illustrated guide to science[M]. New York: Chelsea House,2006.

Auffret G A, Richter T, Reyss J-L, et al. Record of hydrothermal activity in sediments from the Mid-Atlantic Ridge south of the Azores[J]. C. R. Acad. Sci. Paris,1996,323: 583-590.

Baturin. 海底磷块岩[M]. 东野长峥,译,北京:地质出版社,1985.

Binns R A, et al. Hydrothermal oxide and gold rich sulfate deposits of franklin seamount, west woodlark basin, Papua new Guidnea[J]. Econo. Geol. ,1993,88:2122-2153.

Bischoff J L. Red Sea geothermal brine deposits[J]. In: Degens E T and Ross D A (eds.),Hot brines and recent heavy metal deposits of the Red Sea,1969,338-401.

Bonatti E. Hydrothermal metal deposits from the oceanic rifts: A classification[M]. In: Rona P A(eds.),Hydrothermal processes of seafloor spreading centers, New York,1983.

Burgath K-P, von Stackelberg U. Sulfide-impregnated volcanics and fereomanganese incrustation from the southern Lau basin (southwest Pacific)[J]. Marine Georesources and Geotechnology,1995,13:263-308.

Charles L, Morgan. Resource estimates of the Clarion-Clipperton Manganese Nodule Deposits[C]. In: Handbook of Marine Mineral Deposits[M]. David S. Cronan (editor), CRC Press, Boca Raton, FL,2000,406.

Cocherie A, Calvez J Y, Oudin Dunlop E. Hydrothermal activity as recorded by Red Sea sediments: Sr-Nd isotopes and REE signatures[J]. Marine Geology,1994,118:291-302.

Compton J S, Bergh E W. Phosphorite deposits on the Namibian shelf[O/L]. Marine Geology,http://dx. doi. org/10. 1016/j. margeo. 2016. 04. 006.

Cronan D S. 水下矿产[M]. 高战朝,阎铁,等,译. 北京:科学出版社,1987.

Depowski S, et al. 海洋矿物资源[M]. 熊传治,邹伟生,译. 北京:海洋出版社,2001.

Dickens. The potential volume of oceanic methane hydrate with variable external conditions[J]. Organic Geochemistry,2001,32:1177-1193.

Dingle R V. Phosphorites in Agulhas Beach: Review in recent 100 years[J]. Geology-Geochemistry,1978(3):47-51.

FAZAR Scitenfic Team. Rock and water sampling of the Mid-Atlantic Ridge from 32°~41°N: Objectives and a new vent site[J]. EOS. American Geophysical Union Transactions,1993,74:380.

Fouquet Y. Where arethe large hydrothermal sulphide deposits in the oceans[J]? Mid Ocean Ridge,1998,211-224.

Fouquet Y, Lacroix D. Deep Marine Mineral Resources[M]. Springer,2011.

Fouquet Y, Wafik A, Cambon P, et al. Tectonic setting, mineralogical and geochemical zonation in the Snake Pit sulfide deposit (Mid-Atlantic Ridge at 23°N)[J]. Economic Geology,1993,88:2018-2036.

Frank D. Ferromanganese deposits of the Hawaiian archipelago[J]. Hawaii Instu. Geophys,1976,14:1-69.

Ghosh A K,Mukhopadhyay R. Mineral Wealth of the Ocean[J]. A. A. Balkema,Rotterdam,2000,249.

Ginsburg G D,Soloviev V A. Submarine gas hydrates[M]. St. Petersburg: Norma Publishers,1998,216.

Goldfard M S,Converse D R,Holland H D,et al. The genesis of hot spring deposits in the East Pacific Rise,21°N[J]. Earth Planet. Sci. Lett,1983,5:184-197.

Graham U M,Bluth G J,Ohmoto H. Sulfide-sulfate chimneys on the East Pacific Rise, 11° and 13°N latitudes. Part 1: mineralogy and paragenesis[J]. Can. Mineral,1988,26: 487-504.

Halbach P,Manheim F T,Otten P. Co-rich ferromanganese deposits in the marginal seamount regions of the central Pacfic basin-results of the Midpac'81[J]. Erametal,1982,35: 447-453.

Halbach P,Manhein F T. Potential of cobalt and other metals in ferromanganese crusts on seamounts of the central Pacific basin[J]. Marine Mining,1984,4:319-336.

Halbach P,Segl M,Puteanus D,et al. Relationship between Co fluxes and growth rates in ferromanganese deposits from central Pacific seamount area[J]. Nature, 1983, 304: 716-719.

Haymon R M. Growth history of hydrothermal black smoker chimneys[J]. Nature, 1983.304(24):695-698.

Hein J R,Koschinsky A,Bau M,et al. Cobalt-rich ferromanganese crusts in the Pacific [C]. In:Cronan D. S. (Ed.), Handbook of Marine Mineral Deposits[M]. CRC Marine Science Series,Boca Raton,FL,2000,239-280.

Hein J R,Morgan C L. Influence of substrate rocks on Fe-Mn crust composition[J]. Deep-Sea Research I,1999,46,855.

Hekinian R,Fevrier M,Bischoff V,et al. Intense hydrothermal activity at the axis of the East Pacific Rise near 13°N:submersible witnesses the growth of a sulfide chimney[J]. Marine Geophys. Res. ,1983,6:1-14.

Hunt J M,Hayes E E,Degens E T,et al. Red Sea detailed survey of hot brine areas[J]. Science,1967,156:514-516.

Hyndman R D,Davis E E. A mechanism for the formation of methane hydrate and seafloor bottom-simulating reflectors by vertical fluid expulsion[J]. Geophys. Res. 1992,97: 7025-7041.

James R,Hein J R,William C,et al. Cobalt and platinum-rich ferromanganese crusts and associated substrate rocks from the Marshall Island[J]. Marine Geology,1998,78:255-283.

Karson J A, Brown J R. Geologic setting of the Snake Pit hydrothermal site:an active vent field on the Mid-Atlantic Ridge[J]. Mar. Geophys. Res. ,1988,10:91-107.

Karson J A,Thompson G,Humphris S E,et al. Along-axis variations in seafloor spearding in the MARK area[J]. Nature,1987,328:681-685.

Klein C,Philpotts T. Earth Materials: Introduction to Mineralogy and Petrology[J]. Cambridge Book Online,2013.

Kunzendorf H. Marine Mineral Exploration[M]. Elsevier Oceanography Series 41. Elsevier,1986.

Libes S M. Iron-manganese nodules and other hydrogenous minerals[C]. In:Introduction to Marine Biogeochemistry[M]. John Wiley and Sons,New York,1992:288-300.

Lunemann C P,et al. Association of cobalt and manganese in aquatic systems:chemical and microscope evidence[J]. Geochimica et Cosmochimica Acta,1997,61(7):1437-1446.

Makogon Y F. Hydrates of Hydrocarbons[M]. Tulsa:Penn Well Publishing Company,1997.

McQueen K. Ore deposit types and their primary expression[C]. In:Regolith expression of Australia ore system:a compilation of exploration case histories with conceptual dispersion,process and exploration models[M]. CRC-LEME,Perth,2005.

Meihaim F T. Marine cobalt resources[J]. Science,1986,232:600-608.

Mero J L. The Mineral Resources of the Sea[M]. Elsevier Publishing Company,1965.

Miller A R,Densmore C D,Degens E T,et al. Hot brines and recent iron deposits in deeps of the Red Sea[J]. Geochim. Cosmochim. Acta,1966,30:341-359.

Morad S,Worden R H,Ketzer J M. Oxygen and hydrogen isotopic composition of diagenetic clay minerals in sandstones:a review of the data and controls[C]. In:Worden and Morad (edits),Clay Mineral Cements in Sandstones[M]. Blackwell Publishing,2003.

Murton B J,Klinkhammer G,Becker K,et al. Direct evidence for the distribution and occurrence of hydrothermal activity between $27°\sim30°N$ on the Mid-Atlantic Ridge[J]. Earth Planet. Sci. Lett. ,1994,125:119-128.

Pattan J N,Parthiban G. Do manganese nodules grow or dissolve after burial? Results from the Central Indian Ocean Basin [J]. Journal of Asian Earth Sciences,2007,30:696-705.

Piper D Z. The metal oxide fraction of pelagic sediment in the equatorial North Pacific Ocean:A source of metals in ferromanganese nodules[J]. Geochimica et Cosmo-Chimica Acta,52:2127-2145.

Rona P A. Polymetallic Sulfides at seafloor spreading centers:A Global Overview[J]. Marine Technology Society Journal,1982,16:81-86.

Rona P A,Scott S D. A special issue on sea-floor hydrothermal mineralization new perspectives[J]. Economic Geology,1993,88:1935-1976.

Ruppel C M,Kinoshita. Fluid,methane and energy flux in an active margin gas hydrate province,off shore Costa Rica[J]. Earth and Planetary Science Letters,2000,179:153-165.

Scott M R,Scott R B,Rona P A,et al. Rapid accumulating manganese deposit from the median valley of the Mid-Atlantic Ridge[J]. Geophysics Research Letter,1974,1:355-358.

Seewald J S. Organic-inorganic interactions in petroleum-producing sedimentary basins [J]. Nature,2003,426:327-333.

Seyfried Jr,W E,Seewald J S,Berndt M E,et al. Chemistry of hydrothermal vent fluids from the Main Endeavour Field,northern Juan de Fuca Ridge:Geochemical controls in the aftermath of June 1999 seismic events[J]. J. Geophys. Res. ,2003,108(B9):2429. doi:10.1029/2002JB001957.

Siesser W G. Age of phosphorites on the South African continental margin[J]. Marine Geology,1978,26:17-28.

Sloan E D. Clathrate hydrates of natrual gases[M]. New York:Marcel Dekker Inc. ,1988.

Swallow J C,Crease J. Hot salty water at the bottom of the Red Sea[J]. Nature,1998,205:165-166.

Tivey M K,Delaney J R. Growth of large sulfide structures on the Endeavour Segment of the Juan de Fuca Ridge. Earth Planet[J]. Sci. Lett. ,1986,77:303-317.

Tivey M K,Stakes D S,Cook T L. A model for growth of steep-sided vent structures on the Endeavour Segment of the Juan de Fuca Ridge:results of a petrologic and geochemical study[J]. Geophys. Res. ,1999,104:22 859-22 883.

Wilson C,Charlou J L,Ludford E,et al. Hydrothermal anomalies in the Lucky Strike segment on the Mid-Atlantic Ridge[J]. Earth Planet. Sci. Lett. ,1996,142:467-477.

Wiltshire J,Yao D. Mineralogy and geochemistry of ferromanganese crusts from Johnston Island EEZ [J]. Pro. of PACON',1996, 96,1360-1365.

Xu W,Ruppel C. Predicting the occurrence,distribution,and evolution of methane gas hydrate in porous marine sediments[J]. J. Geophys. Res. ,1999,B104:5081-5095.